"十四五"职业教育国家规划教材

信息安全基础
（第四版）

XINXI ANQUAN JICHU

主　编　徐振华
副主编　何　欢

新形态教材

中国教育出版传媒集团
高等教育出版社·北京

内容提要

本书是"十四五"职业教育国家规划教材。

本书内容包括：信息安全概述、信息安全基本保障技术、认识病毒及其防御技术、网络攻击与防御技术、网络设备安全技术、无线网络安全技术、网络操作系统安全技术、数据库安全技术、信息系统安全测评与信息安全风险评估、信息安全法律法规等。本书为新形态一体化教材，配套了丰富的数字化教学资源，助学助教。

本书可作为高等职业院校、职业本科院校、应用型本科院校电子信息大类相关专业的专业基础课程教材，还可作为信息安全相关人员的参考用书。

图书在版编目(CIP)数据

信息安全基础 / 徐振华主编. -- 4 版. -- 北京：高等教育出版社，2025.1(2025.8重印). -- ISBN 978-7-04-063351-1

Ⅰ. TP309

中国国家版本馆 CIP 数据核字第 2024C2Z761 号

策划编辑 班天允	责任编辑 程福平 班天允	封面设计 张文豪	责任印制 高忠富

出版发行	高等教育出版社	网 址	http://www.hep.edu.cn
社 址	北京市西城区德外大街4号		http://www.hep.com.cn
邮政编码	100120	网上订购	http://www.hepmall.com.cn
印 刷	上海叶大印务发展有限公司		http://www.hepmall.com
开 本	787mm×1092mm 1/16		http://www.hepmall.cn
印 张	22.75	版 次	2014年8月第1版
字 数	497千字		2025年1月第4版
购书热线	010-58581118	印 次	2025年8月第3次印刷
咨询电话	400-810-0598	定 价	49.50元

本书如有缺页、倒页、脱页等质量问题，请到所购图书销售部门联系调换

版权所有 侵权必究

物 料 号 63351-00

配套学习资源及教学服务指南

二维码链接资源

本书配套微课、拓展阅读等学习资源，在书中以二维码链接形式呈现。手机扫描书中的二维码进行查看，随时随地获取学习内容，享受学习新体验。

打开书中附有二维码的页面 → 扫描二维码 → 查看相应资源

在线自测

本书提供在线交互自测，在书中以二维码链接形式呈现。手机扫描书中对应的二维码即可进行自测，根据提示选填答案，完成自测确认提交后即可获得参考答案。自测可以重复进行。

打开书中附有二维码的页面 → 扫描二维码开始答题 → 提交后查看自测结果

教师教学资源索取

本书配有课程相关的教学资源，例如，教学课件、应用案例等。选用教材的教师，可扫描以下二维码，关注微信公众号"高职智能制造教学研究"，点击"教学服务"中的"资源下载"，或电脑端访问地址（101.35.126.6），注册认证后下载相关资源。

★如您有任何问题，可加入工科类教学研究中心QQ群：240616551。

本书二维码资源列表

	类型	说明		类型	说明
第1章	热点关注	勒索病毒	第4章	热点关注	论信息安全持久战
	拓展阅读	国家安全日与信息安全		拓展阅读	APT之海莲花
	互动练习	1.1节测验		拓展阅读	居安思危之未来战场信息战
	微课	1.2节		互动练习	4.1节测验
	互动练习	1.2节测验		微课	4.2节
	微课	1.3节		互动练习	4.2节测验
	互动练习	1.3节测验		微课	4.3.1节
	微课	1.4节		微课	4.3.2节
	拓展阅读	AI+安全		互动练习	4.3节测验
	互动练习	1.4节测验		互动练习	4.4节测验
	互动练习	1.5节测验		微课	4.5节
第2章	热点关注	密码应用趣事		互动练习	4.5节测验
	拓展阅读	中国古代数学起源与中国剩余定理新解	第5章	热点关注	美国棱镜门的启示
	微课	2.1.2节		拓展阅读	芯片"卡脖子"的警示
	拓展阅读	量子计算对传统密码学的影响		微课	5.1节
	互动练习	2.1节测验		互动练习	5.1节测验
	互动练习	2.2节测验		互动练习	5.2节测验
	拓展阅读	信息安全大模型 云盘古		微课	5.3节
第3章	热点关注	一次惊心动魄的经历(病毒查杀)		互动练习	5.3节测验
	拓展阅读	"熊猫烧香"作者的警示录		微课	5.4节
	微课	3.1节		互动练习	5.4节测验
	互动练习	3.1节测验		互动练习	5.5节测验
	微课	3.2节	第6章	热点关注	明明白白用无线
	互动练习	3.2节测验		拓展阅读	为什么是5G
	互动练习	3.3节测验		拓展阅读	WIFI 6
				互动练习	6.1节测验

续　表

类　型	说　明		类　型	说　明
第 6 章	拓展阅读	WIFI 6 与 WIFI 7	第 8 章	拓展阅读	华为数据库 openGauss
	互动练习	6.2 节测验		互动练习	8.3 节测验
	微　课	6.3 节	第 9 章	热点关注	关于信息安全的提示
	互动练习	6.3 节测验		拓展阅读	等保 2.0 的意义
	拓展阅读	6G		微　课	9.1.1 节
	互动练习	6.4 节测验		互动练习	9.1 节测验
第 7 章	热点关注	国产操作系统的重要性		微　课	9.2.1 节
	拓展阅读	COS 鸿蒙的突围		互动练习	9.2 节测验
	拓展阅读	鸿蒙系统		互动练习	9.3 节测验
	微　课	7.1.2 节	第 10 章	热点关注	外国情报机构聘用的军事间谍活动
	互动练习	7.1 节测验			
	拓展阅读	华为开源操作系统 openEuler		拓展阅读	我国信息安全加速立法的重要意义
	微　课	7.2.2 节			
	互动练习	7.2 节测验		互动练习	10.1 节测验
第 8 章	热点关注	蚂蚁金服 OceanBase 简介		互动练习	10.2 节测验
	拓展阅读	数据安全法		互动练习	10.3 节测验
	互动练习	8.1 节测验		互动练习	10.4 节测验
	互动练习	8.2 节测验		互动练习	10.5 节测验

FOREWORD

前 言

本书是"十四五"职业教育国家规划教材。

党的二十大报告中强调,教育、科技、人才是全面建设社会主义现代化国家的基础性、战略性支撑;构建新一代信息技术、人工智能、生物技术、新能源、新材料、高端设备、绿色环保等一批新的增长引擎。随着信息技术的发展,信息安全已成为事关国家安全和国家发展、事关广大人民群众工作生活的重大战略问题。为实施国家安全战略,加快信息空间安全人才培养,国务院学位委员会于 2015 年在"工学"门类下增设了"网络空间安全"一级学科;教育部于 2019 年在中等职业学校专业目录中增设了"网络信息安全"专业,2021 年更新了高等职业学校"信息安全技术应用"专业名称及标准。信息安全人才是建设网络强国的重要基础,信息安全专业人才的培养是职业教育的重要任务。

本书结合《国家信息化领导小组关于加强信息安全保障工作的意见》《国家信息化发展战略纲要》精神,在教育部开展 1+X 证书制度的大背景下,结合电子信息大类专业中对信息安全基础课程的需求,将理论深度与广度、岗位需求定位进行有效结合,并考虑了一定的应用实践性。本书每章后面配有项目实践,锻炼学生的信息安全应用实践技能,并通过丰富的案例、动画视频、互动测验,激发学生努力探索求知的欲望和进一步学习的兴趣。

本书适合作为高等职业院校、职业本科院校、应用型本科院校电子信息大类专业信息安全基础课程的教学用书,建议教学时数为 60 学时,其中实践学时 20 学时,具体分配建议见下表。

章 节	课 程 内 容	学时分配	
		讲授	实践训练
第 1 章	**信息安全概述** **主要知识点**:信息安全定义,信息安全威胁种类,信息安全模型、体系,信息安全评价标准	2	2
第 2 章	**信息安全基本保障技术** **主要知识点**:对称密码,非对称密码,哈希函数,信息隐藏技术	4	2

续 表

章 节	课 程 内 容	学时分配 讲授	学时分配 实践训练
第3章	认识病毒及其防御技术 主要知识点：病毒基本概念，病毒关键技术介绍，典型病毒分析，病毒防御技术，病毒防治工具	4	2
第4章	网络攻击与防御技术 主要知识点：网络攻击基本原理，欺骗攻击，拒绝服务攻击，密码破解，Web攻击	6	2
第5章	网络设备安全技术 主要知识点：防火墙技术，入侵检测技术，虚拟专用网技术，网络隔离技术，统一威胁管理产品及技术	6	2
第6章	无线网络安全技术 主要知识点：WLAN概述，802.11协议，WEP与WPA，4G、5G移动安全	4	2
第7章	网络操作系统安全技术 主要知识点：Windows安全概述，Linux安全概述	6	2
第8章	数据库安全技术 主要知识点：数据库系统概述，SQL语言，云端数据库安全，数据库威胁与防护	4	2
第9章	信息系统安全测评与信息安全风险评估 主要知识点：信息系统安全测评，风险评估，等级保护相关标准	2	2
第10章	信息安全法律法规 主要知识点：信息安全法律法规概述，信息安全职业道德规范	2	2
小 计		40	20

　　本书由北京信息职业技术学院徐振华副教授担任主编，由重庆电子科技职业大学何欢担任副主编。本书遵循校企合作双元开发理念，多所院校和企业联合编写，作者团队包括北京信息职业技术学院赵菁、刘海燕、刘易、刘继敏，辽宁建筑职业学院楚文波，安徽商贸职业技术学院何军，义乌工商职业技术学院冯向荣，以及西普阳光科技有限公司和北京中安国发信息技术研究院两家信息安全企业。

　　本书配套实验资源可登录"九月邦"网站中的"精选课程"栏目查看。

　　由于编者水平有限，书中难免有不足之处，恳请读者批评指正。

编 者

目 录

第 1 章　信息安全概述 …… 001
1.1　信息与信息安全 …… 002
1.2　信息安全面临的威胁类型 …… 004
1.3　信息安全的现状与目标 …… 007
1.4　信息安全模型与信息系统安全体系结构 …… 011
1.5　信息安全评价标准 …… 021
1.6　项目实践 …… 032

第 2 章　信息安全基本保障技术 …… 043
2.1　密码学技术概述 …… 043
2.2　信息隐藏技术 …… 056
2.3　项目实践 …… 067

第 3 章　认识病毒及其防御技术 …… 083
3.1　病毒基础知识 …… 083
3.2　病毒的防御技术 …… 094
3.3　病毒防治工具简介 …… 095
3.4　项目实践 …… 098

第 4 章　网络攻击与防御技术 …… 113
4.1　网络攻击概述 …… 113

4.2 欺骗攻击原理 …… 117
4.3 拒绝服务攻击 …… 124
4.4 密码破解 …… 127
4.5 Web 常见攻击介绍 …… 131
4.6 项目实践 …… 136

第 5 章 网络设备安全技术 …… 153
5.1 防火墙技术 …… 153
5.2 入侵检测技术 …… 165
5.3 虚拟专用网技术 …… 174
5.4 网络隔离技术 …… 190
5.5 统一威胁管理系统 …… 196
5.6 项目实践 …… 198

第 6 章 无线网络安全技术 …… 202
6.1 无线网络安全概述 …… 202
6.2 802.11 安全简介 …… 206
6.3 WEP 与 WPA 简介 …… 213
6.4 移动通信安全 …… 216
6.5 项目实践 …… 220

第 7 章 网络操作系统安全技术 …… 229
7.1 Windows 操作系统安全概述 …… 229
7.2 Linux 操作系统安全 …… 253
7.3 项目实践 …… 269

第 8 章 数据库安全技术 …… 287
8.1 数据库系统概述 …… 287
8.2 数据库的安全性 …… 293
8.3 数据库的威胁与防护 …… 297
8.4 项目实践 …… 303

第 9 章　信息系统安全测评与信息安全风险评估 ………………………………… 322
9.1　信息系统安全测评 …………………………………………………………… 322
9.2　信息安全风险评估 …………………………………………………………… 325
9.3　信息安全风险评估与等级保护的关系 ……………………………………… 328
9.4　项目实践 ……………………………………………………………………… 330

第 10 章　信息安全法律法规 ………………………………………………………… 336
10.1　信息安全法律法规概述 ……………………………………………………… 336
10.2　我国信息安全法律体系的基本描述 ………………………………………… 341
10.3　我国信息安全法律体系的主要特点 ………………………………………… 345
10.4　信息安全道德规范 …………………………………………………………… 345
10.5　案例分析 ……………………………………………………………………… 348

参考文献 ……………………………………………………………………………… 351

项目实践目录

章　名	项　目　名　称
第1章　信息安全概述	网络安全整体规划与实现/032
第2章　信息安全基本保障技术	密码学——对称密码基本加密实践/067
	信息隐藏——LSB图像信息隐藏实践/076
第3章　认识病毒及其防御技术	移动存储型病毒实践/098
	流氓软件实践/102
	木马攻击实践/108
第4章　网络攻击与防御技术	ARP地址欺骗攻击/136
	本地系统密码破解/139
	SQL注入/145
第5章　网络设备安全技术	站点到站点的IPSec VPN实现/198
第6章　无线网络安全技术	WEP密码破解/220
第7章　网络操作系统安全技术	Windows安全策略与审核/269
	Linux日志管理/284
第8章　数据库安全技术	SQL Server安全配置/303
	SQL Server安全审核/314
第9章　信息系统安全测评与信息安全风险评估	网络信息系统风险测评实践/330
	网络信息系统评估实践/332

第 1 章

信息安全概述

▶▶▶ 学习目标

1. 了解信息安全领域的学习内容、学习要求。
2. 掌握信息与信息安全的概念。
3. 了解信息安全面临的威胁类型。
4. 了解信息安全的现状和目标。
5. 熟悉主流信息安全模型的基本内容,了解信息系统安全体系结构。
6. 了解信息安全评价标准。

引 例

近年来全球发生了数起重大信息安全事件,如数百名英国官员电子邮箱和密码遭黑客组织曝光、美国中央情报局网站遭黑客攻击宕机数小时、迄今为止最复杂的计算机病毒"火焰"入侵中东多个国家、澳大利亚安全情报局网站遭黑客攻击、全球最大天然气生产企业遭受病毒攻击等,这些事件都发生在对国计民生影响较大的政府部门或者国民经济命脉行业。另外还有一些造成重大社会影响的信息安全事件,如数百万安卓手机被恶意软件感染、程序员入侵证券公司导致数十万股民信息泄露、大学网站被添加虚假信息贩卖假证、地铁因信号系统受干扰发生故障暂停、中国人民银行微博账号遭受 DDoS 攻击等。从以上事件可以看出,网络信息保护形势十分严峻,新兴信息安全威胁不断涌现;有组织的、带有政治意图的黑客攻击行为更加频繁;针对工控系统的威胁持续增加。很多网络攻击带来了重大的经济损失,甚至影响并破坏了正常的国际经济秩序。由此可见,保障信息安全的工作任重而道远。

信息安全学科是研究信息获取、信息存储、信息传输和信息处理领域中信息安全保障问题的一门新兴学科。数学、信息论、系统论、控制论、计算理论等学科构成了信息安全学科的理论基础。

传统的信息安全强调信息(数据)本身的安全属性,而从信息系统角度来全面考虑信息安全的内涵,信息安全则主要包括以下四个层面:设备安全、数据安全、内容安全和行

热点关注

勒索病毒

拓展阅读

国家安全日与信息安全

为安全,其中数据安全即是传统的信息安全。

(1) 设备安全。信息系统设备的安全是信息系统安全的首要问题,包括设备的稳定性、设备的可靠性和设备的可用性。

(2) 数据安全。采取措施确保数据免受泄露、篡改和毁坏,包括数据的秘密性、数据的完整性和数据的可用性。

(3) 内容安全。内容安全是信息安全在政治、法律、道德层次上的要求,要求信息内容在政治上是健康的,符合国家法律法规和中华民族优良的道德规范。

(4) 行为安全。行为的过程和结果不能危害数据的秘密性和完整性。行为的过程和结果应是秘密的和可预期的。当行为的过程偏离预期时,能够发现、控制并纠正。

信息系统的硬件系统安全和操作系统安全是信息系统安全的基础,密码和网络安全等技术是信息系统安全的关键技术。

可以说,信息安全是信息时代永恒的需求。在信息交换中,"安全"是相对的,而"不安全"是绝对的。当前,一方面是信息科学技术空前繁荣,另一方面危害信息安全的事件不断发生,对信息安全构成了极大威胁,信息安全的形势十分严峻。对于我国来说,信息安全形势的严峻性,不仅在于这些威胁的严重性,还在于我国在诸如CPU芯片、计算机操作系统等方面缺乏独立性,这就使我国的信息安全失去了自主可靠的基础。

信息的获取、处理和安全保障能力已成为综合国力和经济竞争力的重要组成部分,信息安全已成为影响国家安全、社会稳定和经济发展的决定性因素之一。

1.1 信息与信息安全

1.1.1 什么是信息

一、信息的定义

信息是通过施加于数据上的某些约定而赋予这些数据的特定含义。信息本身是无形的,借助于信息媒体以多种形式存在或传播,可以存储在计算机、磁带、纸张等介质中,也可以存储在人的大脑里,还可以通过网络、打印机、传真机等方式传播。通常情况下,可以把信息理解为消息、信号、数据、情报、知识等。如表1-1所示为某企业信息资源,主要包括数据、软件、信息系统。

表1-1 某企业信息资源

分 类	示 例
数 据	源代码 数据库数据 系统文档 运行管理规程

续 表

分　类	示　　例
数　据	计划 报告 用户手册 各类纸质文档
软　件	系统软件：操作系统、数据库管理系统、语句包、开发系统等 应用软件：办公软件、数据库软件、各类工具软件等 源程序：各种共享源代码、自行或合作开发的各种代码等
信息系统	物业管理系统 财务系统 办公系统

二、信息的安全属性

1. 保密性

信息的保密性是指确保只有被授予特定权限的人才能访问到信息的特性。

信息的保密性依据信息被允许访问对象的多少而不同，所有人员都可以访问的信息为公开信息，需要限制访问的信息为敏感信息或秘密信息。根据信息的重要程度和保密要求可以将信息分为不同密级。已授权用户根据所授予的操作权限可以对保密信息进行操作，有的用户只可以读取信息，有的用户对信息既可以进行读操作又可以进行写操作。

2. 完整性

信息的完整性是指保证信息和处理方法的正确性和一致性的特性。

信息的完整性一方面是指在使用、传输、存储信息的过程中确保不发生篡改信息、丢失信息等；另一方面是指信息处理方法的正确性，执行不正当的操作，有可能造成重要文件的丢失，甚至造成整个系统的瘫痪。

3. 可用性

信息的可用性是指确保授权用户或实体对信息及资源的正常使用不会被异常拒绝，允许授权用户或实体可靠且及时地访问信息及资源的特性。

4. 可控性

信息的可控性是指可以控制使用信息资源的人或实体的使用方式的特性。

对于信息系统中的敏感信息资源，如果任何人都能访问、篡改、窃取以及恶意散播的话，安全系统显然失去了效用。对访问信息资源的人或实体的使用方式进行有效的控制，是信息安全的必然要求。

从国家层面上看，信息安全的可控性不但涉及信息的可控性，还与安全产品、安全市场、安全厂商、安全研发人员的可控性密切相关。

5. 不可否认性

信息的不可否认性也称为抗抵赖性、不可抵赖性，是防止实体否认其已经发生的行为的特性。

信息的不可否认性分为原发不可否认和接收不可否认，原发不可否认用于防止发送者否认自己已发送的数据和数据内容，接收不可否认用于防止接收者否认已接收的数据和数据内容。实现不可否认的技术手段一般有数字证书和数字签名。

1.1.2　什么是信息安全

一、信息安全的定义

信息安全从广义上讲，是指对信息的保密性、可用性和完整性的保持。由于当今人类社会活动更多地依赖于网络，因此狭义地讲，信息安全指信息网络的硬件、软件及其系统中的数据受到保护，不受偶然的或者恶意的原因而遭到破坏、更改、泄露，系统连续可靠正常地运行，信息服务不中断。信息安全是一门涉及计算机科学、网络技术、通信技术、密码技术、信息安全技术、应用数学、数论、信息论等多种学科的综合性学科。

二、信息安全研究的基本领域

1. 研究领域

从理论上采用数学方法精确描述安全属性。

2. 工程技术领域

成熟的信息安全解决方案和新型信息安全产品。

3. 评估与测评领域

关注信息安全测评标准、安全等级划分、安全产品测评方法与工具、网络信息采集以及网络渗透技术。

4. 网络或信息安全管理领域

关注信息安全管理策略、身份认证、访问控制、入侵检测、网络与系统安全审计、信息安全应急响应、计算机病毒防治等安全技术。

5. 公共安全领域

熟悉国家和行业部门颁布的常用信息安全监察法律法规、信息安全取证、信息安全审计、知识产权保护、社会文化安全等技术。

6. 军事领域

关注信息对抗、信息加密、安全通信协议、无线网络安全、入侵攻击、网络病毒传播等信息安全综合技术。

1.2　信息安全面临的威胁类型

飞速发展的互联网在给社会和公众创造效益、带来方便的同时，其系统的漏洞和网络的开放性也给国家的经济建设和企业发展以及人们的社会生活带来了安全隐患，病毒侵袭、网络欺诈、信息污染、黑客攻击等问题更是给我们带来困扰和危害。

1.2.1 计算机网络所面临的主要威胁

计算机网络所面临的威胁主要有对网络中信息的威胁和对网络中设备的威胁两种，主要包括人为的失误、信息截取、内部窃密和破坏、黑客攻击、技术缺陷、病毒、自然灾害等。

(1) 人为的失误。操作员安全配置不当造成的安全漏洞、用户安全意识不强、用户口令选择不慎、用户将自己的账号随意转借他人或与别人共享都会对网络安全带来威胁。

(2) 信息截取。通过信道进行信息的截取，获取机密信息，或通过信息的流量分析、通信频度和长度分析，推出有用信息，这种方式不破坏信息的内容，不易被发现。这种方式是在过去军事对抗、政治对抗和当今经济对抗中最常用的，也是最有效的方式。

(3) 内部窃密和破坏。内部窃密和破坏指的是内部或本系统的人员通过网络窃取机密、泄露或更改信息以及破坏信息系统。据美国联邦调查局的一项调查显示，70%的攻击是从内部发动的，只有30%是从外部攻进来的。

(4) 黑客攻击。黑客已经成为网络安全的最大隐患。近年来，美国著名的雅虎、亚马逊等八大顶级网站接连遭受来历不明的攻击，导致服务系统中断，造成的直接损失达12亿美元，间接经济损失达10亿美元。

(5) 技术缺陷。由于认识能力和技术发展的局限性，在硬件和软件设计过程中，难免留下技术缺陷，从而造成网络的安全隐患，许多网络黑客可通过软硬件的技术缺陷侵入网络。

(6) 病毒。从1988年报道的第一例病毒(蠕虫病毒)侵入美国军方互联网，导致8 500台计算机染毒和6 500台停机，造成直接经济损失近1亿美元开始，此后这类事件层出不穷。从2001年"红色代码"到2012年的"冲击波"和"震荡波"等病毒发作的情况看，计算机病毒感染方式已从单机的被动传播变成了利用网络的主动传播，不仅带来网络的破坏，而且造成网上信息的泄露，特别是在专用网络上，病毒感染已成为网络安全的严重威胁。

另外，对网络安全的威胁还包括自然灾害等不可抗力因素。

对以上计算机网络的安全威胁归纳起来常表现为以下特征：

(1) 窃听。攻击者通过监视网络数据获得敏感信息。

(2) 重传。攻击者先获得部分或全部信息，而以后将此信息发送给接收者。

(3) 伪造。攻击者将伪造的信息发送给接收者。

(4) 篡改。攻击者对合法用户之间的通信信息进行修改、删除、插入，再发送给接收者。

(5) 拒绝服务攻击。攻击者通过某种方法使系统响应减慢甚至瘫痪，阻碍合法用户获得服务。

(6) 行为否认。通信实体否认已经发生的行为。

(7) 非授权访问。没有预先经过同意，就使用网络或计算机资源。

(8) 传播病毒。通过网络传播计算机病毒，其破坏性非常高，而且用户很难防范。

1.2.2 从五个层次看信息安全威胁

信息系统的安全威胁是永远存在的,下面从信息安全的五个层次来介绍信息安全威胁。

一、物理层安全风险分析

物理层上的安全风险分析如下:

(1) 地震、水灾、火灾等环境事故造成设备损坏。

(2) 电源故障造成设备断电以至操作系统引导失败或数据库信息丢失。

(3) 设备被盗、被毁造成数据丢失或信息泄露。

(4) 电磁辐射可能造成数据信息被窃取或偷阅。

(5) 监控和报警系统的缺乏或者管理不善可能造成原本可以防止的事故。

二、网络层安全风险分析

网络层上的安全风险分析如下:

(1) 数据传输风险分析。数据在传输过程中,线路搭载、链路窃听可能造成数据被截获、窃听、篡改和破坏,数据的机密性、完整性无法保证。

(2) 网络边界风险分析。如果在网络边界上没有强有力的控制,则外部黑客就可以随意出入企业总部及各个分支机构的网络系统,从而获取各种数据和信息,泄露问题无法避免。

(3) 网络服务风险分析。一些信息平台运行 Web 服务、数据库服务等,如不加防范,各种网络攻击可能对业务系统服务造成干扰、破坏,如最常见的拒绝服务攻击 DoS、DDoS。

三、操作系统层安全风险分析

操作系统层上的安全风险分析如下:

(1) 系统安全通常指操作系统的安全,操作系统的安装以正常工作为目标,在通常的参数、服务配置中,默认开放的端口中,存在很大安全隐患和风险。

(2) 操作系统在设计和实现方面本身存在一定的安全隐患,无论是 Windows 还是 UNIX 操作系统,不能排除开发商留有后门(back-door)。

(3) 系统层的安全风险同时还包括数据库系统以及相关商用产品的安全漏洞。

(4) 病毒也是系统安全的主要威胁,病毒大多利用了操作系统本身的漏洞,通过网络迅速传播。

四、应用层安全风险分析

应用层上的安全风险有如下三点:

(1) 业务服务安全风险。

(2) 数据库服务器的安全风险。

(3) 信息系统访问控制风险。

五、管理层安全风险分析

管理层上的安全风险分析如下:

(1) 管理层安全是网络中安全得到保证的重要组成部分,是防止来自内部网络入侵必需的部分。责权不明、管理混乱、安全管理制度不健全及缺乏可操作性等都可能引起管理安全的风险。

（2）信息系统无论从数据的安全性、业务服务的保障性和系统维护的规范性等角度，都需要严格的安全管理制度，从业务服务的运营维护和更新升级等层面加强安全管理能力。

1.3 信息安全的现状与目标

1.3.1 信息安全的现状

一、近年我国信息安全的现状

以互联网为核心的网络空间已成为继陆、海、空、天之后的第五大战略空间，各国均高度重视网络空间的安全问题。2013年，斯诺登披露的"棱镜门"事件如同重磅炸弹，更是引发了国际社会和公众对网络安全的空前关注。

自2004年起，国家互联网应急中心根据工作中受理、监测和处置的网络攻击事件和安全威胁信息，每年撰写和发布《CNCERT/CC[①] 网络安全工作报告》（2008年正式更名为《中国互联网网络安全报告》），为相关部门和社会公众了解国家网络安全状况和发展趋势提供参考。

在《2013年中国互联网网络安全报告》中显示：在我国，随着"宽带中国"战略推进实施，互联网全面升级提速，用户规模快速增长，移动互联网新型应用层出不穷，4G网络正式启动商用，虚拟运营商牌照陆续发放，网络化和信息化水平显著提高，这些都极大地促进了传统产业转型升级，带动了信息消费稳步增长。

根据CNCERT/CC监测数据和通信行业报送的信息，我国互联网仍然存在较多网络攻击和安全威胁，不仅影响广大网民利益，妨碍行业健康发展，甚至对社会经济和国家安全造成威胁。

总体上看，黑客活动仍然日趋频繁，网站后门、网络钓鱼、移动互联网恶意程序、拒绝服务攻击事件呈大幅增长态势，直接影响网民和企业权益，阻碍行业健康发展；针对特定目标的有组织高级可持续攻击（APT攻击）日渐增多，国家、企业的网络信息系统安全面临严峻挑战。

CNCERT发布的《2021年上半年我国互联网网络安全监测数据分析报告》（2021年7月），全面反映2021年上半年我国互联网在恶意程序传播、漏洞风险、DDoS攻击、网站安全等方面的情况。

（1）恶意程序

2021年上半年，捕获恶意程序样本约2 307万个，日均传播次数达582万余次，涉及

---

① 中文全称为"国家计算机网络应急技术处理协调中心"。

恶意程序家族约20.8万个。按照攻击目标IP地址统计,我国境内受恶意程序攻击的IP地址近3 048万个,约占我国IP地址总数的7.8%,这些受攻击的IP地址主要集中在广东省、江苏省、浙江省等地区。

我国境内感染计算机恶意程序的主机数量约446万台,同比增长46.8%。位于境外的约4.9万个计算机恶意程序通过服务器控制我国境内约410万台主机。

通过自主捕获和厂商交换发现新增移动互联网恶意程序86.6万余个,同比下降47.0%。通过对恶意程序的恶意行为统计发现,排名前三的仍然是流氓行为类、资费消耗类和信息窃取类,占比分别为47.9%、20.0%和19.2%。

(2) 安全漏洞

国家信息安全漏洞共享平台(CNVD)收录通用型安全漏洞13 083个,同比增长18.2%。其中,高危漏洞收录数量为3 719个(占28.4%),同比减少13.1%;"零日"漏洞收录数量为7 107个(占54.3%),同比大幅增长55.1%。按影响对象分类统计,排名前三的是应用程序漏洞(占46.6%)、Web应用漏洞(占29.6%)和操作系统漏洞(占6.0%)。

(3) 拒绝服务攻击

CNCERT监测发现,境内目标遭受峰值流量超过1 Gbps的大流量攻击事件同比减少17.5%,主要攻击方式为TCP SYN Flood、UDP Flood、NTP Amplification、DNS Amplification、TCP ACK Flood和SSDP Amplification,这6种攻击的事件占比达到96.1%;攻击目标主要位于浙江省、山东省、江苏省、广东省、北京市、福建省和上海市等地区,这7个地区的事件占比达到81.7%;1月份是上半年攻击最高峰,攻击较为活跃;攻击时长不超过30分钟的攻击事件占比高达96.6%,比例进一步上升,表明攻击者越来越倾向于利用大流量攻击瞬间打瘫攻击目标。

(4) 网站安全

监测发现针对我国境内网站仿冒页面1.3万余个。监测发现,今年2月份以来,针对地方农信社的仿冒页面呈爆发趋势,仿冒对象不断变换转移,承载IP地址主要位于境外。这些仿冒页面频繁动态更换银行名称,多为新注册域名且通过以伪基站发送钓鱼短信的方式进行传播。根据分析,通过此类仿冒页面,攻击者不仅仅可以获取受害人个人敏感信息,还可以冒用受害人身份登录其手机银行系统进行转账操作或者绑定第三方支付渠道进行资金盗取。

此外,攻击源、攻击目标为IPv6地址的网站后门事件有486起,共涉及攻击源IPv6地址114个、被攻击的IPv6地址解析网站域名累计78个。

(5) 云平台安全

发生在我国云平台上的各类网络安全事件数量占比仍然较高,其中云平台上遭受大流量DDoS攻击的事件数量占境内目标遭受大流量DDoS攻击事件数的71.2%、被植入后门网站数量占境内全部被植入后门网站数量的87.1%、被篡改网站数量占境内全部被篡改网站数量的89.1%。同时,攻击者经常利用我国云平台发起网络攻击,其中云平台作为控制端发起 DDoS 攻击的事件数量占境内控制发起 DDoS 攻击的事件数量的 51.7%、作为攻击跳板对外植入后门链接数量占境内攻击跳板对外植入后门链接数量的 79.3%、作为木马和僵尸网络恶意程序控制端控制的 IP 地址数量占境内全部数量的 65.1%、承载的恶意程序种类数量占境内互联网上承载的恶意程序种类数量的 89.5%。

(6) 工业控制系统安全

CNCERT 监测发现境内大量暴露在互联网的工业控制设备和系统。其中,设备类型包括可编程逻辑控制器、串口服务器等;存在高危漏洞的系统涉及煤炭、石油、电力、城市轨道交通等重点行业,覆盖企业生产管理、企业经营管理、政府监管及工业云平台等。

二、网络信息安全的发展趋势

在移动互联网快速发展、应用终端不断丰富、信息系统云端化、资源大数据化以及国际政治经济新形势等环境因素的综合作用下,网络攻击将越来越呈现入侵渠道多、威力强度大、实施门槛低等特点,2014 年后我国互联网面临的情况将更为复杂,网络安全形势将更加严峻。

(1) 恶意代码和漏洞技术不断演进,针对"高价值"目标的 APT 攻击风险持续加深,严重威胁我国网络空间安全。一是恶意代码将越来越多地具备零日漏洞攻击能力,黑客发现漏洞和利用漏洞进行攻击的时间间隔将越来越短。二是恶意代码的针对性、隐蔽性和复杂性将进一步提升,针对目标环境中特定配置的计算机可进行精准定位攻击。三是我国金融、能源、商贸、工控、国防等拥有高价值信息或对国家经济社会运行意义重大的信息系统将面临更多有组织或有国家支持背景的复杂 APT 攻击风险,轻则影响涉事企业的生存和发展,重则影响国家经济在全球的核心竞争力,甚至可能危及国家安全。

(2) 信息窃取和网络欺诈将继续成为黑客攻击的重点。2012 年 12 月 28 日,全国人大常委会通过《关于加强网络信息保护的决定》,网络信息保护立法已翻开新篇章。然而,在法律法规细化、管理措施落实、技术手段建设等诸多方面还有大量细致工作亟待完善。由于用户的网上活动所留下的大量私密信息已成为互联网的"新金矿",唾手可得的经济利益将吸引黑客甘于冒险追逐。黑客将继续大肆通过钓鱼网站、社交网站、论坛等,结合社会工程学对用户自身或其生活圈实施攻击。网络平台的安全漏洞和安全管理的缺位,以及用户的不安全上网习惯将继续导致用户个人信息"裸奔"事件呈现频发态势,用户信息的窃取、贩卖和网络欺诈等地下产业将逐步形成规模。

(3) 移动互联网恶意程序数量将持续增加并更加复杂。随着移动互联网的发展和应用的不断丰富,用户通过移动终端进行社交和经济活动的时间越来越长,而移动终端具备的实时在线、与用户互动紧密、能够对用户精确定位的特点,使得不法分子将更倾向于通过移动终端和移动互联网收集和售卖用户信息、强行推送广告、攻击移动在线支付等来获取经济利益,催生移动互联网黑色产业链发展。通过基于位置的服务(LBS)收集用户地理位置信息,还可能会成为犯罪活动的重要信息来源。二维码技术的应用,从视觉上改变了原有信息传递的方式,得到用户的追捧,同时也为恶意程序提供了隐身之机。还有一些应用软件开发方和软件平台管理方为一己私利,给软件功能滥用和恶意软件传播留下方便之门。

(4) 大数据和云平台技术的发展引入新的安全风险,面临数据安全和运行安全双重考验。一是数据安全威胁。首先,大数据意味着大风险,存储大量高价值数据的信息系统将吸引更多的潜在攻击者;其次,越来越多的组织和个人将信息移入云中,一旦云平台在传输和存储信息时遭到窃取、篡改、破坏等攻击,则其影响范围将呈几何级增长;最后,大数据时代的数据处理技术日益提升,黑客利用数据挖掘和关联分析技术也将获得更多有价值的信息。二是云服务运行安全威胁。一方面,拒绝服务攻击如造成云服务中断,则将影响众多组织和大量的用户;另一方面,云服务汇集了大量计算机和网络资源,一旦被控制用于实施网络攻击等违法犯罪行为,将给网络信息安全和用户合法权益带来不可估量的威胁。同时,攻击隐藏在云中,给安全事件的追踪分析增加了困难。此外,随着多元化智能终端的发展,用户使用各类智能终端通过移动互联网接入云端,也为网络攻击带来了更多的攻击渠道。

1.3.2 信息安全的目标

由于早期的计算机网络的作用是共享数据并促进大学、政府研究和开发机构、军事部门的科学研究工作,那时制定的网络协议,几乎没有注意到安全性问题。在人们眼里,网络是十分安全可靠的,没有人会受到任何伤害,因为许可进入网络的单位都被认为是可靠的和可以信赖的,并且已经参与研究和共享数据,大家在网络中都能得到各种服务。然而,当1991年美国国家科学基金会(National Science Foundation,NSF)取消了互联网上不允许商业活动的限制后,越来越多的企业、商业机构、银行和个人进入互联网络,利用其资源和服务进行商业活动,网络安全问题越发凸显出来。

在互联网大规模普及之后,特别是在电子商务活动逐渐进入实用阶段之后,网络信息安全更是引起人们的高度重视。网络交易需要大量的信息,包括商品生产和供应信息(商品的产地、产量、质量、品种、规格、价格等)、商品需求信息(消费者的个人情况、购买倾向、购买力的增减、消费水平和结构的变化等)、商品竞争信息(同行业竞购和竞销能力、新产品开发、价格策略、促销策略、销售渠道等)、财务信息(价格撮合、收支款项、支付方式等)、市场环境信息(政治状况、经济状况、自然条件特别是自然灾害的变化等)。这些信息通过合同、货单、文件、财务核算、凭证、标准、条例等形式在买卖双方以及有关各方之间不断传递。为保证整个交易过程的顺利完成,必须保证上述信息的完整性、准确性和不可修改性。由于网络交易信息是在Internet上传递的,因此,相对于传统交易来说,网络交易对信息安全提出了更高、更苛刻的要求。

危及网络信息安全的因素主要来自两个方面:一是网络设计和网络管理方面存在纰漏,无意间造成机密数据暴露;二是攻击者采用不正当的手段通过网络(包括截取用户正在传输的数据和远程进入用户的系统)获得数据。对于前者,应当结合整个网络系统的设计,进一步提高系统的可靠性;对于后者,则应从数据安全的角度着手,采取相应的安全措施,达到保护数据安全的目的。

一个良好的信息安全系统目标如图1-1所示,不仅应当能够防范恶意的无关人员,而且应当能够防止专有数据和服务程序的偶然泄露,同时不需要内部用户都成为安全专家。只有设置这样一个系统,用户才能在其内部资源得到保护的安全环境下,享受访问公用网络的好处。

图 1-1 信息安全的目标

总而言之,所有的信息安全技术都是为了达到一定的安全目标,即通过各种技术与管理手段实现网络信息系统的可靠性、保密性、完整性、有效性、可控性和拒绝否认性。

1.4 信息安全模型与信息系统安全体系结构

1.4.1 信息安全模型概述

本节介绍比较流行的信息安全模型,它们是OSI安全体系结构、基于时间的PDR模型、IATF信息保障技术框架和WPDRRC信息安全模型。

一、OSI安全体系结构

国际标准化组织(ISO)在对开放系统互联环境的安全性进行了深入研究后,提出了OSI安全体系结构(open system interconnection reference model),即《信息处理系统-开放系统互连-基本参考模型-第二部分:安全体系结构》(ISO7498—2:1989),该标准被我国等同采用,即GB/T9387.2—1995。该标准是以OSI参考模型为基础,针对通信网络提出的安全体系架构模型。如图1-2所示的三维安全空间解释了这一体系结构。

该模型提出了安全服务、安全机制、安全管理和安全层次的概念。需要实现的5类安全服务,包括鉴别(认证)、访问控制、数据保密性、数据完整性和抗抵赖(抗否认),用来支持安全服务的8种安全机制,包括加密、数字签名、访问控制、数据完整性、认证交换、业务流填充、路由控制和公证,实施的安全管理分为系统安全管理、安全服务管理和安全机制

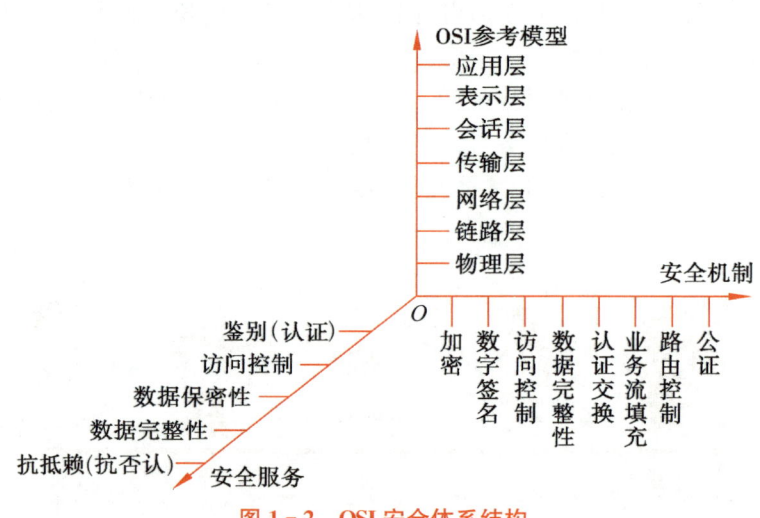

图 1-2 OSI 安全体系结构

管理。实现安全服务和安全机制的层面包括物理层、链路层、网络层、传输层、会话层、表示层和应用层。

鉴别(认证)：鉴别服务提供对通信中对等实体和数据来源的鉴别。包括对等实体鉴别和数据原发鉴别。

访问控制服务：访问控制服务主要是以资源使用的等级划分资源使用者的授权范围，来对抗开放系统互连可访问资源的非授权使用。

数据机密性服务：数据机密性服务对数据提供保护，使之不被非授权地泄露，包括连接机密性、无连接机密性、选择字段机密性和通信业务流机密性。

数据完整性服务：数据完整性服务用于对付主动威胁方面。

抗抵赖(抗否认)：包括有数据原发证明的抗抵赖和有交付证明的抗抵赖。

表 1-2 给出了对付典型威胁所采用的安全服务。

表 1-2 对付典型威胁所采用的安全服务

攻击类型	安全服务
假冒	鉴别服务
非授权侵犯	访问控制服务
非授权泄露	数据保密性服务
篡改	数据完整性服务
否认	抗抵赖服务
拒绝	鉴别服务、访问控制服务、数据完整性服务等

表 1-3 给出了 OSI 协议层与相关的安全服务。

表 1-3　OSI 协议层与相关的安全服务

安全服务	OSI 协议层						
	1	2	3	4	5	6	7
对等实体鉴别			√	√			√
数据原发鉴别			√	√			√
访问控制服务			√	√			√
连接保密性	√	√	√	√		√	√
无连接保密性		√	√	√			√
选择字段保密性							√
通信业务流保密性						√	√
带恢复的连接完整性	√		√				√
不带恢复的连接完整性			√	√			√
选择字段的连接完整性			√	√			√
无连接完整性							√
选择字段的无连接完整性			√	√			√
有数据原发证明的抗抵赖							√
有交付证明的抗抵赖							√

表 1-4 给出了 OSI 安全服务与安全机制之间的关系。

表 1-4　OSI 安全服务与安全机制之间的关系

安全服务	安全机制						
	加密	数字签名	访问控制	数据完整性	认证交换	业务流填充	路由控制	公证
对等实体鉴别	√	√			√			
数据原发鉴别	√	√						
访问控制服务			√					
连接保密性	√						√	
无连接保密性	√						√	
选择字段保密性	√							
通信业务流保密性	√					√	√	

续　表

安　全　服　务	安　全　机　制							
	加密	数字签名	访问控制	数据完整性	认证交换	业务流填充	路由控制	公证
带恢复的连接完整性	√			√				
不带恢复的连接完整性	√			√				
选择字段的连接完整性	√			√				
无连接完整性	√	√		√				
选择字段的无连接完整性	√	√		√				
有数据原发证明的抗抵赖		√		√				√
有交付证明的抗抵赖		√		√				√

二、基于时间的 PDR(time based security protection detection response)模型

早期，为了解决信息安全问题，技术上主要采取以防护手段为主，比如采用数据加密防止数据被窃取，采用防火墙技术防止系统被侵入。随着信息安全技术的发展，又提出了新的安全防护思想，具有代表性的是 ISS 公司提出的 PDR 模型，如图 1-3 所示。该模型认为安全应从防护(protection)、检测(detection)、响应(response)三个方面考虑形成安全防护体系。

按照 PDR 模型的思想，一个完整的安全防护体系，不仅需要防护机制(比如防火墙、加密等)，而且需要检测机制(比如入侵检测、漏洞扫描等)，在发现问题时还需要及时做出响应。同时 PDR 模型是建立在基于时间的理论基础之上的，该理论的基本思想是认为信息安全相关的所有活动，无论是攻击行为、防护行为、检测行为还是响应行为，都要消耗时间，因而可以用时间尺度来衡量一个体系的能力。

图 1-3　PDR 模型

假设系统被攻破的时间为 P_t，检测到攻击的时间为 D_t，响应并反攻击的时间为 R_t，系统被暴露的时间为 E_t，则系统安全状态的表示为 $E_t=D_t+R_t-P_t$。当 $E_t>0$ 时，说明系统处于安全状态；当 $E_t<0$ 时，说明系统已受到危害，处于不安全状态；当 $E_t=0$ 时，说明系统安全处于临界状态。

PDR 模型虽然考虑了防护、检测和响应三个要素，但在实际使用中依然存在不足，该模型总体来说还是局限于从技术上考虑信息安全问题，但是随着信息化的发展，人们越来越意识到信息安全涉及面非常广，除了技术外还应考虑人员、管理、制度和法律等方面要素。为此，安全行业的研究者们对这一模型进行了补充和完善，先后提出了 PPDR、PDRR、PPDRM、WPDRRC 等改进模型。

三、IATF 信息保障技术框架

上面介绍的 OSI 安全体系结构、基于时间的 PDR 模型都表现的是信息安全最终的存在形态，是一种目标体系和模型，这种体系模型并不关注信息安全建设的工程过程，并没有阐述实现目标体系的途径和方法。此外，已往的安全体系和模型无不侧重于安全技术，但它们并没有将信息安全建设除技术外的其他诸多因素体现到各个功能环节当中。

当信息安全发展到信息保障阶段之后，人们越发认为，构建信息安全保障体系必须从安全的各个方面进行综合考虑，只有将技术、管理、策略、工程过程等方面紧密结合，安全保障体系才能真正成为指导安全方案设计和建设的有力依据。信息保障技术框架（information assurance technical framework，IATF）就是在这种背景下诞生的。

1. IATF 深度防御战略的三个层面

IATF 是由美国国家安全局组织专家编写的一个全面描述信息安全保障体系的框架，它提出了信息保障时代信息基础设施的全套安全需求。IATF 创造性的地方在于首次提出了信息保障依赖于人、技术和操作来共同实现组织职能/业务运作的思想，对技术/信息基础设施的管理也离不开这三个要素。IATF 认为，稳健的信息保障状态意味着信息保障的策略、过程、技术和机制在整个组织的信息基础设施的所有层面上都能得以实施。如图 1-4 所示为 IATF 的框架模型。

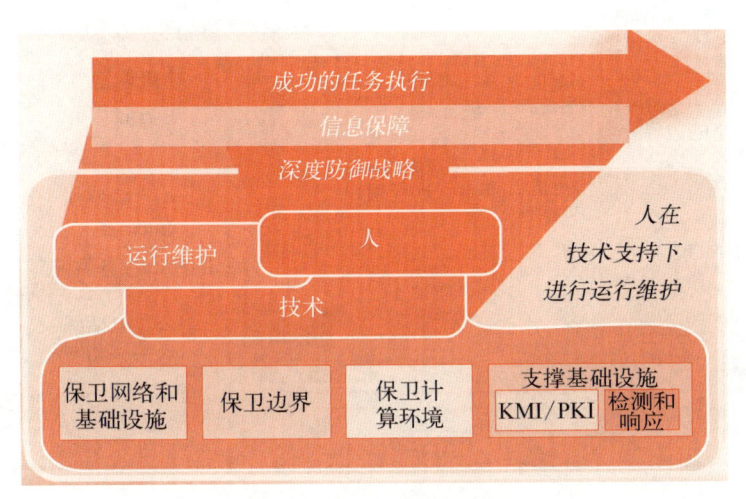

图 1-4　IATF 的框架模型

IATF 规划的信息保障体系包含三个要素：

人（people）。人是信息体系的主体，是信息系统的拥有者、管理者和使用者，是信息保障体系的核心，是第一位的要素，同时也是最脆弱的。正是基于这样的认识，安全管理在安全保障体系中就愈显重要，可以这么说，信息安全保障体系，实质上就是一个安全管理的体系，其中包括意识培训、组织管理、技术管理和操作管理等多个方面。

技术（technology）。技术是实现信息保障的重要手段，信息保障体系所应具备的各项安全服务就是通过技术机制来实现的。当然，这里所说的技术，已经不单是以防护为主的静态技术体系,而是防护、检测、响应、恢复并重的动态的技术体系。

操作(operation)。操作也叫运行,它构成了安全保障的主动防御体系,如果说技术的构成是被动的,那操作和流程就是将各方面技术紧密结合在一起的主动的过程,其中包括风险评估、安全监控、安全审计、跟踪告警、入侵检测、响应恢复等内容。

人,借助技术的支持,实施一系列的操作过程,最终实现信息保障目标,这就是IATF最核心的理念之一。

在这个策略的三个主要层面中,IATF强调技术并提供一个框架进行多层保护,以此防范计算机威胁。该方法使能够攻破一层或一类的攻击行为无法破坏整个信息基础设施。

2. IATF深度防御技术方案

为了明确需求,IATF定义了四个主要的技术焦点领域:保卫网络和基础设施,保卫边界,保卫计算环境和为基础设施提供支持,这四个领域构成了完整的信息保障体系所涉及的范围。在每个领域范围内,IATF都描述了其特有的安全需求和相应的可供选择的技术措施。无论是对信息保障体系的获得者,还是对具体的实施者或者最终的测评者,这些都有很好的指导价值。IATF-分层多点深度防御方案如图1-5所示。

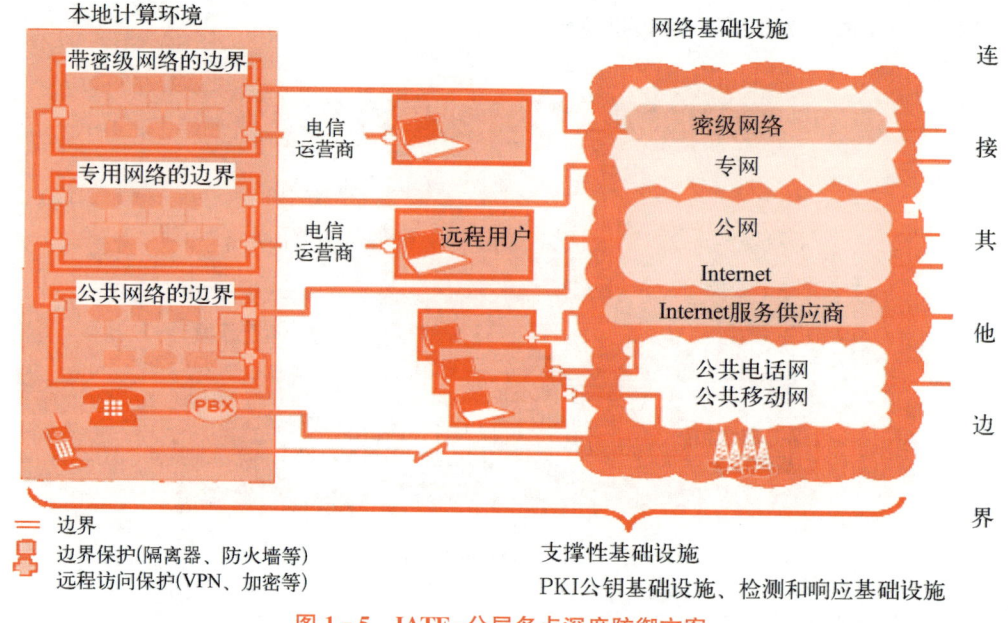

图1-5 IATF-分层多点深度防御方案

在深度防御技术方案中推荐下列原则:

(1)多点防御。包括保护网络和基础设施、保护区域边界、保护计算环境。

(2)分层防御。即使最好用的IA(information assurance,信息安全保障)产品也存在内部缺点。在任何系统中攻击者都能够找出一个开发中的漏洞。一种有效的对策是在攻击者和他的目标之间配备多个安全机制。这些安全机制的每一个都必须是攻击者的唯一的障碍。进而,每一个机制都应包括保护和检测两种手段。这些手段增加了攻击者被检测的概率,减少了他们成功的机会或成功渗透的机会。在网络外边和内部边界装配嵌套的防火墙(与入侵检测结合)是分层保卫的实例。分层防御示例如表 1-5 所示。

表 1-5 分层防御示例

攻击类型	第一层防线	第二层防线
被动攻击	链路和网络层加密和流量流安全	安全的应用
主动攻击	保卫区域边界	保卫计算环境
内部攻击	物理和人员安全	认证的访问控制、审计
接近攻击	物理和人员安全	技术监督措施
分发攻击	可信软件开发和分发	运行时完整性控制

四、WPDRRC 信息安全模型

WPDRRC 信息安全模型是我国"八六三"信息安全专家组提出的适合中国国情的信息系统安全保障体系建设模型,它在 PDR 模型的前后增加了预警和反击功能,它吸取了 IATF 需要通过人、技术和操作来共同实现组织职能和业务运作的思想。WPDRRC 模型有 6 个环节和 3 个要素。6 个环节包括预警(warning)、保护(protection)、检测(detection)、响应(reaction)、恢复(recovery)和反击(counterattack),它们具有较强的时序性和动态性,能够较好地反映出信息系统安全保障体系的预警能力、保护能力、检测能力、响应能力、恢复能力和反击能力。3 大要素包括人员、策略和技术,人员是核心,策略是桥梁,技术是保证,落实在 WPDRRC 的 6 个环节的各个方面,将安全策略变为安全现实。WPDRRC 信息安全模型如图 1-6 所示。

各类安全保护模型各有优缺点,OSI 安全体系结构和 PDR 安全保护模型是早期提出的安全保护模型,其过于关注安全保护的技术要素,忽略了重要的管理要素,存在一定的局限性。IATF 信息保障技术框架和 WPDRRC

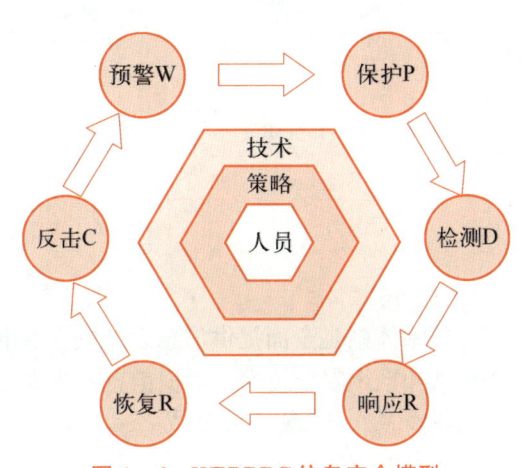

图 1-6 WPDRRC 信息安全模型

信息安全模型融入了人员、技术和管理的要素,并且分别从信息系统的构成角度和安全防护的层次角度提出了安全防护体系的构成思想,因此,其成为最为流行的安全保护模型被广泛应用。

成功的安全模型应满足以下几点:在安全和通信方便之间建立平衡、能够对存取进行控制、保持系统和数据完整、能对系统进行恢复和数据备份。

1.4.2 信息系统安全体系结构

综合运用信息安全技术保护信息系统的安全是我们研究与学习信息安全原理与技术的目的。信息系统是一个系统工程，本身很复杂，要保护信息系统的安全，仅仅靠技术手段是远远不够的。这里从技术、组织机构、管理三方面出发，介绍了信息系统安全体系框架的基本组成与内容。

信息系统安全的总需求是物理安全、网络安全、数据安全、信息内容安全、信息基础设备安全与公共信息安全的总和。安全的最终目的是确保信息的机密性、完整性、可用性、可审计性和抗抵赖性以及信息系统主体（包括用户、团体、社会和国家）对信息资源的控制。信息系统安全体系由技术体系、组织机构体系和管理体系共同构建。该体系的结构框架如图 1-7 所示。

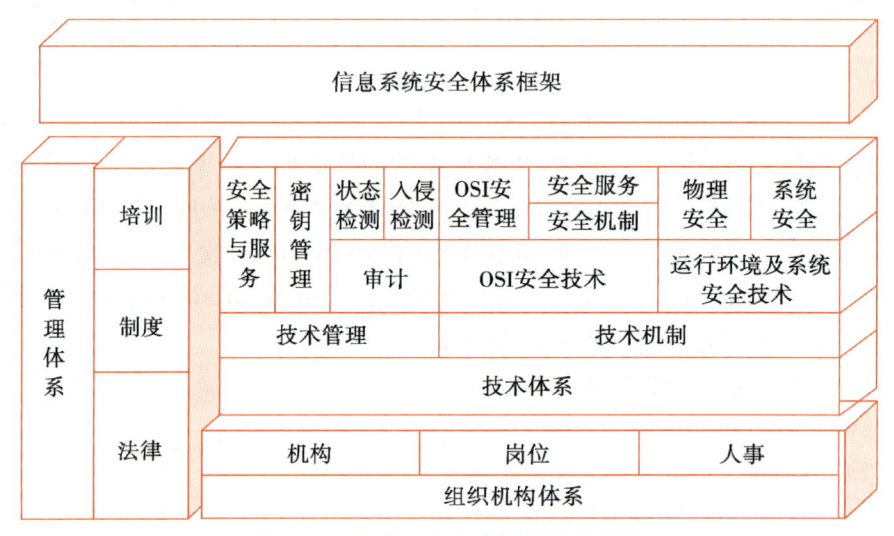

图 1-7 信息系统安全体系结构框架

一、技术体系

技术体系是全面提供信息系统安全保护的技术保障系统，其由两大类构成——物理安全技术和系统安全技术。根据信息系统安全体系中技术体系框架的设计，可将协议层次、信息系统构成单元和安全服务（安全机制）作为三维坐标体系的三个维度来表示，如图 1-8 所示。

二、组织机构体系

组织机构体系是信息系统安全的组织保障系统，由机构、岗位和人事机构 3 个模块构成。机构的设置分为 3 个层次：决策层、管理层和执行层。

决策层是信息系统主体单位决定信息系统安全重大事宜的领导机构，以单位主管信息工作的负责人为首，由行使国家安全、公共安全、机要和保密职能的部门负责人和信息系统主要负责人参与组成。

管理层是决策的日常管理机关，根据决策机构的决定全面规划并协调各方面力量实施信息系统的安全方案，制定、修改安全策略，处理安全事故，设置安全相关的岗位。

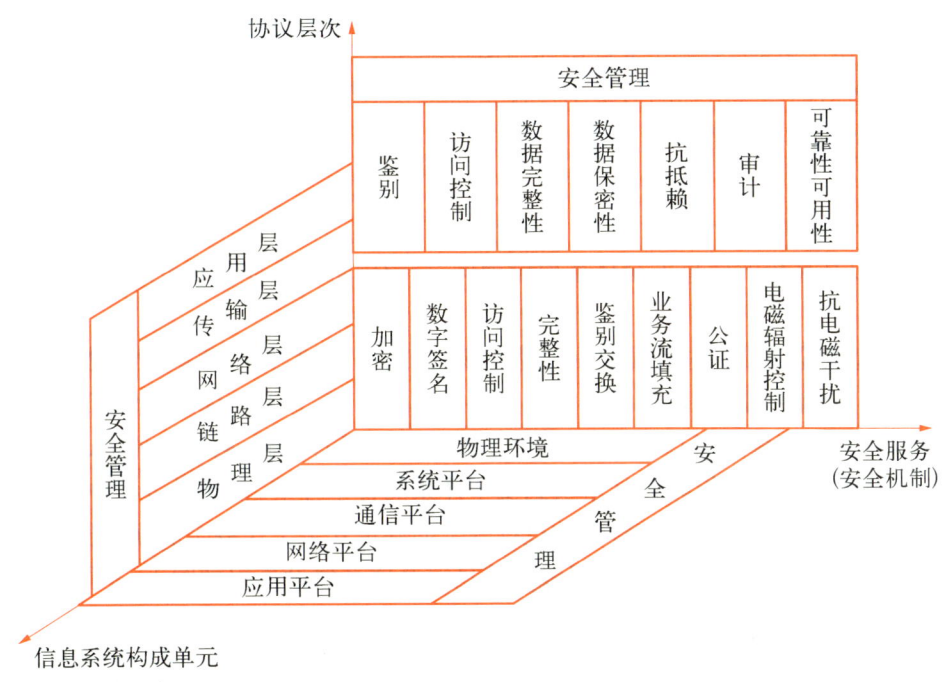

图 1-8 技术体系三维结构

执行层是在管理层协调下具体负责某一个或某几个特定安全事务的一个逻辑群体，这个群体分布在信息系统的各个操作层或岗位上。

岗位是信息系统安全管理机关根据系统安全需要设定的负责某一个或某几个特定安全事务的职位。岗位在系统内部可以是具有垂直领导关系的若干层次的一个序列，一个人可以负责一个或几个安全岗位，但一个人不得同时兼任安全岗位所对应的系统管理或具体业务岗位。岗位并不是一个机构，它由管理机构设定，由人事机构管理。

人事机构是根据管理机构设定的岗位，对岗位上的雇员进行素质教育、业绩考核和安全监管的机构。人事机构的全部管理活动在国家有关安全的法律、法规、政策规定范围内依法进行。

三、管理体系

管理是信息系统安全的灵魂。信息系统安全的管理体系由法律管理、制度管理和培训管理 3 个部分组成。

法律管理是根据相关的国家法律、法规对信息系统主体及其与外界关联行为的规范和约束。法律管理具有对信息系统主体行为的强制性约束力，并且有明确的管理层次性。与安全有关的法律法规是信息系统安全的最高行为准则。

制度管理是信息系统内部依据系统必要的国家或组织的安全需求制定的一系列内部规章制度，主要内容包括安全管理和执行机构的行为规范、岗位设定及其操作规范、岗位人员的素质要求及行为规范、内部关系与外部关系的行为规范等。制度管理是法律管理的形式化、具体化，是法律、法规与管理对象的接口。

化不仅关系到国家安全,同时也是保护国家利益、促进产业发展的一种重要手段。在互联网飞速发展的今天,网络和信息安全问题不容忽视,积极推动信息安全标准化,牢牢掌握在信息时代全球化竞争中的主动权是非常重要的。由此可以看出,信息安全标准化工作是一项艰巨、长期的基础性工作。

信息安全标准可以分为信息安全评估标准、信息安全管理标准和信息安全工程标准3类。应明确它们在信息安全标准体系中的地位和作用。本节将分别介绍国际和我国的信息安全评价标准。

1.5.1 信息安全相关国际标准

一、信息安全评估标准

在信息技术方面美国一直处于领导地位,在有关信息安全测评认证方面美国也是发源地。早在20世纪70年代,美国就开展了信息安全测评认证标准研究工作,并于1985年由美国国防部正式公布了可信计算机系统评估准则(trusted computer system evaluation criteria,TCSEC),即橘皮书,也就是大家公认的第一个计算机信息系统评估标准。可信计算机系统评估准则开始主要是作为军用标准,后来延伸至民用。其安全级别从高到低分为A、B、C、D四级,级下再分A1、B1、B2、B3、C1、C2、D七级。

欧洲的信息技术安全性评估准则(information technology security evaluation criteria,ITSEC)1.2版于1991年由欧洲委员会在结合法国、德国、荷兰和英国的开发成果后公开发表。ITSEC作为多国安全评估标准的综合产物,适用于军队、政府和商业部门。它以超越TCSEC为目的,将安全概念分为功能与功能评估两部分。加拿大可信计算机产品评估准则(Canada trusted computer product evaluation criteria,CTCPEC)1.0版于1989年公布,专为政府需求而设计,1993年公布了3.0版。作为ITSEC和TCSEC的结合,将安全分为功能性要求和保证性要求两部分。美国信息技术安全联邦准则(FC)草案1.0版也在1993年公开发表,它是结合北美和欧洲有关评估准则概念的另一种标准。在此标准中引入了"保护轮廓"(protect profile,PP)这一重要概念,每个轮廓都包括功能部分、开发保证部分和评测部分。其分级方式与TCSEC不同,充分吸取了ITSEC、CTCPEC中的优点,主要供美国政府用、民用和商用。

由于全球IT市场的发展,需要标准化的信息安全评估结果在一定程度上可以互相认可,以减少各国在此方面的一些不必要开支,从而推动全球信息化的发展。国际标准化组织(ISO)从1990年开始着手编写通用的国际标准评估准则。编写该准则的任务首先分派给了第1联合技术委员会(JTC1)的第27分委员会(SC27)的第3工作小组(WG3)。最初,由于大量的工作和多方协商的强烈需要,WG3的进展缓慢。在1993年6月,与CTCPEC、FC、TCSEC和ITSEC有关的6个国家中7个相关政府组织集中了他们的成果,并联合将各自独立的准则集合成一系列单一的、能被广泛接受的IT安全准则。其目的是解决原标准中出现的概念和技术上的差异,并把结果作为对国际标准的贡献提交给了ISO。

ISO于1996年颁布了《信息技术安全评估通用准则》CC 1.0版,1998年颁布了CC 2.0

版。1999 年 12 月 ISO 正式将 CC 2.0 作为国际标准——ISO/IEC 15408 发布。在 CC 中充分突出"保护轮廓",将评估过程分为"功能"和"保证"两部分。此通用准则是目前最全面的信息技术安全评估准则。信息技术安全评估标准的历史和发展概况如图 1-11 所示。

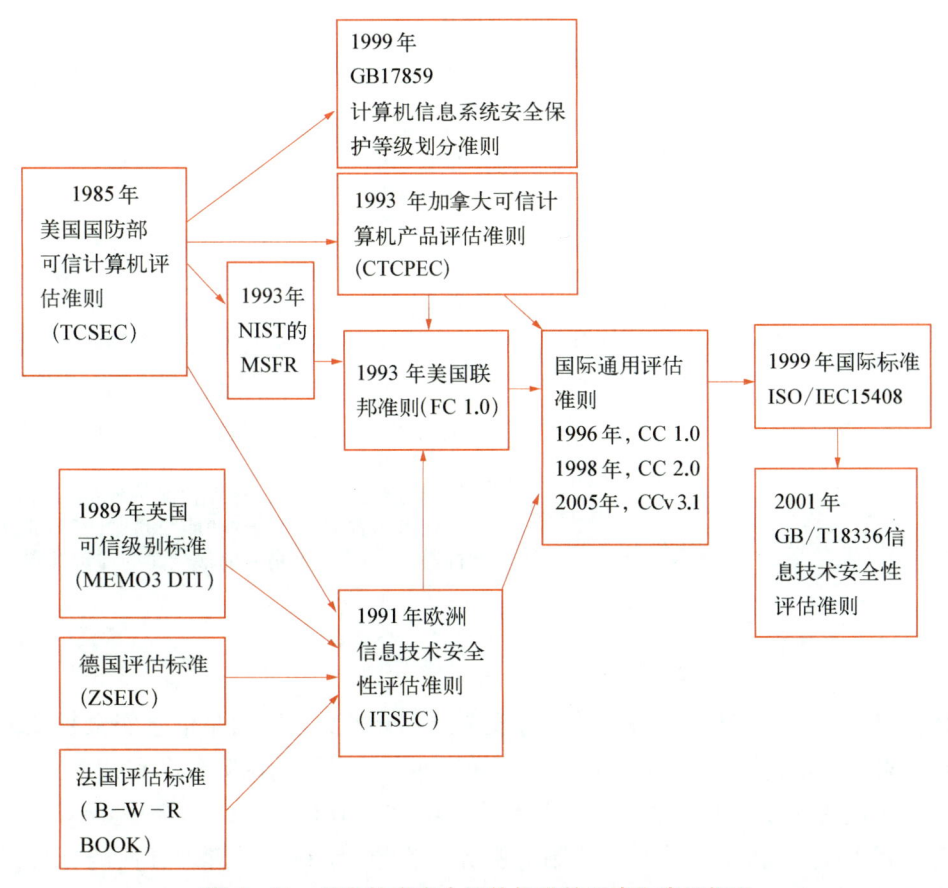

图 1-11 信息技术安全评估标准的历史和发展概况

目前 CC 标准已经发展到第三版本,最新版本为 CC v3.1,并于 2006 年年底正式被国际体系所采用。2008 年所发布的中国国家标准 GB/T 18336 等同采用 CC 2.3 版本,目前国际 CC 产业已经停止了 CC 2.3 版本的使用,完全采用最新版本的 3.1 版本。

表 1-6 对各个时期、不同区域的信息安全评估标准进行了总结。

表 1-6 各个时期、不同区域的信息安全评估标准

标准名称	标准区域	公布时间	适用范围	安全定义	特 点
TCSEC	美国	1985 年	主要为军用标准,延用至民用	机密性	1) 集中考虑数据保密性,而忽略了数据完整性、系统可用性等 2) 将安全功能和安全保证混在一起 3) 安全功能规定得过于严格,不便于实际开发和测评

续 表

标准名称	标准区域	公布时间	适用范围	安全定义	特　　点
ITSEC	英国 德国 法国	1991年	军用、政府用和商用	机密性、完整性与可用性	1) 安全被定义为保密性、完整性、可用性 2) 功能和质量/保证分开 3) 对产品和系统的评估都适用,提出评估对象(TOE)的概念
CTCPEC	加拿大	1989年	政府	机密性、完整性、可用性、可控性	将安全分为功能性需求和保证性需求两部分
FC	美国	1992年	美国政府用、民用和商用	机密性	1) 对TCSEC的升级 2) 引入了"保护轮廓"(PP)这一重要概念 3) 分级方式与TCSEC不同,吸取了ITSEC、CTCPEC中的优点
ISO 15408 GB/T 18336	国际标准化组织 中国	1999年 2001年	军用、政府用、商用	机密性、完整性、可用性、可控性、责任可追查性等	1) 主要思想和框架取自ITSEC和FC 2) 充分突出"保护轮廓",将评估过程分"功能"和"保证"两部分 3) 是目前最全面的评价准则

二、信息安全管理标准

1. ISO/IEC 信息安全管理标准

ISO/IEC JTC1 SC27 的名称是"信息安全技术分委员会",它是信息安全领域最权威和国际认可的标准化组织,它为信息安全领域发布了一系列的国际标准和技术报告,为信息化安全领域的标准化工作做出了巨大贡献。在 ISO/IEC JTC1 SC27 中,WG1(信息安全管理体系工作组)和 WG4(安全控制与服务工作组)编制安全管理方面的标准;其中,WG1 负责信息安全管理系统(ISMS)相关的标准。

2. 英国的信息安全管理标准——BS 7799 和 BS 15000

英国标准协会在信息安全管理和相关领域里做了大量的工作,其成果也已得到国际社会的广泛认可。其中 BS 7799 的第一部分——信息安全管理导则,目前已成为国际 ISO/IEC 27002(即 ISO/IEC 17799)标准;第二部分——信息安全管理系统规范,它讨论以 PDCA(plan - do - check - action,品质管理循环)过程方案建设信息安全管理系统(ISMS)以及信息安全管理系统评估的内容,目前已成为 ISO/IEC 27001 标准。另外其 BS 15000 提供了 IT 服务管理的规范和导则,在 BS 15000 基础上所建立的 ITIL 也成为 IT 服务管理的公认标准。

3. 美国的信息安全管理标准——NIST SP 系列特别出版物

2002 年,美国通过了一部联邦信息安全管理法案(FISMA),美国国家标准和技术委员会(NIST)负责根据该法案为美国政府和商业机构提供信息安全管理相关的标准规范。

因此,NIST 的一系列 FIPS 标准和 NIST 特别出版物 800 系列(NIST SP 800 系列)成为了指导美国信息安全管理建设的主要标准和参考资料。在 NIST 的标准系列文件中,虽然 NIST SP 并不作为正式法定标准,但在实际工作中,已成为美国和国际安全界得到广泛认可的事实标准和权威指南。

目前,NIST SP 800 系列已经出版了一百多本同信息安全相关的正式文件,形成了从计划、风险管理、安全意识培训和教育到安全控制措施的一整套信息安全管理体系,成为信息安全各领域的指南文件。2005 年,NIST SP 800 系列最主要的发展是配合 FISMA 2002 年的法案,建立以 800-53 等标准为核心的一系列测评认证和认可的标准指南。

4. 信息系统审计标准和信息技术服务标准——COBIT 和 ITIL

信息安全是一个综合的交叉学科,信息安全管理领域的很多内容同信息技术服务、信息系统审计等有着非常密切的联系,与 IT 服务、信息系统审计等建立联系,将更好地服务于用户应用,推动信息安全的管理工作,下面就对这些领域的一些热门标准进行简要介绍。

(1) 信息系统审计标准——COBIT。

COBIT(control objectives for information and related technology)模型是美国 ISACA 协会所提供的一个 IT 审计和治理的框架。它为信息系统审计和治理提供了一整套的控制目标、管理措施、审计指南。COBIT 控制模型架起了沟通强调业务的控制模型(如 COSO)和强调 IT 的控制模型(如 BS 7799)之间的桥梁。COBIT 提供了包含规划和组织、采购和实施、交付和支持以及监控 4 个域,34 个表达 IT 过程的高层控制目标,通过解决这 34 个高层控制目标,组织机构可以确保已为其 IT 环境提供了一个充分的控制系统,支持这些 IT 过程的是用于有效实施的 300 多个详细的控制目标。如图 1-12 所示为 COBIT 模型。

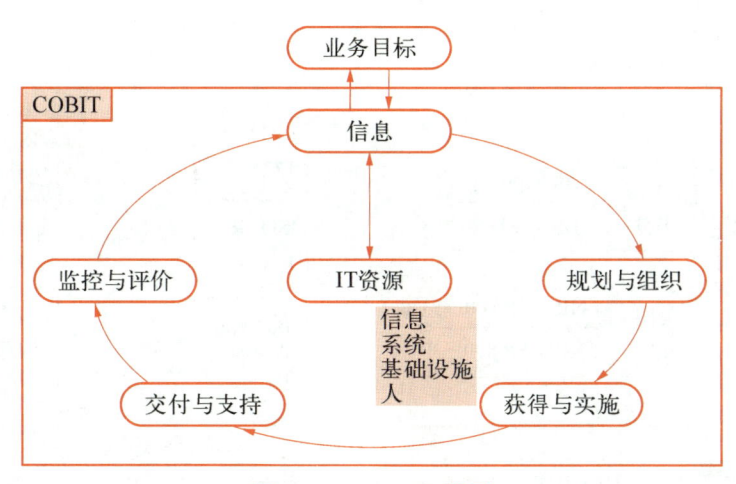

图 1-12 COBIT 模型

(2) 信息技术服务标准——ITIL。

ITIL(information technology infrastructure library,信息技术基础架构库)由英国政府部门 CCTA 在 20 世纪 80 年代末制定,现由英国商务部 OGC 负责管理,主要适用于

IT(信息技术)服务管理(ITSM)。20世纪90年代后期,ITIL的思想和方法,被美国、澳大利亚、南非等国家广泛引用,并进一步发展。2001年英国标准协会(BSI)在国际IT服务管理论坛(ITSMF)年会上,正式发布了基于ITIL的英国国家标准BS 15000。目前,ITSM领域正式成为全球IT厂商、政府、企业和业界专家广泛参与的新兴领域,对未来IT走向和企业信息化,将会产生深远的影响。ITIL的核心内容包括服务支持和服务交付,共11个流程。如图1-13所示为ITIL框架结构。

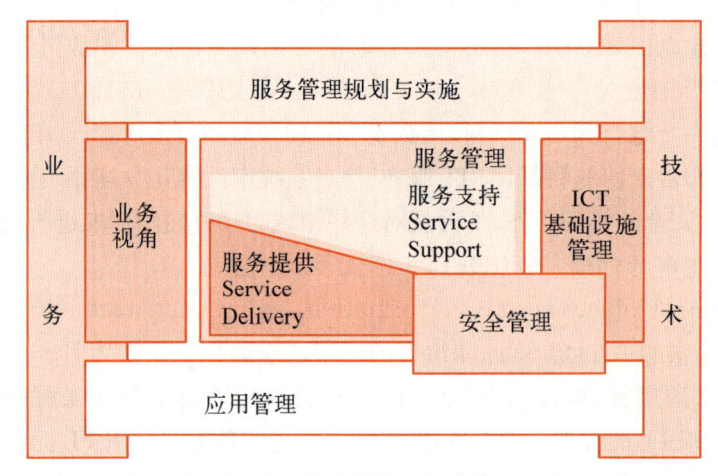

图1-13 ITIL框架结构

如图1-14所示为信息安全管理标准历史和发展概况脉络图。

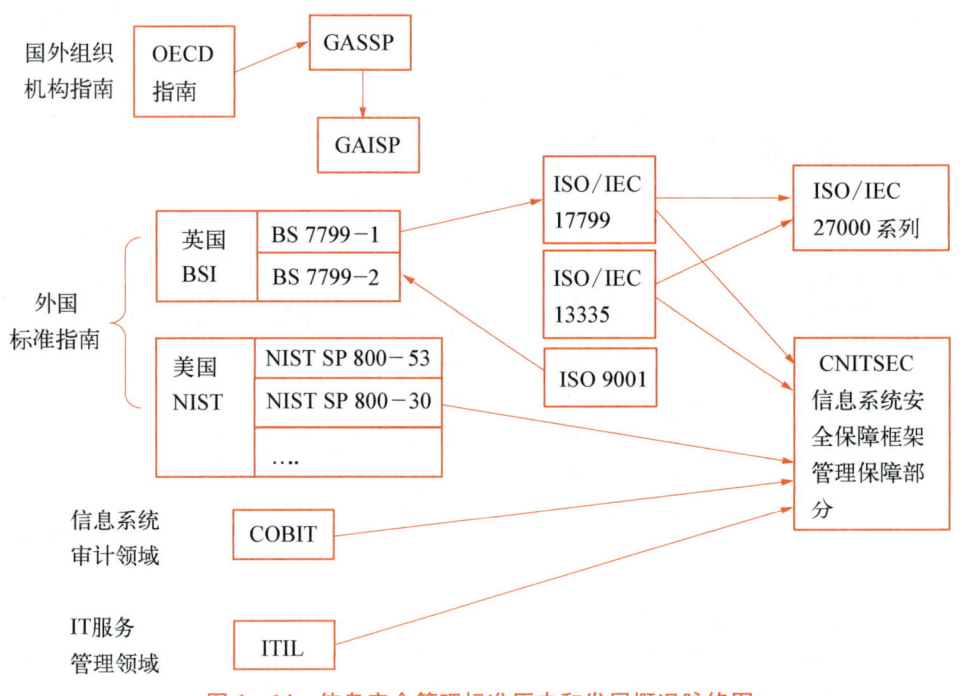

图1-14 信息安全管理标准历史和发展概况脉络图

5. 目前应用最广泛的国际信息安全管理标准

下面介绍一下目前应用最广泛的国际信息安全管理标准 ISO/IEC 27000 标准族和信息和通信技术安全管理指南 ISO/IEC TR 13335 标准族。

（1）ISO/IEC 27000 标准族。

依托 ISO/IEC 27001 和 ISO/IEC 27002，国际标准化组织建立了信息安全标准族 ISO 27000 系列，该标准有三个章节，第一章是标准的范围说明，第二章对 ISO 27000 系列的各个标准进行了介绍，说明了各个标准之间的关系，包括 ISO 27000，ISO 27001、ISO 27002、ISO 27003、ISO 27004、ISO 27005、ISO 27006。第三章给出了与 ISO 27000 系列标准相关的术语和定义，共 63 个。

ISO/IEC 27000：2018 Information technology—Security techniques—Information security management systems—Fundamentals and vocabulary，即信息技术—安全技术—信息安全管理体系—基础和术语，定义了整个系列 27000 文件的基本词汇，原则和概念。

ISO/IEC 27001：2022 Information technology—Security techniques—Information security management systems—Requirements，即信息技术—安全技术—信息安全管理体系—要求。该标准源于 BS7799-2，主要提出 ISMS（Information Security Management System，信息安全管理体系）的基本要求，最早发布于 2005 年。

ISO/IEC 27002：2022 Information technology—Security techniques—Code of practice for information security management，即信息技术—安全技术—信息安全管理实践规则。该标准将取代 ISO/IEC 17799：2005，直接由 ISO/IEC 17799：2005 更改标准编号为 ISO/IEC 27002。

ISO/IEC 27003：2017 Information security management system implementation guidance，即信息安全管理体系实施指南，属于 C 类标准。ISO/IEC 27003 为建立、实施、监视、评审、保持和改进符合 ISO/IEC 27001 的 ISMS 提供了实施指南和进一步的信息，使用者主要为组织内负责实施 ISMS 的人员。

ISO/IEC 27004：2016 Information security management measurements，即信息安全管理测量，属于 C 类标准。该标准主要为组织测量信息安全控制措施和 ISMS 过程的有效性提供指南。

ISO/IEC 27005：2022 Information security risk management，即信息安全风险管理，属于 C 类标准。该标准给出了信息安全风险管理的指南，其中所描述的技术遵循 ISO/IEC 27001 中的通用概念、模型和过程。

ISO/IEC 27006：2015 Requirements for the accreditation of bodies providing certification of information security management systems，即信息安全管理体系认证机构的认可要求，属于 D 类标准。该标准的主要内容是对从事 ISMS 认证的机构提出了要求和规范，或者说它规定了一个机构"具备怎样的条件就可以从事 ISMS 认证业务"。

(2) ISO/IEC TR 13335 标准族。

ISO/IEC TR 13335，被称作"IT 安全管理指南"（guidelines for the management of IT security, GMITS），新版称作"信息和通信技术安全管理"，它是 ISO/IEC JTC1 制定的技术报告，是一个信息安全管理方面的指导性标准，其目的是为有效实施 IT 安全管理提供建议和支持。

ISO/IEC TR 13335 系列标准（旧版）——GMITS，由 5 个部分组成：

ISO/IEC TR 13335‐1：1996 IT 安全的概念与模型，本部分提供基本的概念和模式来表述 IT 安全管理；

ISO/IEC TR 13335‐2：1997 IT 安全管理与策划，本部分阐述了管理和规划方面；

ISO/IEC TR 13335‐3：1998 IT 安全管理技术，本部分阐述在一个项目的生命运转期间相关的管理行为安全技巧，比如规划、设计、应用、测试、获得或者操作；

ISO/IEC TR 13335‐4：2000 防护措施的选择，本部分为防护措施的选择提供指导并阐述了这些指导是怎样被用在基本的模式和控制上的，它还表述了在第三部分中提到的安全技巧和这些附加的帮助理念可用在防护措施的选择中；

ISO/IEC TR 13335‐5：2001 网络安全管理指南，本部分为在网络和传播方面的 IT 安全管理负责人提供指导。

目前，ISO/IEC TR 13335‐1：1996 和 ISO/IEC TR 13335‐2：1997 已经被新的 ISO/IEC 13335‐1：2004 所取代。

ISO/IEC TR 13335 只是一个技术报告和指导性文件，并不是可依据的认证标准，信息安全体系建设参考 ISO/IEC 27001：2022 和 ISO/IEC 27002：2022，具体实践可以参考 ISO TR 13335。

三、信息安全工程标准——SSE‐CMM

1. SSE‐CMM 简介

SSE‐CMM 是系统安全工程能力成熟模型（systems security engineering capability maturity model）的缩写，是一种衡量系统安全工程实施能力的方法。它描述了一个安全工程过程必须包含的本质特征，这些特征是完善的安全工程保证。SSE‐CMM 主要用于指导系统安全工程的完善和改进，使系统安全工程成为一个定义清晰的、成熟的、可管理的、可控制的、有效的和可度量的学科。它是安全工程实施的度量标准，它覆盖了：

- 整个生命期，包括开发、运行、维护和终止。
- 整个组织，包括其中的管理、组织和工程活动。
- 与其他规范并行的相互作用，如系统、软件、硬件、人为因素、测试工程、系统管理、运行和维护等规范。
- 与其他机构的相互作用，包括获取、系统管理、认证、认可和评价机构。

在 SSE‐CMM 模型描述中，提供了对所基于的原理、体系结构的全面描述。它还包括了开发该模型的需求。SSE‐CMM 评定方法部分描述了针对 SSE‐CMM 来评价一个组织的安全工程能力的过程和工具。

SSE-CMM涉及信息安全产品或者系统整个生命周期的安全工程活动，其中包括：概念定义、需求分析、设计、开发、集成、安装、运行、维护和终止。

SSE-CMM的用户涉及安全工程的各类结构，包括产品开发商、服务提供商、系统集成商、系统管理员、安全专家等。这些SSE-CMM用户涉及的工程层面各不相同，在应用时可根据需要裁减。对于不同的用户，其可能的应用如下：

- 安全服务提供商：用于衡量一个机构的信息安全工程过程能力。
- 安全对策开发人员：当一个机构致力于开发安全对策时，该机构的能力将以其对SSE-CMM中各项工程实施元素的掌握能力来体现。
- 产品开发商：SSE-CMM中包含的很多安全过程实施元素有助于理解客户的安全需求。

SSE-CMM并不意味着在一个组织中任何项目组或角色必须执行这个模型中所描述的任何过程，也不要求使用最新的和最好的安全工程技术和方法论。然而，这个模型要求一个组织要有一个适当的过程，这个过程应该包括这个模型中所描述的基本安全实施。组织机构以任何方式随意创建符合它们业务目标的过程以及组织结构。

SSE-CMM也并不意味着执行通用实施的专门要求。一个组织机构一般可随意以它们所选择的方式和次序来计划、跟踪、定义、控制和改进它们的过程。然而，由于一些较高级别的通用实施依赖于较低级别的通用实施，因此组织结构应在试图达到较高级别之前，首先实现较低级别通用实施。

2. SSE-CMM应用

SSE-CMM可应用于所有从事某种形式的安全工程组织，这种应用与生命期、范围、环境或专业无关。该模型适用于以下三种方式：

- 评定：允许获取组织了解潜在项目参加者的组织层次上的安全工程过程能力。SSE-CMM支持范围广泛的改进活动，包括自身管理评定，或由从内部或外部组织的专家进行的更高要求的内部评定。虽然SSE-CMM主要用于内部过程改进，但也可用于评价潜在销售商从事安全工程过程的能力。
- 改进：使安全工程组织获得自身安全工程过程能力级别的认识，并不断地改进其能力。组织在第一次定义过程时经常忽视许多内部和中间的过程或产品。不过，一个组织在第一次定义安全工程过程时不需要考虑所有的可能性。一个组织应通过适当的精确性来将当前的过程状态确定为基线。基线建立的过程最好在六个月到一年之间，随着时间推移该过程可以得到改进。
- 保证：通过有根据地使用成熟过程，增加可信产品、系统和服务的可信度。SSE-CMM设计用于衡量和帮助提高一个安全工程组织的能力，同时也可用于提高该组织所开发的系统或产品的安全保证。

1.5.2 信息安全相关国内标准

信息安全标准是我国信息安全保障体系的重要组成部分，是政府进行宏观管理的重要依据。虽然国际上有很多标准化组织在信息安全方面制定了许多标准,但信息安全标准事关国家安全利益,任何国家都不会轻易相信和过分依赖别人,总要通过自己国家的组织和专家制定出自己可以信任的标准来保护民族的利益。因此,各个国家在充分借鉴国际标准的前提下,纷纷制定和扩展自己国家对信息安全的标准体系。

我国标准化工作经过几十年的建设,特别是改革开放以来,建成了一套基本上满足我国经济和社会发展需要的标准体系,下面介绍我国信息安全的重要标准。

一、信息安全评估标准

我国公安部主持制定、国家质量技术监督局发布的中华人民共和国国家标准GB 17895—1999《计算机信息系统安全保护等级划分准则》已正式颁布并实施。该准则将信息系统安全分为5个等级:自主保护级、系统审计保护级、安全标记保护级、结构化保护级和访问验证保护级。主要的安全考核指标有身份认证、自主访问控制、数据完整性、审计等,这些指标涵盖了不同级别的安全要求。GB/T 18336《信息技术—安全技术—信息技术安全性评估准则》也是等同采用 ISO/IEC 15408 标准,这两个国家标准最为重要,它们是很多后继标准、规程、执行办法等的基础。

二、信息安全管理标准

1. GB/T 20984《信息安全技术 信息安全风险评估方法》

随着政府部门、企事业单位以及各行各业对信息系统依赖程度的日益增强,信息安全问题受到普遍关注。运用风险评估去识别安全风险,解决信息安全问题得到了广泛的认识和应用。

信息安全风险评估就是从风险管理角度,运用科学的方法和手段,系统地分析信息系统所面临的威胁及其存在的脆弱性,评估安全事件一旦发生可能造成的危害程度,提出有针对性的抵御威胁的防护对策和整改措施;为防范和化解信息安全风险,将风险控制在可接受的水平,从而为最大限度地保障信息安全提供科学依据。

信息安全风险评估作为信息安全保障工作的基础性工作和重要环节,要贯穿于信息系统的规划、设计、实施、运行维护以及废弃各个阶段,是信息安全等级保护制度建设的重要科学方法之一。

GB/T 20984—2022《信息安全技术 信息安全风险评估方法》提出了风险评估的基本概念、要素关系、分析原理、实施流程和评估方法,以及风险评估在信息系统生命周期不同阶段的实施要点和工作形式。

风险评估中各要素的关系如图 1-15 所示。

图 1-15 中方框部分的内容为风险评估的基本要素,椭圆部分的内容是与这些要素相关的属性。风险评估围绕着资产、威胁、脆弱性和安全措施这些基本要素展开,在对基本要素的评估过程中,需要充分考虑业务战略、资产价值、安全需求、安全事件、残余风险等与这些基本要素相关的各类属性。

图 1-15 中的风险要素及属性之间存在以下关系:

✓ 业务战略的实现对资产具有依赖性,依赖程度越高,要求其风险越小。

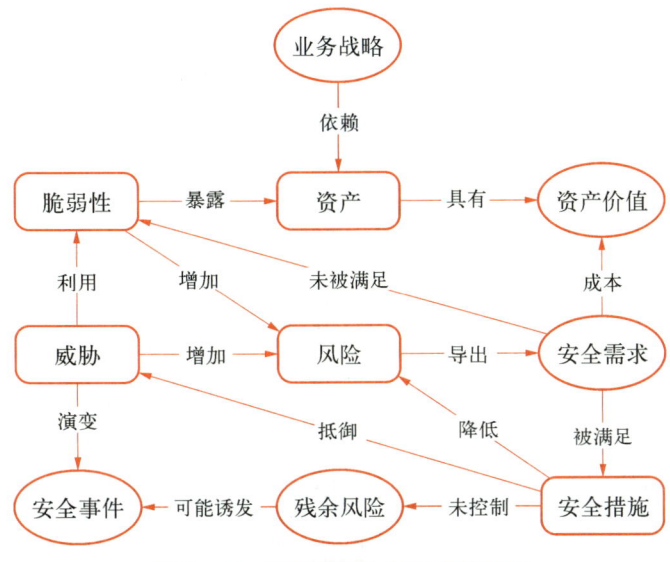

图 1-15 风险评估中各要素的关系

- 资产是有价值的,组织的业务战略对资产的依赖程度越高,资产价值就越大。
- 风险是由威胁引发的,资产面临的威胁越多则风险越大,并可能演变成为安全事件。
- 资产的脆弱性可能暴露资产的价值,资产具有的脆弱性越大则风险越大。
- 脆弱性是未被满足的安全需求,威胁利用脆弱性危害资产。
- 风险的存在及对风险的认识导出安全需求。
- 安全需求可通过安全措施得以满足,需要结合资产价值考虑实施成本。
- 安全措施可抵御威胁,降低风险。
- 残余风险有些是安全措施不当或无效,需要加强才可控制的风险,而有些则是在综合考虑了安全成本与效益后不去控制的风险。
- 残余风险应受到密切监视,它可能会在将来诱发新的安全事件。

风险评估的实施流程如图 1-16 所示。

2. 其他重要信息安全管理标准

除了 GB/T 20984《信息安全技术 信息安全风险评估方法》,还包括几个重要的信息安全管理标准:GB/T 24364《信息安全技术 信息安全风险管理实施指南》、GB/T 20985.1《信息技术 安全技术 信息安全事件管理 第 1 部分:事件管理原理》、GB/T 20986《信息安全技术 网络安全事件分类分级指南》、GB/T 20988《信息安全技术 信息系统灾难恢复规范》。

三、等级保护标准

我国于 1999 年发布了国家标准 GB 17859《计算机信息安全保护等级划分准则》,成为建立安全等级保护制度、实施安全等级管理的重要基础性标准。目前已发布 GB/T 22239、GB/T 22240、GB/T 20270、GB/T 20271、GB/T 20272 等配套标准十余个,涵盖了定级指南、基本要求、实施指南、测评要求等方面。GB 17859 的核心思想是对信息系统特别是对业务应用系统安全分等级、按标准进行建设、管理和监督。国家对信息安全等级保护运用法律和技术规范逐级加强监管力度,保障重要信息资源和重要信息系统的安全。

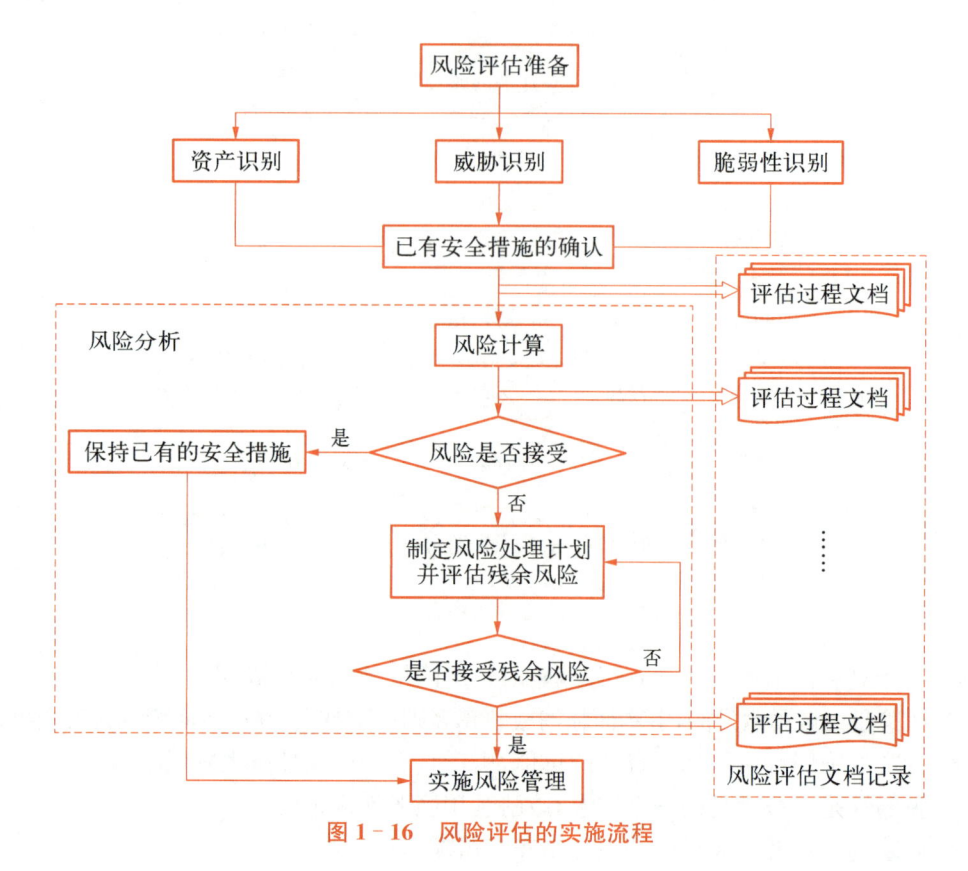

图 1-16 风险评估的实施流程

1.6 项目实践

网络安全整体规划与实现

【实践内容】

利用如图 1-17 所示的网络环境,首先学习利用工具对本地主机运行状态进行安全评估,分析本地主机安全隐患,并生成相应的报告文件。对系统进行综合评估,发现主机应用服务状态、对外安全隐患。利用 X-Scan 扫描系统漏洞并分析,对漏洞进行防御。

最后,形成一个完整的评估报告,并对被分析的网络系统进行改进,提升其整体安全性。

【实践原理】

风险评估/安全评估是在防火墙、入侵检测、VPN(虚拟专用网)等专项安全技术之上必须考虑的一个问题,因为安全并不是点的概念,而是整体的概念。在各种专项技术的基础上,有必要对整个网络信息系统的安全性进行分析评估,以改进系统整体的安全。

(1) SecAnalyst 运行状态评估。

SecAnalyst(安全分析专家)是 Terminator Lab 开发的免费安全分析工具,它的作用是对操作系统进行一次全面的扫描,并根据扫描情况自动生成一份报告,通过 SecAnalyst 可以扫描出系统基于进程和文件的安全隐患。

(2) MBSA 综合评估。

MBSA(Microsoft baseline security analyzer)是微软设计的基于 Windows 系统的综合扫描工具。

(3) X-Scan 攻击扫描评估。

X-Scan 是完全免费软件,无须注册,无须安装(解压缩即可运行,自动检查并安装 WinPCap 驱动程序)。采用多线程方式对指定 IP 地址段(或单机)进行安全漏洞检测,支持插件功能。扫描内容包括:远程服务类型、操作系统类型及版本、各种弱口令漏洞、后门、应用服务漏洞、网络设备漏洞、拒绝服务漏洞等二十几个大类。对于多数已知漏洞,X-Scan 给出了相应的漏洞描述、解决方案及详细描述链接,其他漏洞资料正在进一步整理完善中。

(4) MSAT 安全评估。

微软安全风险评估工具(MSAT)是一种免费工具,它的设计是为了帮助企业来评估当前的 IT 安全环境中所存在的弱点。它按优先等级列出问题,并提供如何将风险降到最低的具体指导。MSAT 是一种用来巩固计算机安全环境和企业安全的工具,它通过快速扫描当前的安全状况来启动程序,然后使用 MSAT 来持续监测基础设施应对安全威胁的能力。

【实践环境】

学生可以 2 人为一组,网络拓扑如图 1-17 所示;分别对不同网段进行扫描评估等操作,评估整个网络架构的安全性;需要使用的扫描评估软件工具有 SecAnalyst、MBSA、X-Scan。

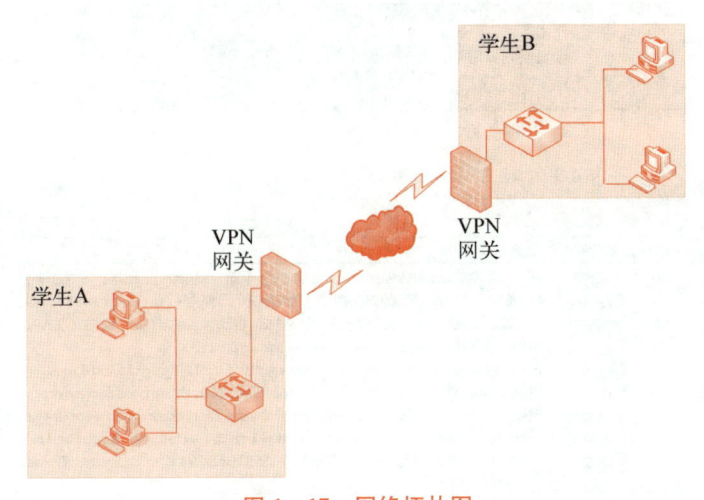

图 1-17 网络拓扑图

【实践步骤】

一、本地主机运行状态评估(SecAnalyst)

(1) 查看扫描内容。

运行 SecAnalyst,单击"插件"标签,即可查看本地运行状态评估所要检测的项目,如

图 1-18 所示。其中主要包括服务扫描、进程扫描、IE 安全扫描、驱动文件扫描、启动文件扫描等。

插件名称	描述
系统扫描插件	主要是对系统进行扫描,找到系统中一些被修改的信息
服务扫描插件	主要是对服务进行扫描,并且查看其完整性和危险程度
隐藏服务扫描插件一	主要是对隐藏服务用插件一进行扫描,并且查看其完整性和危…
隐藏服务扫描插件一	主要是对隐藏服务用插件一进行扫描,并且查看其完整性和危…
隐藏进程扫描插件	主要是对隐藏进程进行扫描,并且查看其完整性和危险程度
进程扫描插件	主要是对进程进行扫描,并且查看其完整性和危险程度
核心模块扫描插件	主要是对系统核心DLL进行扫描,并且查看其完整性和危险程度
IE设置扫描插件	主要是对IE设置进行扫描,并且查看其完整性和危险程度
IE扫描插件	主要是对IE的设置进行扫描,并且查看其正确性和危险程度
驱动扫描插件	主要是对驱动进行扫描,并且查看其完整性和危险程度
克隆帐号扫描插件	主要是对各个登录帐号进行扫描,并且检查其有没有克隆帐号…
自启动扫描插件	主要是对自启动项进行扫描,并且查看其完整性和危险程度

图 1-18　查看扫描内容

（2）扫描系统。

运行 SecAnalyst,单击"扫描"标签,开始对系统进行运行状态评估;单击"开始分析"即开始对系统进行扫描;扫描过程中会把扫描结果显示在软件中,其中包括非系统自带服务扫描结果、IE 被篡改的首页及其配置、非系统自带的驱动文件、自启动程序扫描结果,并会显示不同的危险等级,为管理员提供优先的解决方案,如图 1-19 所示。

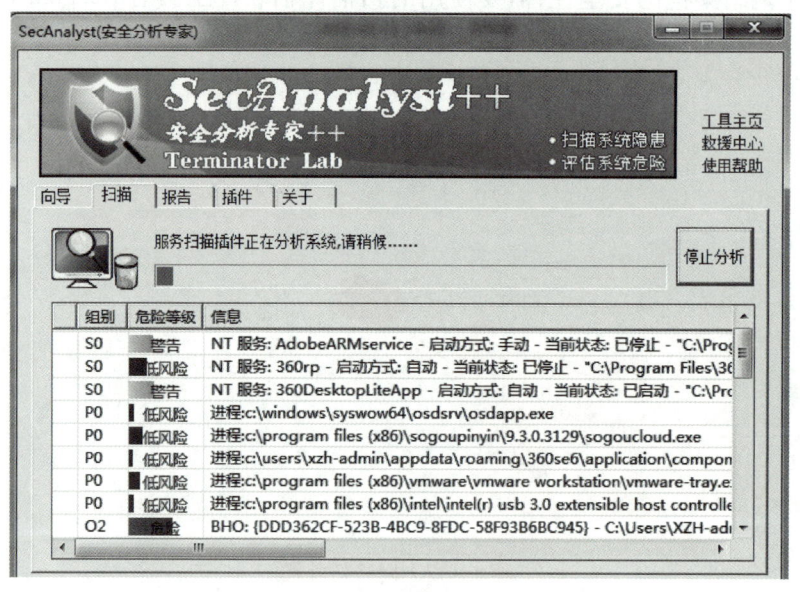

图 1-19　扫描系统

二、本地主机运行状态评估报告

扫描结果可以以.txt 报告的形式导出,也可以在软件界面中查看,单击"报告"标签,即可查看报告,如图 1-20 所示。

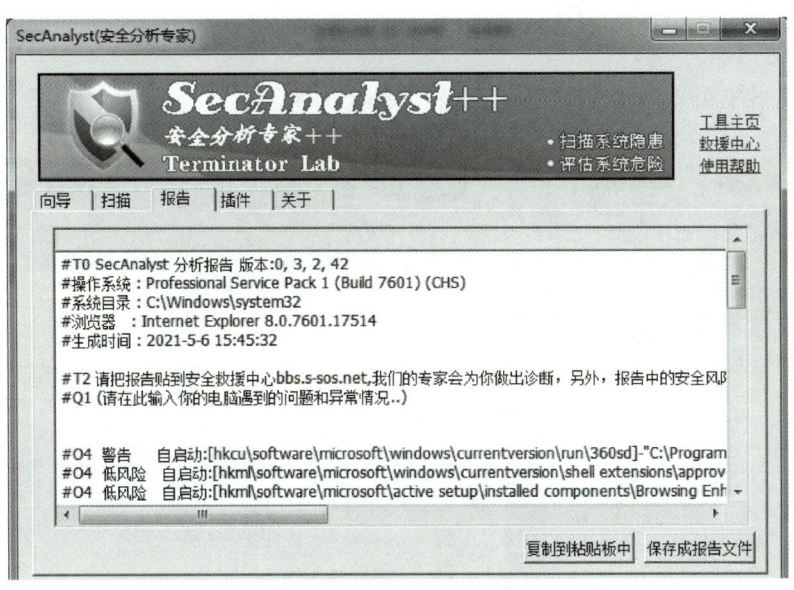

图 1-20　查看报告

以上内容用于报告基本信息。

#04　警告　　自启动：[hkey_local_machine\software\microsoft\Windows\currentversion\run\ISUSPM]-"c:\program files\common files\installshield\updateservice\isuspm.exe" -scheduler

以上内容为自启动隐患提示。

#D0　低风险驱动：C:\WINDOWS\system32\Drivers\VMparport.sys

以上内容为系统驱动文件隐患提示。

#02 警告　　BHO：{889D2FEB-5411-4565-8998-1DD2C5261283}-D:\Program Files\Thunder.v5.7.3.389.NoAD-Ayu\ComDlls\xunleiBHO_Now.dll

以上内容为 BHO 隐患提示。

#P0　危险进程：c:\Windows\system32\nvsvc32.exe

以上内容为系统进程隐患提示。

您的电脑整体安全风险为高（117 分），可能已经被破坏，请尽快处理！

以上内容为关于系统的基本运行状态的风险评级。

三、本地安全扫描(MBSA)

(1) 启动扫描。

启动 MBSA，并对 1 台主机进行扫描，如图 1-21 所示。

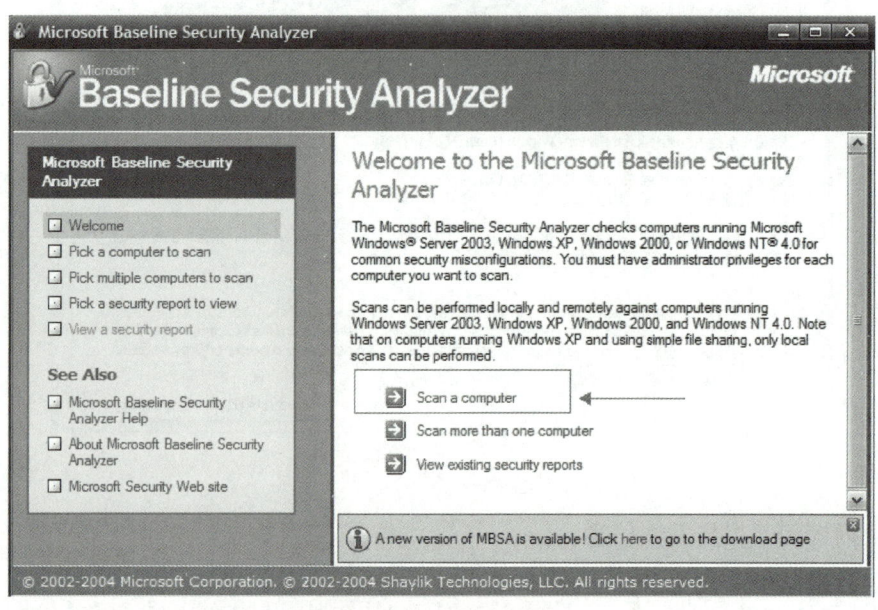

图 1-21　启动扫描

(2) 设置扫描选项，开始扫描。

选择需要进行扫描的选项，其中包括 Windows 本身漏洞、弱口令、IIS、SQL 漏洞以及系统的安全更新，如图 1-22 所示。配置之后单击"Start scan"对系统进行扫描。

图 1-22　设置扫描选项

四、本地安全扫描报告

(1) 更新扫描。

更新扫描会列举出系统安装的最新补丁，如图 1 - 23 所示。最新补丁为微软针对网络攻击和漏洞发布的修补程序，通过及时安装补丁程序，可以降低主机的遭遇攻击的风险性。

Security Update Scan Results

Score	Issue	Result
✗	Office Updates	14 updates are missing. What was scanned　Result details　How to correct this
✗	MSXML Security Updates	1 critical security updates are missing. What was scanned　Result details　How to correct this
✓	Windows Security Updates	No critical security updates are missing. What was scanned
✓	MDAC Security Updates	No critical security updates are missing. What was scanned

图 1 - 23　更新扫描

(2) 系统扫描。

系统扫描会扫描出系统常见的安全隐患，例如：文件系统是否为较为安全的 NTFS 格式、本地账户口令是否存在弱口令和空口令、是否开启自动更新、是否开启防火墙等。

从如图 1 - 24 所示的系统扫描报告中我们可以看到，目标系统(即本机)采用的并非 NTFS 格式，这是不安全的，容易让攻击者获得最大的文件读取权限。

Windows Scan Results

Vulnerabilities

Score	Issue	Result
✗	File System	Not all hard drives are using the NTFS file system. What was scanned　Result details　How to correct this
✗	Local Account Password Test	Some user accounts (4 of 4) have blank or simple passwords, or could not be analyzed. What was scanned　Result details　How to correct this
✗	Automatic Updates	The Automatic Updates feature is disabled on this computer. What was scanned　How to correct this
ⓘ	Windows Firewall	Windows Firewall is disabled and has exceptions configured. What was scanned　Result details　How to correct this
✓	Guest Account	The Guest account is not disabled on this computer. What was scanned
✓	Restrict Anonymous	Computer is properly restricting anonymous access. What was scanned
✓	Administrators	No more than 2 Administrators were found on this computer. What was scanned　Result details
	Autologon	This check was skipped because the computer is not joined to a domain. What was scanned
	Password Expiration	This check was skipped because the computer is not joined to a domain. What was scanned

图 1 - 24　系统扫描报告

(3) 系统组件扫描。

如图 1 - 25 所示，系统组件扫描报告会提示，系统安装了一些其他应用服务，并开启了一些文件共享目录。这些警告提示的内容在网络攻击中经常会被攻击者利用,从而可以进一步地控制系统。管理员尽可能减少这些安全隐患,以使主机更好地避免攻击者的攻击。

图 1‑25　系统组件扫描报告

(4) 其他应用服务扫描。

当系统装有 IIS 和 SQL 的应用服务,MBSA 会扫描出针对这些服务的安全隐患和漏洞,报告如图 1‑26 所示。

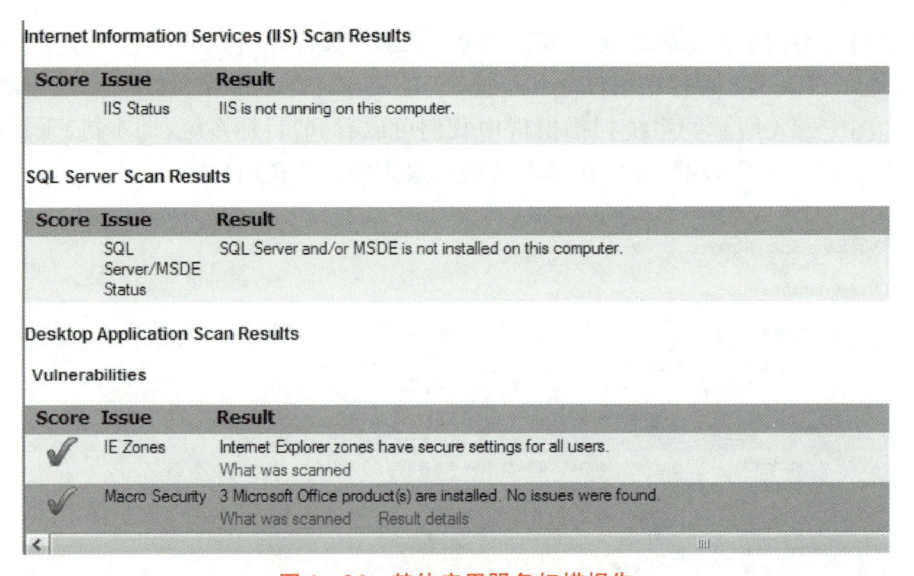

图 1‑26　其他应用服务扫描报告

五、外部攻击扫描(X‑Scan)

针对由企业典型网络安全架构部署实验搭建的安全体系,启动 X‑Scan。

(1) 填写需要扫描的 IP(依次扫描主机和虚拟机),如图 1‑27 所示。

(2) 选择需要扫描的模块,如图 1‑28 所示。

(3) 其他选项可以自己进行设置以适合不同的情况。

(4) 设置完成后单击开始扫描。

六、外部攻击测试报告

扫描完毕后,X‑Scan 会自动生成外部攻击测试报告(可以设置文件类型);报告会列

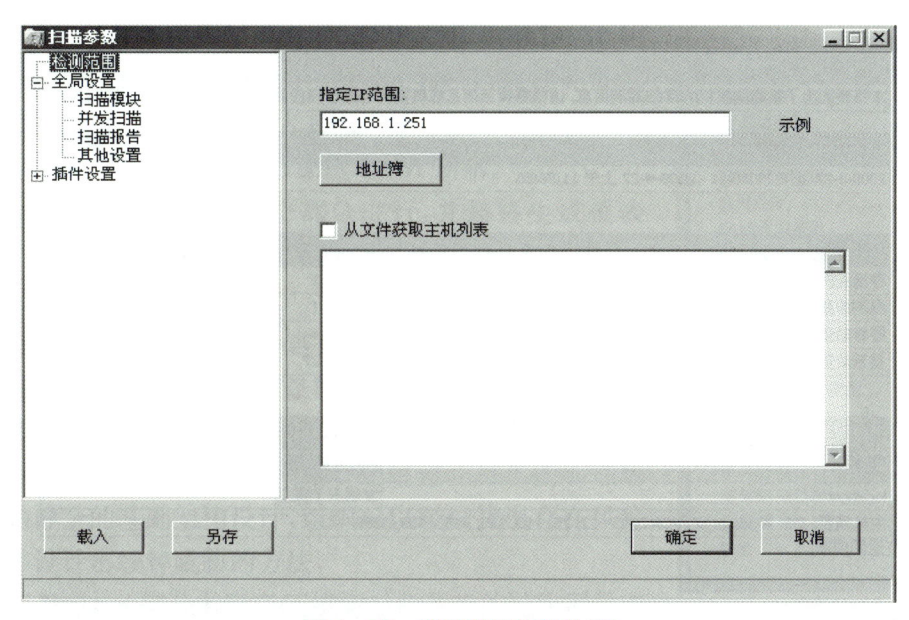

图 1-27　填写需要扫描的 IP

图 1-28　选择需要扫描的模块

举所有端口/服务以及对应的安全漏洞和解决方案,如图 1-29 所示;每一种安全漏洞都有具体描述、风险等级并给出了解决方案。常见的安全漏洞有各种开放的端口/服务安全设置不妥带来的安全漏洞等(比如 FTP 弱口令)。

七、安全评估测试(MSAT)

(1) 新建并编辑主机配置文件,如图 1-30 所示。

(2) 新建配置文件,并根据向导配置主机信息。主要分为基本信息、基础架构安全、应用程序安全、运作安全、人员安全、环境配置。

(2) 完整评估报告。

评估报告从基础架构、应用程序、运作、人员四个领域的各个方面生成安全报告，有利于安全隐患评估结果与防御建议，其中验证部分的报告如图 1-33 所示。

验证		
子类别	最佳经验	
管理帐户	对于管理帐户，请实施要求使用复杂密码的严格策略，复杂密码需要符合下列标准： + 字母数字 + 大小写混用 + 至少一个特殊字符 + 最小长度为 14 个字符 为进一步降低密码攻击风险，请实施以下控制： + 密码过期 + 帐户在 7 至 10 次登录尝试失败后被锁定 + 系统日志 除实施复杂密码外，请考虑实施多因素验证。对帐户管理（不允许帐户共享）和帐户访问日志实施高级控制。	
	评估结果	建议
管理用户	您已表明已经使用单独登录对环境中的系统和设备进行安全管理。	请继续要求对管理活动使用独立的帐户，并确保经常更换管理凭据。
	评估结果	建议
管理用户	您已表明没有为用户授予对工作站的管理访问权限。	请继续禁止最终用户在他们的工作站上进行管理访问，并确保经常更换这些工作站的管理凭据。

图 1-33 验证部分的报告

说明：可以根据学生的基础和实验条件选做实验内容，如可以只选做 MBSA 综合评估实验，实验只需在局域网环境中的计算机上即可完成。

【实践思考】

1. 安全漏洞还存在于 MSAT 扫描之外的哪些方面？

2. 提交针对实验中的网络架构的安全评估报告，并进行实际的安全改进。

3. 利用相关的安全评估工具（如报表软件），通过问卷调查等打分手段来进一步分析网络架构的安全性。

第 2 章

信息安全基本保障技术

学习目标

1. 掌握密码学的基本发展历史。
2. 掌握主要加密算法的实现原理。
3. 掌握信息隐藏技术的实现原理及一般方法。

热点关注

密码应用趣事

拓展阅读

中国古代数学起源与中国剩余定理新解

引 例

现代社会活动中,大多数人都会用账号密码来保障私人信息的安全性。其实密码自古就在军事、经济、生活等多领域得到应用,以保障需要传递信息的安全性,它是人们保证信息机密的一种常用手段。随着密码学的不断发展,在特定的历史时刻密码甚至改变了历史的进程。例如齐默尔曼电报的破译使得美国参加了一战,而同盟国对纳粹德国密码的解读被一些人认为缩短了二战大约两年的持续时间。因此,密码学一直被人们认为是信息安全基本保障技术之一。

2.1 密码学技术概述

密码学(cryptography)是研究如何隐秘地传递信息的学科。在现代特别指对信息及其传输的数学性研究,常被认为是数学和计算机科学的分支,和信息论也密切相关。密码学的首要目的是隐藏信息的含义,并不是隐藏信息的存在。密码学最早可以追溯到几千年前,并最先实质用于军事通信中,战国时期兵书《六韬·龙韬》记载了密码学的运用,其中的《阴符》和《阴书》便记载了周武王问姜子牙关于征战时与主将通信的方式。

直到现代以前,密码学几乎专指加密(encryption)算法:将普通信息(plaintext,明文)转换成难以理解的资料(ciphertext,密文)的过程;解密(decryption)算法则是其相反的过程:由密文转换回明文。加解密包含了这两种算法,一般加密即同时指称加密(encrypt 或 encipher)与解密(decrypt 或 decipher)的技术。近数十年来,这个领域已经扩展到涵盖身份认证(或称鉴权)、信息完整性检查、数字签名、互动证明、安全多方计算等各类技术。

密码学的发展也伴随着密码分析学的发展，也就是指对编码和加密方式进行分析研究。现代密码学促进了计算机科学的发展，特别是在计算机与网络安全中所使用的技术，如访问控制与信息的机密性。密码学已被应用在日常生活，包括自动柜员机的芯片卡、计算机使用者存取密码、电子商务等。

2.1.1 密码学的发展历史

一、古典密码学

目前已知最早的密码诞生于大约公元前1900年的埃及古王国时期，其用特殊的埃及象形文字雕刻在墓碑上。但这些文字并不被认为是某种秘密通信的真正尝试，而是在增加神秘和阴谋气氛，甚至是为了给能看懂的观者提供乐趣。

从密码学起源的数千年以前，直到最近的几十年为止，这一时期密码学被称为古典密码学，古典密码的加密方法主要是使用笔和纸，或者简单的机械辅助工具。到了20世纪早期，一些复杂机械和电动机械的发明，提供了更复杂和有效的加密方法，例如以恩尼格玛密码机为代表的回转轮加密法；随后的电子元件和计算机更是使其变得进一步复杂和精密，此时出现的绝大多数加密方法已经完全无法再适用于传统的纸笔通信。

密码棒是一种早期的加密工具，古希腊人当时已经对加密方法有了认识，斯巴达军队曾使用过密码棒进行换位加密。公元前5世纪，希腊城邦为对抗奴役和侵略，与波斯发生多次冲突和战争。公元前480年，波斯秘密集结了强大的军队，准备对雅典(Athens)和斯巴达(Sparta)发动一次突袭。斯巴达司令派人给前线送了一条这样的腰带：

KGDEINPKLRIJLFGOKLMNISOJNTVWG

指挥官拿到后，把它缠在一条木棍上，得到明文"KILL KING"，即每4位取一个字母，其他字母是干扰的。

由于古时多数人并不识字，最早的秘密书写的形式只用到纸笔或等同物品，随着识字率提高，就开始需要真正的密码了。最古典的两个加密技巧是：① 移位式(transposition cipher)：将字母顺序重新排列，例如"help me"变成"ehpl em"；② 替代式(substitution cipher)：有系统地将一组字母换成其他字母或符号，例如"fly at once"变成"gmz bu podf"(每个字母用下一个字母取代)。

这两种单纯的方式都不足以提供足够的机密性。恺撒密码是最经典的替代法，据传由古罗马帝国的皇帝恺撒发明，用在与远方将领的通信上，每个字母被往后位移三个字母所取代。

由古典加密法产生的密文很容易泄露关于明文的统计信息，以现代观点其实很容易被破解。阿拉伯人津帝(al-Kindi)便提到如果要破解加密信息，可在一篇至少一页长的文章中数出每个字母出现的频率，在加密信件中也数出每个符号的频率，然后互相对换，这是频率分析的前身，此后几乎所有此类的密码都马上被破解。

二、现代密码学

1. 重新认识密码学

现代密码学包含加密和解密两种算法,加解密的具体运作由两部分决定:一个是算法,另一个是密钥。密钥是一个用于加解密算法的秘密参数,通常只有通信者拥有。

密码协议(cryptographic protocol)是使用密码技术的通信协议(communication protocol)。近代密码学者多认为除了传统上的加解密算法,密码协议也一样重要,两者同为密码学研究的两大课题。在英文中,cryptography 和 cryptology 都可代表密码学,前者又称密码术。但更严谨地说,前者(cryptography)指密码技术的使用,而后者(cryptology)指研究密码的学科,包含密码术与密码分析。密码分析(cryptanalysis)是研究如何破解密码学的学科。在实际使用中,通常都称密码学(cryptography),而不具体区分其含义。

口语上,编码(code)常意指加密或隐藏信息的各种方法。然而,在密码学中,编码有更特定的意义:它意指以码字(code word)取代特定的明文。例如,以"苹果派"(apple pie)替换"拂晓攻击"(attack at dawn)。编码已经不再被使用在严谨的密码学上,它在信息论或通信原理上有更明确的意义。

在汉语口语中,计算机系统或网络使用的个人账户口令(password)也常被以密码代称,虽然口令亦属密码学研究的范围,但学术上口令与密码学中所称的钥匙(key)并不相同,即使两者间常有密切的关联。

2. 现代密码学及其应用

第二次世界大战后计算机与电子学的发展促成了更复杂的密码,而且计算机可以加密任何二进制形式的资料,不再限于书写的文字,以语言学为基础的破密术因此失效。计算机同时也促进了破密分析的发展,抵消了某些加密法的优势。不过,优良的加密法仍保有优势,通常好的加密法都相当有效率(快速且使用少量资源),而破解它需要许多级数以上的资源,使得破密变得不可行。

20 世纪 70 年代中期,美国国家标准局(National Bureau of Standards,NBS;现称国家标准技术研究所,National Institute of Standards and Technology,NIST)制定数字加密标准(DES)。从那个时期开始,密码学成为通信、计算机网络、计算机安全等的重要工具。许多现代的密码技术的基础依赖于特定计算问题的困难度,例如因数分解问题或是离散对数问题。许多密码技术可被证明为只要特定的计算问题无法被有效地解出,那就安全。

现代密码学的研究主要分布在分组密码(block cipher)、流密码(stream cipher)、密码杂凑函数及信息认证码或押码上。分组密码又称块密码,在某种意义上是阿伯提的多字符加密法的现代化。分组密码取用明文的一个区块和钥匙,输出相同大小的密文区块。由于信息通常比单一区块还长,因此有了各种方式将连续的区块编织在一起。DES 和 AES(Advanced Encryption Standard)是美国联邦政府核定的分组密码标准(AES 将取代 DES)。尽管将从标准上废除,DES 依然很流行(3DES 变形仍然相当安全),被使用在非常多的应用上,从自动交易机、电子邮件到远端存取。

相对于区块加密,流密码会制造一段任意长的钥匙原料,与明文依位元或字符结合,有点类似一次一密密码本(one-time pad),输出的串流根据加密时的内部状态而定。在一些流密码上由钥匙控制状态的变化。RC4是相当有名的流密码。

密码杂凑函数(有时称作消息摘要函数,杂凑函数又称散列函数或哈希函数)不一定使用到钥匙,但和许多重要的密码算法相关。它将输入资料(通常是一整份文件)输出成较短的固定长度杂凑值,这个过程是单向的,逆向操作难以完成,而且碰撞(两个不同的输入产生相同的杂凑值)发生的概率非常小。

信息认证码或押码(message authentication codes,MACs)很类似密码杂凑函数,不同之处在于接收方额外使用秘密钥匙来认证杂凑值。

2.1.2 对称密码算法

对等加密(reciprocal cipher)又称为对称密钥加密(symmetric-key algorithm)、对称加密、私钥加密、共享密钥加密,是密码学中的一类加密算法。该类密码的加密算法是它自己本身的逆反函数,所以其解密算法等同于加密算法,也就是说,要还原对等加密的密文,套用加密同样的算法即可得到明文。换句话说,若参数(或密钥)合适的话,两次连续的对等加密运算后会恢复原始文字。在数学上,有时称之为对合。在实际应用中,体现为加密和解密使用同一个密钥,或者知道一方密钥能够轻易计算出另一方密钥。

常见的对称加密算法有 DES、3DES、AES、Blowfish、IDEA、RC4、RC5、RC6。

一、DES 的历史

DES 最初出现在 20 世纪 70 年代早期。NBS(国家标准局,现在的 NIST)先后 2 次征集用于加密政府内非机密敏感信息的加密标准。DES 在 1976 年被美国联邦政府的国家标准局确定为联邦资料处理标准(FIPS),随后在国际上广泛流传开来。它基于使用 56 位密钥的对称算法。这个算法因为包含一些机密设计元素、相对短的密钥长度以及怀疑内含美国国家安全局(NSA)的后门而在开始时有争议,DES 因此受到了强烈的学院派式的审查,并以此推动了现代的分组密码及其密码分析的发展。

虽然仍有一些争议,DES 在 1976 年 11 月被确定为联邦标准后在 1977 年 1 月 15 日作为 FIPS PUB 46 发布,被授权用于所有非机密资料。它在 1988 年被修订为 FIPS-46-1,1993 年被修订为 FIPS-46-2,1999 年被修订为 FIPS-46-3,后者被规定为 3DES。2002 年 5 月 26 日,DES 终于在公开竞争中被高级加密标准(AES)所取代。

DES 算法也定义在 ANSI X3.92,以及 ISO/IEC 18033-3 中,作为 TDEA(triple data encryption algorithm)的一部分。

二、DES 算法描述

DES 是一种典型的块密码——一种将固定长度的明文通过一系列复杂的操作变成同样长度的密文的算法。对 DES 而言,块长度为 64 位。同时,DES 使用密钥来自定义变换过程,因此算法认为只有持有加密所用的密钥的用户才能解密密文。密钥表面上是64位的,然而只有其中的56位被实际用于算法,其余8位可以被用于奇偶校验,并在算法中被丢弃。因此,DES的有效密钥长度为56位,通常称DES的密钥长度为56位。

与其他块密码相似,DES自身并不是加密的实用手段,而必须以某种工作模式进行实际操作。FIPS-81确定了DES使用的几种模式。

DES算法的整体结构如图2-1所示:有16个相同的处理过程,称为"回次"(round),并在首尾各有一次置换,称为IP与FP(或称IP-1),FP为IP的反函数(即IP"撤销"FP的操作,反之亦然)。IP和FP几乎没有密码学上的重要性,为了在20世纪70年代中期的硬件上简化输入/输出数据库的过程而被显式地包括在标准中。

在主处理回次前,数据块被分成两个32位的半块,并被分别处理;这种交叉的方式称为费斯妥结构。费斯妥结构保证了加密和解密过程足够相似——唯一的区别在于子密钥在解密时是以反向的顺序应用的,而剩余部分均相同。这样的设计大大简化了算法的实现,尤其是硬件实现,因为没有区分加密和解密算法的需要。

图中的⊕符号代表异或(XOR)操作。F函数将数据半块与某个子密钥进行处理。然后,一个F函数的输出与另一个半块异或之后,再与原本的半块组合并交换顺序,进入下一个回次的处理。在最后一个回次完成时,两个半块需要交换顺序,这是费斯妥结构的一个特点,以保证加解密的过程相似。

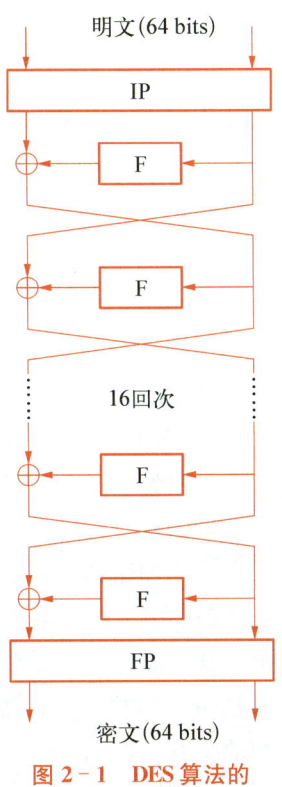

图 2-1 DES算法的整体结构

三、DES特点

DES算法具有极高的安全性,到目前为止,除了用穷举搜索法能对DES算法进行攻击外,还没有发现更有效的办法。而56位长的密钥的穷举空间为256,这意味着如果一台计算机的速度是每秒钟检测一百万个密钥,则它搜索完全部密钥就需要将近2 285年的时间,可见,这是难以实现的。然而,这并不等于说DES是不可破解的。实际上,随着硬件技术和Internet的发展,其破解的可能性越来越大,而且所需要的时间越来越短。

1998年,电子前哨基金会(EFF,一个信息人权组织)制造了一台DES破解器,造价约250 000美元。该破解器可以用稍多于2天的时间暴力破解一个密钥,它显示了迅速破解DES的可能性。EFF的动力来自向大众显示DES不仅在理论上,也在实用上是可破解的。EFF的DES破解器包括1 856个自定义的芯片,可以在数天内破解一个DES密钥,图2-2显示了使用数个Deep Crack芯片搭成的DES破解器。

为了克服DES密钥空间小的缺陷,人们又提出了三重DES的变形方式,即3DES。

2.1.3 非对称密码学

公开密钥加密(public-key cryptography)，也称为非对称(密钥)加密，该思想最早由拉尔夫·默克尔(Ralph C. Merkle)在1974年提出。之后在1976年，狄菲(Whitfield Diffie)与赫尔曼(Martin Hellman)两位学者以单向函数与单向暗门函数为基础，为发信与收信的两方创建密钥。

非对称密钥，是指一对加密密钥与解密密钥，这两个密钥是数学相关，用某用户密钥加密后所得的信息，只能用该用户的解密密钥才能解密。如果知道了其中一个，并不能计算出另外一个。因此如果公开了一对密钥中的一个，并不会危害到另外一个的秘密性质。因此称公开的密钥为公钥，不公开的密钥为私钥。

图 2-2 DES 破解器

如果加密密钥是公开的，用于客户给私钥所有者上传加密的数据，这被称为公开密钥加密(狭义)。例如，网络银行的客户发给银行网站的账户操作的加密数据。

如果解密密钥是公开的，用私钥加密的信息，可以用公钥对其解密，用于客户验证持有私钥一方发布的数据或文件是完整准确的，接收者由此可知这条信息确实来自拥有私钥的某人，这被称作数字签名，公钥的形式就是数字证书。例如，从网上下载的安装程序，一般都带有程序制作者的数字签名，可以证明该程序的确是该作者(公司)发布的而不是第三方伪造的且未被篡改过(身份认证/验证)。

常见的公钥加密算法有：RSA、ElGamal、背包算法、Rabin(RSA的特例)、迪菲-赫尔曼密钥交换协议中的公钥加密算法、椭圆曲线加密算法(elliptic curve cryptography，ECC)。使用最广泛的是RSA算法(由发明者Rivest、Shmir和Adleman姓氏首字母缩写而来)，与对称密钥加密相比，其优点在于无须共享的通用密钥，解密的私钥不发往任何用户，即使公钥在网上被截获，如果没有与其匹配的私钥，也无法解密，所截获的公钥是没有任何用处的。

一、非对称加密算法

非对称加密算法需要两个密钥：公开密钥(publickey)和私有密钥(privatekey)。公开密钥与私有密钥是一对，如果用公开密钥对数据进行加密，只有用对应的私有密钥才能解密；如果用私有密钥对数据进行加密，那么只有用对应的公开密钥才能解密。因为加密和解密使用的是两个不同的密钥，所以这种算法叫作非对称加密算法。

非对称加密算法实现机密信息交换的基本过程是：甲方生成一对密钥并将其中的一把作为公用密钥向其他方公开；得到该公用密钥的乙方使用该密钥对机密信息

进行加密后再发送给甲方；甲方再用自己保存的另一把专用密钥对加密后的信息进行解密。另一方面，甲方可以使用乙方的公钥对机密信息进行签名后再发送给乙方；乙方再用自己的私钥对数据进行验签。甲方只能用其专用密钥解密由其公用密钥加密后的任何信息。非对称加密算法的保密性比较好，它消除了最终用户交换密钥的需要。

二、工作原理

（1）A要向B发送信息，A和B都要产生一对用于加密和解密的公钥和私钥。

（2）A的私钥保密，A的公钥告诉B；B的私钥保密，B的公钥告诉A。

（3）A要给B发送信息时，A用B的公钥加密信息，因为A知道B的公钥。

（4）A将这个信息发给B（已经用B的公钥加密信息）。

（5）B收到这个信息后，B用自己的私钥解密A的信息。其他所有收到这个报文的人都无法解密，因为只有B才有B的私钥。

非对称加密算法与对称加密算法的区别：

首先，用于信息解密的密钥值与用于信息加密的密钥值不同。

其次，非对称加密算法比对称加密算法运算慢，但在保护通信安全方面，非对称加密算法却具有对称加密算法难以企及的优势。

为说明这种优势，使用对称加密算法的例子来进行说明。

甲使用密钥K加密信息并将其发送给乙，乙收到加密的信息后，使用密钥K对其解密以恢复原始信息。这里存在一个问题，即甲如何将用于加密信息的密钥值发送给乙？答案是，甲发送密钥值给乙时必须通过独立的安全通信信道（即没人能监听到该信道中的通信）。

这种使用独立安全信道来交换对称加密算法密钥的需求会带来更多问题：

首先，有独立的安全信道，但是安全信道的带宽有限，不能直接用它发送原始信息。

其次，甲和乙不能确定他们的密钥值可以保持多久而不泄露（即不被其他人知道）以及何时交换新的密钥值。

当然，这些问题不只甲会遇到，乙和其他人都会遇到，他们都需要交换密钥并处理这些密钥管理问题。如果甲要给数百人发送信息，那么事情将更麻烦，他必须使用不同的密钥值来加密每条信息。例如，要给200个人发送通知，甲需要加密信息200次，对每个接收方加密一次信息。显然，在这种情况下，使用对称加密算法来进行安全通信的开销相当大。

非对称加密算法的主要优势就是使用两个而不是一个密钥值：一个密钥值用来加密信息，另一个密钥值用来解密信息。这两个密钥值在同一个过程中生成，称为密钥对。用来加密信息的密钥称为公钥，用来解密信息的密钥称为私钥。用公钥加密的消息只能用与之对应的私钥来解密，私钥除了持有者外无人知道，而公钥却可通过非安全信道来发送或在目录中发布。

举例如下：

甲需要通过电子邮件给乙发送一个机密文档。首先,乙使用电子邮件将自己的公钥发送给甲。然后甲用乙的公钥对文档加密并通过电子邮件将加密消息发送给乙。由于任何用乙的公钥加密的消息只能用乙的私钥解密,因此即使窥探者知道乙的公钥,消息也仍是安全的。乙在收到加密消息后,用自己的私钥进行解密从而恢复原始文档,其过程如图2-3所示。

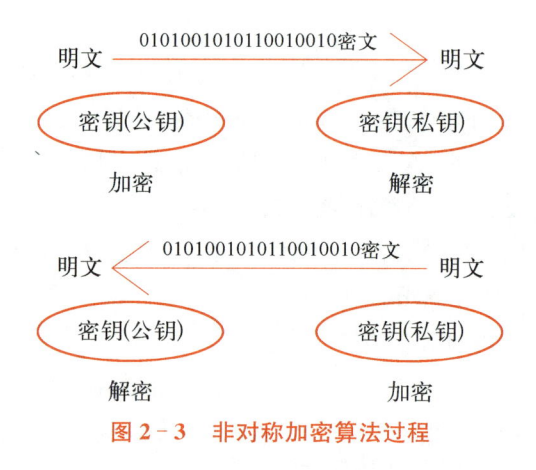

图2-3 非对称加密算法过程

三、RSA 算法

RSA 加密算法是一种著名的非对称加密算法。在公开密钥加密和电子商务中 RSA 被广泛使用。RSA 是 1977 年由罗纳德·李维斯特(Ron Rivest)、阿迪·萨莫尔(Adi Shamir)和伦纳德·阿德曼(Leonard Adleman)一起提出的。1983 年麻省理工学院在美国为 RSA 算法申请了专利。这个专利 2000 年 9 月 21 日失效。

对极大整数做因数分解的难度决定了 RSA 算法的可靠性。换言之,对一极大整数做因数分解愈困难,RSA 算法愈可靠。到 2008 年为止,世界上还没有任何可靠的攻击 RSA 算法的方式。只要其钥匙的长度足够长,用 RSA 加密的信息实际上是不能被破解的。但在分布式计算和量子计算机理论日趋成熟的今天,RSA 加密安全性受到了挑战。

RSA 的工作过程:

(1) 公钥与私钥的产生。

假设甲想要通过一个不可靠的媒体接收乙的一条私人信息。他可以用以下的方式来产生一个公钥和一个私钥:

随意选择两个大的质数 p 和 q,p 不等于 q,计算 $N=pq$。

根据欧拉函数,求得 $r = \phi(N) = \phi(p)\phi(q) = (p-1)(q-1)$。

选择一个小于 r 的整数 e,求得 e 关于模 r 的模反元素,命名为 d(当且仅当 e 与 r 互质时,模反元素存在),将 p 和 q 的记录销毁。(N,e) 是公钥,(N,d) 是私钥。甲将他的公钥 (N,e) 传给乙,而将他的私钥 (N,d) 藏起来。

(2) 加密消息。

假设乙想给甲发送一个消息 m,他知道甲产生的 N 和 e。他使用起先与甲约好的格

式将 m 转换为一个小于 N 的整数 n，比如他可以将每一个字转换为这个字的 Unicode 码，然后将这些数字连在一起组成一个数字。假如他的信息非常长的话，他可以将这个信息分为几段，然后将每一段转换为 n。用下面这个公式他可以将 n 加密为 c：

$$n^e \equiv c \pmod{N}$$

由此式可计算出 c。乙算出 c 后就可以将它传递给甲。

(3) 解密消息。

甲得到乙的消息 c 后就可以利用甲的密钥 d 来解码。他可以用以下公式将 c 转换为 n：

$$c^d \equiv n \pmod{N}$$

得到 n 后，甲可以将原来的信息 m 重新复原。

解码的原理是

$$c^d \equiv n^{e \cdot d} \pmod{N}$$

以及 $ed \equiv 1 [\mathrm{mod}\,(p-1)]$ 和 $ed \equiv 1 [\mathrm{mod}\,(q-1)]$。由费马小定理可证明（因为 p 和 q 是质数）：

$$n^{e \cdot d} \equiv n \pmod{p}$$
$$n^{e \cdot d} \equiv n \pmod{q}$$

这说明（因为 p 和 q 是不同的质数，所以 p 和 q 互质）：

$$n^{e \cdot d} \equiv n \pmod{pq}$$

(4) 签名消息。

RSA 也可以用来为一个消息署名。假如甲想给乙传递一个署名的消息的话，那么甲可以为他的消息计算一个散列值（message digest），然后用他的密钥（private key）加密这个散列值并将这个"署名"加在消息的后面。这个消息只有用他的公钥才能被解密。乙获得这个消息后可以用甲的公钥解密这个散列值，然后将这个数据与他自己为这个消息计算的散列值相比较。假如两者相符的话，那么他就可以知道发信人持有甲的密钥，以及这个消息在传播路径上没有被篡改过。

(5) 安全。

假设偷听者乙获得了甲的公钥 N 和 e 以及丙的加密消息 c，但他无法直接获得甲的密钥 d。要获得 d，最简单的方法是将 N 分解为 p 和 q，这样他可以得到同余方程 $d \cdot e \equiv 1 [\mathrm{mod}(p-1)(q-1)]$，并解出 d，然后代入解密公式：

$$c^d \equiv n \pmod{N}$$

导出 n（破密）。但至今为止还没有找到一个用多项式来分解一个大整数的因数的算法，也没有人能够证明这种算法不存在。虽然无法证明对 N 进行因数分解是唯一的从 c 导出 n 的方法,但至今还没有找到比它更简单的方法。因此现在一般认为只要 N 足够大,那么破译者就没有办法了。

2.1.4 哈希函数

散列函数(或散列算法,又称哈希函数,Hash Function)是一种从任何一种数据中创建小的数字"指纹"的方法。散列函数把消息或数据压缩成摘要,使得数据量变小,将数据的格式固定下来。该函数将数据打乱混合,重新创建一个叫作散列值的"指纹"。散列值通常用来代表一个短的随机字母和数字组成的字符串。

一、散列函数的性质

所有散列函数都有如下一个基本特性:如果两个散列值是不相同的(根据同一函数),那么这两个散列值的原始输入也是不相同的。这个特性使得散列函数具有确定性的结果,具有这种性质的散列函数称为单向散列函数。但另一方面,散列函数的输入和输出不是唯一对应的关系,如果两个散列值相同,两个输入值很可能是相同的。但也可能不同,这种情况称为"哈希碰撞",这通常是两个不同长度的输入值,刻意计算出相同的输出值。输入一些数据计算出散列值,然后部分改变输入值,一个具有强混淆特性的散列函数会产生一个完全不同的散列值。典型的散列函数都有无限定义域(比如任意长度的字节字符串)和有限的值域(比如固定长度的比特串)。在某些情况下,散列函数可以设计成具有相同大小的定义域和值域间的一一对应。一一对应的散列函数也称为排列。可逆性可以通过使用一系列的对于输入值的可逆"混合"运算而得到。

二、散列函数的应用

由于散列函数的应用的多样性,它们经常是专为某一应用而设计的。例如,假设存在一个要找到具有相同散列值的原始输入的攻击者,一个设计优秀的加密散列函数是"单向"操作:对于给定的散列值,没有实用的方法可以计算出一个原始输入,也就是说很难伪造。以加密散列为目的设计的函数,如 MD5,被广泛地用作检验散列函数。这样在软件下载的时候,就会对照验证代码之后才下载正确的文件部分。此代码有可能因为环境因素的变化,如机器配置或者 IP 地址的改变而有变动,以保证源文件的安全性。

错误监测和修复函数主要用于辨别数据被随机的过程所扰乱的事例。当散列函数被用于校验的时候,可以用相对较短的散列值来验证任意长度的数据是否被更改过 MD5。MD5 是 Message-Digest Algorithm 5(消息摘要算法第五版)的简称,是当前计算机领域用于确保信息传输完整一致而广泛使用的散列算法之一(又称哈希算法、摘要算法等),主流编程语言普遍已有 MD5 的实现。

将数据(如一段文字)运算变为另一固定长度值,是散列算法的基础原理,MD5 的前身有 MD2、MD3 和 MD4。

三、算法

MD5 是输入不定长度的信息，输出固定长度 128 位的算法。经过程序流程，生成四个 32 位数据，最后联合起来成为一个 128 位散列。基本方式为求余、取余、调整长度、与链接变量进行循环运算、得出结果。

$$F(X,Y,Z)=(X \wedge Y) \vee (\neg X \wedge Z)$$
$$G(X,Y,Z)=(X \wedge Z) \vee (Y \wedge \neg Z)$$
$$H(X,Y,Z)=X \oplus Y \oplus Z$$
$$I(X,Y,Z)=Y \oplus (X \vee \neg Z)$$

$\oplus$，$\wedge$，$\vee$，$\neg$ 是异或、与、或、非的符号。

一个 MD5 运算由类似的 64 次循环构成，分成 4 组 16 次。F、G、H、I 表示四个非线性函数，一个函数运算一次。M_i 表示一个 32 bits 的输入数据，K_i 表示一个 32 bits 常数，用来完成每次不同的计算，如图 2-4 所示。

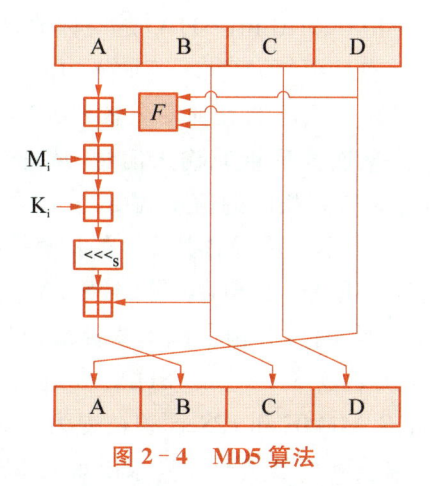

图 2-4 MD5 算法

四、MD5 散列

一般 128 位的 MD5 散列被表示为 32 位十六进制数字。以下是一个 43 位长的仅 ASCII 字母列的 MD5 散列：

```
MD5("The quick brown fox jumps over the lazy dog")
 = 9e107d9d372bb6826bd81d3542a419d6
```

即使在原文中作一个小变化（比如用 c 取代 d）其散列也会发生巨大的变化：

```
MD5("The quick brown fox jumps over the lazy cog")
 = 1055d3e698d289f2af8663725127bd4b
```

空文的散列为：

```
MD5("") = d41d8cd98f00b204e9800998ecf8427e
```

五、MD5 破解方法

黑客破获这种密码的方法是一种被称为"跑字典"的方法。有两种方法得到字典,一种是日常搜集的用作密码的字符串表,另一种是用排列组合方法生成的。先用 MD5 程序计算出这些字典项的 MD5 值,然后再用目标的 MD5 值在这个字典中检索。

即使假设密码的最大长度为 8,同时密码只能是字母和数字,则共有 26 + 26 + 10 = 62 个字符,排列组合出的字典的项数则是 $P_{62}^1 + P_{62}^2 + \cdots + P_{62}^8$,那也已经是一个天文数字了,存储这个字典就需要 TB 级的磁盘组,而且这种方法还有一个前提,就是能获得目标账户的密码 MD5 值的情况下才可以。

网络破解:http://www.cmd5.com。该网站支持付费模式查询,一般可快速查询相应 MD5 值,这也是一些黑客常用的方法之一。

六、安全散列算法

安全散列算法(secure hash algorithm,SHA)是一种能计算出一个数字信息所对应的、长度固定的字符串(又称信息摘要)的算法。若输入的信息不同,它们对应到不同字符串的概率很高;而 SHA 是 FIPS 所认证的五种安全散列算法。这些算法之所以称作"安全"是基于以下两点:① 由信息摘要反推原输入信息,从计算理论上来说是很困难的;② 想要找到两组不同的信息对应到相同的信息摘要,从计算理论上来说也是很困难的,任何对输入信息的变动,都有很高的概率导致其产生的信息摘要迥异。

SHA 的五个算法,分别是 SHA – 1、SHA – 224、SHA – 256、SHA – 384,和 SHA – 512,由美国国家安全局(NSA)所设计,并由美国国家标准与技术研究院(NIST)发布,是美国的政府标准,后四者有时并称为 SHA – 2。SHA – 1 在许多安全协议中被广为使用,包括 TLS 和 SSL、PGP、SSH、S/MIME 和 IPSec,曾被视为是 MD5 的后继者,但 SHA – 1 的安全性如今被密码学家严重质疑。虽然至今尚未出现对 SHA – 2 有效的攻击,它的算法跟 SHA – 1 基本上仍然相似。因此有些人开始发展其他替代的散列算法。源于对 SHA – 1 的种种攻击,美国国家标准与技术研究院开始设法经由公开竞争渠道(类似高级加密标准 AES 的发展经过),发展一个或多个新的散列算法。

2012 年 10 月 2 日,Keccak 被选为 NIST 散列函数竞赛的胜利者,成为 SHA – 3。SHA – 3 并不是要取代 SHA – 2,因为 SHA – 2 目前并没有出现明显的弱点。

2.1.5 数字签名技术

一、数字签名基本概念

数字签名,就是只有信息的发送者才能产生的别人无法伪造的一段数字串,这段数字串同时也是对信息的发送者发送信息真实性的一个有效证明。数字签名是非对称密钥加密技术与数字摘要技术的应用。有数字签名的文件的完整性是很容易验证的(不需要骑缝章、骑缝签名,也不需要笔迹专家),而且数字签名具有不可抵赖性(不需要笔迹专家来验证)。简单地说，所谓数字签名就是附加在数据单元上的一些数据，或是对数据单元所做的密码变换。这种数据或变换允许数据单元的接收者用以确认数据单元的来源和数据单元的完整性并保护数据，防止被人(例如接收者)进行伪造。它是对电子形式的消息进行签名的一种方法，一个签名消息能在一个通信网络中传输。基于公钥密码体制和私钥密码体制都可以获得数字签名，包括普通数字签名和特殊数字签名。

普通数字签名算法有 RSA、ElGamal、Fiat-Shamir、Guillou-Quisquarter、Schnorr、Ong-Schnorr-Shamir 数字签名算法、Des/DSA、椭圆曲线数字签名算法和有限自动机数字签名算法等。特殊数字签名有盲签名、代理签名、群签名、不可否认签名、公平盲签名、门限签名、具有消息恢复功能的签名等，它与具体应用环境密切相关。显然，数字签名的应用涉及法律问题，美国联邦政府基于有限域上的离散对数问题制定了自己的数字签名标准(DSS)。

二、主要功能

数字签名的主要功能是保证信息传输的完整性、发送者的身份认证、防止交易中的抵赖发生。

数字签名技术是将摘要信息用发送者的私钥加密，与原文一起传送给接收者。接收者只有用发送者的公钥才能解密被加密的摘要信息，然后用哈希函数对收到的原文产生一个摘要信息，与解密的摘要信息对比。如果相同，则说明收到的信息是完整的，在传输过程中没有被修改，否则说明信息被修改过，因此数字签名能够验证信息的完整性。

数字签名是个加密的过程，数字签名验证是个解密的过程。

三、签名过程

发送报文时，发送方用一个哈希函数从报文文本中生成报文摘要，然后用私人密钥对这个摘要进行加密，这个加密后的摘要将作为报文的数字签名和报文一起发送给接收方，接收方首先用与发送方一样的哈希函数从接收到的原始报文中计算出报文摘要，接着再用发送方的公用密钥来对报文附加的数字签名进行解密，如果这两个摘要相同，那么接收方就能确认该数字签名是发送方的。

数字签名有两种功效：一是能确定消息确实是由发送方签名并发出的，因为别人假冒不了发送方的签名；二是数字签名能确定消息的完整性。因为数字签名的特点是它代表了文件的特征，文件如果发生改变，数字签名的值也将发生变化。不同的文件将得到不同的数字签名。一次数字签名涉及一个哈希函数、发送者的公钥、发送者的私钥。

发送方用自己的密钥对报文 X 进行编码运算，生成不可读取的密文 Dsk，然后将 Dsk 传送给接收方，接收方为了核实签名，用发送方的公用密钥进行解码运算，还原报文，如图 2-5 所示。

四、电子签名在电子商务中的应用

电子签名应用领域包括电子商务，企业信息系统，网上政府采购，金融、财会、保险行

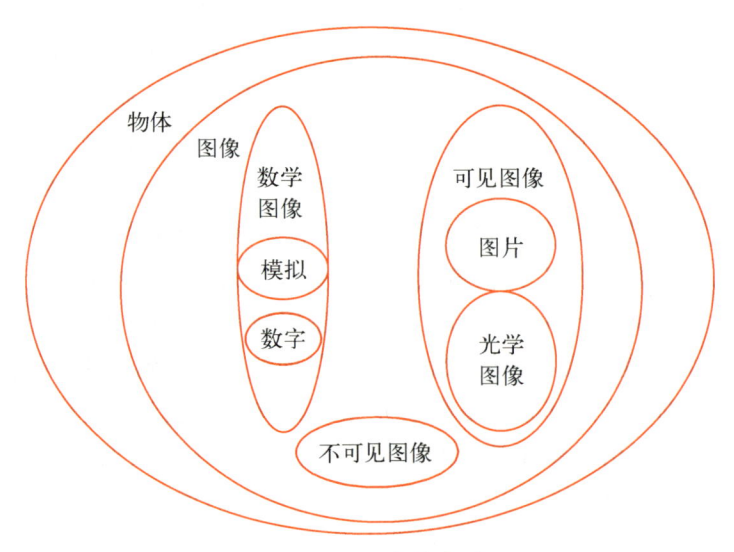

图 2-6 图像的类型

函数组成的抽象的数学图像,其中后一种是能被计算机处理的数字图像(digital image)。

客观世界在空间上是三维的,但一般从客观景物得到的图像是二维的。一幅图像可以用一个二维函数 $f(x,y)$ 来表示,也可看作是一个二维数组,x 和 y 表示二维空间中一个坐标点的坐标值,代表图像在点 (x,y) 处的某种性质的数值。例如一种常用的图像是灰度图(图 2-7),此时 f 表示灰度值,它对应客观景物被观察到的亮度。

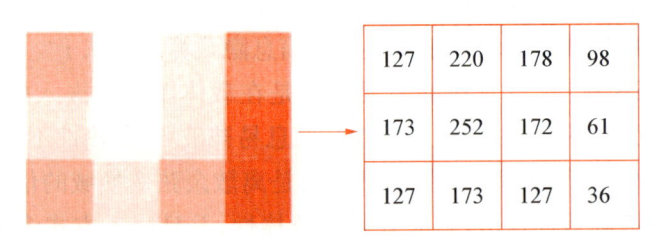

127	220	178	98
173	252	172	61
127	173	127	36

图 2-7 灰度图像及其函数表示

日常见到的图像多是连续的,有时又称之为模拟图像,即 f、x 和 y 的值可以是任意实数。为了便于计算机处理和存储,需要将连续的图像在坐标空间 XY 和性质空间 F 都离散化。这种离散化的图像就是数字图像(digital image),可以用 $I(r,c)$ 来表示。其中,r 代表图像的行(row),c 代表图像的列(column)。这里 I、r、c 的值都是整数。在不致引起混淆的情况下我们仍用 $f(x,y)$ 表示数字图像,f、x 和 y 都在整数集合中取值。

二、图像的数字化处理

实际的图像具有连续的形式,但必须经过数字化变成离散的形式,才能在计算机中存储和运算。数字化包括采样和量化两个步骤。采样就是用一个有限的数字阵列来表示一幅连续的图像,阵列中的每一个点对应的区域为"采样点",又称为图像基元(picture element),简称为像素(pixel)。采样时要满足"采样定理",这个过程是通过扫描实现的,输出的量是连续的电平。"量化"就是对这个模拟输出量取离散整数值,这个过程用 A/D 器件实现。

1. 图像的采样

图像采样的常见方式是均匀的矩形网格,如图 2-8 所示,将平面 xOy 沿 x 方向和 y 方向分别以 Δx 和 Δy 为间隔均匀地进行矩形的划分,采样点为 $x=i\Delta x$,$y=j\Delta y$ 于是连续图像 $f(x,y)$ 对应的离散图像 $f_d(x,y)$ 可表示为

$$f_d(x,y)=\begin{cases}f_c(x,y), & x=i\Delta x, y=i\Delta y,\\ 0\end{cases}$$

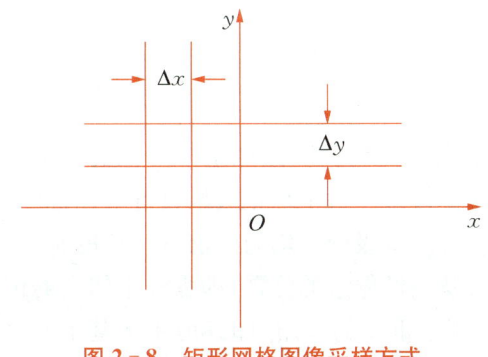

图 2-8　矩形网格图像采样方式

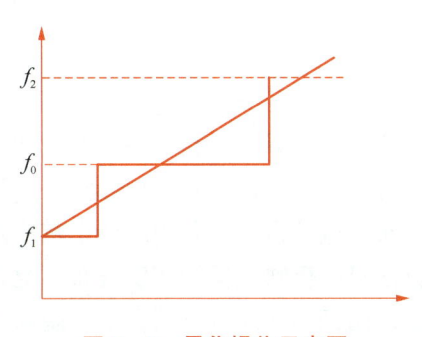

图 2-9　量化操作示意图

2. 图像的量化

经过采样后,模拟图像已被分解成空间上离散的像素,但这些像素的取值仍然是连续量。量化就是把采样点上表示亮暗信息的连续量离散化后,用数字来表示。根据人眼的视觉特性,为了使量化后恢复的图像具有良好的视觉效果,通常需要 100 多个量化等级。为了计算机的表达方便,通常取为 2 的整数次幂,如 256、128 等。如图 2-9 所示是量化操作的示意图。

将连续图像的像素值分布在 $[f_1,f_2]$ 范围内的点的取值量化为 f_0,称之为灰度值和灰阶,把真实值 f 和量化值 f_0 之差称为量化误差。量化方法有两种,一种是采用等间隔的量化方法,称之为均匀量化。对于像素灰度值在从黑到白的范围内较均匀分布的图像,这种量化可以得到较小的量化误差。另一种量化方法是非均匀量化,它是依据一幅图像具体的灰度值分布的概率密度函数,按总的量化误差较小的原则来进行量化。具体做法是对图像中像素灰度值频繁出现的范围,量化间隔取小一些,而对那些像素灰度值极少出现的范围,则量化间隔取大一些。这样就可以在满足精度要求的情况下用较少的位数来表示。

3. 数字图像的表示

经过采样和量化操作,就可以得到一幅空间上表现为离散分布的有限个像素,灰度取值上表现为有限个离散的可能值的数字图像。数字化之后的图像用一个矩阵表示 $g=$

$[g(x, y)]$,式中 x、y 是整数,且 $1 \leqslant x \leqslant M$,$1 \leqslant y \leqslant N$,表示矩阵的大小为 $M \times N$,其中,M 为采样的行数,N 为采样的列数。除了常见的矩阵形式外,在 MATLAB 运算等情况下,常将图像表示成一个向量:$g = [g(1), g(2), \cdots, g(j), \cdots, g(N)]$。式中,$g(j)$ 是行向量或列向量。向量 g 是把式中元素逐行或逐列串接起来形成的。

(1) 数字图像的灰度直方图。

灰度直方图是数字图像的重要特征之一,它是关于灰度级分布的函数,反映一幅图像中各灰度级与各灰度级像素出现的频率之间的关系。灰度级为 $[0, L-1]$ 的数字图像的灰度直方图通常用离散函数 $h(R_k)$ 表示,其中 R_k 为第 k 级灰度。定义 N_k 为图像中具有灰度级 R_k 的像素个数,显然 $0 \leqslant k \leqslant L-1$,$0 \leqslant N_k \leqslant n-1$,$n$ 为图像总的像素数目。在图像处理中常用的是归一化的直方图 $P(R_k)$。

$$P(R_k) = N_k / n$$

$$\sum_{k=0}^{L-1} P(R_k) = 1$$

$P(R_k)$ 反映了图像中各个灰度级的分布概率,是能够反映图像整体特征的一个统计量。可以看出,直方图很直观地反映了图像的视觉效果。对于视觉效果良好的图像,它的像素灰度应该占据可利用的整个灰度范围,而且各灰度级分布均匀。值得一提的是,灰度直方图只能反映图像的灰度分布情况,而不能反映图像像素的位置,即丢失了像素的位置信息。图像的灰度直方图在信息隐藏技术中得到了重要的应用,如其可用于基于差分直方图实现 LSB 信息隐藏的可靠性检测,基于频率域差分直方图能量分布的可对 DFT 域、DCT 域和 DWT 域图像信息隐藏实现通用盲检测,基于空域直方图、频域直方图的无损数据隐藏。一个灰度直方图的例子如图 2-10 所示。

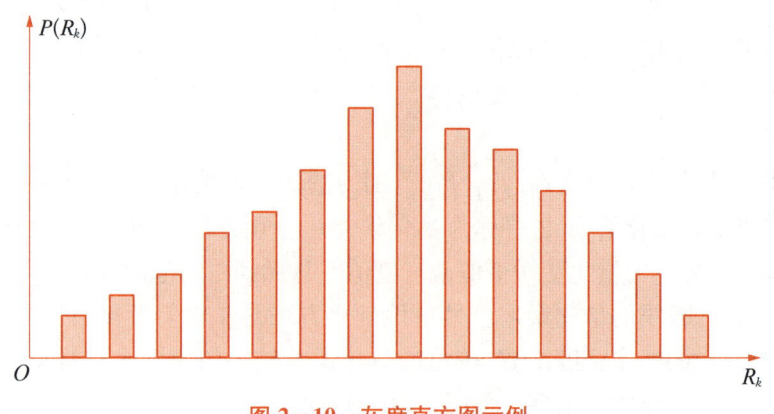

图 2-10 灰度直方图示例

(2) 常用颜色模型。

所谓颜色模型就是指某个三维颜色空间中的一个可见光子集,它包含某个颜色域的所有颜色。常用的颜色模型可分为两类,一类面向诸如彩色显示器或打印机之类的硬件设备,另一类面向以彩色处理为目的的应用。面向硬件设备的最常用的模型是 RGB 模型,而面向彩色处理的最常用模型是 HSV 模型。这两种模型也是图像技术最常见的模型。

RGB 颜色模型基于笛卡儿三维直角坐标系，3 个轴分别为红、绿、蓝三基色，各个基色混合在一起可以产生复合色，如图 2-11 所示。RGB 颜色模型通常采用如图 2-12 所示的单位立方体来表示，在正方体的主对角线上，各原色的强度相等，产生由暗到明的白色，也就是不同的灰度值。(0，0，0)为黑色，(1，1，1)为白色。正方体的其他六个角点分别为红、黄、绿、青、蓝和品红。

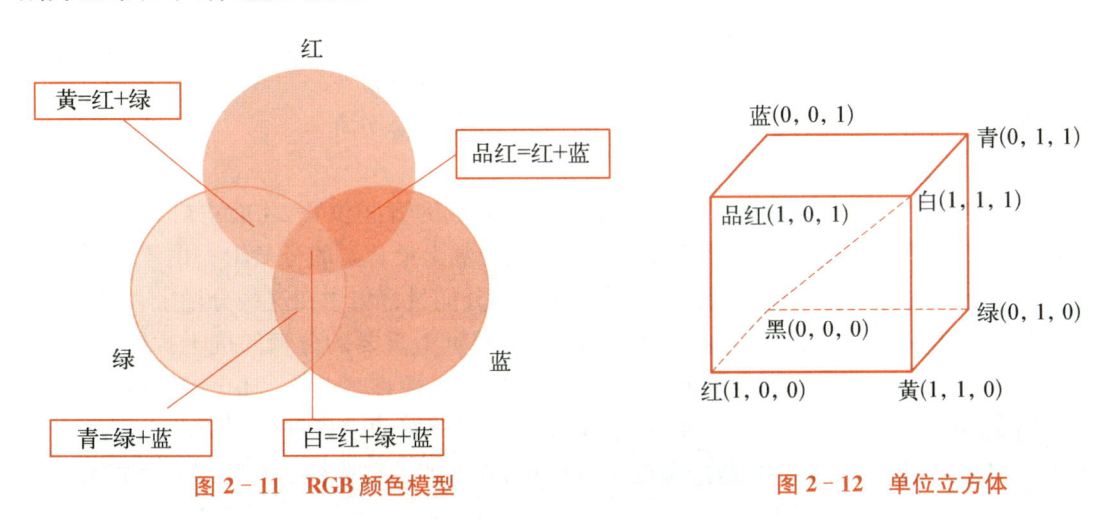

图 2-11　RGB 颜色模型

图 2-12　单位立方体

根据这个模型，一幅彩色图像每个像素的颜色都用三维空间的一个点来表示，由红、绿、蓝三基色以不同的比例相加混合而产生的。

$$C = aR + bG + cB$$

其中 C 为任意彩色光，a、b、c 为三基色 R、G、B 的权值，R、G、B 的亮度值限定在 0~255。

HSV 颜色模型对应于圆柱坐标系的一个圆锥形子集(图 2-13)。圆锥的底面对应于 $V=1$，代表的颜色较亮。色彩 H 由绕 V 轴的旋转角给定，红色对应于角度 0°，绿色对应于角度 120°，蓝色对应于角度 240°。在 HSV 颜色模型中，每一种颜色和它的补色相差 180°。饱和度 S 取值从 0 到 1，由圆心向圆周过渡。在圆锥的顶点处，$V=0$，H 和 S 无定义，代表黑色，圆锥底面中心处 $S=0$，$V=1$，H 无定义，代表白色，从该点到原点代表亮度渐暗的白色，即不同灰度的白色。任何 $V=1$，$S=1$ 的颜色都是纯色。

HSV 颜色模型对应于画家的配色方法。画家用改变色浓和色深的方法来从某种纯色获得不同色调的颜色。其做法是：在一种纯色中加入白色以改

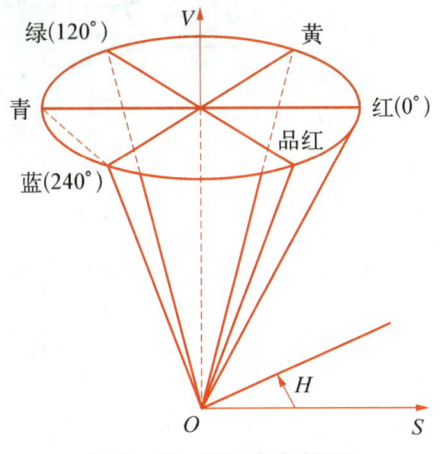

图 2-13　HSV 颜色模型

变色浓，加入黑色以改变色深，同时加入不同比例的白色、黑色即可得到不同色调的颜色。如图 2-14 所示为具有某个固定色彩的颜色三角形。

三、基于 DCT(离散余弦变换)的图像信息隐藏实例

1. 水印的嵌入

（1）首先对原始图像进行 DCT。

（2）水印信号的产生。Cox 等指出由高斯随机序列构成的水印信号具有良好的鲁棒性，在许多文献中也都是将高斯随机序列作为水印信号。因此水印信号 W 为服从标准正态分布 $N(0,1)$，长度为 n 的实数随机序列。

（3）水印的嵌入。选择将水印信号放在宿主信号的哪些位置，才能更好地保证其具有良好的鲁棒性。Cox 等认为图像水印应该放在视觉上最重要的分量上。由于视觉上重要的分量是图像信号的主要成分，图像信号的大部分能量都集中在这些分量上，在图像有一定失真的情况下，图像仍然能保留主要成分，即视觉上重要的分量的抗干扰能力较强，因此将数字水印嵌入到这些分量上，可以获得较好的鲁棒性。当水印信号相对宿主信号较小时，还可以保证不可见性。所以将服从标准正态分布的随机序列构成的水印序列放到 DCT 变换后图像的重要系数的幅度中，可以增强水印的鲁棒性。水印嵌入公式为

$$V' = V(1 + aX_k)$$

其中 V 为原始图像信息，a 为嵌入系数，X_k 为水印信息，V' 为生成水印图像信息。

（4）进行二维离散余弦反变换，得到嵌入水印的图像。对比图如图 2-15 所示。

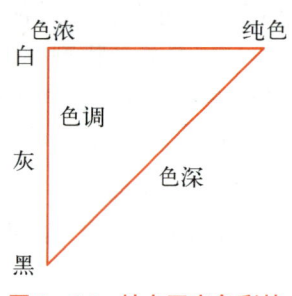

图 2-14 某个固定色彩的颜色三角形

图 2-15 原始图像与嵌入水印后的图像对比

2. 水印的提取

对原始图像和嵌入水印的图像分别进行离散余弦变换。利用 $X_k = \dfrac{1}{a}\left(\dfrac{V'}{V} - 1\right)$ 提取水印。从未受攻击的含水印图像中提取的水印，与原始水印图像进行对比，如图 2-16 所示。

3. 相似度和峰值信噪比计算

根据相似度的值即可判断图像中是否含有水印信号，从而达到版权保护的目的。提

图 2-16　从未受攻击的含水印图像中提取的水印与原始水印图像比较

取出的水印信号和原始水印信号的相似程度可以用 MSE（mean square error）表示，MSE 指均方误差，即提取出的水印信号和原始水印信号测量值误差平方和的平均值。

峰值信噪比用 PSNR（peak signal to noise ratio）表示。在经过影像压缩之后，输出的影像通常都会有某种程度与原始影像不一样。为了衡量经过处理后的影像品质，我们通常会参考 PSNR 值来认定某个处理程序够不够令人满意。

PSNR 计算公式：

$$PSNR = 10\lg(255^2/MSE)$$

PSNR 的单位为 dB。PSNR 值越大，就代表失真越少。

PSNR 是最普遍使用的评鉴画质的客观量测法，不过许多实验结果都显示，PSNR 的分数无法和人眼看到的视觉品质完全一致，有可能 PSNR 较高者看起来反而比 PSNR 较低者差。这是因为人眼的视觉对于误差的敏感度并不是绝对的，其感知结果会受到许多因素的影响而产生变化（例如，人眼对空间频率较低的对比差异敏感度较高，人眼对亮度对比差异的敏感度较色度高，人眼对一个区域的感知结果会受到其周围邻近区域的影响）。

2.2.2　音频信息隐藏技术

目前国内外音频信息隐藏技术相关研究的重点主要集中在非压缩格式音频领域，而压缩格式音频载体的信息隐藏技术并没有引起各国学者的足够重视。而互联网上绝大部分音频作品都以压缩格式进行存储与传输，如 MPEG-1 Layer Ⅲ（简称 MP3）、MPEG-2/4 Advanced Audio Coding（简称 AAC，为了方便描述，以下用 AAC 术语）。

一、AAC 音频信息隐藏的方法及特点

按照信息隐藏发生在 AAC 编码过程中位置的不同，基于 AAC 的信息隐藏方法主要分为以下四类：基于非压缩域的隐藏方法、基于时频域的隐藏方法、基于量化过程的隐藏方法和基于比特流的隐藏方法。

基于非压缩域的隐藏方法是在 AAC 音频编码压缩编码前的时域码流中进行的。此类方法因为在时域中进行信息隐藏，所以秘密信息隐藏完成后还要经过整个 AAC 音频压缩编码流程。而 AAC 音频压缩编码是一个有损的过程，因此在 AAC 音频时域中进行

信息隐藏的技术其秘密信息的提取正确率通常不能达到百分之百。而且，由于这类方法在隐藏时首先必须将 AAC 压缩音频解码到时域音频，所以实时性差，通常应用在数字音频的版权保护等方面。

基于时频域的隐藏方法发生在 AAC 音频编码的时频转换过程中。AAC 音频编码的时频转换是通过改进的离散余弦变换（MDCT）完成，故此类方法在 MDCT 变换中实现隐秘信息的隐藏。由于 MDCT 变换在 AAC 编码过程中的特殊位置，算法必须具有很强的鲁棒性以抵抗量化造成的损失。现有的基于时频域的隐藏算法基本都利用变换域低频系数鲁棒性很强的特点进行信息隐藏。但是低频区的系数对音频感知质量有较强的敏感性，从而算法的隐藏容量通常较小，提取信息的正确率也不高。所以，该方法主要应用于数字音频的版权保护。

基于量化过程的信息隐藏方法是在 AAC 编码过程的量化模块中完成。量化过程是 AAC 编码的核心部分，它结合第二心理声学模型，经过多次迭代循环，从而达到量化后噪声小于门限值且编码所需比特数小于最大比特数。基于量化过程的信息隐藏方法是将隐藏算法与量化过程有效结合，该类方法能够较好地控制隐秘信息在编码过程中的损失，但由于修改量化环节，对最后音频信号的感知度有一定的影响。

基于比特流的信息隐藏方法是直接在 AAC 音频码流中隐藏秘密信息，无须经过解码过程，复杂度低，实时性强。而且隐秘信息没有因量化而损失的缺点，在无攻击条件下可以完全提取。但是该类隐藏算法无法有效抵抗各类攻击，算法相对脆弱，主要应用于音频作品的完整性认证和隐秘通信。

二、音频信息隐藏技术指标评价

压缩域音频信息隐藏与未压缩域信息隐藏一样，其目的不在于限制正常的资料存取，而在于保证隐藏数据不被侵犯和发现。因此必须考虑正常的信息操作对隐秘信息不易造成破坏或被发现。音频信息隐藏主要有以下几个指标：

1. 鲁棒性（robustness）

鲁棒性是指不因音频文件的某种改动而导致隐秘信息丢失的能力，丢失的信息量一般可以通过误码率 BER 来衡量，其表示方法如下：

$$BER = \frac{错误比特数}{原始秘密信息比特数} \times 100\%$$

大多数文献在测试算法鲁棒性时，也经常采用自己定义的测试方法。

2. 隐藏容量（capacity）

隐藏容量是指音频载体中最大能隐藏隐秘信息比特数的多少。一般通常用比特率来表示，单位为 bps（bits per-second），即每秒音频中可以隐藏多少比特的秘密信息。也有以样本数为单位的，如在每个采样样本中可隐藏多少比特的信息。对于数字音频来说，在给定音频采样率的条件下两者是可以相互转换的。

3. 不可感知性（imperceptibility）

不可感知性是指音频载体嵌入隐秘信息后对人听觉感知产生的影响。一般采用主观标准与客观标准来衡量该指标。

主观标准 MOS(mean opinion score)，即测试者根据音频的好坏，给音质打分，一般按五分制评分。MOS 分值的评判标准如表 2-1 所示。

表 2-1　MOS 分值的评判标准

分　值	评　价　指　标	质　量　要　求
5	不可感知	音频质量很好
4	可感知，但不令人烦躁	好
3	有些烦躁	一般
2	烦躁	差
1	非常烦躁	很差

听觉质量的客观区分度是 ODG(objective difference grade)。ODG 指标与主观评价指标 MOS 很类似，其值范围为－4 到 0，如表 2-2 所示。

表 2-2　听觉质量客观区分度 ODG

ODG	描　　述
0.0	不可感觉
－1.0	可感觉但不刺耳
－2.0	轻微刺耳
－3.0	刺耳
－4.0	非常刺耳

4. 不可检测性(undetectability)

不可检测性是指音频含密载体与原始载体具有一致的特性。如果含密载体的一些特性的统计分布与原始载体保持一致，那么说明不可检测性强，即一些非法拦截者无法判断是否有隐秘信息。

上述 4 个指标是互相制约又互相矛盾的，如增加隐藏容量时，不可感知性会减弱，而增强不可感知性时，鲁棒性会相对减弱等。因此没有一个算法能做到所有指标都很好，只有根据信息隐藏实际应用和技术要求来寻求一个最恰当的平衡。例如用于隐秘通信的隐藏算法对隐藏容量要求很高，而鲁棒性要求不高，而用于版权保护的隐藏算法则恰恰相反。

2.2.3　文本信息隐藏技术

一、文本信息隐藏一般方法

文本文档由于其特殊的结构组成，在其里面隐藏信息是比较困难的，与图像、视频、音频等相比,它几乎不包含任何冗余信息。因此,在文本里面隐藏信息必须寻找那些不易引起视觉感知的方法。目前,在文本中隐藏信息中主要有以下几种方法:

1. 行间距编码

该方法通过垂直移动文本行的位置来实现,在文本的每一页中,间隔行轮流嵌入秘密信息,嵌入位置行的上下相邻行不动,作为参照,在行移过的一行中编码一个比特的信息。

2. 字间距编码

和行间距编码类似,该方法通过水平移动单词(字符)的位置来实现,将文本中某行的一个单词(字符)左移或右移,而与其相邻的单词(字符)位置不动,作为参照。在移动过的一个单词(字符)位置编码一个比特的信息。

3. 特征编码

选取文本中的某些特征量,特征可以是如字母 b、k、h、d 等的垂直线,其长度可以稍做修改,而不被察觉。还有一种特征编码技术是利用同义词。先选取一对同义词,如汉语的"很"和"非常"等,一个表示"0",一个表示"1",当然通信双方必须同时拥有这两个同义词表。

二、新的隐藏方法

除了上述几种方法外,针对文本信息隐藏也出现了三种新的隐藏方法:基于字符颜色的信息隐藏、基于字符缩放的信息隐藏以及基于字符下画线标记的信息隐藏。下面逐一说明。

1. 基于字符颜色的信息隐藏

现有的文字处理软件中,大都提供字符颜色编辑的功能。如在 Word 中,可供选择的颜色模型方案有两种:RGB 和 HSL,前者有三个颜色分量:红、绿和蓝,分别有0~255 共 256 个值;后者也有三个分量:色调、饱和度和亮度,每种分量也分别有 0~255 共 256 个值。所以,每种模型方案可以提供 224 种颜色。对于普通的文本,字符颜色大部分都是黑色,利用这个特点,可以选取和黑色相近的、视觉上难以区分的颜色来进行信息隐藏。具体实现方法是:用默认状态下的黑色(RGB 颜色模型,R=0,G=0,B=0)表示所隐藏的信息位为"1";用 RGB 颜色模型下,R=2,G=2,B=2 的颜色表示所隐藏的信息位为"0"。隐藏前的文本格式中,颜色值为默认状态下的黑色。

2. 基于字符缩放的信息隐藏

这一方法利用文字输入中的字体缩放技术来实现信息隐藏。如在 Word 中,对字符进行缩放可供选择的系数处于 1% 到 600% 之间,也就是说,一个字符最小可以被缩小到原来大小的 1%,最大可以被放大到原来的 6 倍。利用这一特点,在不引起视觉感知的情况下,可以对原来载体文本中的字符进行合适的缩放,来进行信息隐藏。

具体实现方法是:信息隐藏时,缩放系数为 100%(即原字符保持原样,大小不改变)的字符表示要隐藏的信息位为"1",缩放系数为 101%(即将原字符放大 1%)的字符表示要隐藏的信息位为"0"。

3. 基于字符下画线标记的信息隐藏

这种方法充分利用文字输入中可以对字符进行添加下划线标记,而且可以对其颜色进行颜色设置的特点。在 Word 中,下划线的颜色模型以及颜色种类同字符颜色模型和颜色种类一模一样,在对字符添加下划线时,考虑到页面背景的颜色,将下划线的颜色与背景色设为一致,使下划线和背景的颜色混为一体,视觉上下划线是被完全屏蔽的,从而达到信息隐藏的目的。

具体实现方法:每一个字符隐藏一个比特的信息位,要隐藏"1",则字符保持原样不变;要隐藏"0",则对字符加下划线。对于普通的文本,一般的页面背景为默认状态下的纯白色(RGB 颜色模型,R、G、B 的颜色分量值均为 255),所以下划线选取同样颜色模式下同样的颜色值,即 R、G、B 的值均为 255。这样就和背景色一模一样,下划线完全隐含在背景里面,视觉上根本不可见。

在实际应用中,可以根据情况选取合适的方法进行信息隐藏,也可以将三种方法结合起来一起应用。但是,秘密通信前的双方必须有预定好的通信协议,来保证信息的正确传输。文本选择可以任意,但是,不能引起第三方的怀疑;同时,由于上面所述三种方法对文本编辑软件的功能有较高的要求,所以要选择功能强大的文本编辑软件,例如 Word 等。

为了达到更高的安全级别,在通信前,可以对秘密信息进行加密,信息接收方根据通信协议得到经过加密的秘密信息后,再利用密钥进行解码。这样就保证了即使信息不慎被截获,截获者没有正确的密钥,也无法破解秘密信息。

2.3 项目实践

2.3.1 密码学——对称密码基本加密实践

【实践环境】

ISES 客户端。

Microsoft CLR 调试器(DbgCLR.exe)或其他调试器。

【实践步骤】

在加密算法选项里选择 DES,以下实验步骤保持算法不变。

一、加解密计算

1. 加密

(1) 在明文栏的下拉菜单里选择文本或十六进制,然后在后面相应的文本框内输入所要加密的明文。

(2) 在密钥栏的下拉菜单里选择文本或十六进制,然后在后面相应的文本框内输入相应的密钥。

(3) 单击"加密"按钮,在密文文本框内就会出现加密后的密文,如图 2-17 所示。

```
┌─ 加解密计算器实验 ─────────────────────────┐
│  明文：                                    │
│  [文本 ▼] [abcdefgh                    ]  │
│                                            │
│  密钥：                                    │
│  [文本 ▼] [abcdefgh                    ]  │
│                                            │
│ ┌─ 加密算法：──────────────────────────┐ │
│ │ ⦿ DES  ○ 3DES  ○ IDEA  ○ AES-128    │ │
│ │ ○ AES-192  ○ AES-256  ○ SMS4        │ │
│ └──────────────────────────────────────┘ │
│                                            │
│  密文（16进制）：                          │
│  [2A8D69DE9D5FDFF9                     ]  │
│                                            │
│        [  加密  ]    [  解密  ]           │
└────────────────────────────────────────────┘
```

图 2-17　加密

2. 解密

（1）在密文栏相应的文本框内输入所要解密的密文。

（2）在密钥栏的下拉菜单里选择文本或十六进制，然后在后面相应的文本框内输入相应的密钥。

（3）单击"解密"按钮，在明文文本框内就会出现解密后的明文。

二、分步演示

（1）单击"扩展实验"框中的"DES 分步演示"按钮，进入 DES 分步演示窗口，打开后默认进入"分步演示"页面。

（2）密钥生成。

① 在"子密钥产生过程"框中，选择密钥的输入形式后，输入密钥，DES 要求密钥长度为 64 位，即选择"ASCII"（输入形式为 ASCII 码）时应输入 8 个字符，选择"HEX"（输入形式为十六进制）时应输入 16 个十六进制码。

② 单击"比特流"按钮生成输入密钥的比特流。

③ 单击"等分密钥"按钮，将生成的密钥比特流进行置换选择后，等分为 28 位的 C0 和 D0 两部分。

④ 分别单击两侧的"循环左移"按钮，对 C0 和 D0 分别进行循环左移操作（具体的循环左移的移位数与轮序有关，此处演示为第一轮，循环左移 1 位），生成同样为 28 位的 C1 和 D1。

⑤ 单击"密钥选取"按钮，对 C1 和 D1 进行置换选择，选取 48 位的轮密钥，此处生成第一轮的密钥 K1。

上述密钥生成过程如图 2-18 所示。

（3）加密过程。

① 在"加密过程"框中，选择明文的输入形式后，输入明文；DES 要求明文分组长度为 64 位，输入要求参照密钥输入步骤。

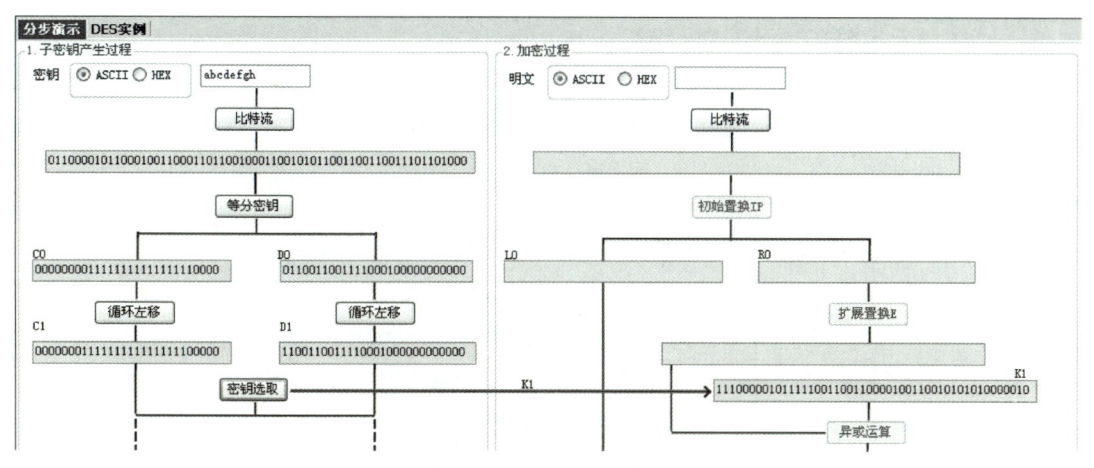

图 2‑18　密钥生成过程

② 单击"比特流"按钮生成输入的明文分组的比特流。

③ 单击"初始置换 IP"按钮对明文比特流进行初始置换,并等分为 32 位的左右两部分 L0 和 R0。

④ 单击"扩展置换 E"按钮对 32 位 R0 进行扩展置换,将其扩展到 48 位。

⑤ 单击"异或运算"按钮,将得到的扩展结果与轮密钥 K1 进行异或,得到 48 位异或结果。

⑥ 分别单击"S1""S2"…"S8"按钮,将得到的 48 位异或结果通过 S 代换产生 32 位输出。

⑦ 单击"异或运算"按钮,将得到的 32 位输出与 L0 进行异或,得到 R1,同时令 L1 = R1,进入下一轮加密计算。

上述加密过程如图 2‑19 所示。

依次进行 16 轮计算,最终得到 L16 和 R16;单击"终结置换"按钮,对交换后的 L16 和 R16 进行初始逆置换 IP^{-1},即可得到密文,如图 2‑20 所示。

三、DES 实例

(1) 单击 DES 分步演示窗体中的"DES 实例"标签,进入 DES 实例演示页面。

(2) 加密实例。

输入明文、初始化向量和密钥,选择工作模式和填充模式,单击"加密"按钮,对输入的明文使用 DES 算法按照选定的工作模式和填充模式进行加密;在轮密钥显示框内以十六进制显示各轮加密使用的密钥,加密结果以两种形式显示在密文框中。上述过程如图 2‑21 所示。

(3) 解密实例。

输入密文、初始化向量和密钥,选择工作模式和填充模式,单击"解密"按钮,对输入的密文使用 DES 算法按照选定的工作模式和填充模式进行解密;在轮密钥显示框内以十六进制显示各轮加密使用的密钥,解密结果以两种形式显示在明文框中。

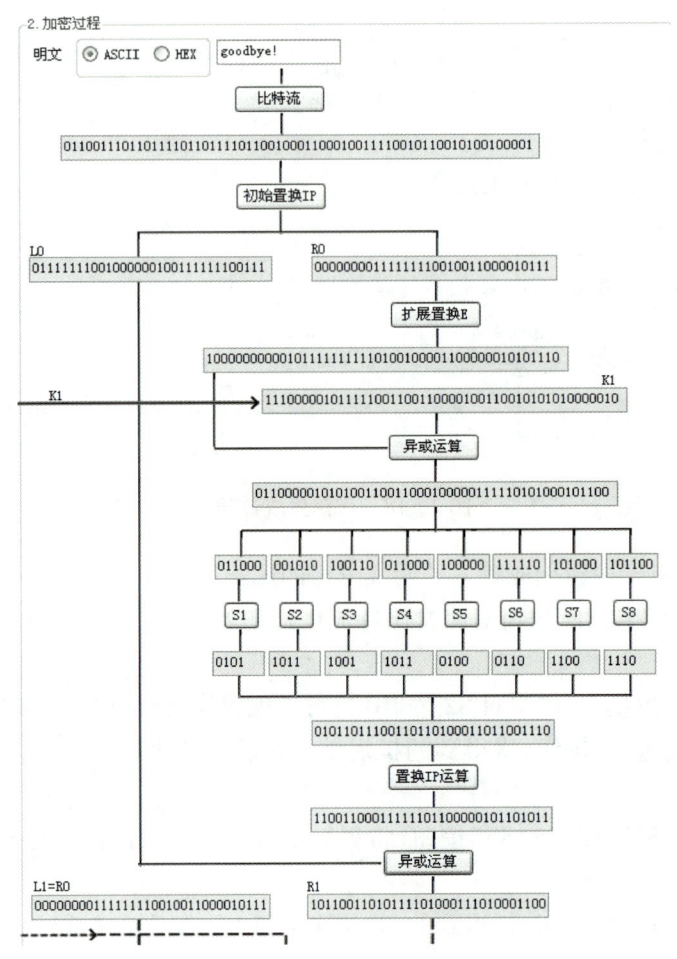

图 2-19　加密过程

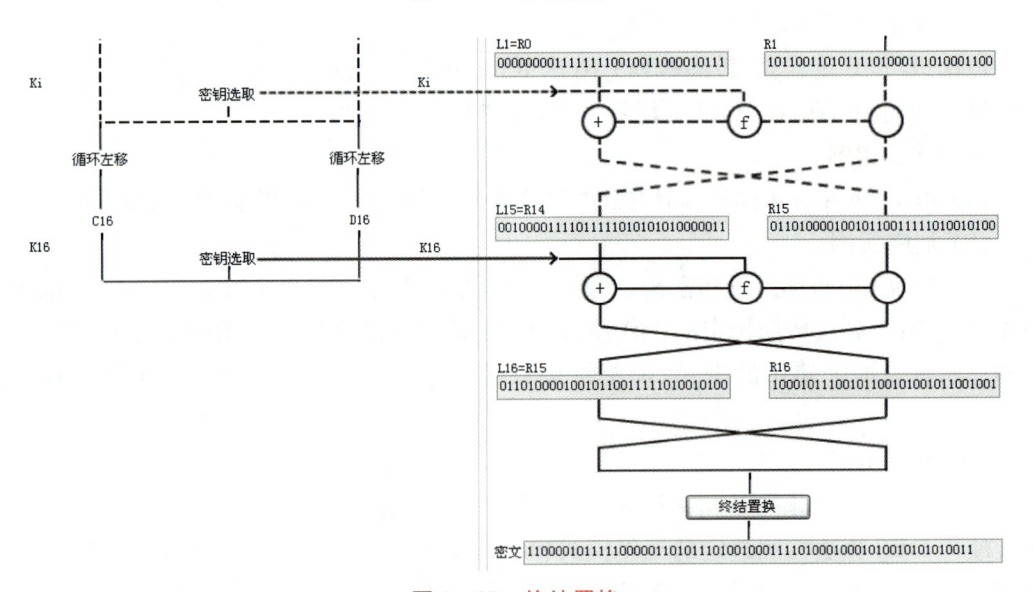

图 2-20　终结置换

图 2-21 加密实例

四、DES 扩展实验

(1) 单击"扩展实验"框中的"DES 扩展实验"按钮，进入 DES 扩展实验窗口，打开后默认进入扩展实验主页面，进行加解密。

(2) 确保在主页面中选择"加密"选项，将 DES 的工作模式设置为"加密运算"。

(3) 文本框内输入待加密的 16 个字节长的明文 ASCII 码串（64 比特），16 个字节长的密钥 ASCII 码串（64 比特），单击"运行"按钮，得到 DES 的加密结果，如图 2-22 所示。

(4) 观察"初始置换"（初始置换 IP）。在主窗口中单击"初始置换"按钮，进入"首置换"选项卡，再次单击"运行"，即可观察明文的初始变换过程，如图 2-23 所示。可以根据需要，调节变换显示的速度。

(5) 观察密钥变换。在主页面中单击"密码表"按钮，打开密码变换对话框。

① 选择"密码表"选项卡，观察 16 轮加密变换的密钥，如图 2-24 所示。

② 选择"密码盒"选项卡，观察 16 轮加密变换密钥的生成过程。单击"置换选择 1"按钮，得到该密钥的初始变换，选择想要测试加密密钥的轮次，再单击"置换选择 2"按钮，即可得到相应的加密密钥，如图 2-25 所示。

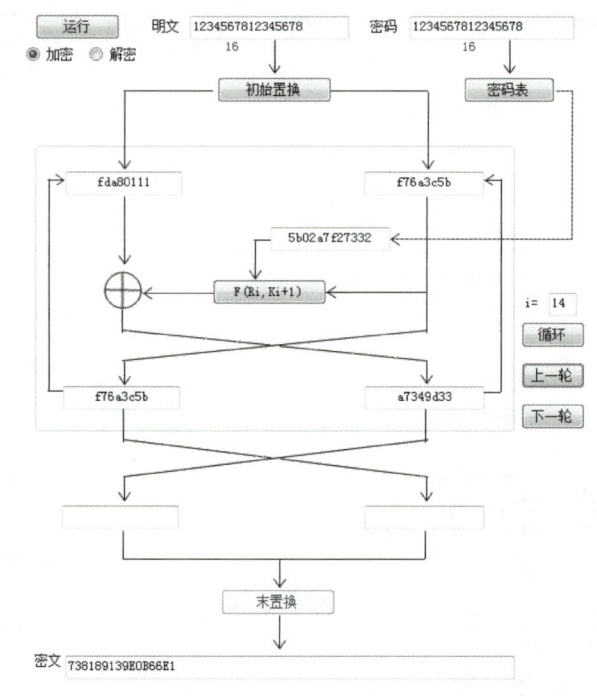

图 2-22　DES 加密结果

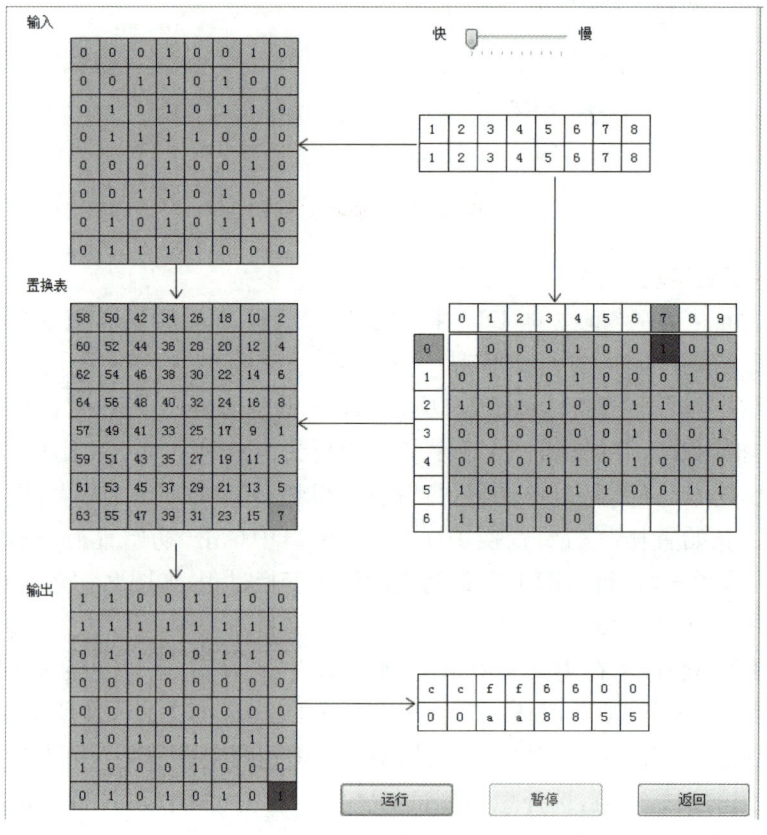

图 2-23　明文的初始变换过程

图 2-24　16 轮加密变换密钥

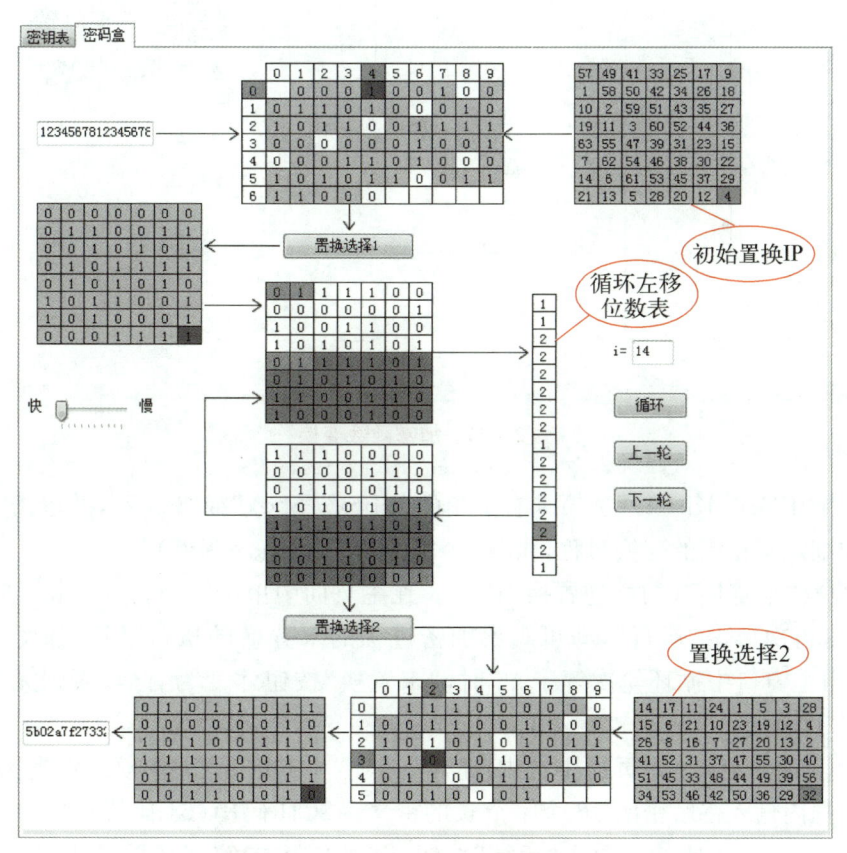

图 2-25　16 轮加密变换密钥生成过程

(6) 观察加密函数。单击主页面的"F(Ri, Ki+1)"按钮,进入加密函数变换对话框。

① 依次顺序单击"F(Ki, Ki+1)"选项卡中的各个按钮,可以得到"选择运算 E""代替函数组 S"和"置换运算 P"的运算结果,如图 2-26 所示。

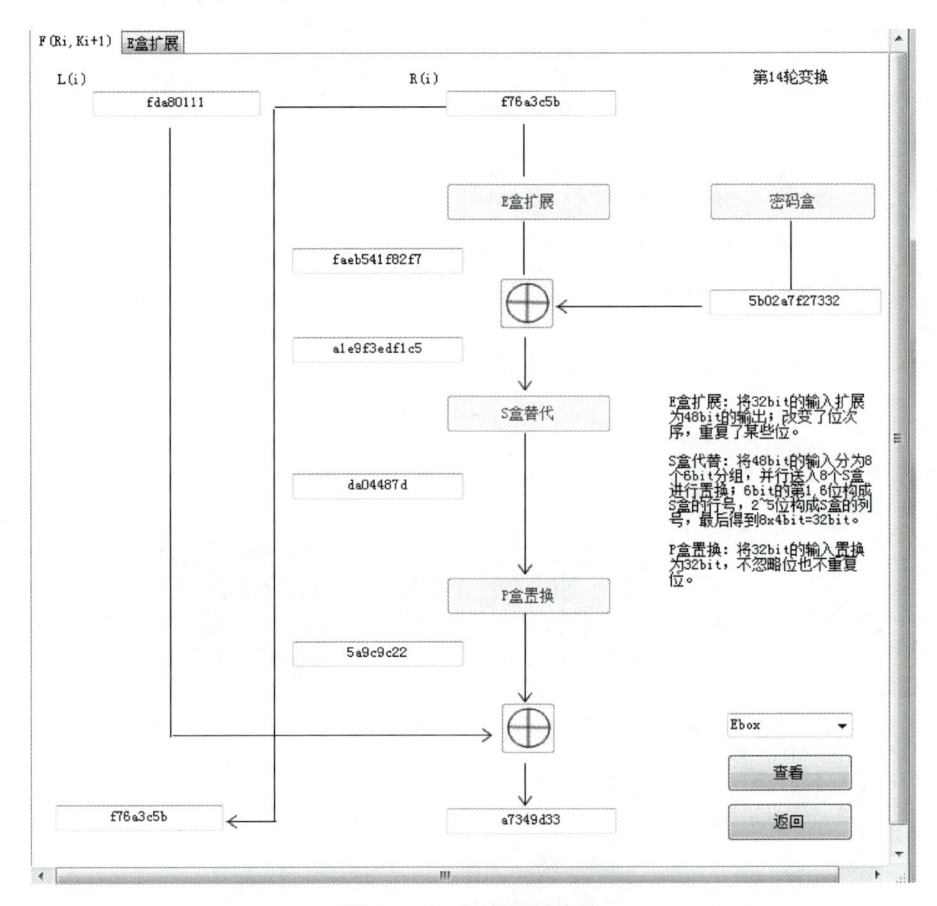

图 2-26 加密函数变换

② 选择"F(Ki, Ki+1)"选项卡右下角的"Ebox""Sbox"或"Pbox",并单击"查看"按钮,可以详细观察相应的变换过程,如图 2-27 所示(以 Ebox 为例)。

(7) 观察"末置换"(初始逆置换 IP^{-1})。在主页面中单击"末置换"按钮,进入"末置换"选项卡,再次单击"运行",即可观察加密过程的末置换的执行过程,如图 2-28 所示。只有当主窗口中循环轮次等于 16 时,"末置换"按钮才变为有效,否则无法激活该窗口。

(8) 解密时,确保在主页面中选中"解密"选项,将 DES 的工作模式设置为"解密运算"。文本框内输入待解密的 16 个字节长的密文 ASCII 码串(64 比特),16 个字节长的密钥 ASCII 码串(64 比特),单击"运行"按钮,得到 DES 的解密结果,如图 2-29 所示。解密运算的其他过程与加密过程一样,不再赘述。

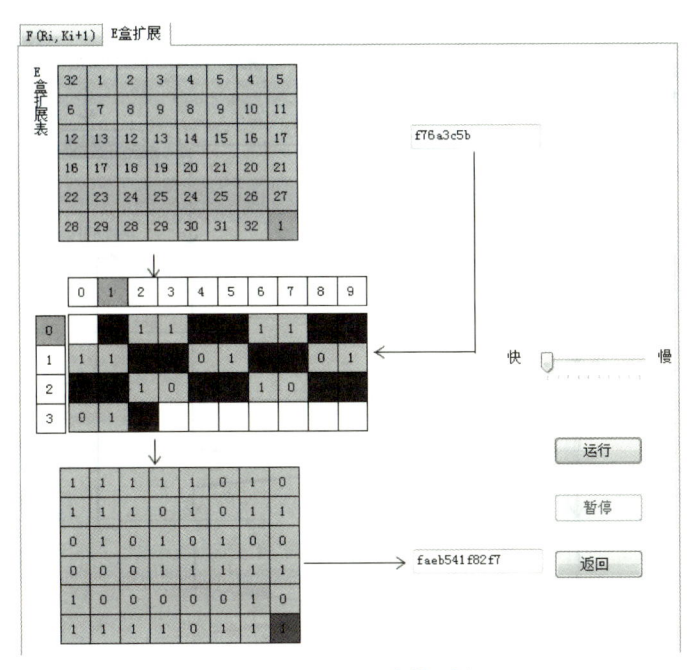

图 2-27　Ebox 变换过程

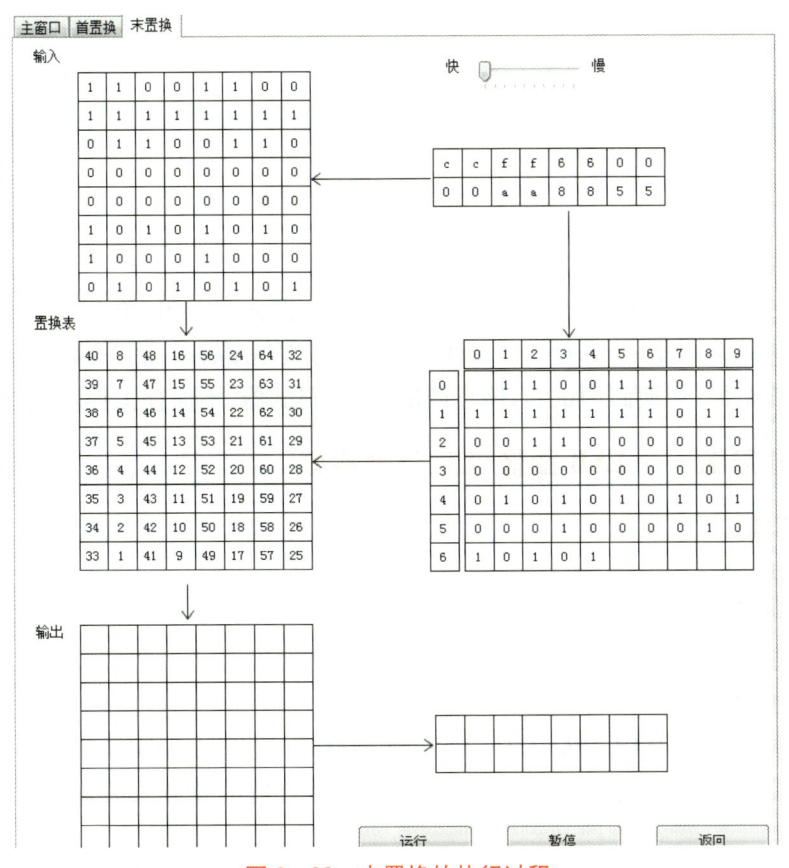

图 2-28　末置换的执行过程

(3) 单击"计算"按钮,可查看图片信息,如图 2-32 所示。

图 2-32　查看图片信息

2. 选择要隐藏的文件

(1) 单击"选择要隐藏的文件"按钮选择要嵌入的信息文件,并单击"计算"按钮查看信息内容,如图 2-33 所示。需注意的是要嵌入的信息数据大小应小于载体容量,且最好为文本文件,以便对比观察原始信息与提取的信息。

(2) 单击"二进制转换"按钮,查看隐藏信息的二进制流,如图 2-34 所示。

3. 嵌入信息

(1) 单击"嵌入"按钮,将隐藏信息嵌入到载体图片中,并另存为新的带有隐藏信息的图片,如图 2-35 所示。

(2) 单击"确定"按钮,弹出图片对比窗口,如图 2-36 所示。

(3) 可通过选项卡选择"图片对比"及"细节对比",对比原始载体图片和嵌入信息后的载体是否存在视觉上的可察觉的变化,并观察载体文件嵌入隐藏信息前后的细节变化。

图 2‑33　选择要隐藏文件

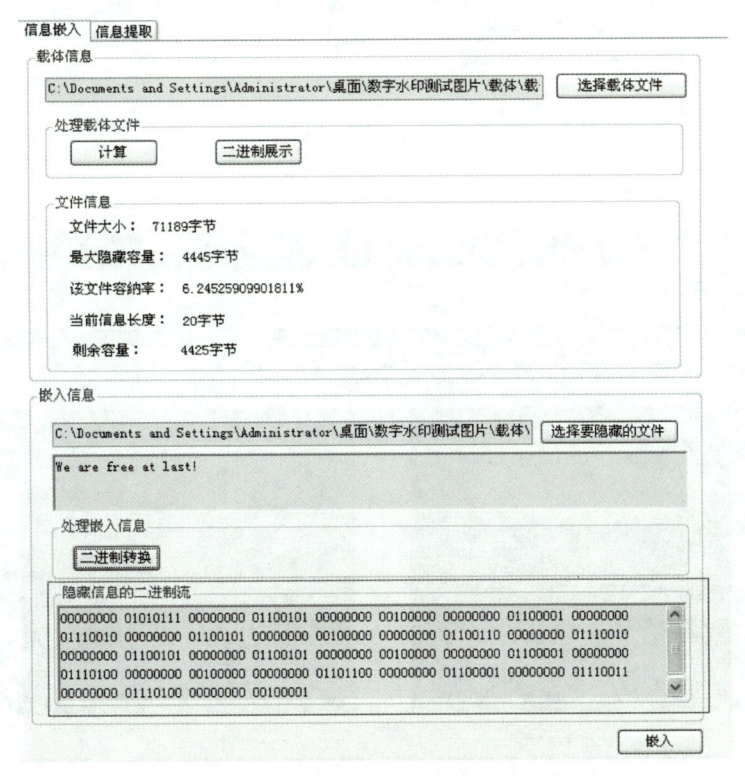

图 2‑34　查看隐藏信息的二进制流

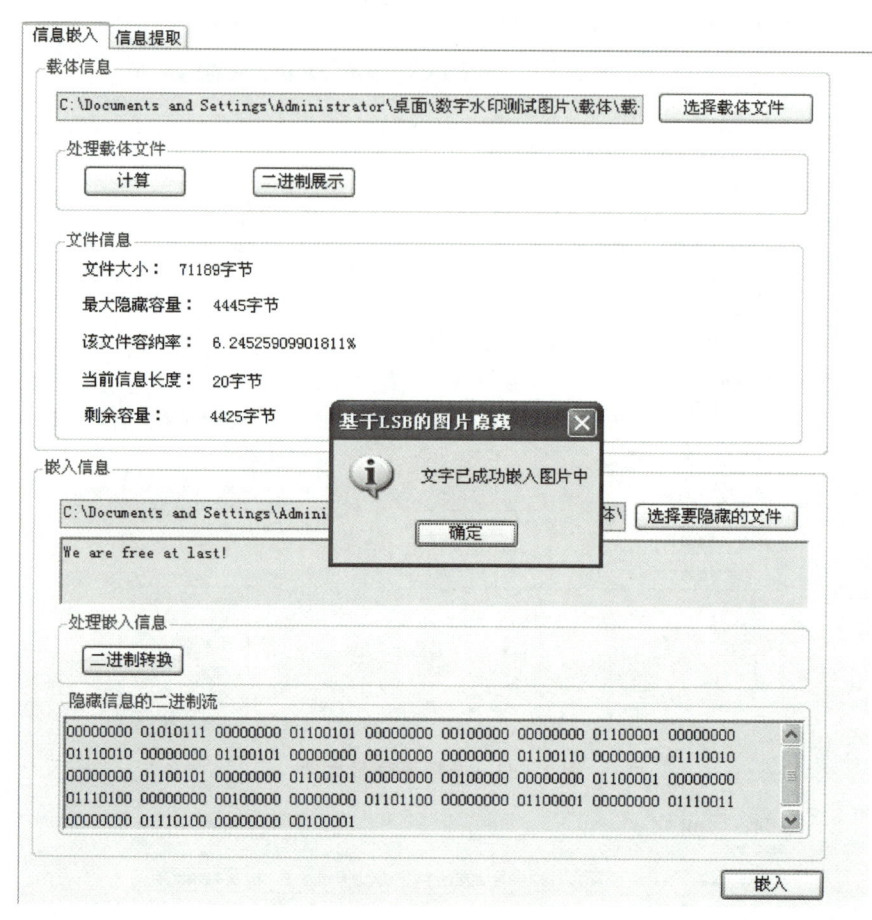

图 2-35 嵌入信息

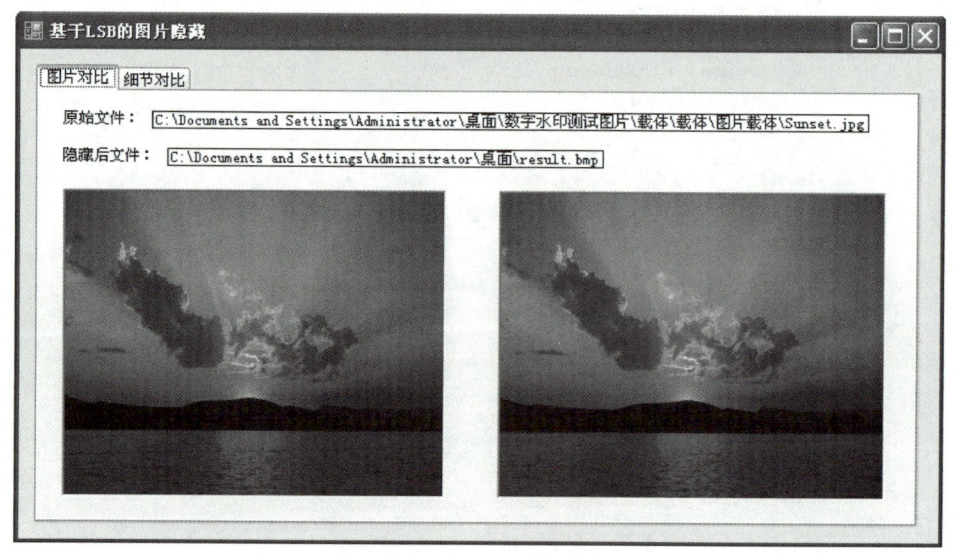

图 2-36 图片对比窗口

4. 观察嵌入信息过程

(1) 单击"读取信息"及"读取水印"按钮,读取载体的一个字节信息及水印的一位信息,如图 2-37 所示。

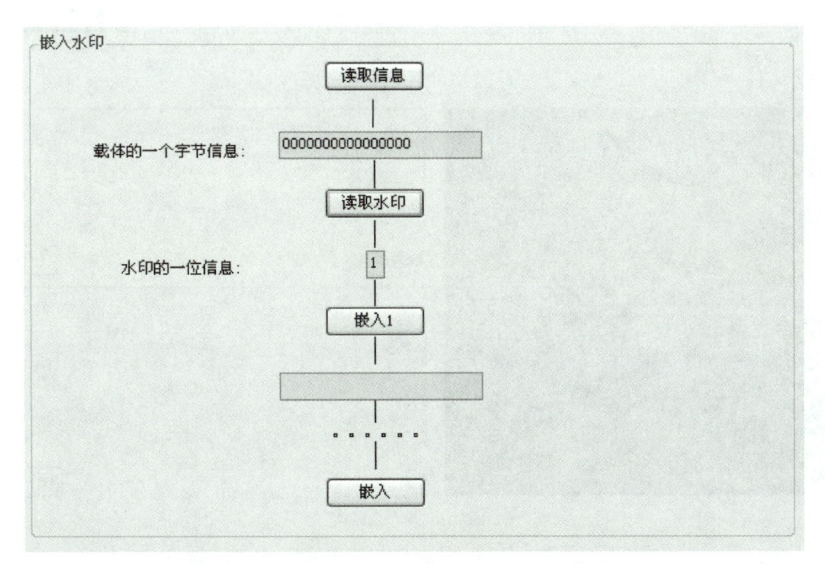

图 2-37　读取信息

(2) 单击"嵌入 1"按钮,执行嵌入信息操作,如图 2-38 所示。

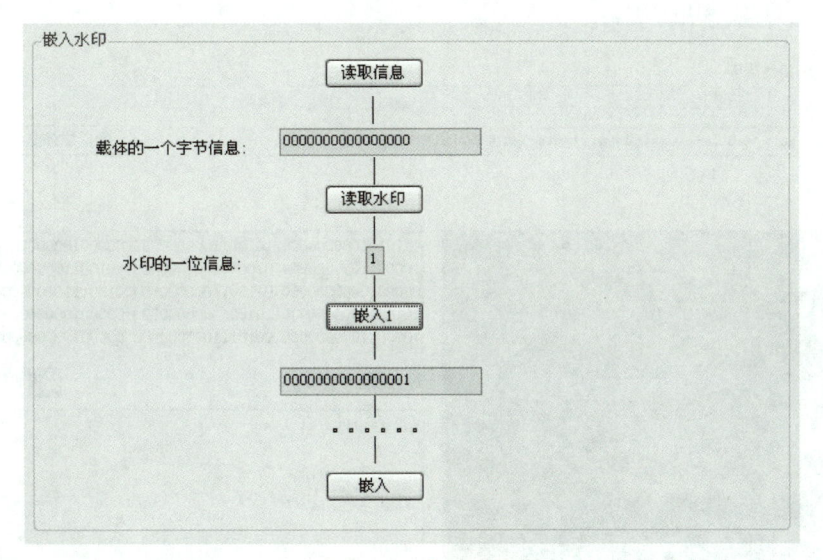

图 2-38　嵌入信息

(3) 单击"嵌入"按钮,循环执行上述过程将全部信息嵌入到载体图片中,并保存、对比结果。

二、信息提取

(1) 选择"信息提取"选项卡,进入信息提取界面。

(2) 单击"选择载体文件"按钮选择包含隐藏信息的载体图片,如图 2-39 所示。

图 2-39　选择包含隐藏信息的载体图片

(3) 单击"提取信息"按钮,可在载体图片右侧以二进制流及文本形式显示出隐藏信息的内容,如图 2-40 所示。

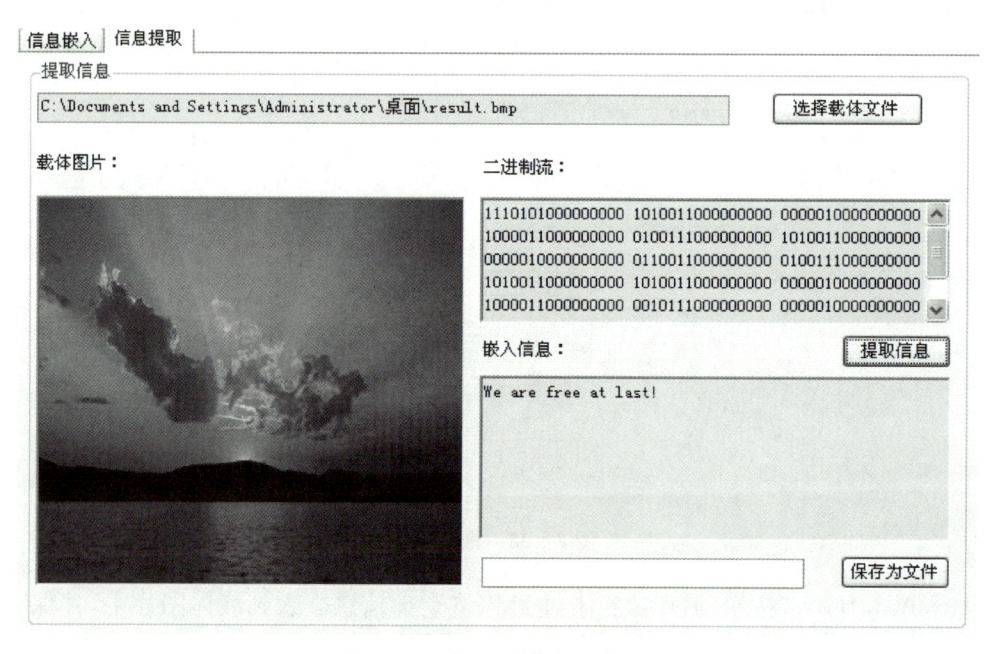

图 2-40　显示隐藏信息内容

单击"保存为文件"按钮,可将隐藏信息保存为文本文件。

第 3 章

认识病毒及其防御技术

▶▶▶ 学习目标

1. 了解计算机病毒及其特点。
2. 掌握典型病毒的传播特点及危害。
3. 了解和掌握常见病毒的防御技术。
4. 掌握病毒防治工具的使用。

热点关注

一次惊心动魄的经历(病毒查杀)

引 例

2007 年 1 月,著名的熊猫烧香病毒肆虐网络,该病毒是一个能在计算机操作系统上运行的蠕虫病毒,采用"熊猫烧香"头像作为图标。它的变种会感染 EXE 可执行文件,被病毒感染的文件图标均变为"熊猫烧香"。同时,受感染的计算机还会出现蓝屏、频繁重启以及文件被破坏等现象。该病毒会在中毒计算机中所有的网页文件尾部添加病毒代码,有百万台计算机受害,造成的损失达数亿元。

拓展阅读

"熊猫烧香"作者的警示录

3.1 病毒基础知识

知名病毒危害事件回顾:

1998 年中国台湾病毒作者陈盈豪写的 CIH 病毒被一些人认为是"迄今为止危害最大的病毒",使全球 6 000 万台计算机瘫痪,但他因为在被逮捕后无人起诉而免于法律制裁,在 2001 年有人以 CIH 受害者的身份起诉陈盈豪,才使他再次被逮捕,按照台湾当时的法律,他被判损毁罪面临最高 3 年的有期徒刑。

中国大陆的木马程序"证券大盗"作者张勇因使用其木马程序截获股民账户密码,盗卖股票价值 1 141.9 万元,非法获利 38.6 万元人民币,被逮捕后以盗窃罪与金融犯罪起诉,最终的判决结果是无期徒刑。

微课

3.1 节

3.1.1 病毒概述

一、病毒定义

计算机病毒(computer virus)在《中华人民共和国计算机信息系统安全保护条例》中被明确定义,病毒是指"编制者在计算机程序中插入的破坏计算机功能或者破坏数据,影响计算机使用并且能够自我复制的一组计算机指令或者程序代码"。计算机病毒是一种在人为或非人为的情况下产生的、在用户不知情或未批准下,能自我复制或运行的计算机程序,相比于医学上的"病毒",相似之处就是高度的传染性,但计算机病毒不是天然存在的。

二、感染策略

计算机病毒为了能够复制其自身,必须能够运行代码并能够对内存进行写操作。基于这个原因,许多病毒都是将自己附着在合法的可执行文件上。如果用户企图运行该可执行文件,那么病毒就有机会运行。病毒可以根据运行时所表现出来的行为分成两类:非常驻型病毒会立即查找其他宿主并伺机加以感染,之后再将控制权交给被感染的应用程序;常驻型病毒被运行时并不会查找其他宿主,相反的,一个常驻型病毒会将自己加载到内存并将控制权交给宿主,该病毒于后台中运行并伺机感染其他目标。

1. 非常驻型病毒

非常驻型病毒可以被想象成具有搜索模块和复制模块的程序。搜索模块负责查找可被感染的文件,一旦搜索到该文件,搜索模块就会启动复制模块进行感染。

2. 常驻型病毒

常驻型病毒包含复制模块,其角色类似于非常驻型病毒中的复制模块。复制模块在常驻型病毒中不会被搜索模块调用。病毒在被运行时会将复制模块加载到内存,并确保当操作系统运行特定动作时,该复制模块会被调用。例如,复制模块会在操作系统运行其他文件时被调用,所有可以被运行的文件均会被感染。常驻型病毒有时会被区分成快速感染者和慢速感染者。快速感染者会试图感染尽可能多的文件。例如,一个快速感染者可以感染所有被访问到的文件,这会对杀毒软件造成特别的影响。当运行全系统防护时,杀毒软件需要扫描所有可能会被感染的文件。如果杀毒软件没有察觉到内存中有快速感染者,快速感染者可以借此搭便车,利用杀毒软件扫描文件的同时进行感染。快速感染者依赖其快速感染的能力,但这同时会使得快速感染者容易被侦测到,这是因为其行为会使得系统性能降低,进而增加被杀毒软件侦测到的风险。相反的,慢速感染者被设计成偶尔才对目标进行感染,如此一来就可降低被侦测到的概率。例如,有些慢速感染者只有在其他文件被拷贝时才会进行感染,但是慢速感染者这种试图避免被侦测到的做法并不一定能成功。

三、传播途径和宿主

病毒主要通过网络浏览、下载、电子邮件以及可移动磁盘等途径迅速传播。由于市面上90%的操作系统都使用微软Windows系列产品,所以病毒作者纷纷把病毒攻击首选对象选为Windows。加上Windows没有行之有效的固有安全功能,且用户常以管理员权限运行未经安全检查的软件,这也为Windows下病毒的泛滥提供了温床。相对而言,Linux、Mac OS等操作系统因使用的人群比较少,病毒一般不容易扩散。

近些年随着智能手机的不断普及,手机病毒成为病毒发展的下一个方向。手机病毒是一种破坏性程序,和计算机病毒一样具有传染性、破坏性。手机病毒可利用发送短信、彩信、电子邮件,浏览网站,下载铃声,蓝牙等方式进行传播。手机病毒可能会导致用户手机死机、关机、资料被删、向外发送垃圾邮件、拨打电话等,甚至还会损毁SIM卡、芯片等硬件。如今手机病毒受到计算机病毒的启发与影响,也有所谓混合式攻击的手法出现。

四、躲避侦测的方法

1. 隐蔽

病毒会借由拦截杀毒软件对操作系统的调用来欺骗杀毒软件。当杀毒软件要求操作系统读取文件时,病毒可以拦截并处理此项要求,而非交给操作系统运行该要求。病毒可以返回一个未感染的文件给杀毒软件,使得杀毒软件认为该文件是干净未被感染的。如此一来,病毒可以将自己隐藏起来。现在的杀毒软件使用各种技术来反击这种手段,要反击病毒匿踪,唯一可靠的方法是从一个已知是干净的媒介开始启动。

2. 自修改

大部分杀毒软件通过所谓的病毒特征码来侦测一个文件是否被感染。特定病毒,或是同属于一个家族的病毒会具有特定可识别的特征。如果杀毒软件侦测到文件具有病毒特征码,它便会通知用户该文件已被感染,用户可以删除或是修复被感染的文件。某些病毒会利用一些技巧使得通过病毒特征码进行侦测较为困难。这些病毒会在每一次感染时修改其自身的代码。换言之,每个被感染的文件包含的是病毒的变种。

3. 随机加密

更高级的病毒会对其自身进行简单的加密。这种情况下,病毒本身会包含数个解密模块和一份被加密的病毒拷贝。如果每一次的感染,病毒都用不同的密钥加密,那病毒中唯一相同的部分就只有解密模块,这部分通常会附加在文件尾端。杀毒软件无法直接通过病毒特征码侦测病毒,但它仍可以侦知解密模块的存在,这使得间接侦测病毒是可能的。因为这部分是存放在宿主上面的对称式密钥,杀毒软件可以利用密钥将病毒解密,但这不是必需的。这是因为自修改代码很少见,杀毒软件至少可以将这类文件标记成可疑的。

一个古老但简洁的加密技术会将病毒中每一个字节和一个常数做逻辑异或,欲将病毒解密只需简单的逻辑同或。一个会修改其自身代码的程序是可疑的,因此加解密的部分在许多病毒定义中被视为病毒特征码的一部分。

4. 多态

多态是第一个对杀毒软件造成严重威胁的技术。就像一般被加密的病毒,一个多态病毒以一个加密的自身拷贝感染文件,并由其解密模块加以解码。但是其加密模块在每一次的感染中也会有所修改。因此,一个仔细设计的多态病毒在每一次感染中没有一个部分是相同的。这使得使用病毒特征码进行侦测变得困难。杀毒软件必须在一个模拟器上对该病毒加以解密进而侦知该病毒,或是利用加密病毒统计样板上的分析。要使得多态代码成为可能,病毒必须在其加密处有一个多态引擎(又称突变引擎)。

有些多态病毒会限制其突变的速率。例如,一个病毒可能随着时间只有一小部分突变,或是病毒侦知宿主已被同一个病毒感染,它可以停止自己的突变。如此慢速的突变,其优点在于,杀毒软件很难得到该病毒具有代表性的样本。因为在一轮感染中,诱饵文件只会包含相同或是近似的病毒样本。这会使得杀毒软件侦测结果变得不可靠,而有些病毒会躲过其侦测。

5. 变形

为了避免被杀毒软件模拟而被侦知,有些病毒在每一次的感染后都完全将其自身改写。利用此种技术的病毒被称为可变形的病毒。要达到可变形,一个变形引擎是必需的。一个变形病毒通常非常庞大且复杂。举例来说,Simile 病毒包含 14 000 行汇编语言,其中 90% 都是变形引擎。

3.1.2 病毒实现的关键技术

一、自启动技术

1. 自启动项目

这是 Windows 里面最常见以及应用最简单的启动方式,现在一般的病毒不会采取这样的启动手法,原因是太过明显,容易被查杀。

自启动项目的路径为"开始"→"程序"→"启动"。

2. 系统配置文件启动

对于系统配置文件,许多人一定很陌生,许多病毒都是以这种方式启动的。

(1) win.ini 启动。

win.ini 文件中的启动命令(×××.exe 为要启动的文件名称)为:

```
[windows]
load = ×××.exe(这种方法文件会在后台运行)
run = ×××.exe(这种方法文件会在默认状态下运行)
```

(2) system.ini 启动。

启动前启动命令默认为:

```
[boot]
Shell = Explorer.exe (Explorer.exe 是 Windows 程序管理器或者 Windows 资源管理器,属于正常)
```

启动文件后为：

> [boot]
> Shell = Explorer.exe ×××.exe（现在许多病毒会采用此启动方式，随着 Explorer 启动，隐蔽性很好）

注意：system.ini 和 win.ini 文件不同，system.ini 只能启动一个指定文件，如果把"Shell = Explorer.exe ×××.exe"换为"Shell = ×××.exe"会使系统瘫痪。

(3) wininit.ini 启动。

wininit（windows setup initialization utility）是 Windows 安装初始化工具，它会在系统装载 Windows 之前让系统执行一些命令，包括复制、删除、重命名等，以完成更新文件的目的。

文件格式：

> [rename]
> ×××1 = ×××2

意思是把×××2文件复制为文件名为×××1的文件，相当于覆盖×××1文件。如果要把某文件删除，则可以用以下命令：

> [rename]
> nul = ×××2

以上文件名都必须包含完整路径。

(4) winstart.bat 启动。

这是系统启动的批处理文件，主要用来复制和删除文件，如一些软件卸载后会剩余一些残留物在系统中，这时就可用它来处理。该批处理文件中某个 bat 语句如下：

> "@if exist C:\WINDOWS\TEMP××××.BAT call C:\WINDOWS\TEMP×××.BAT"

这里是执行××××.BAT 文件的意思。

(5) userinit.ini 启动。

这种启动方式也会被一些病毒作为启动方式，与 system.ini 相同。

(6) autoexec.bat 启动。

这个是常用的启动方式，病毒会通过它来做一些动作，在 autoexec.bat 文件中会包含有恶意代码，如 format C：/y 等。

3. 屏幕保护启动方式

Windows 屏幕保护程序是一个×××.scr 文件，是一个可执行 PE（portable execute）文件，如果把屏幕保护程序×××.scr 重命名为×××.exe 的文件，这个程序仍然可以正常启动,类似的,×××.exe 文件更名为×××.scr 文件也仍然可以正常启动。文件路径保存在 system.ini 中的"scrnsave.exe ="这条语句中。如"scansave.exe =/%system32% ××××.scr",这种启动方式具有一定危险。

4. 计划任务启动方式

Windows 的计划任务功能是指某个程序在某个特定时间启动。这种启动方式隐蔽性相当不错,路径为"开始"→"程序"→"附件"→"系统工具"→"计划任务",按照顺序一步步操作即可。

5. autorun.inf 的启动方式

autorun.inf 这个文件出现于光盘加载的时候,放入光盘时,光驱会根据这个文件内容来确定是否打开光盘里面的内容。autorun.inf 的内容通常是

```
[AUTORUN]
OPEN = 文件名.exe
ICON = icon(图标文件).ico
```

(1) 如一个木马为×××.exe,那么 autorun.inf 如下:

```
OPEN = Windows\×××.exe
ICON = ×××.exe
```

这时,每次双击 C 盘的时候就可以运行木马×××.exe。
(2) 如把 autorun.inf 放入 C 盘根目录里,则里面内容为:

```
OPEN = D:\×××.exe
ICON = ×××.exe
```

这时,双击 C 盘则可以运行 D 盘的×××.exe。

6. 更改扩展名启动方式

×××.exe 的文件可以改为.bat,.scr 等扩展名来启动。

7. Service 启动方式

执行"开始"→"运行",输入"services.msc",即可对服务项目进行操作。在"服务启动方式"选项下,可以设置系统的启动方式:程序开始时自动运行、手动运行、永久停止启动、暂停(重新启动后依旧会启动)。

通过服务来启动的程序,都是在后台运行,例如国产木马"灰鸽子"就是利用此启动方式来实现后台启动,窃取用户信息。

二、自我保护技术

1. 多态(polymorphism)、混淆(obfuscation)和加密(encryption)

凡是带有攻击意图而编写,可能对用户计算机造成危害的程序,统称为恶意程序,

而这其中常见的是病毒、蠕虫、木马或者其他间谍类软件。不管这些恶意程序的编制者们是出于牟利还是进行破坏的目的，恶意程序要想发挥作用首先必须保证自己的存在，而恶意程序往往会采取种种方式来达到这一目的，这些方式也就是恶意程序的自我保护技术。

最好的方式首先自然是能够避免被发现，恶意程序掩藏自己的行踪，尽量避免对用户造成影响而使之察觉不到；它还能通过种种手段避开反病毒软件的检测，比如病毒作者总是力图去寻找并利用一个新的漏洞，这些都是比较隐蔽的自我保护方式。如果被反病毒软件检测到，它也会力图使自己不那么容易被清除掉。而近来一些如以"AV终结者"为代表的病毒，则更激进一些，首先就直接攻击反病毒软件而使之失去防护功效。

大体来说，恶意程序的自保护机制要实现的是以下一种或多种功能，包括：
- 干扰基于病毒库的检测手段对病毒的检测。
- 干扰病毒分析员对代码的分析。
- 干扰对系统中恶意程序的检测。
- 干扰安全软件如反病毒程序和防火墙的功能。

为了达到以上自我保护的功能，多态、混淆和加密是恶意程序最早采用的技术之一。

早期的反病毒软件技术基本上是基于特征码检测的，要避开反病毒软件的检测只需使得恶意程序的特征码更难被提取即可，因而这时的恶意程序编制者们采用多态、混淆或加密这几种技术来避免被反病毒软件检测到，并且也使病毒分析员在分析病毒代码时更有难度。

第一个存在自我保护的病毒是 DOS 病毒 Cascade（Virus.DOS.Cascade），它通过加密其部分代码试图防止自己被反病毒程序检测。然而这并不是很成功，因为虽然其病毒的每个新拷贝都互不相同，但仍然包含不变的小段代码，这暴露了它的行踪，结果使得反病毒程序仍然能够检测到它。因此，病毒作者改变了方向，两年内出现了第一个多态病毒：Chameleon（Virus.DOS.Chameleon）。Chameleon（也被称为 1260）和其同时代的 Whale 一样有名，使用了复杂的加密和混淆方式来保护其代码。

早期的基于病毒库的检测手段专注于寻找精确的比特序列，通常是恶意程序二进制文件头文件固定的偏移量。后来的启发式检测手段也使用文件代码，只是更为灵活，基本上就是搜寻通用的恶意代码序列。显然，如果恶意程序每个拷贝包含新的代码序列，那么对它们来说对付这些检测并不难。这种工作通过程序的多态和变形技术来实现，抛开技术细节，其本质就是恶意程序在复制其拷贝时，通过使其自身在比特级别变化来实现，同时，程序的功能仍然保持不变。

加密和混淆是用来干扰代码分析员的最初手段，但是当它们以某种方式实现时，其结果可能是多态的变型——这有个例子就是 Cascade，其每个拷贝都用唯一的密钥加密。混淆可以干扰分析员，但是当其以不同方式用于恶意程序的每个拷贝时，它能干扰基于病毒库的检测手段。然而，不能说上述任何一个手段比其他自保护手段更有效。更正确的说法是，这些手段的效率取决于特定的环境和这些技术如何被使用。

相对而言，多态的使用仅仅在 DOS 文件病毒中广泛流行。这是有原因的，因为写多态代码是非常费时间的工作，仅仅适用于恶意程序自我复制的情况：每个新拷贝包括多少不同的序列。同时代主流的木马并没有自我复制的能力，因此它们与多态不相干。这就是为什么自从 DOS 时代病毒终止后，多态出现得更少的原因，病毒作者也不写特别实用的恶意功能，顶多只是用多态来炫耀其技术的高超。与之形成对照的是，混淆至今仍继续被使用，当其他修改代码的方法被病毒用以逃避检测时，它在很大程度上使病毒更难被分析。

2. 加壳和 rootkit

自从行为检测手段出现并取代基于病毒库的检测后，修改代码技术在干扰检测方面的有效性降低了。这是多态和相关的技术如今不再那么常用的原因，它仅仅作为干扰分析员对恶意代码进行分析的一种手段。如今正流行的加壳、rootkit 等技术的出现，使得恶意程序在自我防护方面更加隐蔽和难以检测。

（1）壳（packers）。

渐渐的，病毒——这种只有在受害者体内才能发挥作用，而不能独立作为文件存在的恶意程序——被本身完全独立的木马程序取代。这个过程始于 Internet 速度还很慢、规模还很小的时候，那时硬盘和软件都很小，这意味着程序的大小很重要。为了减小木马的体积，病毒作者开始使用所谓的"壳"——而这还要追溯到 DOS 时代，那时壳被用来压缩程序和文件。

从恶意程序的角度来看，使用壳的一个作用是，加壳的恶意程序更难被软件以文件检测方式查到，这对它们来说非常有用。当对已有的恶意程序做一个新的修改时，病毒作者往往要修改多行代码，仅仅不改动程序的核心代码。在编译后的文件中，特定序列的代码同样要修改，如果病毒库包含的并不是这个被修改的特定序列，那么恶意程序仍会像从前那样被检测到。用壳来压缩程序解决了这个问题，因为原程序一个比特的改动可使得加壳后的文件的一整段发生变化。加壳技术在如今仍在广泛使用，加壳程序的类型数量和复杂度仍在增长。许多现代的壳不仅压缩源文件，而且附加了一些自保护功能，比如干扰用调试器脱壳和分析。

（2）Rootkit。

在 21 世纪初，Windows 下的恶意程序开始使用隐匿技术来隐藏它们在系统中的行踪。大约在隐匿程序作为概念出现并用于 DOS 的 10 年后，在 2004 年初，卡巴斯基实验室发现了一个惊人的程序——它无法在进程和文件列表中被看到。对许多反病毒专家来说，这是一个新的起点——理解 Windows 下恶意程序的隐匿技术，这是病毒产业的一个主要方向。rootkit 的名称源于 UNIX，rootkit 是 UNIX 下提供给用户未经认可的 root 访问权限而不被系统管理员发现的工具。如今，rootkit 已经是欺骗系统的专用工具的统称了，而且具有此功能的恶意程序可以隐匿它们自己的行踪。这些可以被第三方注册程序显示：进程列表中的名称、磁盘上的文件、注册表项甚至网络活动。

使用 rootkit 技术来隐匿于系统中的恶意程序，是什么使得反病毒程序或其他安全软件如此难以检测到它？非常简单：反病毒程序仅仅是一个外部人员——和用户一样。通常，如果用户看不到某样东西，那么反病毒程序也是看不到的。然而，有些反病毒软件使用了某些技术增强了其视野，使得它们能检测到用户看不到的 rootkit。

Rootkit 和 DOS 下的隐匿病毒的原理是相同的。许多 rootkit 都有修改系统调用链（修改程序执行路径）的机制。这种 rootkit 可以看作是一个钩子，存在于命令或信息交换路径上的一点。它会修改这些命令或信息，或者在接收者不知情的情况下控制接收终端的结果。理论上说，钩子可以存在的点的数量是无限的，实际上，通常有很多不同的方法来钩住 API（application programming interface，应用程序编程接口）和系统核心函数。这些 rootkit 包括广为人知的 Vanquish 和 HackDefender，以及恶意程序如 Backdoor.Win32.Haxdoor、EmailWorm.Win32.Mailbot 和某些版本的 EmailWorm.Win32.Bagle 等。另一种通常类型的 rootkit 技术就是直接修改系统内核对象（direct kernel object modification，DKOM），它可以被看作是直接修改源信息和命令的内部人员。这种 rootkit 会改变系统数据，典型的例子是 FU，还有具有同样功能的 Gromozon（Trojan.Win32.Gromp）。更新的属于 rootkit 分类的技术是在 NTFS 文件系统交换数据流（ADS）中隐藏文件。这种技术首先于 2000 年在恶意程序 Stream（Virus.Win32.Stream）中出现，第二次爆发则是在 2006 年的 Mailbot 和 Gromozon 中。严格来说，利用 ADS 并不是一种对系统的欺骗，而仅仅是利用了一个鲜为人知的函数，这也是这种技术不太可能非常流行的原因。

还有一种罕见的技术，它仅仅部分地可以视为属于 rootkit（但是它更不大可能归类为其他类的恶意程序自保护技术）。这种技术使用无形的文件——这意味着恶意程序不在磁盘中保留任何本体。比较典型的代表是 Codered，即 2001 年出现的 NetWorm.Win32.CodeRed，它仅以 Microsoft IIS 内容中的形式出现。

3. 自我防护技术的发展趋势

如今，恶意程序正以更积极主动的态势保护自己，其自保护机制包括：

- 在系统中有目的地搜寻反病毒程序、防火墙或其他安全软件，然后干扰这些安全软件运行。举个例子，有恶意程序会寻找某个特定的反病毒软件的进程，并试图影响反病毒程序的功能。
- 阻断文件并以独占方式打开文件来对付反病毒程序对文件的扫描。
- 修改主机 hosts 文件来阻止反病毒程序升级。
- 检测安全软件弹出的询问消息（比如防火墙弹出窗口询问"是否允许这个连接"），并模拟鼠标单击"允许"按钮。

从文件分析到程序行为分析，反病毒保护技术仍在不断发展。和文件分析相比，行为分析的根本并不是基于处理文件，而是基于处理系统级的事件，比如"列出所有活动的系统进程""在一个文件夹中创建某个名字的文件"和"打开某个端口来接收数据"。通过分析这些事件链，反病毒程序可以衡量出这一组事件在多大程度上是具有潜在威胁的，并且在必要时提出警告。

有些恶意程序,如果在虚拟环境中运行(比如 VMWare 或 Virtual PC),它们会立刻自我销毁。通过在恶意程序内构建自销毁机制,它可以防止自己被分析,因为这种分析往往在虚拟环境中进行。

通过分析当今恶意程序自保护技术的趋势和当前能达到的有效程度,可以预期到以下几点:

(1) Rootkit 正在向利用设备函数和虚拟化的方向发展。然而,这种方法还没有成熟,在未来几年内很可能不会成为主要的威胁,也不会被广泛使用。

(2) 已有两个概念性的程序实现了阻断磁盘文件的技术,预期这一领域在不远的将来会有发展。

(3) 混淆技术的使用已经没有意义,不过它们现在仍然存在。

(4) 检测安全软件并干扰其功能的技术已经非常普遍,并被广泛使用。

(5) 加壳工具的使用非常广泛,仍在稳步增长。

(6) 为了抵御反病毒程序向行为分析的大量转变,探测调试器、模拟器和虚拟机的技术以及其他环境诊断技术可能会发展起来。

基于这些因素,可以预测以下这些恶意程序自保护机制会比其他机制大幅增长:

(1) Rootkit。它们在系统中的不可见性给了它们一个明显的优势,之后一段时间很可能出现没有本体的恶意程序,虚拟化技术会更加完善。

(2) 混淆和加密。这些方法仍将被广泛使用,用以干扰代码分析。

(3) 用于对付基于行为分析的安全软件的技术。

3.1.3 典型病毒特点

一、主要特征

1. 传播性

病毒一般会自动利用电子邮件传播,利用对象为某个漏洞。病毒会自动复制并将邮件群发给存储的通讯录名单成员。邮件标题一般较为吸引人,如"我爱你"等家人朋友之间亲密的话语,以降低接收者的警戒性。如果病毒制作者再应用脚本漏洞,将病毒直接嵌入邮件中,那么用户一点邮件标题打开邮件就会中毒。

2. 隐蔽性

一般的病毒大小仅在数 KB 左右,这样除了传播快速之外,隐蔽性也极强。部分病毒使用"无进程"技术或插入到某个系统必要的关键进程当中,所以在任务管理器中找不到它的单独运行进程。而病毒自身一旦运行后,就会自己修改自己的文档名并隐藏在某个用户不常去的系统文件夹中,这样的文件夹通常有上千个系统文档,如果凭手工查找很难找到病毒。而病毒在运行前的伪装技术也值得关注,将病毒和一个正常文档合并成一个文档,那么运行正常的文档时,病毒也在操作系统中悄悄地运行了。

3. 感染性

某些病毒具有感染性,比如感染用户计算机上的可执行文件,如 EXE、BAT、SCR、

COM 格式，通过这种方法达到自我复制、保护自己的目的。通常也可以利用网络共享的漏洞，复制并传播给邻近的计算机用户群，使邻近通过路由器上网的计算机或网吧中的多台计算机全部受到感染。

4. 潜伏性

部分病毒有一定的"潜伏期"，在特定的日子，如某个节日或者一周内的特定日期按时爆发。如 1999 年破坏 BIOS 的 CIH 病毒就在每年的 4 月 26 日爆发。如同生物病毒一样，这使得计算机病毒可以在爆发之前，以最大的幅度散播开去。

5. 可激发性

根据病毒作者的"需求"，设置触发病毒攻击的"机关"。如 CIH 病毒的制作者陈盈豪曾打算设计的病毒，就是"精心"为简体中文 Windows 系统所设计的。病毒运行后会主动检测中毒者操作系统的语言，如果发现操作系统语言为简体中文，病毒就会自动对计算机发起攻击，而语言不是简体中文的 Windows，即使运行了病毒，病毒也不会对计算机发起攻击或者破坏。

6. 表现性

病毒运行后，如果按照作者的设计，会有一定的表现特征，如 CPU 占用率 100%、在用户无任何操作下读写硬盘或其他磁盘数据、蓝屏死机、鼠标右键无法使用等。但这样明显的表现特征，反倒帮助被感染者发现自己已经感染病毒，并对清除病毒很有帮助，隐蔽性就不存在了。

7. 破坏性

某些威力强大的病毒，运行后直接格式化用户的硬盘数据，更为厉害一些可以破坏引导扇区以及 BIOS，已经在硬件环境造成了相当大的破坏。

二、分类

病毒类型根据我国国家计算机病毒应急处理中心发表的报告统计，近 45% 的病毒是木马程序，蠕虫占病毒总数的 25% 以上，15% 以上的是脚本病毒，其余的病毒类型分别是文件型病毒、破坏性程序等。

1. 木马/僵尸网络

木马/僵尸网络的典型病毒是特洛伊木马，有些也叫作远程控制软件，如果木马能连通的话，那么可以说控制者已经得到了远程计算机的全部操作控制权限，操作远程计算机与操作自己的计算机基本没什么大的区别，这类程序可以监视被控用户的摄像头与截取密码等，以及进行用户可进行的几乎所有操作（硬件拔插、系统未启动或未联网时无法控制）。而 Windows NT 以后的版本自带的"远程桌面连接"，或其他一些正规远程控制软件，如未进行良好的安全设置或被不良用户篡改利用，也可能起到类似的作用。但它们通常不会被称作病毒或木马软件，判断依据主要取决于软件的设计目的和是否明确告知了计算机所有者。

用户一旦感染了特洛伊木马，就会成为"僵尸"（通常被称为"肉鸡"），成为任黑客手中摆布的"机器人"。通常黑客或脚本小孩（script kids）可以利用数以万计的"僵尸"发送大量伪造包或者是垃圾数据包对预定目标进行拒绝服务攻击，造成被攻击目标瘫痪。

2. 蠕虫病毒

蠕虫病毒属于漏洞利用类，也是最熟知的病毒，通常在全世界范围内大规模爆发的就是它。如针对旧版本未打补丁的 Windows XP 的冲击波病毒和震荡波病毒。有时与僵尸网络配合，主要使用缓存溢出技术。

3. 脚本病毒

脚本病毒的典型病毒是宏病毒，宏病毒的感染对象为 Microsoft 开发的办公系列软件。Microsoft Word、Excel 这些办公软件本身支持运行可进行某些文档操作的命令，所以也被 Office 文档中含有恶意的宏病毒所利用。Openoffice.org 对 Microsoft 的 VBS 宏仅进行编辑而不运行，所以含有宏病毒的 Office 文档打开后病毒无法运行。

4. 文件型病毒

文件型病毒通常寄居于可执行文件（扩展名为 .exe 或 .com 的文件），当被感染的文件被运行时，病毒便开始破坏计算机。

3.2 病毒的防御技术

解决病毒攻击的理想办法是对病毒进行预防，即抑制病毒在网络中的传播，但由于受网络复杂性和具体技术的制约，预防病毒仍很难实现。当前，对计算机病毒的防治还仅仅是以检测和清除为主。目前的病毒防御措施主要有两种：基于主机的病毒防御策略和基于网络的病毒防御策略。

3.2.1 基于主机的病毒防御技术

基于主机的病毒防御策略主要有：特征码匹配技术、权限控制技术和完整性验证技术三大类。

一、特征码匹配技术

特征码匹配技术是通过对到达主机的代码进行扫描，并与病毒特征库中的特征码进行匹配以判断该代码是否是恶意的。特征码扫描技术认为"同一种病毒或同类病毒具有部分相同的代码"。也就是说，如果病毒及其变种具有某种共性，则可以将这种共性描述为"特征码"，并通过比较程序体和"特征码"来查找病毒。采用病毒特征码扫描法的检测工具，对于出现的新病毒，必须不断进行更新，否则检测就会失去价值。病毒特征码扫描法不认识新病毒的特征代码，自然也就无法检测出新病毒。

二、权限控制技术

恶意代码进入计算机系统后必须具有运行权限才能造成破坏。因此，如果能够恰当控制计算机系统中程序的权限，使其仅仅具备完成正常任务的最小权限，那么即使恶意代码嵌入到某程序中也不能实施破坏。这种病毒检测技术要能够探测并识别可疑程序代码指令序列,对其安全级别进行排序,并依据病毒代码的特点赋予不同的加权值。如果一个程序指令序列的加权值的总和超过一个许可的阈值,就说明该程序中存在病毒。

三、完整性验证技术

通常大多数的病毒代码都不是独立存在的,而是嵌入或依附在其他文件程序中的,一旦文件或程序被病毒感染,其完整性就会遭到破坏。在使用文件的过程中,定期地或每次使用文件前,检查文件内容是否与原来保存的一致,就可以发现文件是否被感染。文件完整性检测技术主要检查文件两次使用过程中的变化情况。病毒要想成功感染一个文件而不做任何改动是非常难的,所以完整性验证技术是一个十分有效的检测手段。

基于主机的防御策略要求所有用户的计算机上都要安装相应的防毒软件,并且要求用户能够及时更新防毒软件,因此,存在可管理性差、成本高的缺点。

3.2.2 基于网络的病毒防御技术

基于网络的病毒防御技术主要有异常检测和误用检测两大类。

一、异常检测

病毒在传播时通常会发送大量的网络扫描探测包,导致网络流量明显增加。因此,检测网络的异常行为进而采取相应的控制措施是一种有效的反病毒策略。异常检测具有如下优点:能够迅速发现网络流量的异常,进而采取措施,避免大规模的网络拥塞和恶意代码的传播;不仅能够检测出已知的病毒,而且也能够检测到未知病毒。缺点在于误报率较高。

二、误用检测

该技术也是基于特征码的。误用检测通过比较待检测数据流与特征库中的特征码,分析待测数据流中是否存在病毒。用于检测的特征码规则主要有协议类型、特征串、数据包长度、端口号等。该策略的优点在于检测比较准确,能够检测出具体的病毒类型;缺点是不能检测出未知的病毒,且需要花费大量的时间和精力去管理病毒特征库。

基于网络的防御策略能够从宏观上控制病毒的传播,并且易于实现和维护。

3.3 病毒防治工具简介

一、计算机网络病毒的防治方法

计算机网络中最主要的软硬件实体就是工作站和服务器,所以防治计算机网络病毒应该首先考虑这两个部分,另外,加强综合治理也很重要。

1. 基于工作站的防治技术

工作站就像是计算机网络的大门，只有把好这道大门，才能有效防止病毒的侵入。工作站防治病毒的方法有三种：

一是软件防治，即定期不定期地用反病毒软件检测工作站的病毒感染情况。软件防治可以不断提高防治能力，但需人为地经常去启动防病毒软件，因而不仅给工作人员增加了负担，而且很有可能在病毒发作后才能检测到。

二是在工作站上插防病毒卡。防病毒卡可以达到实时检测的目的，但防病毒卡的升级不方便，从实际应用的效果看，对工作站的运行速度有一定的影响。

三是在网络接口卡上安装防病毒芯片。它将工作站存取控制与病毒防护合二为一，可以更加实时有效地保护工作站及通向服务器的桥梁。但这种方法同样也存在芯片上的软件版本升级不便的问题，而且对网络的传输速度也会产生一定的影响。

上述三种方法，都是防病毒的有效手段，应根据网络的规模、数据传输负荷等具体情况确定使用哪一种方法。

2. 基于服务器的防治技术

网络服务器是计算机网络的中心，是网络的支柱。网络瘫痪的一个重要标志就是网络服务器瘫痪。网络服务器一旦被击垮，造成的损失是灾难性的、难以挽回和无法估量的。目前基于服务器的防治病毒的方法大都采用防病毒可装载模块（NLM），以提供实时扫描病毒的能力。有时也结合在服务器上插防毒卡等技术，目的在于保护服务器不受病毒的攻击，从而切断病毒进一步传播的途径。

3. 加强计算机网络的管理

计算机网络病毒的防治，单纯依靠技术手段是不可能十分有效地杜绝和防止其蔓延的，只有把技术手段和管理机制紧密结合起来，提高人们的防范意识，建立"防杀结合、以防为主、以杀为辅、软硬互补、标本兼治"的最佳网络病毒安全模式，才有可能从根本上保护网络系统的安全运行。

二、常见病毒防治工具

1. 360安全卫士

360安全卫士是一款由奇虎360公司推出的功能强、效果好、受用户欢迎的上网安全软件。360安全卫士拥有查杀木马、清理插件、修复漏洞、电脑体检、电脑救援、保护隐私等多种功能，并独创了"木马防火墙"功能，依靠抢先侦测和云端鉴别，可全面、智能地拦截各类木马，保护用户的账号、隐私等重要信息。360安全卫士的用户界面如图3-1所示。

软件常用功能：

- 电脑体检——对电脑故障、垃圾、安全、速度提升进行检测。
- 木马查杀——查收电脑木马，有快速查杀和强力查杀两种模式。
- 系统修复——修补电脑漏洞、修复系统故障。
- 优化加速——开机加速度，优化网络配置和硬盘传输提升电脑性能。
- 软件管家——软件安装、卸载、升级。

图 3-1　360 安全卫士的用户界面

2. 360 杀毒

360 杀毒是 360 安全中心出品的一款免费的云安全杀毒软件。它创新性地整合了五大领先查杀引擎,包括国际知名的 BitDefender 病毒查杀引擎、小红伞病毒查杀引擎、360 云查杀引擎、360 主动防御引擎以及 360 第二代 QVM 人工智能引擎。据艾瑞咨询数据,截至目前,360 杀毒月度用户量已突破 3.7 亿,一直稳居安全查杀软件市场份额头名。

360 杀毒具有强大的病毒扫描能力,除普通病毒、网络病毒、电子邮件病毒、木马之外,对于间谍软件、rootkit 等恶意软件也有极为优秀的检测及修复能力。360 杀毒的用户界面如图 3-2 所示。

软件功能:

● 实时防护——在文件被访问时对文件进行扫描,及时拦截活动的病毒,对病毒进行免疫,防止系统敏感区域被病毒利用。在发现病毒时会及时通过提示窗口警告用户,迅速处理。

● 主动防御——包含 1 层隔离防护、5 层入口防护、7 层系统防护和 8 层浏览器防护,全方位立体化阻止病毒、木马和可疑程序入侵。360 安全中心还会跟踪分析病毒入侵系统的链路,锁定病毒最常利用的目录、文件、注册表位置,阻止其利用,免疫流行病毒。已经可实现对动态链接库劫持的免疫,以及对流行木马的免疫,免疫点还会根据流行病毒的发展变化而及时增加。

● 弹窗过滤——结合 360 安全浏览器广告拦截,加上 360 杀毒独有的拦截技术,可以

图 3-2 360 杀毒用户界面

精准拦截各类网页广告、弹出式广告、弹窗广告等，为用户营造干净、健康、安全的上网环境。

• 上网加速——通过优化计算机的上网参数、内存占用、CPU 占用、磁盘读写、网络流量，清理 IE 插件等全方位的优化清理工作，快速提升计算机上网卡、上网慢的症结，带来更好的上网体验。

• 软件净化——在平时安装软件时，会遇到各种各样的捆绑软件，甚至一些软件会在不经意间安装到计算机中，通过新版杀毒内嵌的捆绑软件净化器，可以精准监控，对软件安装包进行扫描，及时报告捆绑的软件并进行拦截，同时用户也可以自定义选择安装。

3.4　项目实践

3.4.1　移动存储型病毒实践

【实践内容】

1. 病毒的简单结构。
2. 制作病毒文件。

3．病毒的预防。

【实践环境】

本地主机、Windows 实验台或其他安装 Windows 系统的主机。
Microsoft Visual Studio 2005 以上版本。

【实践原理】

2007 年底，国家计算机病毒处理中心发布公告称，移动硬盘已成为病毒和恶意木马程序传播的主要途径。随着 U 盘、移动硬盘、存储卡、MP3 等移动存储设备的普及，U 盘病毒也随之泛滥起来。由于高校校园网网络规模大，用户活跃、集中，病毒传播得更加迅速，目前它已经逐渐成为高校网络管理人员最头痛的问题之一。

移动硬盘病毒顾名思义就是通过移动硬盘传播的病毒，又称 AutoRun 病毒，主要利用 autorun.inf 文件和 Windows 的自动播放功能进行传播。病毒首先将自身复制到已连接的移动硬盘上，而后通过 autorun.inf 文件运行病毒。当此移动硬盘接入到其他计算机上以后，在双击移动硬盘时，系统就会根据盘里 autorun.inf 文件中的设置去运行 U 盘的病毒或者指定的程序，导致系统出现各种非正常症状，如磁盘无法打开，系统卡机等。

感染病毒的计算机或移动硬盘一般有以下两个迹象：

（1）双击盘符不能打开，单击鼠标右键时，右键菜单第一行不是"打开"命令，而是多了"自动播放""Open""Browser"等项目。

（2）计算机磁盘或移动硬盘里多了些不明来历的隐藏文件。选择"文件夹选项"→"查看"，选中"显示所有文件和文件夹"查看隐藏文件，如果发现盘里有 autorun.inf 文件或伪装成回收站文件的 RECYCLER 文件夹等来历不明的文件或文件夹，是感染 U 盘病毒的迹象。

这时不要再双击盘符，双击会激活病毒，从而感染计算机，使主机的各个分区感染病毒。如果一定要打开，请通过"资源管理器"打开，打开后不要双击任何文件夹，一直使用"资源管理器"执行命令。

常见的移动硬盘病毒很多，比如早些时候的"落雪病毒""威金病毒""rose.exe 病毒""熊猫烧香病毒"和"光标漏洞病毒""AV 终结者"等。

病毒都有着一些共同的特点：

（1）自动运行性。在磁盘根目录下生成一个名为 autorun.inf 的引导文件，能够自动执行病毒文件。

（2）隐蔽性高。病毒本身是以"隐藏文件"的形式存在的，而且能伪装成其他正常系统文件夹和文件隐藏在文件目录中，不易被察觉。

（3）破坏性大。病毒的破坏性包括：破坏系统稳定性、损坏计算机数据、窃取用户账号密码信息、禁用杀毒软件等。

（4）变种速度快。自从发现 U 盘的 autorun.inf 漏洞之后，U 盘病毒的数量与日俱增，这些病毒有些是新病毒，而大部分都是依靠变种得来的。

【实践步骤】

一、简单病毒 autorun.inf 的内容及结构

简单病毒 autorun.inf 的内容及结构如下：

```
[AutoRun]                                   //表示 AutoRun 部分开始
Icon = X:\"图标".ico         //给 X 盘一个图标
Open = X:\"程序".exe 或者"命令行"          //双击 X 盘执行的程序或命令
Shell\"关键字"="鼠标右键菜单中加入显示的内容"      //右键菜单新增选项
Shell\"关键字"\command="要执行的文件或命令行"      //选中右键菜单新增选项
    执行的程序或者命令
```

二、制作简单的病毒

（1）默认移动硬盘里已经存在 infohide.ico、123.exe、test.txt（此三个文件可任意复制三个已存在的同类文件即可）和 autorun.inf（用记事本新建），其中编辑 autorun.inf 内容如下：

```
[AutoRun]
Icon = infohide.ico
Open = 123.exe
Shell\01 = tttttttttttt
Shell\01\command\ = notepad test.txt
```

从"我的电脑"中可以看到，移动硬盘的图标已经显示为 infohide.ico，如图 3-3 和图 3-4 所示。

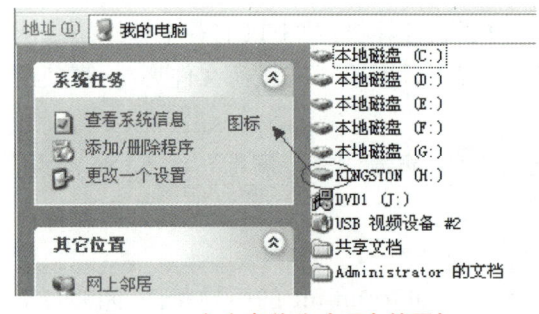

图 3-3　中病毒前移动硬盘的图标 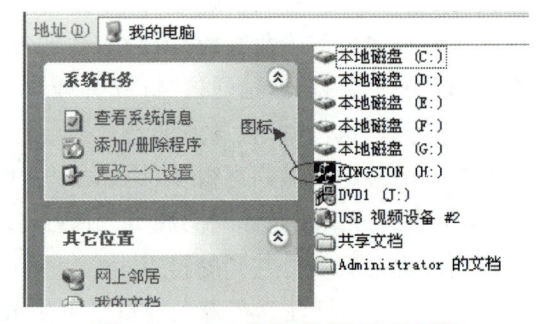　　　　图 3-4　中病毒后移动硬盘的图标

（2）双击移动硬盘图标，便会执行 123.exe，当右击移动硬盘时，弹出的菜单里多出一行"tttttttttttt"选项，选中就会用系统自带的记事本程序打开 test.txt，如图 3-5 所示。

三、病毒的简单预防

（1）组策略关闭 AutoRun 功能。

选择"开始"→"运行"，输入"gpedit.msc"，单击"确定"按钮，打开"组策略编辑器"窗口；在左窗格的"'本地计算机'策略"下，展开"计算机配置"→"管理模板"→"系统"，然后在右窗格的"设置"标题下,双击"关闭自动播放";单击"设置"选项卡,选中"已启用"复选框,然后在"关闭自动播放"框中选择"所有驱动器",如图 3-6 所示;单击"确定"按钮;关闭"组策略编辑器"窗口。

(2) 修改注册表项。

在"开始"菜单的"运行"中输入"regedit",打开注册表编辑器,展开到"HKEY_CURRENT_USER \ Software \ Microsoft \ Windows \ CurrentVersion \ Policies \ Explorer"主键下,在右侧窗格中找到"NoDriveTypeAutoRun",就是这个键决定了是否执行 CD-ROM 或硬盘的 AutoRun 功能。

(3) 禁止创建 autorun.inf(保护自己的移动存储设备)。

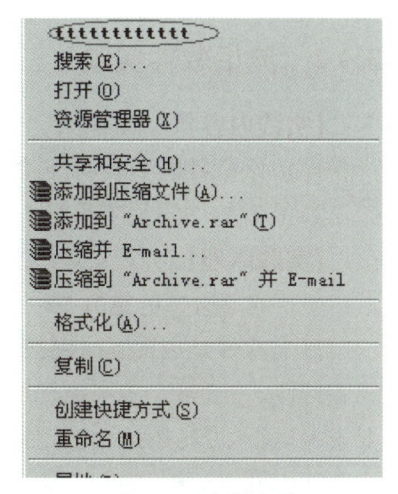

图 3-5　右键菜单

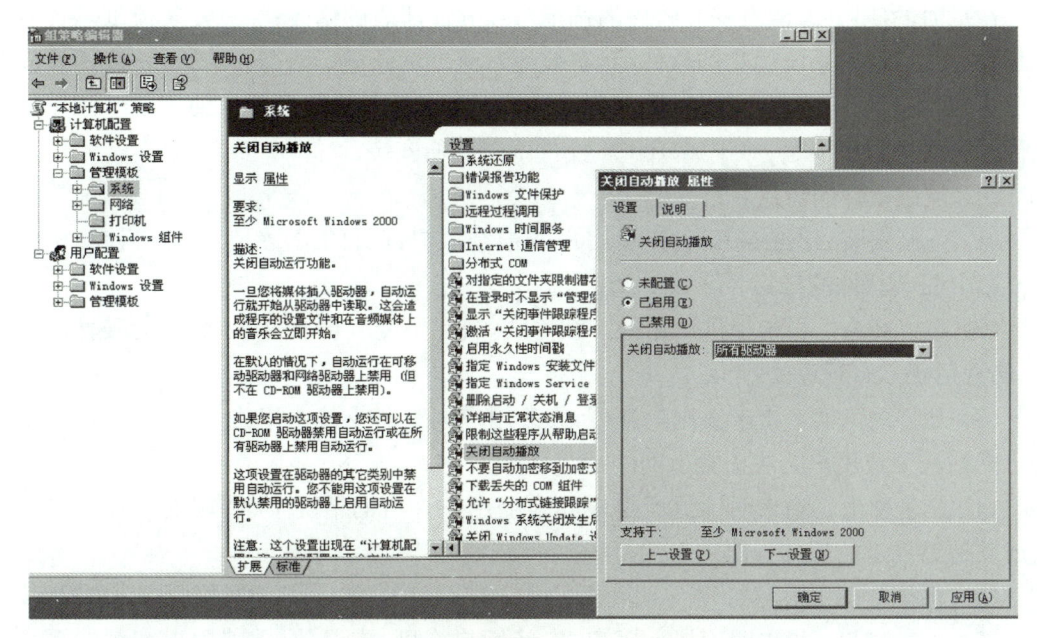

图 3-6　组策略关闭 AutoRun 功能

在 U 盘或移动硬盘的根目录下建立一个文件夹,名字就叫 autorun.inf。由于 Windows 规定在同一目录中,同名的文件和文件夹不能共存,这样病毒就无法创建 autorun.inf 文件,即使双击盘符也不会运行病毒。

(4) 增加系统免疫功能。

及时修补系统漏洞,及时升级杀毒软件病毒库;养成良好的 U 盘使用习惯,防止交叉感染。

【实践思考】

1. 了解移动硬盘病毒实验。
2. 分析病毒的攻击原理。

3.4.2 流氓软件实践

【实践内容】

1. 流氓软件的安装与卸载。
2. 流氓软件的预防和查杀。

【实践原理】

一、流氓软件的定义

流氓软件是现代互联网技术及计算机技术发展的一个"副产品",本身有多种表现形式和特性,一般指在未明确提示用户或未经用户许可的情况下,在用户计算机或其他终端上安装运行,侵犯用户合法权益的软件,已被我国法律法规规定的计算机病毒除外。

互联网上流氓软件的流行,危害了网络环境与秩序,也侵害了互联网用户的相关权益。

在平时的使用中,注意安装软件的选择事项和注册表的修改;注意安装流氓软件专杀工具和一些可以做系统优化的软件等,有效地对流氓软件进行防御和清除;一般不要安装来历不明的软件,不要用小软件,除非你知道它对你的系统没有危害。使用一些浏览器的插件时要注意查核清楚,对于 ActiveX 控件不能随便安装。

二、流氓软件的特点

(1) 强制安装。指在未明确提示用户或未经用户许可的情况下,在用户计算机或其他终端上安装软件的行为。

(2) 难以卸载。指未提供通用的卸载方式,或在不受其他软件影响、人为破坏的情况下,卸载后仍运行程序的行为。

(3) 劫持浏览器。指未经用户许可,修改用户浏览器或其他相关设置,迫使用户访问特定网站或导致用户无法正常上网的行为。

(4) 广告弹出。指未明确提示用户或未经用户许可的情况下,利用安装在用户计算机或其他终端上的软件弹出广告的行为。

(5) 恶意收集用户信息。指未明确提示用户或未经用户许可,恶意收集用户信息的行为。

(6) 恶意卸载。指未明确提示用户、未经用户许可,或误导、欺骗用户卸载非恶意软件的行为。

(7) 恶意捆绑。软件中捆绑已被认定为恶意软件的行为。

(8) 强制安装到系统盘的软件也被称为流氓软件。

(9) 其他侵犯用户知情权、选择权的恶意行为。

三、流氓软件的分类

根据不同的特征和危害,流氓软件主要有如下几类:

(1) 广告软件。

广告软件是指未经用户允许,下载并安装在用户计算机上;或与其他软件捆绑,通过弹出式广告等形式牟取商业利益的程序。

此类软件往往会强制安装并无法卸载；在后台收集用户信息牟利，危及用户隐私；频繁弹出广告，消耗系统资源，使其运行变慢等。

例如，用户安装了某下载软件后，会一直弹出带有广告内容的窗口，干扰正常使用；还有一些软件安装后，会在 IE 浏览器的工具栏位置添加与其功能不相干的广告图标，普通用户很难清除。

(2) 浏览器劫持软件。

浏览器劫持软件是一种恶意程序，通过浏览器插件、BHO(browser helper object，浏览器辅助对象)、Winsock LSP 等形式对用户的浏览器进行篡改，使用户的浏览器配置不正常，被强行引导到商业网站。BHO 是微软推出的作为浏览器对第三方程序员开放交互接口的业界标准，通过简单的代码就可以进入浏览器领域的"交互接口"(interactived interface)。通过这个接口，程序员可以编写代码获取浏览器的行为，比如"后退""前进""当前页面"等，利用 BHO 的交互特性，程序员还可以用代码控制浏览器的行为，比如修改替换浏览器工具栏、添加自己的程序按钮等。这些在系统看来都是没有问题的。BHO 原来的目的是更好地帮助程序员打造个性化浏览器，以及为程序提供更简捷的交互功能，现在很多 IE 个性化工具就是利用 BHO 来实现的。

用户在浏览网站时会被强行安装此类插件，普通用户根本无法将其卸载，被劫持后，用户只要上网就会被强行引导到其指定的网站，严重影响正常上网浏览。

如一些不良站点会频繁弹出安装窗口，迫使用户安装某浏览器插件，甚至根本不征求用户意见，利用系统漏洞在后台强制安装到用户计算机中。这种插件还采用了不规范的软件编写技术(此技术通常被病毒使用)来逃避用户卸载，往往会造成浏览器错误、系统异常重启等。

(3) 恶意共享软件。

恶意共享软件是指某些共享软件为了获取利益，采用诱骗手段、试用陷阱等方式强迫用户注册，或在软件体内捆绑各类恶意插件，未经允许即将其安装到用户机器里。软件集成的插件可能会造成用户浏览器被劫持、隐私被窃取等。

例如，用户安装某款媒体播放软件后，会被强迫安装与播放功能毫不相干的软件(搜索插件、下载软件)而不给出明确提示；并且用户卸载播放器软件时不会自动卸载这些附加安装的软件。又如某加密软件，试用期过后所有被加密的资料都会丢失，只有交费购买该软件才能找回丢失的数据。

(4) 行为记录软件。

行为记录软件是指未经用户许可，窃取并分析用户隐私数据，记录用户计算机使用习惯、网络浏览习惯等个人行为的软件。

这类软件危及用户隐私，可能被黑客利用来进行网络诈骗。

(5) 间谍软件。

间谍软件是指能够在用户不知情的情况下，在其计算机上安装后门、收集用户信息的软件。

用户的隐私数据和重要信息会被"后门程序"捕获，并被发送给黑客、商业公司等。这些"后门程序"甚至能使用户的计算机被远程操纵，组成庞大的"僵尸网络"，这是目前网络安全的重要隐患之一。某些软件会获取用户的软硬件配置,并发送出去用于商业目的。

【实践环境】

Windows 实验台。

所需工具:360 安全卫士、雅虎助手。

【实践步骤】

一、安装上网助手

当双击安装上网助手时,360 网盾会提示拦截如图 3-7 所示,继续安装该软件。

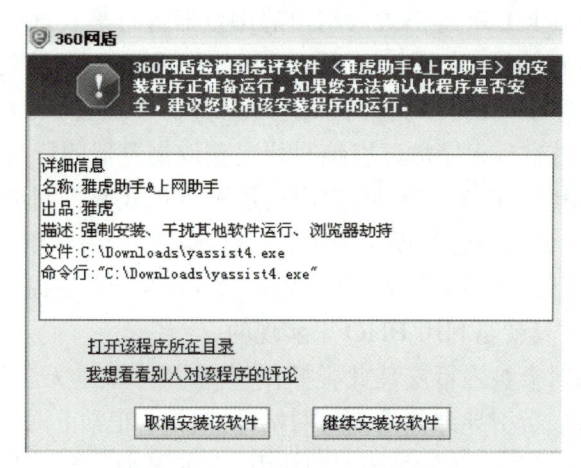

图 3-7　360 网盾提示拦截

(1) 添加启动项。

雅虎助手一般会将自己添加到系统启动项中,当系统启动时自动运行上网助手,如图 3-8 所示。

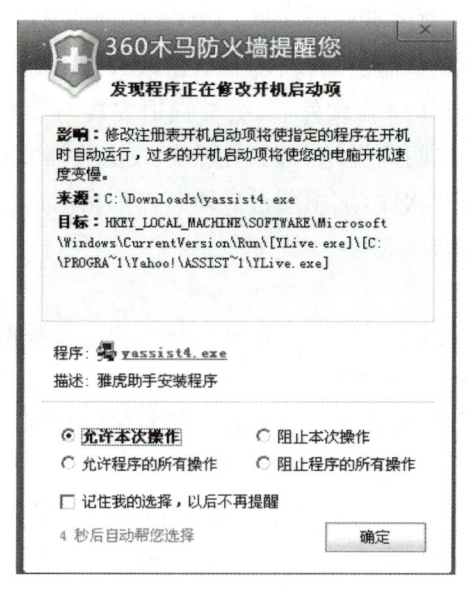

图 3-8　添加启动项

在"运行"中输入"msconfig",查看启动项,也会发现该启动项,如图3-9所示。

图3-9 查看启动项

(2) 修改默认搜索。

通过注册表修改浏览器默认搜索引擎如图3-10所示。

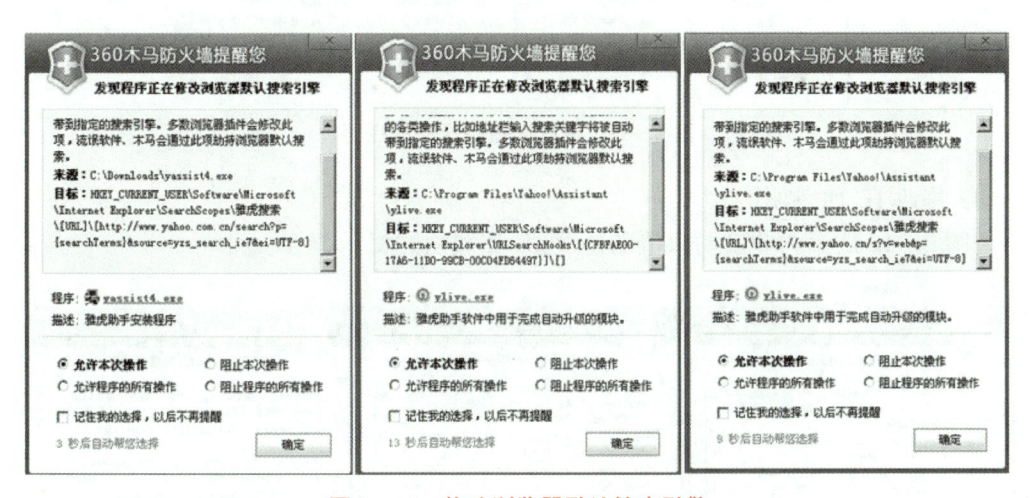

图3-10 修改浏览器默认搜索引擎

(3) BHO浏览器劫持。

如图3-11所示为360防火墙的修改浏览器插件的提示,BHO在注册表中的位置是:"HKEY_LOCAL_MACHINE\SOFTWARE\Microsoft\Windows\CurrentVersion\Explorer\Browser Helper Objects",BHO对象依托于浏览器主窗口。实际上,这意味着一旦一个浏览器窗口产生,一个新的BHO对象实例就要生成。

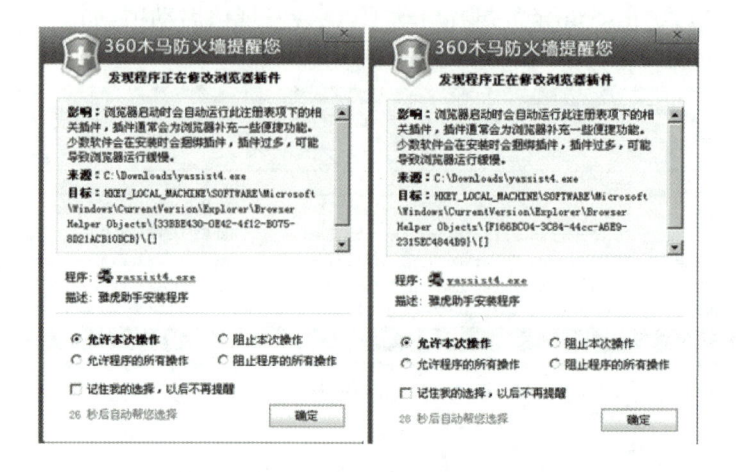

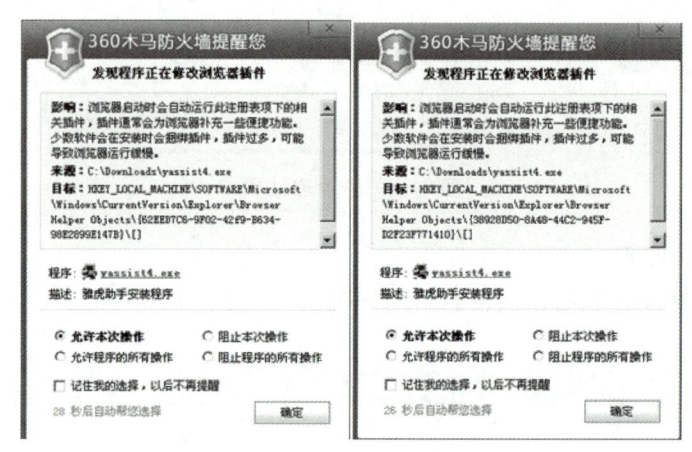

图 3‑11　修改浏览器插件的提示

（4）修改 IE 加载项。

如图 3‑12 所示为 360 防火墙的修改 IE 加载项的提示。

图 3‑12　修改 IE 加载项的提示

打开浏览器选项,打开"程序"→"管理加载项",可以看到雅虎助手添加的浏览器劫持项如图 3-13 所示。

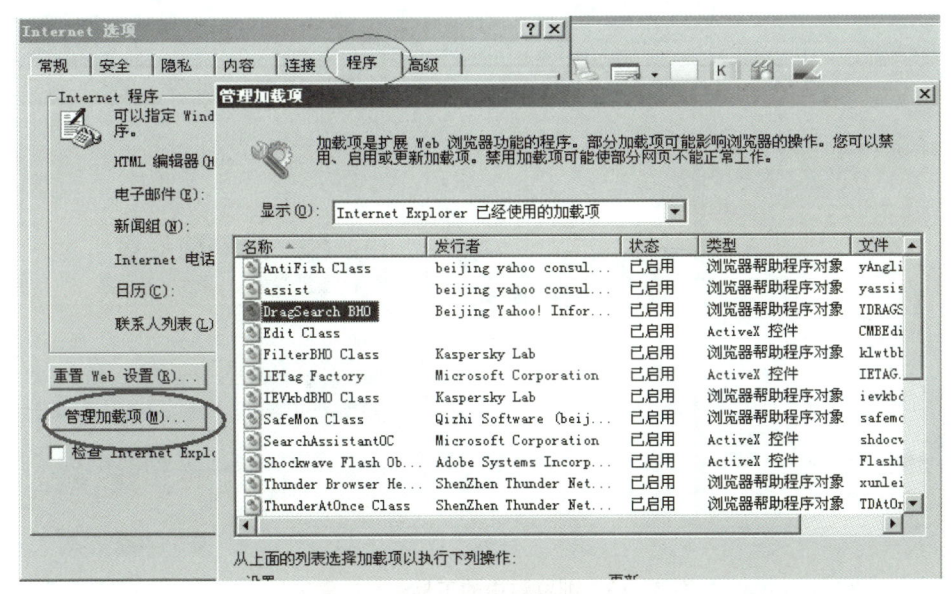

图 3-13　添加的浏览器劫持项

(5) 安装完成。

安装完成后,程序安装在系统 Program Files 文件夹中,如图 3-14 所示,yassistse.exe 为主程序,运行后任务栏会出现雅虎助手的图标。由于安装程序添加了许多浏览器插件,安装完后打开浏览器会发现添加了雅虎的工具条与雅虎的搜索工具如图 3-15 所示。

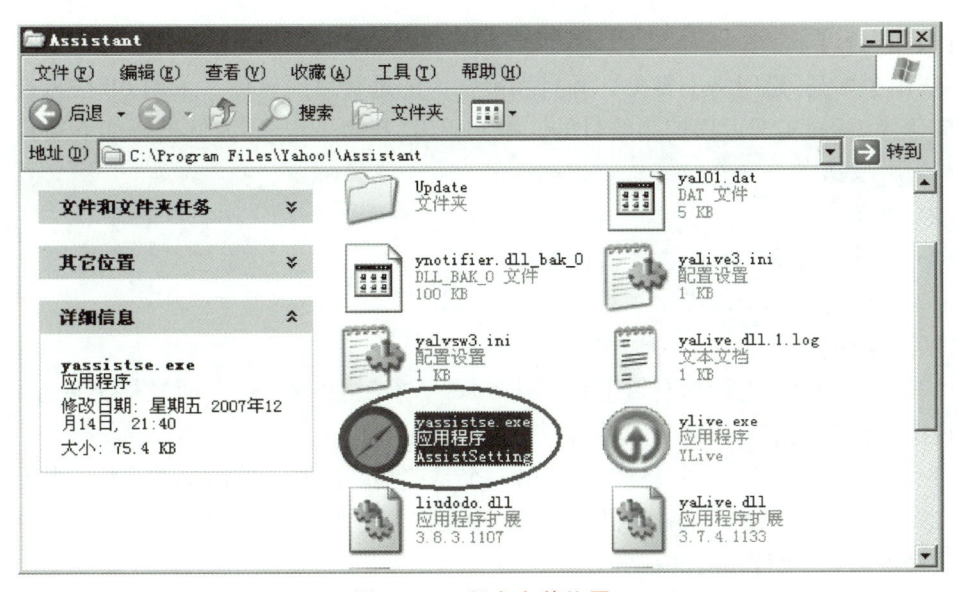

图 3-14　程序安装位置

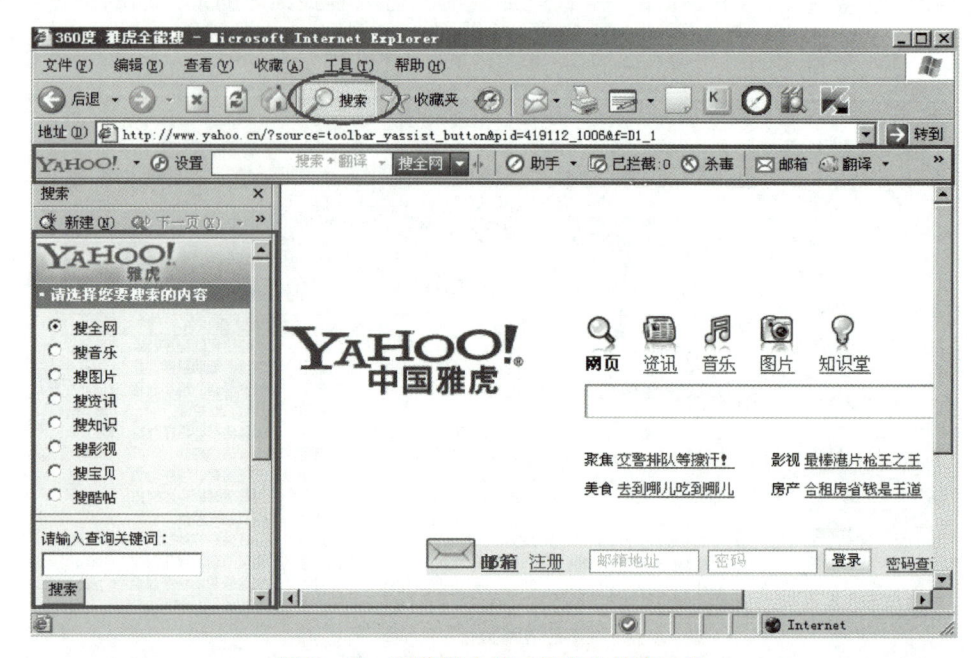

图 3‐15　浏览器中的工具条和搜索工具

二、卸载雅虎助手

可在开始菜单中删除雅虎助手。

【实践思考】

思考怎样更好地对流氓软件进行防御和查杀。

3.4.3　木马攻击实践

【实践内容】

"灰鸽子木马"是网络上常见的并且功能强大的远程后门软件。采用 dll 注入技术,开启服务程序,从而实现远程控制的目的。本实验以"灰鸽子木马"为例进行如下实验内容:

(1) 木马制作。

(2) 木马种植。

(3) 查看木马验证和系统状态。

(4) 卸载"灰鸽子木马"。

【实践原理】

木马,全称为"特洛伊木马"(Trojan Horse)。"特洛伊木马"一词最早出现在希腊神话传说中。计算机木马程序一般具有以下几个特征:

(1) 主程序有两个,一个是服务端,另一个是控制端。服务端需要在主机上执行。

(2) 当控制端连接服务端主机后,控制端会向服务端主机发出命令。而服务端主机在接收命令后,会执行相应的任务。

"灰鸽子"是国内一款著名后门软件,是国内后门软件的集大成者。具有丰富而强大的功能、灵活多变的操作、良好的隐藏性。客户端简易便捷的操作使刚入门的初学者都能充当黑客。当使用在合法情况下时,"灰鸽子"是一款优秀的远程控制软件。但如果拿它做一些非法的事,"灰鸽子"就成了很强大的黑客工具。

【实践环境】

Windows 实验台

所需工具:"灰鸽子"客户端软件

【实践步骤】

启动 Windows 实验台,并设置实验台的 IP 地址,以实验台为目标主机进行实验。个别实验学生可以以 2 人一组的形式,互为攻击方和被攻击方来进行。

一、木马制作

(1) 根据攻防实验制作"灰鸽子木马",配置安装目录,如图 3-16 所示。

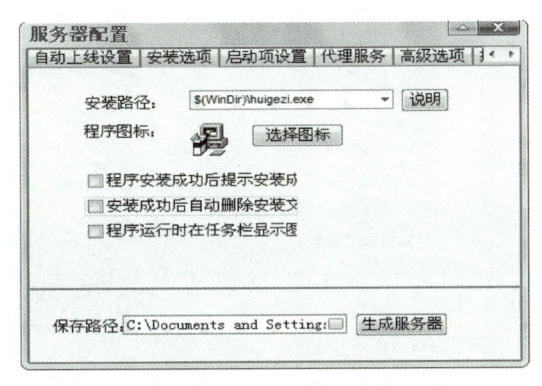

图 3-16 配置安装目录

(2) 启动项配置,如图 3-17 所示。
(3) 高级设置,选择使用浏览器进程启动,并生成服务器程序,如图 3-18 所示。

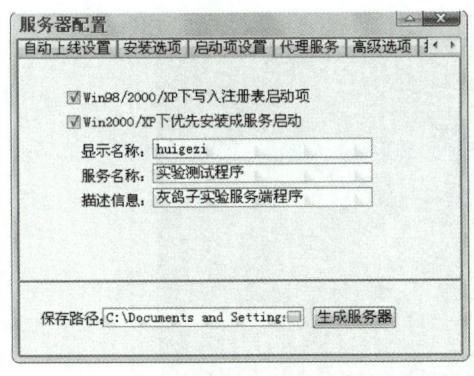

图 3-17 启动项配置　　　　图 3-18 高级设置

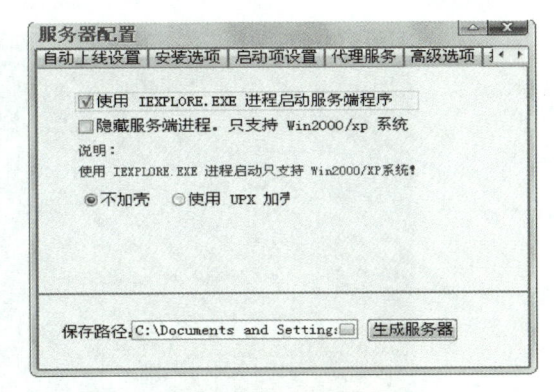

二、木马种植

(1) 通过漏洞或溢出得到远程主机权限,上传并运行"灰鸽子木马"。
(2) 本地对植入"灰鸽子"的主机进行连接,看是否能连接"灰鸽子"。

三、木马分析

(1) 查看端口。

当"灰鸽子"的客户端服务器启动之后,会发现本地"灰鸽子"客户端有远程主机上线,说明"灰鸽子"已经启动成功,如图 3-19 所示。

图 3-19 远程主机上线

查看远程主机的开放端口如图 3-20 所示,192.168.50.151 正在与本地 192.168.50.40 连接,表示傀儡机已经上线,可以对其进行控制。

图 3-20 查看远程主机的开放端口

(2) 查看进程。

启动 Ice Sword 检查开放进程,进程中多出了 IEXPLORE.EXE 进程,如图 3-21 所示;这个进程即为启动"灰鸽子木马"的进程,起到了隐藏"灰鸽子"自身程序的目的。

图 3-21 查看进程

(3) 查看服务。

进入控制面板的"服务",增加了一个名为"huigezi"的服务,其属性如图 3-22 所示;该服务为启动计算机时,"灰鸽子"的启动程序。

图 3-22 huigezi 的属性

四、卸载灰鸽子

（1）停止当前运行的 IEXPLORE.EXE 程序和 huigezi 服务。

（2）将 Windows 目录下的 huigezi.exe 文件删除，重新启动计算机即可卸载灰鸽子程序。

【实践思考】

撰写实验报告，回答如何将自己制作的木马种植到目标主机上。简单分析该方法的隐蔽性和可用性。

第 4 章

网络攻击与防御技术

学习目标

1. 了解网络威胁的一般形式。
2. 了解网络攻击的一般方法。
3. 掌握常见网络攻击方式的防御。
4. 掌握网络加固的一般方法。

引 例

账号密码被盗、个人隐私信息泄露、本人 QQ 和微信账号被冒用向好友借钱、网络异常缓慢、系统崩溃等,这些情况在生活中想必都不陌生。随着网络技术的不断发展,各种基于网络的应用在人们的生活中扮演着越来越重要的角色,极大地丰富了人们的生活。但如何有效维护网络安全,抵御网络黑客等不法分子的侵害,是信息安全保障的重要工作。

热点关注

论信息安全持久战

拓展阅读

APT 之海莲花

4.1 网络攻击概述

4.1.1 网络攻击概述

一、网络攻击的危害

网络是信息社会的基础,它已经广泛深入到社会、经济、政治、文化、军事、生活等各个领域,成为人们生活中不可缺少的一部分。但由于 Internet 的开放性等因素,它也带来了很多安全问题,如机密信息被窃听和篡改、网络黑客攻击、计算机蠕虫、木马病毒等,由此带来的损失和影响是巨大的。中国互联网络信息中心(CNNIC)发布第 47 次《中国互联网络发展状况统计报告》显示,我国网民规模达 9.89 亿,互联网普及率达 70.4%,预计到 2025 年底中国互联网普及率将达到 75.1%。

(1)电子商务领域的破坏活动。自 2013 年起,我国已连续八年成为全球最大的网络

拓展阅读

居安思危之未来战场信息战

零售市场。2020年,我国网上零售额达11.76万亿元,我国网络支付用户规模达8.54亿,这是犯罪分子进行财务诈骗活动的主要领域。据称一些大公司在电子商务中的损失一天以数十万美元计。每年大约发生6.4万次信用卡诈骗损失约10亿美元之巨。

(2) 经济领域里的间谍活动。黑客首先选用电子邮件手段攻击网络外围,一旦建立好后门(back door 或 back orifice),防火墙就不再起作用。在这种情况下,如果黑客把声音系统启动的话,实际上就是一个很好的截取信息(窃听)系统。不言而喻,网络也必将成为激烈的政治和军事斗争的空间。

(3) 对基础设施的破坏。机场导航调度系统、城市供水系统、能源系统、各种金融证券交易中心等重要单位极易受到攻击破坏,往往给国民经济和国计民生造成巨大损失。

网络威胁示意图如图4-1所示。

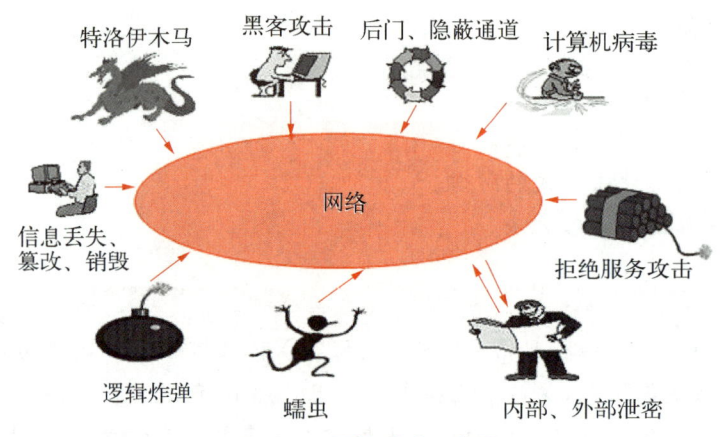

图4-1 网络威胁示意图

二、黑客(hacker)

"黑客"一词中的"黑"字总使人对其有所误解,真实的黑客主要指的是高级程序员,而不是为人所误解专指对计算机系统及程序进行恶意攻击及破坏的人。除了精通编程、精通操作系统的人可以被视作黑客外,现在精通网络入侵的人也被看作是"黑客"。

一般认为,黑客起源于20世纪50年代美国著名高校的实验室中,他们智力非凡、技术高超、精力充沛,热衷于解决一个个棘手的计算机网络难题。20世纪六七十年代,"黑客"一词甚至极富褒义,从事黑客活动意味着对计算机网络的最大潜力进行智力上的自由探索,所谓的"黑客"文化也随之产生了。然而并非所有的人都能恪守"黑客"文化的信条专注于技术的探索,恶意的计算机网络破坏者、信息系统的窃密者随后层出不穷,人们把这部分主观上有恶意企图的人称为"骇客"(cracker),试图区别于"黑客",同时也诞生了诸多的黑客分类方法,如"白帽子""黑帽子""灰帽子"。

三、网络攻击概述

1. 网络攻击分类

(1) 主动攻击。指攻击者访问所需要信息的故意行为。

(2) 被动攻击。主要是收集信息而不是进行访问,数据的合法用户对这种活动一点也不会觉察到。被动攻击包括：
- 窃听。主要有键击记录、网络监听、非法访问数据、获取密码文件。
- 欺骗。主要有获取口令、恶意代码、网络欺骗。
- 拒绝服务。主要有导致异常型、资源耗尽型、欺骗型。
- 数据驱动攻击。主要有缓冲区溢出、格式化字符串攻击、输入验证攻击、同步漏洞攻击、信任漏洞攻击。

2. 网络攻击一般方法

(1) 口令入侵。所谓口令入侵是指使用某些合法用户的账号和密码登录到目的主机，然后再实施攻击活动。这种方法的前提是必须先得到该主机上的某个合法用户的账号，然后再进行合法用户密码的破译。

获得普通用户账号的方法非常多，如利用目标主机的 Finger 功能。当用 Finger 命令查询时，主机系统会将保存的用户资料（如用户名、登录时间等）显示在终端或计算机上。也可利用目标主机的 X.500 服务，有些主机没有关闭 X.500 的目录查询服务，也给攻击者提供了获得信息的一条简易途径。

(2) 特洛伊木马。放置特洛伊木马能直接侵入用户的计算机并进行破坏，它常被伪装成工具程序或游戏等诱使用户打开带有特洛伊木马的邮件附件或从网上直接下载，一旦用户打开这些邮件的附件或执行这些程序之后，它们就会像古特洛伊人在敌人城外留下的藏满士兵的木马一样留在用户的计算机中，并在用户的计算机系统中隐藏一个能在 Windows 启动时悄悄执行的程序。当用户连接到 Internet 上时，这个程序就会通知攻击者，报告用户的 IP 地址及预先设定的端口。攻击者在收到这些信息后，再利用这个潜伏在其中的程序，就能任意地修改计算机的参数设定、复制文件、窥视整个硬盘中的内容等，从而达到控制用户的计算机的目的。

(3) WWW 欺骗。一般 Web 欺骗使用两种技术手段，即 URL 重写技术和相关信息掩盖技术。利用 URL，使这些地址都指向攻击者的 Web 服务器，即攻击者能将自己的 Web 地址加在所有 URL 的前面。这样，当用户和站点进行安全链接时，就会毫无防备地进入攻击者的服务器，于是用户的所有信息便处于攻击者的监视之中。但由于浏览器一般均设有地址栏和状态栏，当浏览器和某个站点连接时，能在地址栏和状态栏中获得连接中的 Web 站点地址及其相关的传输信息，用户由此能发现问题，所以攻击者往往在 URL 重写的同时，利用相关信息掩盖技术，即一般用 JavaScript 程序来重写地址栏和状态栏，以达到其掩盖欺骗的目的。

(4) 网络监听。网络监听是主机的一种工作模式，在这种模式下，主机能接收到本网段在同一条物理通道上传输的所有信息，而不管这些信息的发送方和接收方是谁。因为系统在进行密码校验时，用户输入的密码需要从用户端传送到服务器端，而攻击者就能在两端之间进行数据监听。此时若两台主机进行通信的信息没有加密，只要使用某些网络监听工具，就可轻而易举地截取包括密码和账号在内的信息资料。虽然网络监听获得的用户账号和密码具有一定的局限性，但监听者往往能够获得其所在网段的所有用户账号及密码。

(5) 黑客软件。利用黑客软件攻击是互联网上比较多的一种攻击手法。Back Orifice 2000、冰河等都是比较著名的特洛伊木马,它们能非法地取得用户计算机的最终用户权限,能对其进行完全的控制。

(6) 安全漏洞(bugs)。安全漏洞是指受限制的计算机、组件、应用程序或其他联机资源无意中留下的不受保护的入口点。漏洞是硬件、软件或使用策略上的缺陷,他们会使计算机遭受病毒和黑客攻击。

(7) 端口扫描。所谓端口扫描,就是利用 Socket 编程和目标主机的某些端口建立 TCP 连接,进行传输协议的验证等,从而侦知目标主机的扫描端口是否处于激活状态、主机提供了哪些服务、提供的服务中是否含有某些缺陷等。常用的扫描方式有"connect()"扫描、"fragmentation"扫描等。

4.1.2 网络攻击基本流程

网络攻击的基本流程示意图如图 4-2 所示。

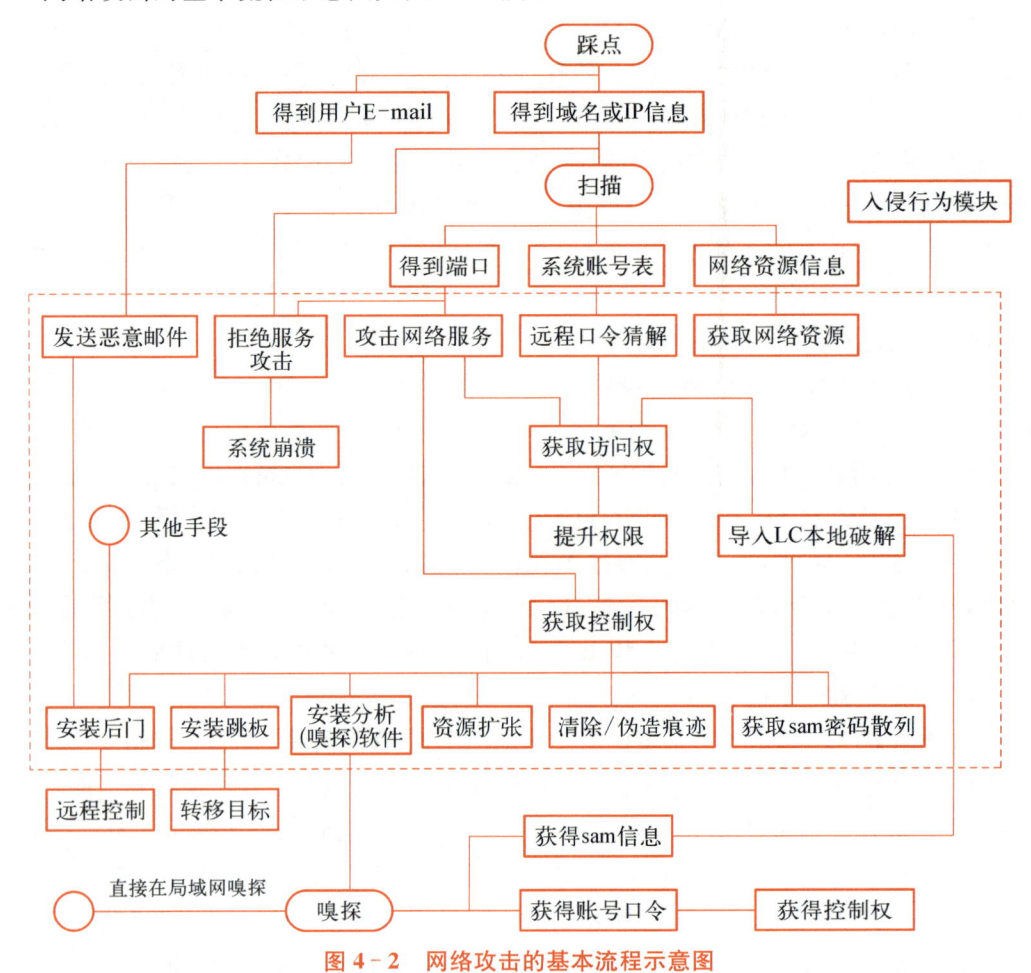

图 4-2 网络攻击的基本流程示意图

针对系统或者网络进行的攻击过程通常包括信息收集、目标分析及定位、实施入侵、部署后门及清理痕迹五个步骤。

(1) 信息收集。信息收集的主要内容包括：目标的网络信息、目标主机信息、是否存在漏洞、密码脆弱性。

(2) 目标分析及定位。攻击者通过对目标进行深入的分析，确定收集信息的准确性，对目前情况进行更准确的判断，选择攻击方式及攻击路径。在实际的攻击中，往往采取集成化的工具来完成，例如漏洞扫描软件。

(3) 实施入侵。攻击者利用系统存在的漏洞，对系统网络实施攻击，获取系统权限或者破坏系统及网络的正常运行，入侵的方式根据系统的漏洞情况而定。

(4) 部署后门。攻击者在完成入侵后，在系统上部署后门，方便今后进入系统。部署后门的方式包括设置隐蔽账户、安装后门软件、放置后门脚本等多种形式。

(5) 清理痕迹。攻击者清理系统上的各种入侵记录，避免被管理员发觉，清理入侵证据。清理痕迹包括清理系统日志、应用日志、入侵时的临时文件、中间文件等。

4.2 欺骗攻击原理

4.2.1 IP 地址欺骗

一、IP 地址

IP 是 Internet protocol 的缩写，意思是"网络之间互联的协议"，也就是为计算机网络相互连接进行通信而设计的协议。在 Internet 中，它是能使连接到网上的所有计算机网络实现相互通信的一套规则，规定了计算机在 Internet 上进行通信时应当遵守的规则。Internet 上的每台主机(host)都有一个唯一的 IP 地址，如图 4-3 所示。IP 协议就是使用这个地址在主机之间传递信息，这是 Internet 能够运行的基础。

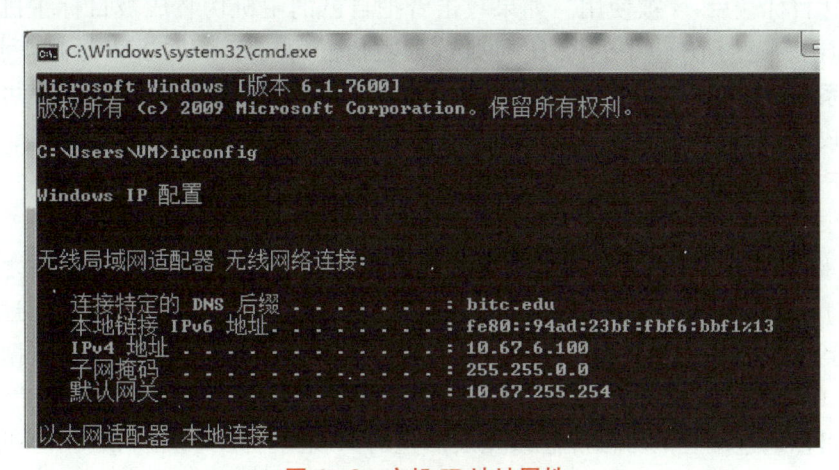

图 4-3 主机 IP 地址属性

二、IP 地址欺骗原理

IP 地址对于网络用户来说就相当于网络用户的门牌号码,而所谓的 IP 地址欺骗就是攻击者假冒他人的 IP 地址发送数据包。因为 IP 协议不对数据包中的 IP 地址进行认证,因此任何人不经授权就可以伪造 IP 包的源地址。如图 4-4 所示,攻击者 A 通过假冒受信任者 B 的 IP 地址与被攻击者 C 进行数据通信,从而达到采取 IP 地址欺骗,实现 A 与 C 进行通信的目的。

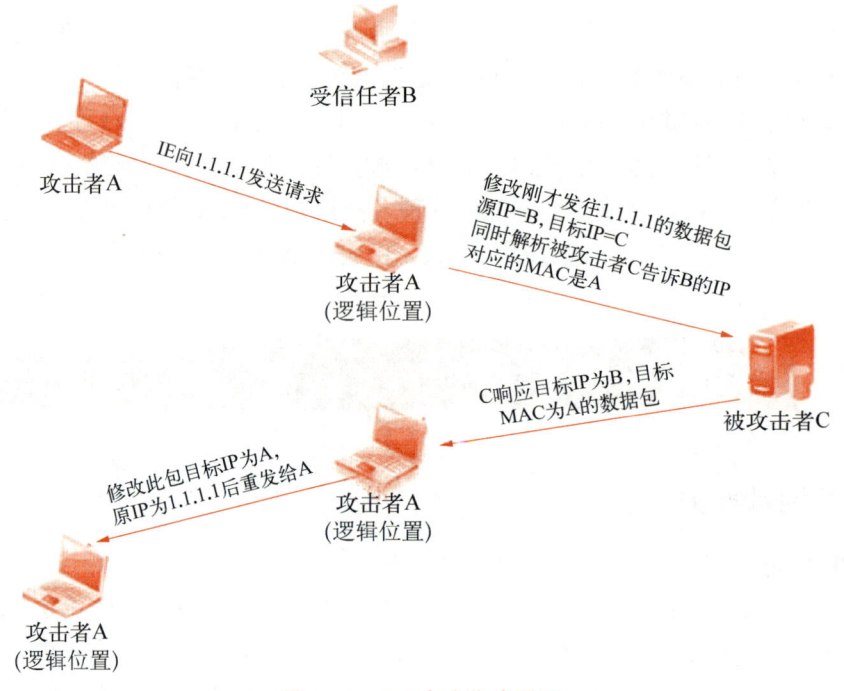

图 4-4 IP 地址欺骗原理

IP 包一旦从网络中发送出去,源 IP 地址就几乎不用,仅在中间路由器因某种原因丢弃它或到达目标端后,才被使用。如果攻击者把自己的主机伪装成被目标主机信任的好友主机,即把发送的 IP 包中的源 IP 地址改成被信任的友好主机的 IP 地址,利用主机间的信任关系和这种信任关系的实际认证中存在的脆弱性(只通过 IP 确认),就可以对信任主机进行攻击。

三、IP 欺骗攻击流程

1. 建立信任关系

IP 欺骗是利用了主机之间的正常信任关系来发动的。主机 A 和主机 B 之间的信任关系是基于 IP 址而建立起来的,那么假如能够冒充主机 B 的 IP,就可以使用远程登录的方式登录到主机 A,而不需任何口令验证。这就是 IP 欺骗的最根本的理论依据。

2. TCP 序列号猜测

虽然可以通过编程的方法随意改变发出包的 IP 地址,但 TCP 协议对 IP 进行了进一步的封装,它是一种相对可靠的协议,不会让黑客轻易得逞。

由于 TCP 是面向连接的协议,所以在双方正式传输数据之前,需要用"三次握手"来建立一个安全的连接。如图 4-5 所示,假设还是主机 A 和主机 B 两台主机进行通信,主机 B 首先发送带有 SYN 标志的数据段通知主机 A 建立 TCP 连接,TCP 的可靠性就是由数据包中的多位控制字符来提供的,其中最重要的是数据序列 SYN 和数据确认标志 ACK。

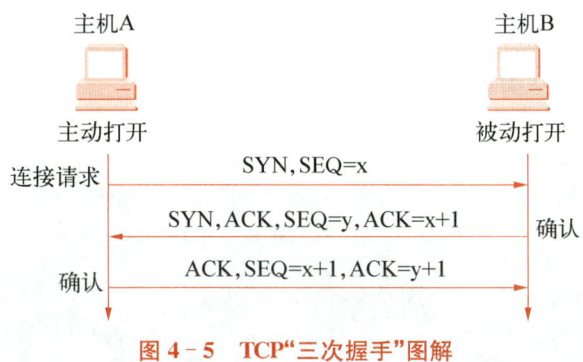

图 4-5 TCP"三次握手"图解

如果攻击者了解主机 A 与主机 B 之间建立了信任关系,在 A 不能正常工作时,假冒主机 A 的 IP 地址,向主机 B 发送建立 TCP 连接的请求包,这时如果攻击者能够猜出主机 B 确认包中的序列号 y,就可以假冒主机 A 与主机 B 建立 TCP 连接。然后通过传送可执行的命令数据,侵入主机 B 中。

3. IP 地址欺骗过程

IP 地址欺骗攻击由若干步骤组成。首先,选定目标主机;其次,发现信任模式,并找到一个被目标主机信任的主机;再次,使该主机丧失工作能力,同时采样目标主机发出的 TCP 序列号,猜测出它的数据序列号;最后,伪装成被信任的主机,同时建立起与目标主机基于地址验证的应用连接。如果成功,黑客可以使用一种简单的命令放置一个系统后门,以进行非授权操作。一旦发现被信任的主机,为了伪装成它,往往需要使其丧失工作能力。由于攻击者将要代替真正的被信任主机,他必须确保真正被信任的主机不能接收到任何有效的网络数据,否则将会被揭穿,如图 4-6 所示。有许多方法可以实现这一点,如 SYN-Flood 攻击。

图 4-6 IP 地址欺骗过程

4.2.2 ARP 欺骗

一、ARP 地址解析协议

ARP 是地址解析协议,ARP 协议主要负责将局域网中的 32 位 IP 地址转换为对应的 48 位物理地址,即网卡的 MAC 地址,比如 IP 地址为 192.168.0.1,计算机上网卡的 MAC 地址为 00-03-0F-FD-1D-2B。整个转换过程是一台主机先向目标主机发送包含 IP

地址信息的广播数据包,即 ARP 请求,然后目标主机向该主机发送一个含有 IP 地址和 MAC 地址的数据包,通过协商这两个主机就可以实现数据传输了。

二、ARP 缓存表

在安装了以太网网络适配器(即网卡)的计算机中有一个或多个 ARP 缓存表,用于保存 IP 地址以及经过解析的 MAC 地址,如图 4-7 所示。在 Windows 中要查看或者修改 ARP 缓存中的信息,可以使用 ARP 命令来完成,命令提示符窗口中输入"arp - a"或"arp - g"可以查看 ARP 缓存中的内容。

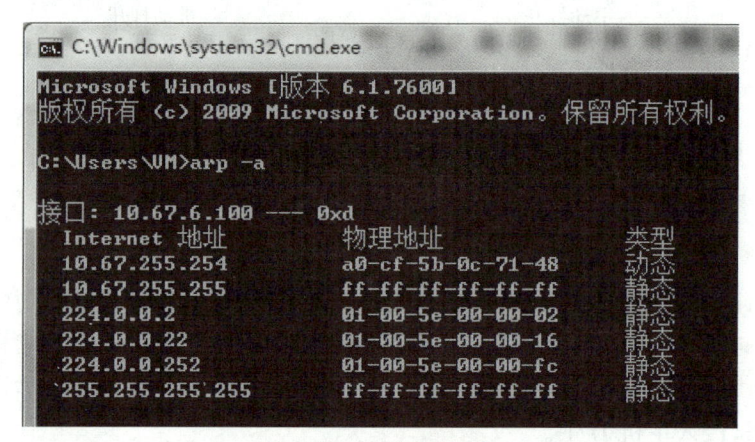

图 4-7　ARP 缓存表

三、ARP 欺骗原理

ARP 类型的攻击最早用于盗取密码,网内中毒计算机可以伪装成路由器,盗取用户的密码,后来发展成内藏于软件,扰乱其他局域网用户正常的网络通信,下面简要阐述 ARP 欺骗的原理。

(1) 假设这样一个网络,一个交换机连接了 3 台机器,依次是计算机 A、B、C。

A 的地址为 IP:192.168.1.1　MAC:AA-AA-AA-AA-AA-AA。

B 的地址为 IP:192.168.1.2　MAC:BB-BB-BB-BB-BB-BB。

C 的地址为 IP:192.168.1.3　MAC:CC-CC-CC-CC-CC-CC。

(2) 正常情况下在 A 计算机上运行"arp - a"查询 ARP 缓存表应该出现如下信息:

```
Interface: 192.168.1.1 on Interface 0x1000003
Internet Address  Physical Address  Type
192.168.1.3  CC-CC-CC-CC-CC-CC  dynamic
```

(3) 在计算机 B 上运行 ARP 欺骗程序,来发送 ARP 欺骗包。

B 向 A 发送一个自己伪造的 ARP 应答,而这个应答中的数据为发送方 IP 地址是 192.168.1.3(C 的 IP 地址),MAC 地址是 DD-DD-DD-DD-DD-DD(C 的 MAC 地址本来应该是 CC-CC-CC-CC-CC-CC,这里被伪造了)。当 A 接收到 B 伪造的

ARP 应答时,就会更新本地的 ARP 缓存(A 不知道被伪造了),而且 A 不知道其实是从 B 发送过来的,A 这里只有 C 的 IP 地址和无效的 MAC 地址。

(4) 欺骗完毕在 A 计算机上运行"arp‐a"来查询 ARP 缓存信息,会发现原来正确的信息现在已经出现了错误。

```
Interface:192.168.1.1 on Interface 0x1000003
Internet Address Physical Address Type
192.168.1.3 DD‐DD‐DD‐DD‐DD‐DD dynamic
```

上面例子中,计算机 A 上关于计算机 C 的 MAC 地址已经错误了,所以即使以后从计算机 A 访问计算机 C,C 的 IP 地址也会被 ARP 错误地解析成 MAC 地址为 DD‐DD‐DD‐DD‐DD‐DD。

当局域网中一台机器反复向其他机器,特别是向网关,发送这样无效假冒的 ARP 应答信息包时,严重的网络堵塞就会开始。由于网关 MAC 地址错误,所以从网络中计算机发来的数据无法正常发到网关,自然无法正常上网。这就造成了无法访问外网的问题,另外由于很多时候网关还控制着局域网 LAN 上网,所以这时 LAN 访问也会出现问题。如图 4‐8 所示更直观地展示了 ARP 网关欺骗的情况。

图 4‐8 ARP 网关欺骗

4.2.3 DNS 欺骗

一、域名系统(domain name system,DNS)

DNS 是计算机域名系统或域名解析服务器的缩写,它是由解析器以及域名服务器组成的。DNS 是 Internet 的一项服务,一般叫域名服务或者域名解析服务,主要提供网站域名与 IP 地址相互转换的服务。

域名与 IP 地址之间是呈一一对应的关系,但多个域名可以对应同一个 IP 地址。就像一个人的姓名和身份证号码之间的关系,显然记人的名字要比记身份证号码容易得多。

IP地址是网络上标识用户站点的数字地址,为了简单好记,采用域名来代替IP地址表示站点地址,域名服务器(DNS)将域名解析成IP地址,使之一一对应。

二、DNS 工作过程

DNS 的工作过程是逐级解析的过程,如图4-9所示。

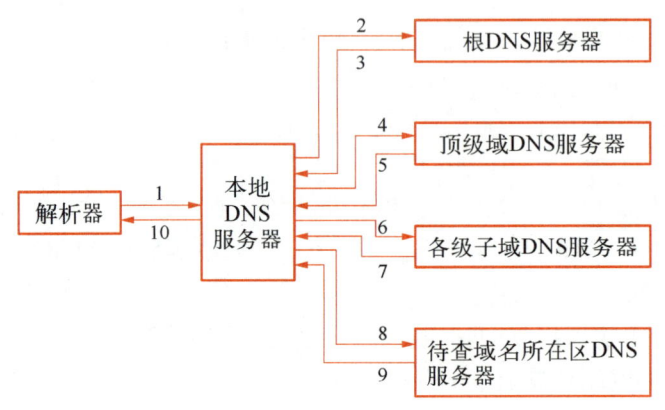

图 4-9 DNS 工作过程

DNS 的工作过程如下:

(1) 应用程序首先调用 gethostbyname()函数,系统自动调用解析程序 resolver,请求本地域名服务器解析某主机域名。

(2) 本地 DNS→根 DNS,得顶级域 DNS 服务器 IP 地址。

(3) 本地 DNS→顶级域 DNS,得子域 DNS 服务器 IP 地址。

(4) 本地 DNS→子域 DNS,得主机所在域 DNS 服务器的 IP 地址。

(5) 本地 DNS→主机所在域 DNS,得主机的 IP 地址。

(6) 本地 DNS→应用程序,将所查主机的 IP 地址传给应用程序。

三、DNS 欺骗原理

DNS 欺骗就是攻击者冒充域名服务器的一种欺骗行为。如图 4-10 所示,如果可以冒充域名服务器,然后把查询的 IP 地址设为攻击者的 IP 地址,用户上网就只能看到攻击者的页面,而不是用户想要取得的网站的页面了,这就是 DNS 欺骗的基本原理。DNS 欺骗其实并不是真的"黑掉"了对方的网站,而是冒名顶替了真正的网站。DNS 欺骗的危害巨大,常见被用来制作钓鱼网站、挂马等。

四、DNS 欺骗攻击的方式

2013年8月25日凌晨1点左右,以.cn为根域名的部分网站显示无法打开,中国互联网络信息中心25日上午发出通告称,国家域名解析节点受到 DNS 拒绝服务攻击;2010年百度域名被劫持事件是百度自建立以来遭受到的持续时间最长、影响最严重的黑客攻击,网民访问百度时,会被重定向到一个位于荷兰的 IP 地址,百度旗下所有子域名都无法正常访问。

根据对至今为止发生的 DNS 攻击事件进行分析总结,攻击类型大致分为以下几种。

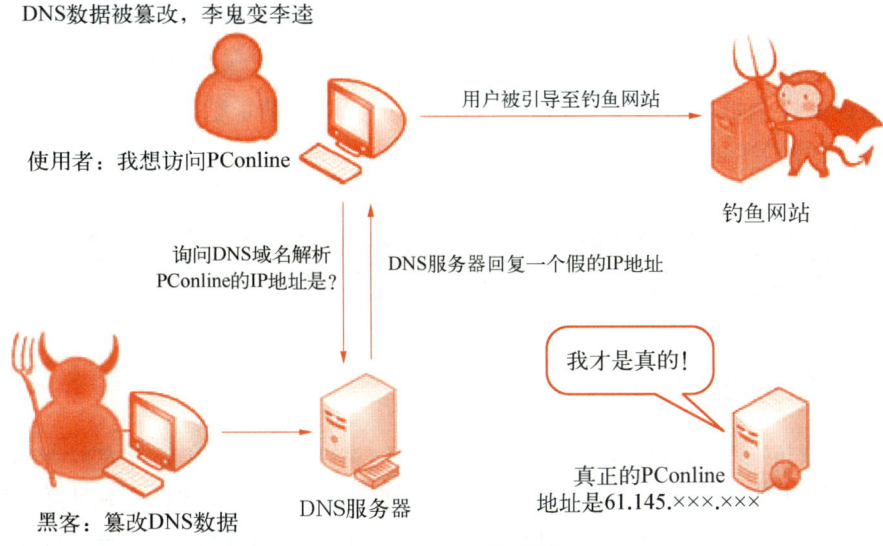

图 4-10　DNS 欺骗原理

1. DNS DDoS 攻击

根据攻击目标的不同，DNS 的 DDoS 攻击有两种发生形式，分别是针对 DNS 服务器的 DNSquery Flooding 攻击，和针对目标用户的 DDoS 攻击。

- DNSquery Flooding 攻击的对象即为 DNS 域名服务器，攻击的目的就是使这些服务器瘫痪，无法对正常的用户查询请求做出响应。
- DNS Response Flooding 是针对具体的目标用户的 DDoS 攻击，黑客利用正常的 DNS 服务器递归查询过程形成对目标客户的 DDoS 攻击。

2. DNS 欺骗(DNS spoofing)

DNS 欺骗是比较常见的一种攻击形式，在客户端发出 DNS 请求后，黑客通过各种技术手段假冒成 DNS 服务器并发送包含错误 IP 地址的 DNS 响应报文，用户在获得该错误的地址后，其访问请求会指向假冒的非法网站，影响用户的正常访问。

3. DNS 缓存感染(DNS cache poisoning)

攻击者使用 DNS 请求，将数据放入一个具有漏洞的 DNS 服务器的缓存当中。这些缓存信息会在用户进行 DNS 访问时返回给用户，从而把用户客户端对正常域名的访问引导到入侵者所设置的挂马、钓鱼等页面上，或者通过伪造的邮件和其他的服务获取用户口令信息，导致用户遭遇进一步的侵害。

4. DNS 信息劫持和重定向(DNS hijacking)

入侵者通过监听客户端和 DNS 服务器的对话，可以猜测服务器响应给客户端的 DNS 查询 ID，获取该 ID 信息后攻击者将伪造虚假的响应报文，在 DNS 服务器之前将虚假的响应交给用户，从而欺骗客户端去访问恶意的网站，或者重定向到事先预设好的钓鱼网站，趁机下载恶意代码到用户的计算机并攫取用户的个人信息。

5. 本机劫持

Hosts 文件是存储计算机网络节点信息的文件，其中也包含了部分主机域名和 IP 地址的对应关系。病毒如果在 hosts 文件中添加了虚假的 DNS 解析记录,当用户访问某个域名时,因为本地 hosts 文件的优先级高于 DNS 服务器,所以操作系统会先检测 hosts 文件,判断是否有这个地址映射关系,如果有则调用这个 IP 地址映射进行 IP 访问,如果没有才会向预设的 DNS 服务器提出域名解析。

4.3 拒绝服务攻击

4.3.1 拒绝服务攻击原理

DoS 是 denial of service 的简称,即拒绝服务,造成 DoS 的攻击行为被称为 DoS 攻击,其目的是使计算机或网络无法提供正常的服务。被 DoS 攻击时,主机上有大量等待的 TCP 连接,网络中充斥着大量无用的数据包。攻击者源地址为假,制造高流量无用数据,造成网络拥塞,使受害主机无法正常和外界通信。攻击者利用受害主机提供的服务或传输协议上的缺陷,反复高速地发出特定的服务请求,使受害主机无法及时处理所有正常请求,严重时会造成系统死机。

最常见的 DoS 攻击形式有 4 种:

(1) 带宽耗用(bandwidth consumption)攻击,攻击者有更多的可用带宽并且能够造成受害者的拥塞或者征用多个站点集中网络连接对网络进行攻击,即以极大的通信量冲击网络,使得所有可用网络资源都被消耗殆尽,最后导致合法的用户请求无法通过。

(2) 资源衰竭(resource starvation)攻击,与带宽耗用不同的是,资源衰竭会消耗系统资源,一般涉及 CPU 利用率、内存、文件系统限额和系统进程总数之类的系统资源消耗,即用大量的连接请求冲击计算机,使得所有可用的操作系统资源都被消耗殆尽,最终使计算机无法再处理合法用户的请求。

(3) 编程缺陷(programming flaw)攻击,此攻击原理利用应用程序、操作系统在处理异常条件上的缺陷,通过某些异常条件,向程序中脆弱的元素发送非期望的数据。对于依赖用户输入的特定应用程序来说,攻击者可能发送异常数据串,这样就有可能创建一个缓冲区溢出条件而导致应用或系统崩溃。

(4) DNS(域名系统)攻击,域名系统(domain name system,DNS)是一个将域名和 IP 地址进行互相映射的分布式数据库,在自身设计方面存在缺陷,安全保护和认证机制不健全,造成 DNS 自身存在较多安全隐患,导致其很容易遭受攻击。例如典型的 Smurf 攻击,其通过使用将回复地址设置成受害网络的广播地址的 ICMP 应答请求数据包,来淹没受害主机,最终导致该网络的所有主机都对此 ICMP 应答请求做出答复,导致网络阻塞。更加复杂的 Smurf 攻击将源地址改为第三方的受害者,最终导致第三方崩溃。

4.3.2 Flood 攻击

SYN Flood 是一种比较有效而又非常难以防御的 DoS 攻击方式。它利用 TCP 三次握手协议的缺陷,向目标主机发送大量的伪造源地址的 SYN 连接请求,消耗目标主机的资源,从而不能够为正常用户提供服务。这个攻击是经典的以小博大的攻击,自己使用少量资源占用对方大量资源。一台搭载 Pentium 4 处理器和 Linux 系统的计算机大约能发送 30~40 MB 的 64 字节的 SYN 报文,而一台普通的服务器 20 MB 的流量就基本没有任何响应了(包括鼠标、键盘)。而且 SYN 不仅可以远程进行,还可以伪造源 IP 地址,给追查造成很大困难。

要掌握 SYN Flood 攻击的基本原理,必须先介绍 TCP 的三次握手机制。TCP 三次握手过程如下:

(1) 客户端向服务器端发送一个 SYN 置位的 TCP 报文,包含客户端使用的端口号和初始序列号 x。

(2) 服务器端收到客户端发送来的 SYN 报文后,向客户端发送一个 SYN 和 ACK 都置位的 TCP 报文,包含确认号为 x+1 和服务器的初始序列号 y。

(3) 客户端收到服务器返回的 SYN+ACK 报文后,向服务器返回一个确认号为 y+1 序号为 x+1 的 ACK 报文,一个标准的 TCP 连接完成。TCP 连接建立过程如图 4-11 所示。

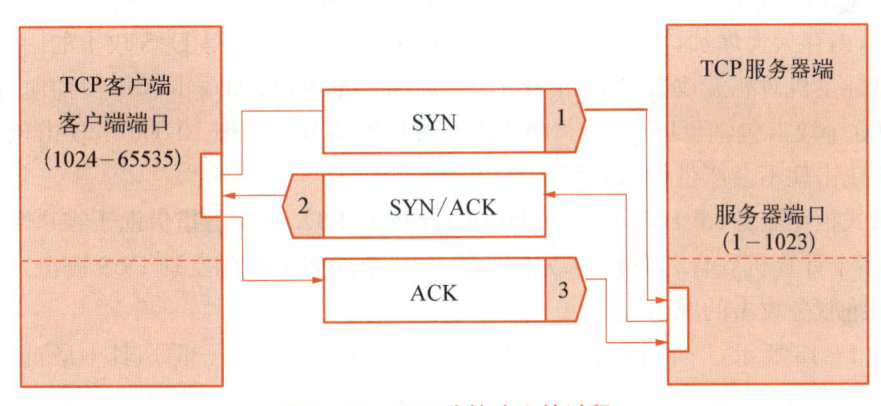

图 4-11 TCP 连接建立的过程

在 SYN Flood 攻击中,黑客机器向受害主机发送大量伪造源地址的 TCP SYN 报文,受害主机分配必要的资源,然后向源地址返回 SYN+ACK 包,并等待源端返回 ACK 包,如图 4-12 所示。由于源地址是伪造的,所以源端永远都不会返回 ACK 报文,并向受害主机继续发送 SYN+ACK 包,当目标计算机收到请求后,就会使用一些系统资源来为新的连接提供服务,接着回复 SYN+ACK。假如一个用户向服务器发送报文后突然死机或掉线,那么服务器在发出 SYN+ACK 应答报文后是无法再接收到客户端的 ACK 报文(第三次握手无法完成)。一些系统都有默认的回复次数和超时时间,这种情况下服务器端一般会重新发送 SYN+ACK 报文给客户端,只有达到一定次数或者超时,占用的系统资源才会被释放。这段时间称为"SYN Timeout",虽然时间长度是分钟的数量级,但是由于端口的半连接队列的长度是有限的,如果不断地向受害主机发送大量的 TCP SYN 报文,半连接队列就会很快填满,服务器拒绝新的连接,将导致该端口无法响应其他机器进行的连接请求,最终使受害主机的资源耗尽。

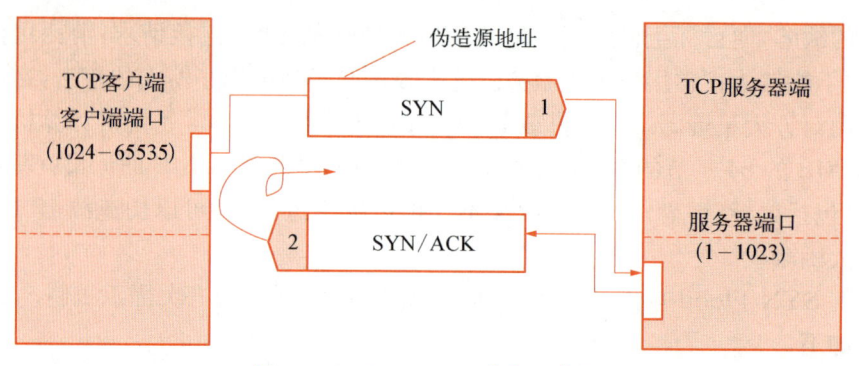

图 4‑12　SYN Flood 攻击示意图

4.3.3　DDoS 攻击

DDoS 攻击手段是在传统的 DoS 攻击基础之上产生的一类攻击方式。单一的 DoS 攻击一般是采用一对一的方式，当攻击目标 CPU 速度低、内存小或者网络带宽小等各项性能指标不高时，它的效果是明显的。随着计算机与网络技术的发展，计算机的处理能力迅速增长，内存大大增加，同时也出现了千兆级别的网络，这使得 DoS 攻击的困难程度加大了。目标主机对恶意攻击包的"消化能力"加强了不少，例如攻击者每秒钟向目标主机发送 3 000 个攻击包，但目标主机与网络带宽每秒钟却可以处理 10 000 个攻击包，可以想象这样的攻击就不会产生什么效果。

分布式拒绝服务（distributed denial of service，DDoS）攻击指借助于客户端/服务器技术，将多个计算机联合起来作为攻击平台，对一个或多个目标发动 DoS 攻击，从而成倍地提高拒绝服务攻击的威力。

如图 4‑13 所示，一个比较完善的 DDoS 攻击体系分成四大部分，其中最重要的是第

图 4‑13　DDoS 攻击示意图

2 和第 3 部分：它们分别用作控制和实际发起攻击。控制机与攻击机的区别在于，对第 4 部分的受害者来说，DDoS 的实际攻击包是从第 3 部分攻击傀儡机上发出的，第 2 部分的控制机只发布命令而不参与实际的攻击。对第 2 和第 3 部分计算机，黑客有控制权或者是部分的控制权，并把相应的 DDoS 程序上传到这些平台上，这些程序与正常的程序一样运行并等待来自黑客的指令，通常它还会利用各种手段隐藏自己不被别人发现。在平时，这些傀儡机器并没有什么异常，只是一旦黑客连接到它们进行控制，并发出指令的时候，攻击傀儡机就成为攻击者去发起攻击了。

一般情况下黑客不直接去控制攻击傀儡机，而要从控制傀儡机上中转一下，这就导致 DDoS 攻击难以追查。

4.4 密码破解

4.4.1 密码破解原理

密码学根据其研究的范畴可分为密码编辑学和密码分析学。密码编辑学和密码分析学是相互对立，并相互促进和发展的。密码编辑学研究密码体制的设计和对信息的编辑，是实现隐蔽信息的一门学问；密码分析学是研究如何破解被加密信息的学问。

一、密码破解原理

密码分析之所以能够成功破译密码，最根本的原因是明文中有冗余度。攻击或破译的方法主要有三种：穷举攻击、统计分析攻击、数学分析攻击。

所谓穷举攻击是指，密码分析者采用依次试遍所有可能的密钥对所获密文进行破解，直至得到正确的明文；或者用一个确定的密钥对所有可能的明文进行加密，直至得到所得的密文。只要有足够的时间和存储空间，穷举攻击原则上是可行的，但是如果密钥过长，计算时间和存储空间都受到限制，这种方法往往不可行。

统计分析攻击是指密码分析者通过分析密文和明文的统计规律来破译密码。密码分析者对截获的密文进行统计分析，总结出其间的统计规律，并与明文的统计规律进行比较，从中提取明文和密文之间的对应或变换信息。

数学分析攻击，是指密码分析者针对加解密算法的数学基础和某些密码学特性，通过数学求解的方法来破译密码。

二、密码破解的常见形式

1. 暴力穷举

密码破解技术中最基本的就是暴力破解，也叫密码穷举。如果黑客事先知道了账户号码，如邮件账号、QQ 用户账号、网上银行账号等，而用户的密码又设置得十分简单，比如用简单的数字组合，黑客使用暴力破解工具很快就可以破解出密码。因此用户要尽量将密码设置得复杂一些。

2. 击键记录

如果用户密码较为复杂，那么就难以使用暴力穷举的方式破解，这时黑客往往通过给用户安装木马病毒，设计"击键记录"程序，记录和监听用户的击键操作。木马会通过各种方式将记录下来的用户击键内容传送给黑客，这样，黑客通过分析用户击键信息即可破解出用户的密码。

3. 屏幕记录

为了防止击键记录工具，产生了使用鼠标和图片录入密码的方式，这时黑客可以通过木马程序将用户屏幕截取下来然后记录鼠标单击的位置，通过记录鼠标位置对比截屏的图片，从而破解这类方法的用户密码。

4. 网络钓鱼

"网络钓鱼"攻击利用欺骗性的电子邮件和伪造的网站登录站点来进行诈骗活动，受骗者往往会泄露自己的敏感信息(如用户名、口令、账号、PIN码或信用卡详细信息)，网络钓鱼主要通过发送电子邮件引诱用户登录假冒的网上银行、网上证券网站，骗取用户账号密码实施盗窃。

5. 嗅探软件

在局域网上，黑客要想迅速获得大量的账号(包括用户名和密码)，最为有效的手段是使用Sniffer软件。Sniffer，中文翻译为嗅探器，是一种威胁性极大的被动攻击工具。使用这种工具，可以监视网络的状态、数据流动情况以及网络上传输的信息。当信息以明文的形式在网络上传输时，便可以使用网络监听的方式窃取网上传送的数据包。将网络接口设置在监听模式，便可以将网上传输的信息截获。任何直接通过HTTP、FTP、POP、SMTP、Telnet协议传输的数据包都会被Sniffer程序监听。

6. Password Reminder

对于本地一些以星号方式保存的密码，可以使用类似Password Reminder这样的工具破解，把Password Reminder中的放大镜拖放到星号上，便可以破解这个密码了。

7. 远程控制

使用远程控制木马监视用户本地计算机的所有操作，用户的任何键盘和鼠标操作都会被远程的黑客所截取。

8. 不良习惯

有一些公司的员工虽然设置了很长的密码，但是却将密码写在纸上，还有人使用自己的名字或者生日作为密码，还有些人使用常用的单词作为密码，这些不良的习惯将导致密码极易被破解。

9. 分析推理

如果用户使用了多个系统，黑客可以通过先破解较为简单的系统的用户密码，然后用已经破解的密码推算出其他系统的用户密码，比如很多用户对于所有系统都使用相同的密码。

10. 密码心理学

很多著名的黑客破解密码并非用的什么尖端的技术,而只是用到了密码心理学,在黑客中常被称为社会工程学。黑客从用户的心理入手,从细微入手分析用户的信息,分析用户的心理,从而更快地破解出密码。其实,获得信息还有很多的途径,密码心理学如果掌握得好,可以非常快速地获得用户信息。

4.4.2 密码破解常用工具

一、Windows 登录密码破解

破解工具:NTPWEdit

启动软件,打开密码所在文件,路径一般为"系统所在分区:\WINDOWS\SYSTEM32\CONFIG\SAM",选择后单击"(Re)open"按钮,会看到所有的用户名,如图 4-14 所示。

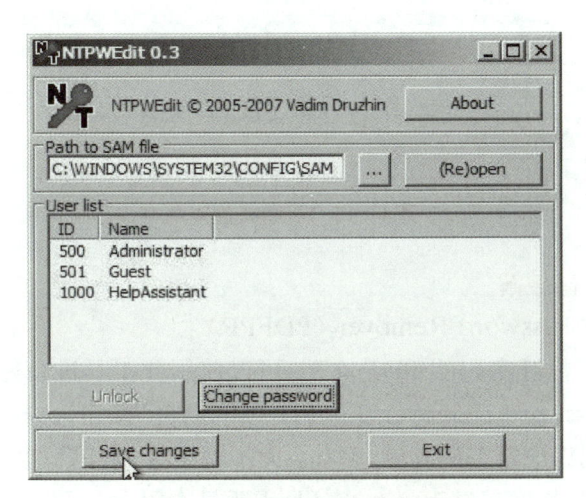

图 4-14 Windows 登录密码破解

然后选择一个要修改密码的用户名,单击"Change password",输入两次密码,单击"OK"即可。最后单击"Save changes"就完成了对密码的重置。

二、QQ 密码破解

破解工具:破解字典

破解字典是一个字典生成机,通过 Sniffer 能得到 QQ 的密码以及聊天数据。主要原理是 QQ 的加密完全依赖于 QQ 密码,而现实中弱密码又如此的泛滥。破解字典就是通过暴力猜解对密码进行攻击。

三、压缩文件破解

破解工具:Advanced ZIP Password Recovery(AZPR)

如图 4-15 所示,首先在"Encrypted Zip-file"中打开被加密的 ZIP 压缩文件包,可以利用浏览按钮或者功能键 F3 来选择将要解密的压缩文件包;然后在"Type of attack"

中选择攻击方式，包括"Brute-force"（强力攻击）、"mask"（掩码搜索）、"Dictionary"（字典攻击）等；在"Brute-force range options"设定强力攻击法的搜索范围，如果用户了解口令的组合特点，通过设定以下选择可以大大缩短搜索时间；在"Start from"中，当用户知道口令的起始字符序列时，可以设定该选项。

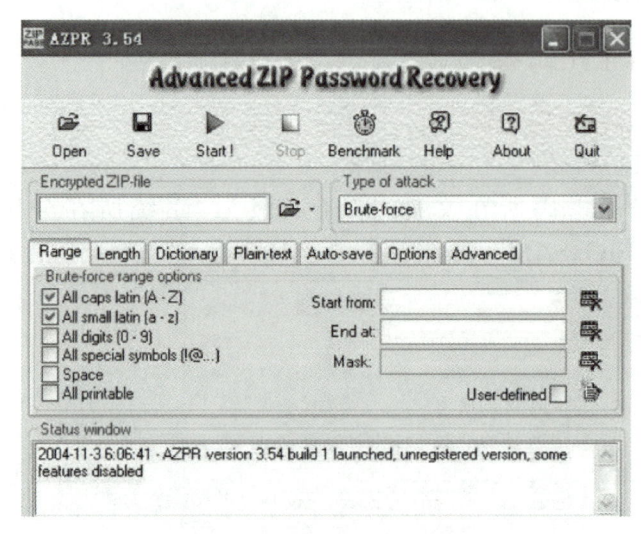

图 4-15　压缩文件破解

四、PDF 文件密码破解

破解工具：PDF Password Remover（PDFPR）

对于一些设置了打开密码的 PDF 文档，可以使用此工具进行密码猜解，如图 4-16 所示。打开 PDF Password Remover 工具后，单击"打开"按钮，选择一个 PDF 文件导入，然后选择可能的密码组成及密码长度，例如：大小写字母、密码长度等。该破解类型属于暴力破解，对于复杂且长度超过 10 位的密码，无明显作用。

图 4-16　PDF 文件密码破解

4.5 Web 常见攻击介绍

随着 Web 2.0、社交网络、微博等一系列新型互联网产品的诞生,基于 Web 环境的互联网应用越来越广泛,企业信息化的过程中各种应用都架设在 Web 平台上,同时 Web 应用安全的问题也日益凸显。黑客利用各种手段对 Web 服务程序进行渗透,企图获得 Web 服务器的控制权限,轻则篡改网页内容,重则窃取重要内部数据,更为严重的则是在网页中植入恶意代码,使得网站访问者受到侵害。

4.5.1 SQL 注入攻击

SQL 注入攻击存在于访问了数据库且带有参数的动态网页中。SQL 注入攻击相当隐秘,表面上看与正常的 Web 访问没有区别,不易被发现,但是 SQL 注入攻击潜在的发生概率相对于其他 Web 攻击要高很多,危害面也更广。其主要危害包括:获取系统控制权、未经授权状况下操作数据库的数据、恶意篡改网页内容、私自添加系统账号或数据库使用者账号等。

随着 B/S 模式应用开发的发展,使用这种模式编写应用程序的程序员也越来越多。但是由于程序员的水平及经验参差不齐,相当大一部分程序员在编写代码的时候,没有对用户输入数据的合法性进行判断,使应用程序存在安全隐患。用户可以提交一段数据库查询代码,根据程序返回的结果,获得某些他想得知的数据,这就是所谓的 SQL injection,即 SQL 注入。

SQL 注入攻击的总体思路是:
- 发现 SQL 注入位置。
- 判断后台数据库类型。
- 确定 xp_cmdshell 可执行情况。
- 发现 Web 虚拟目录。
- 上传 ASP 木马。
- 得到管理员权限。

一、SQL 注入漏洞的判断

一般来说,SQL 注入存在于形如"http://×××.×××.×××/abc.asp? p = YY"等带有参数的 ASP 动态网页中,YY 可能是整型,也有可能是字符串。

1. 整型参数的判断

当输入的参数 YY 为整型时,通常动态网页中 SQL 语句原貌大致如下:
select * from 表名 where 字段 = YY,所以可以用以下步骤测试 SQL 注入是否存在。

(1) http://×××.×××.×××/abc.asp? p = YY'(附加一个单引号),此时动态网页 abc.asp 中的 SQL 语句变成了"select * from 表名 where 字段 = YY'",abc.asp 运行

异常。

(2) http://×××.×××.×××/abc.asp? p = YY and 1 = 1，abc.asp 运行正常，而且与"http://×××.×××.×××/abc.asp? p = YY"运行结果相同。

(3) http://×××.×××.×××/abc.asp? p = YY and 1 = 2，abc.asp 运行异常。

如果以上三步全部满足，abc.asp 中一定存在 SQL 注入漏洞。

2. 字符串型参数的判断

当输入的参数 YY 为字符串时，通常动态网页中 SQL 语句原貌大致如下：
select * from 表名 where 字段 = 'YY'，所以可以用以下步骤测试 SQL 注入是否存在。

(1) http://×××.×××.×××/abc.asp? p = YY'（附加一个单引号），此时 abc.asp 中的 SQL 语句变成了"select * from 表名 where 字段 = YY'"，abc.asp 运行异常。

(2) http://×××.×××.×××/abc.asp? p = YY&nb…39;1'='1'，abc.asp 运行正常，而且与"http://×××.×××.×××/abc.asp? p = YY"运行结果相同。

(3) http://×××.×××.×××/abc.asp? p = YY&nb…39;1'='2'，abc.asp 运行异常。

如果以上三步全部满足，abc.asp 中一定存在 SQL 注入漏洞。

3. 特殊情况的处理

有时 ASP 程序员会在程序中过滤掉单引号等字符，以防止 SQL 注入。此时可以用以下几种方法试一试。

(1) 大小写混合法：由于 VBS(Visual Basic Script)并不区分大小写，而程序员在过滤时通常要么全部过滤大写字符串，要么全部过滤小写字符串，而大小写混合往往会被忽视。如用"SelecT"代替"select""SELECT"等。

(2) Unicode 法：在 IIS 中，以 Unicode 字符集已实现国际化，我们完全可以将 IE 中输入的字符串转化成 Unicode 字符串进行输入，如" + = %2B""空格 = %20"等。

(3) ASCII 码法：可以把输入的部分或全部字符用 ASCII 码代替，如"U = chr(85)""a = chr(97)"等。

二、区分数据库服务器类型

一般来说，Access 与 SQL Server 是最常用的数据库服务器，尽管它们都支持 T - SQL 语言，但还有不同之处，而且不同的数据库有不同的攻击方法，必须要区别对待。

1. 利用数据库服务器的系统变量进行区分

SQL Server 有"user""db_name()"等系统变量，利用这些系统值不仅可以判断 SQL Server，而且还可以得到大量有用信息。如：

(1) "http://×××.×××.×××/abc.asp? p = YY and user>0"不仅可以判断是否是 SQL Server，还可以得到当前连接到数据库的用户名。

(2) "http://×××.×××.×××/abc.asp? p = YY&n…db_name()>0"不仅可以判断是否是 SQL Server，还可以得到当前正在使用的数据库名。

2. 利用系统表

Access 的系统表是 msysobjects，在 Web 环境下没有访问权限，而 SQL Server 的系统表是 sysobjects，在 Web 环境下有访问权限。对于以下两条语句：

http://×××.×××.×××/abc.asp? p = YY and (select count(*) from sysobjects)>0

http://×××.×××.×××/abc.asp? p = YY and (select count(*) from msysobjects)>0

若数据库是 SQL Server，则第一条 abc.asp 运行正常，第二条则异常；若是 Access 则两条都会异常。

3. SQL Server 三个关键系统表

sysdatabases：SQL Server 上的每个数据库的相关信息在表中占一行。最初安装 SQL Server 时，sysdatabases 包含 master、model、msdb、mssqlweb 和 tempdb 数据库的项。这个表保存在 master 数据库中，它保存了所有的库名，以及库的 ID 和一些相关信息。

sysobjects：SQL Server 的每个数据库内都有此系统表，它存放该数据库内创建的所有对象，如约束、默认值、日志、规则、存储过程等，每个对象在表中占一行。

syscolumns：每个表和视图中的各列在表中占一行，存储过程中的每个参数在表中也占一行。该表位于每个数据库中。

三、确定 xp_cmdshell 可执行情况

若当前连接数据的账户具有系统账户权限，且 master.dbo.xp_cmdshell 扩展存储过程（调用此存储过程可以直接使用操作系统的 shell）能够正确执行，则 xp_cmdshell 可执行。

四、发现 Web 虚拟目录

只有找到 Web 虚拟目录，才能确定放置 ASP 木马的位置，进而得到 user 权限。

五、上传 ASP 木马

所谓 ASP 木马，就是一段有特殊功能的 ASP 代码，放入 Web 虚拟目录的 Scripts 下，远程客户通过 IE 就可执行它，进而得到系统的 user 权限，实现对系统的初步控制。

六、得到系统的管理员权限

ASP 木马只有 user 权限，要想获取对系统的完全控制，还要有系统的管理员权限。此过程为提权过程，其中最简单直接的一种提权思路就是将 user 用户加入管理员组。

4.5.2 跨站脚本攻击

一、跨站脚本攻击概述

跨站脚本攻击（cross site scripting），为不和层叠样式表（cascading style sheets，CSS）的缩写混淆，故将跨站脚本攻击缩写为 XSS。XSS 是一种经常出现在 Web 应用中的计算机安全漏洞，它可以访问几乎任何 Cookie，允许恶意 Web 用户将代码植入到提供给其他用户使用的页面中，图解如图 4-17 所示。这些代码包括 HTML 代码和客户端脚

本。攻击者利用 XSS 漏洞可使访问控制［如同源策略（same origin policy）］被旁路。这种类型的漏洞由于被黑客用来编写危害性更大的网络钓鱼攻击而变得广为人知。对于跨站脚本攻击，黑客界的共识是，跨站脚本攻击是新型的"缓冲区溢出攻击"，而 JavaScript 是新型的"ShellCode（一段发送给服务器利用漏洞获取权限的代码）"。

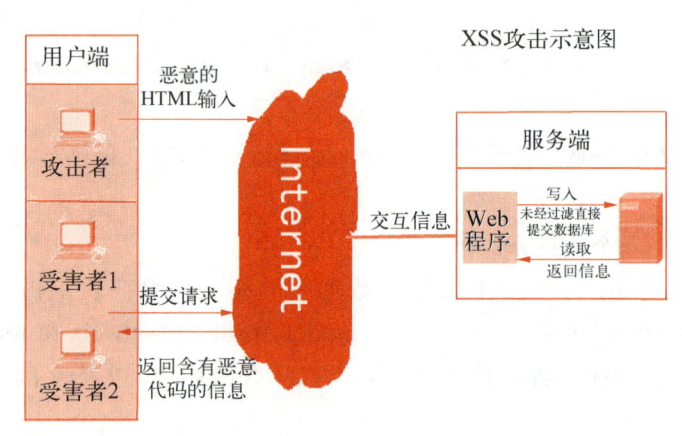

图 4-17 XSS 图解

XSS 攻击的危害包括：
（1）盗取各类用户账号，如机器登录账号、用户网银账号、各类管理员账号。
（2）控制企业数据，包括读取、篡改、添加、删除企业敏感数据的能力。
（3）盗窃企业重要的具有商业价值的资料。
（4）非法转账。
（5）强制发送电子邮件。
（6）网站挂马。
（7）控制受害者机器向其他网站发起攻击。

二、XSS 漏洞的分类

XSS 漏洞按照攻击利用手法的不同，有以下三种类型。

1. 本地包含漏洞

这种漏洞存在于本地客户端的脚本中。其攻击过程如下：
（1）甲给乙发送一个恶意构造了 Web 的 URL。
（2）乙单击并查看了这个 URL。
（3）恶意页面中的 JavaScript 打开一个具有漏洞的 HTML 页面并将其安装在乙的计算机上，具有漏洞的 HTML 页面包含了在乙计算机本地域执行的 JavaScript。
（4）甲的恶意脚本可以在乙的计算机上执行乙所持有的权限下的命令。

2. 反射式漏洞

这种漏洞和本地包含漏洞有些类似，不同的是当 Web 客户端使用服务器端脚本生成页面为用户提供数据时，如果未经验证的用户数据被包含在页面中而未经 HTML 实体编码，客户端代码便能够注入动态页面中。其攻击过程如下：

(1) 甲经常浏览某个网站,此网站为乙所拥有,甲使用用户名和密码在该网站上进行登录,并存储敏感信息(比如银行账户信息)。

(2) 丙发现乙的站点包含反射式漏洞,丙编写一个利用漏洞的 URL,并将其冒充为来自乙的邮件发送给甲。

(3) 甲在登录到乙的站点后,浏览丙提供的 URL。

(4) 嵌入到 URL 中的恶意脚本在甲的浏览器中执行,就像它直接来自乙的服务器一样,此脚本盗窃敏感信息(授权、信用卡、账号信息等),然后在甲完全不知情的情况下将这些信息发送到丙的 Web 站点。

3. 存储式漏洞

该类型是应用最为广泛而且有可能影响到 Web 服务器自身安全的漏洞,黑客将攻击脚本上传到 Web 服务器,使得所有访问该页面的用户都面临信息泄露的可能,其中也包括了 Web 服务器的管理员。其攻击过程如下:

(1) 乙拥有一个 Web 站点,该站点允许用户发布信息及浏览已发布的信息。

(2) 丙注意到乙的站点包含存储式漏洞,他发布了一个热点信息,吸引其他用户阅读。

(3) 乙或者是其他人如果浏览该信息,其会话 cookie 或者其他信息将被丙盗走。

本地包含漏洞直接威胁用户个体,而反射式漏洞和存储式漏洞所威胁的对象都是企业级的 Web 应用。

三、XSS 的防御技术

1. 基于特征的防御

XSS 漏洞和著名的 SQL 注入漏洞一样,都是利用了 Web 页面编写不完善的特点,所以每一个漏洞所利用和针对的弱点都不尽相同。传统 XSS 防御多采用特征匹配方式,在所有提交的信息中都进行匹配检查。对于这种类型的 XSS 攻击,采用的模式匹配方法一般会需要对"javascript"这个关键字进行检索,一旦发现提交信息中包含"javascript",就认定为 XSS 攻击。但这种检测方法的缺陷显而易见,黑客可以通过插入字符或完全编码的方式轻易躲避检测。

2. 基于代码修改的防御

和 SQL 注入防御一样,XSS 攻击也是利用了 Web 页面的编写疏忽,因此防御的源头应从 Web 应用开发的角度来避免。防御步骤如下:

(1) 对所有用户提交内容进行可靠的输入验证,包括 URL、查询关键字、HTTP 头、POST 数据等,仅接受指定长度范围内、采用适当格式、采用所预期的字符的内容提交,对其他的一律过滤。

(2) 实现 session 令牌(session tokens)、CAPTCHA(completely automated public Turing test to tell computers and humans apart,全自动区分计算机和人类的图灵测试)系统或者 HTTP 引用头检查,以防功能被第三方网站所执行。

(3) 确认接收的内容被妥善地规范化,仅包含最小的、安全的 Tag(没有"javascript"),去掉任何对远程内容的引用(尤其是样式表和"javascript"),使用 HTTP only 的 cookie。

4.6 项目实践

4.6.1 ARP 地址欺骗攻击

【实践内容】

1. 搭建网络实现 ARP 地址欺骗过程。
2. 防范 ARP 地址欺骗。

【实践原理】

ARP 欺骗是黑客常用的攻击手段之一,ARP 欺骗分为两种,一种是对路由器 ARP 缓存表的欺骗;另一种是对内网计算机的网关欺骗。

第一种 ARP 欺骗的原理是截获网关数据。它通知路由器一系列错误的内网 MAC 地址,并按照一定的频率不断进行,使真实的地址信息无法通过更新保存在路由器中,结果路由器的所有数据只能发送给错误的 MAC 地址,造成正常计算机无法收到信息。第二种 ARP 欺骗的原理是伪造网关。建立假网关,让被它欺骗的计算机向假网关发送数据,而不是通过正常的路由器途径上网。在计算机看来,就是上不了网了,"网络掉线了"。

ARP 缓存表是 IP 地址和 MAC 地址的映射关系表,任何实现了 IP 协议栈的设备,一般情况下都通过该表维护 IP 地址和 MAC 地址的对应关系,这是为了避免地址解析造成的广播数据报文对网络造成冲击。ARP 缓存表的建立一般情况下是通过两个途径:

1. 主动解析

如果一台计算机想与另外一台不知道 MAC 地址的计算机通信,则该计算机主动发 ARP 请求,通过 ARP 建立(前提是这两台计算机位于同一个 IP 子网上)。

2. 被动请求

如果一台计算机接收到了一台计算机的 ARP 请求,则首先在本地建立请求计算机的 IP 地址和 MAC 地址的对应表。

因此,针对 ARP 缓存表项,一个可能的攻击就是误导计算机建立错误的 ARP 缓存表。根据 ARP,如果一台计算机接收到了一个 ARP 请求报文,在满足下列两个条件的情况下,该计算机会用 ARP 请求报文中的源 IP 地址和源物理地址更新自己的 ARP 缓存:

(1) 发起该 ARP 请求的 IP 地址在自己本地的 ARP 缓存中。

(2) 请求的目标 IP 地址不是自己的。

可以举一个例子说明这个过程,假设有三台计算机 A、B、C,其中 B 已经正确建立了 A 和 C 的 ARP 缓存表项。假设 A 是攻击者,此时,A 发出一个 ARP 请求报文,该 ARP 请求报文这样构成:

(1) 源 IP 地址是 C 的 IP 地址,源物理地址是 A 的 MAC 地址。

(2) 请求的目标 IP 地址是 B 的 IP 地址。

这样计算机 B 在收到这个 ARP 请求报文后(ARP 请求是广播报文,网络上所有设备都能收到),发现该 ARP 缓存表项已经在自己的缓存中,但 MAC 地址与收到的请求的源物理地址不符,于是根据 ARP,使用 ARP 请求的源物理地址(即 A 的 MAC 地址)更新自己的 ARP 缓存表。

这样 B 的 ARP 缓存中就存在这样的错误 ARP 缓存表项：C 的 IP 地址跟 A 的 MAC 地址对应。这样的结果是,B 发给 C 的数据都被计算机 A 接收到。

【实践环境】

需要使用协议编辑软件进行数据包编辑并发送;IP 地址分配参考如表 4-1 所示,此实验环境需要根据自己的真实环境来配置。

表 4-1　IP 地址分配表

设　备	IP 地址	Mac 地址后缀
GW	172.20.0.1 /16	00-22-46-07-d4-b8
Host A	172.20.0.3/16	00-22-46-04-60-ac
Host B	172.20.1.178/16	00-24-81-36-00-E8

设备连接如图 4-18 所示。

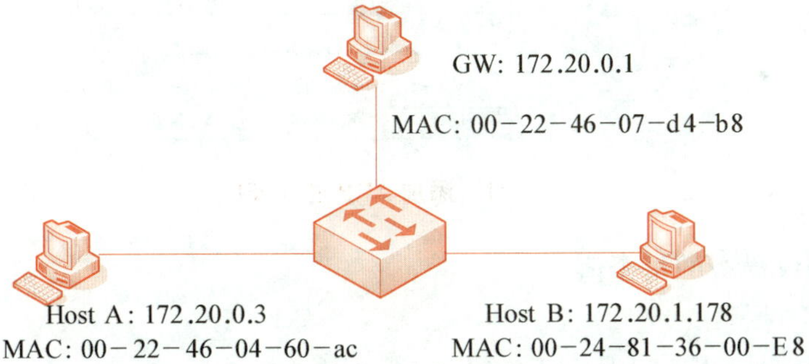

图 4-18　设备连接图

【实践步骤】

一、设定环境(在实验中应根据具体实验环境进行实验)

(1) 根据环境拓扑图设定网络环境,并测试连通性。

(2) 需要使用协议编辑软件进行数据包编辑并发送。

二、主机欺骗

(1) 启动 Windows 实验台,Ping 网关。

(2) 在 IP 为 172.20.1.178 的主机上使用"arp-a"命令查看网关的 ARP 缓存表,如图 4-19 所示。

通过上面命令可以看到真实网关的 MAC 地址为 00-22-46-07-d4-b8,可以通过

图 4-19　ARP 缓存表

发送 ARP 数据包改变客户机的 ARP 缓存表,将网关的 MAC 地址变为 00-22-46-04-60-ac。

(3) 从工具箱中下载工具,编辑 ARP 数据包,模拟网关路由器发送 ARP 更新信息,改变 IP 为 172.20.1.178 的主机的 ARP 缓存表。首先打开协议编辑软件(需要先安装 Wireshark 工具),单击菜单栏上的"添加"按钮,如图 4-20 所示。

图 4-20　软件菜单栏"添加"按钮

(4) 添加一个 ARP 协议模板,将时间差设置为 3 ms,单击"确认"按钮,如图 4-21 所示。

图 4-21　添加 ARP 协议模板

(5) 修改协议模板的每个值。

Ethernet II 封装:

- 目标物理地址:FF-FF-FF-FF-FF-FF。
- 源物理地址:00-24-81-36-00-E8。
- 类型:0806。

ARP 封装:

- 硬件类型:1。
- 协议类型:800。
- 硬件地址长度:6。
- 协议地址长度:4。
- 操作码:1。
- 发送物理地址:00-22-46-04-60-AC。
- 发送 IP 地址:172.20.0.1。

- 目的物理地址：00-24-81-36-00-E8。
- 目的 IP 地址：172.20.1.178。

（6）编辑完成并经过校验的数据包，如图 4-22 所示。

图 4-22　编辑完成并经过校验的数据包

图 4-23　发送数据包

（7）编辑并校验完成后，单击"开始"按钮，发送数据包，如图 4-23 所示。

（8）在 Host B 上使用"arp - a"命令来查看 ARP 缓存表项，如图 4-24 所示。

图 4-24　在 Host B 上查看 ARP 缓存表

此时，所有向外发送的数据包，都会被转发到攻击者的主机上，从而获得敏感信息。用"arp - d"命令来清空 IP，以便后续实验的进行，如图 4-25 所示。

图 4-25　清空 IP

【实践思考】

1. 如何防止 ARP 欺骗？
2. 如果受到了 ARP 欺骗，如何破解这种欺骗并保持正常网络环境？

4.6.2　本地系统密码破解

【实践内容】

1. 通过使用 SAMInside，导入本地用户列表。
2. 配置暴力破解和字典破解参数对本地系统进行破解。
3. 通过单用户模式破解 Linux 用户密码。

【实践原理】

暴力破解，有时也称为穷举法，是一种针对密码的破译方法。这种方法很像数学上的"完全归纳法"，并在密码破译方面得到了广泛的应用。简单来说就是将密码进行逐个推算直到找出真正的密码为止。比如一个四位并且全部由数字组成的密码共有 10 000 种组合，也就是说最多我们尝试 10 000 次就能找到真正的密码。利用这种方法可以运用计算机来进行逐个推算，可见破解任何一个密码只是时间问题。

SAMInside 就是通过读取本地账户的 LM-hash 值，对 hash 值进行暴力破解的工具。

【实践环境】

本地主机（Windows XP 系统）

Linux 实验台

【实践步骤】

一、Windows 系统密码暴力破解

（1）启动虚拟机，打开控制面板，单击"切换到分类视图"，如图 4-26 所示。

图 4-26 控制面板

（2）单击"用户账户"，单击"用户"，右键单击 Guest 用户，选择"设置密码"，如图 4-27 所示。

（3）在弹出的对话框中单击"继续"，为 Guest 设置一个密码（基于实验速度考虑，最好设置为 4～6 个长度的纯字母密码，过长或过复杂的密码需要较长的破解时间），如图 4-28 所示。

（4）从工具箱取得 SAMInside 工具，并运行。删除所有初始用户名，如图 4-29 所示。

（5）从 LSASS 导入本地用户，如图 4-30 所示。

（6）进入"选项"（options）配置暴力破解（brute-force attack）参数，如图 4-31 所示。可选择使用大写字母、小写字母、数字、符号以及密码最大、最小长度等（由于已知 Guest 密码，可自行设置以提高破解速度）。

（7）选中要破解的用户名，选中"Brute-force attack"，单击"Start attack"开始攻击，如图 4-32 所示。

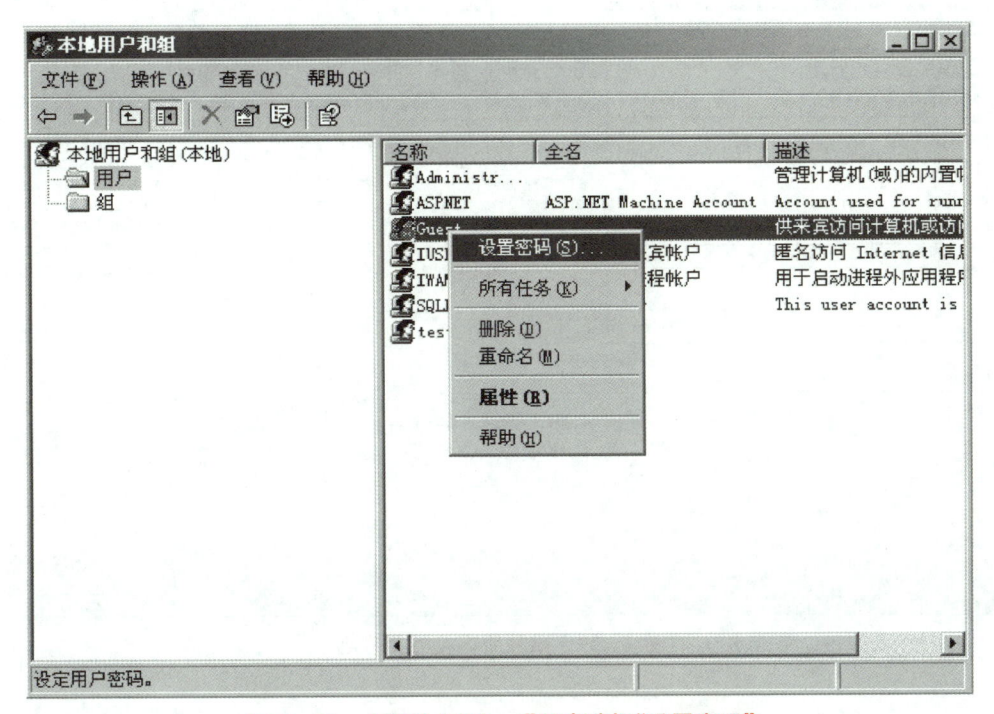

图 4‑27 右键单击"Guest"用户选择"设置密码"

图 4‑28 设置密码

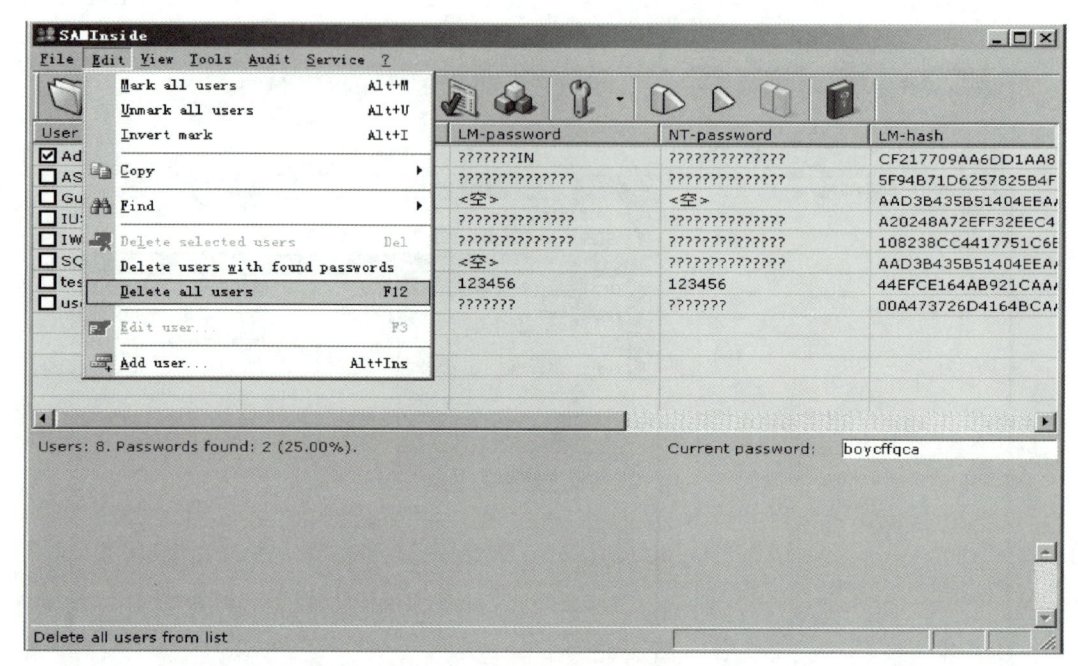

图4-29 删除所有初始用户名

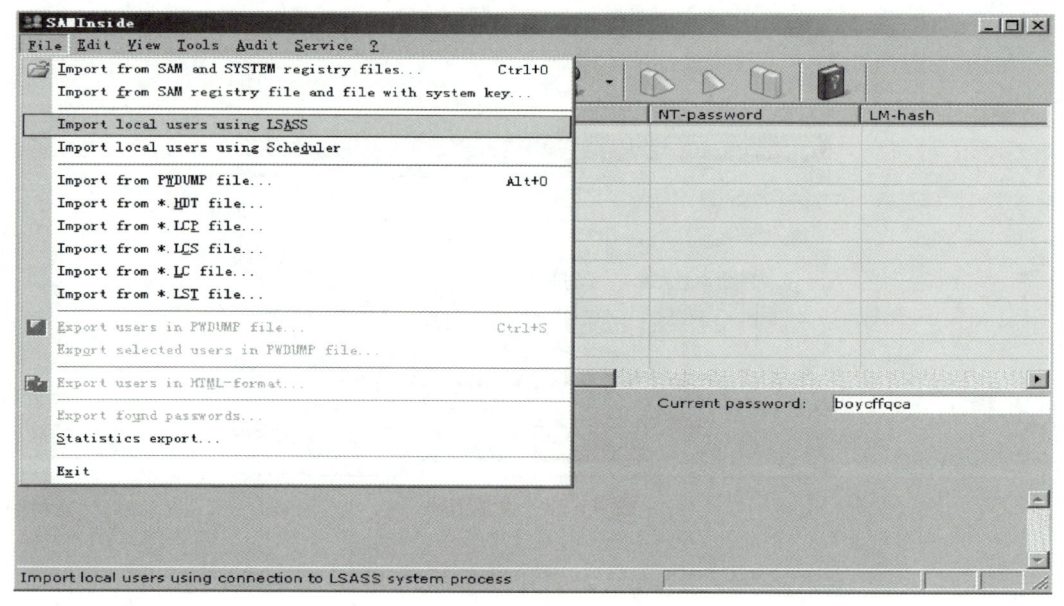

图4-30 从LSASS导入本地用户

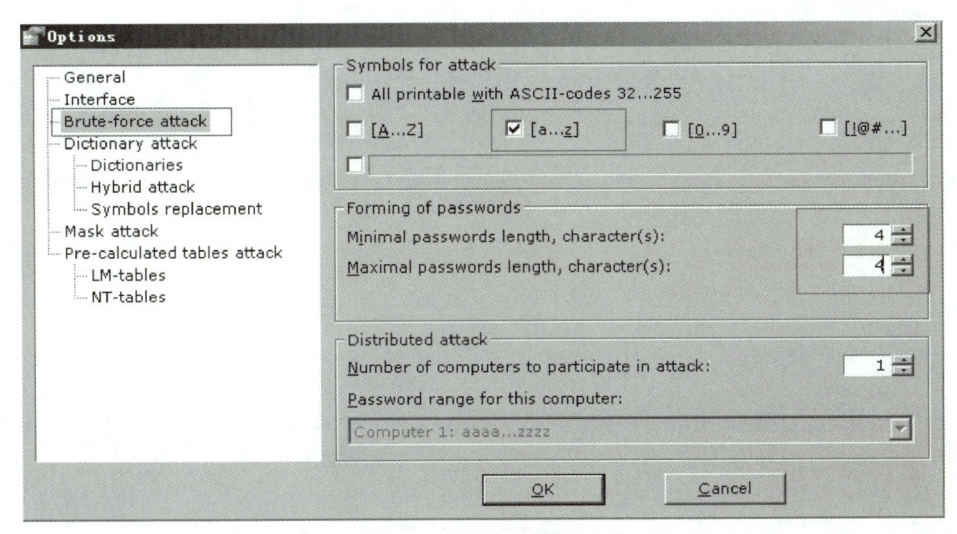

图 4-31 配置暴力破解参数

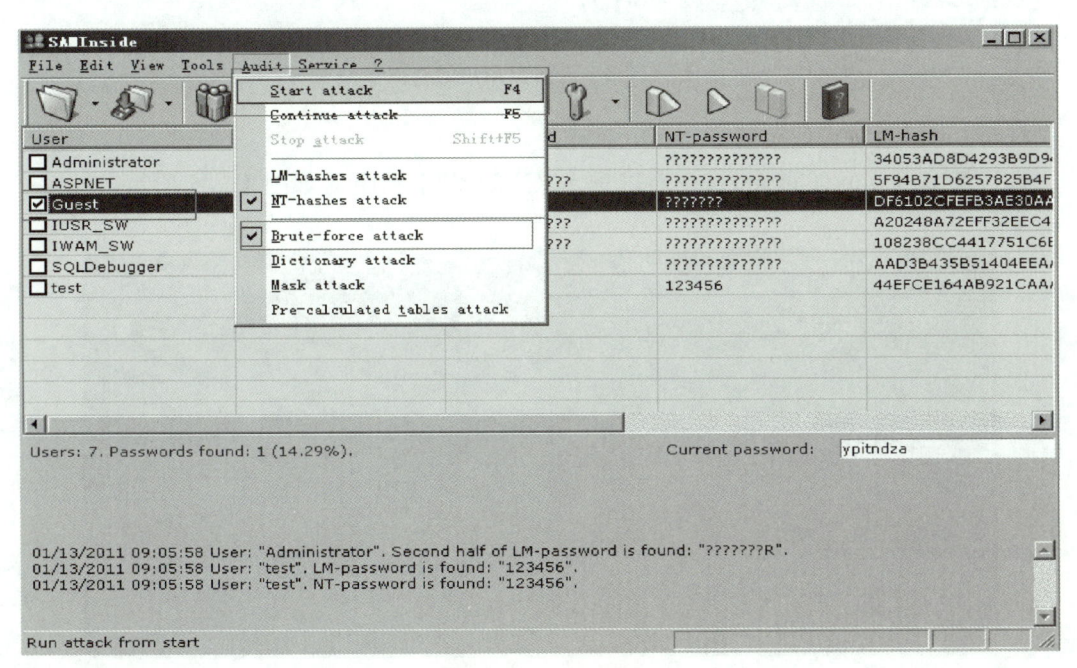

图 4-32 开始攻击

(8) 等待一段时间(密码长度越长,破解所需的等待时间一般也越长),软件破解出所选用户的密码,如图 4-33 所示。

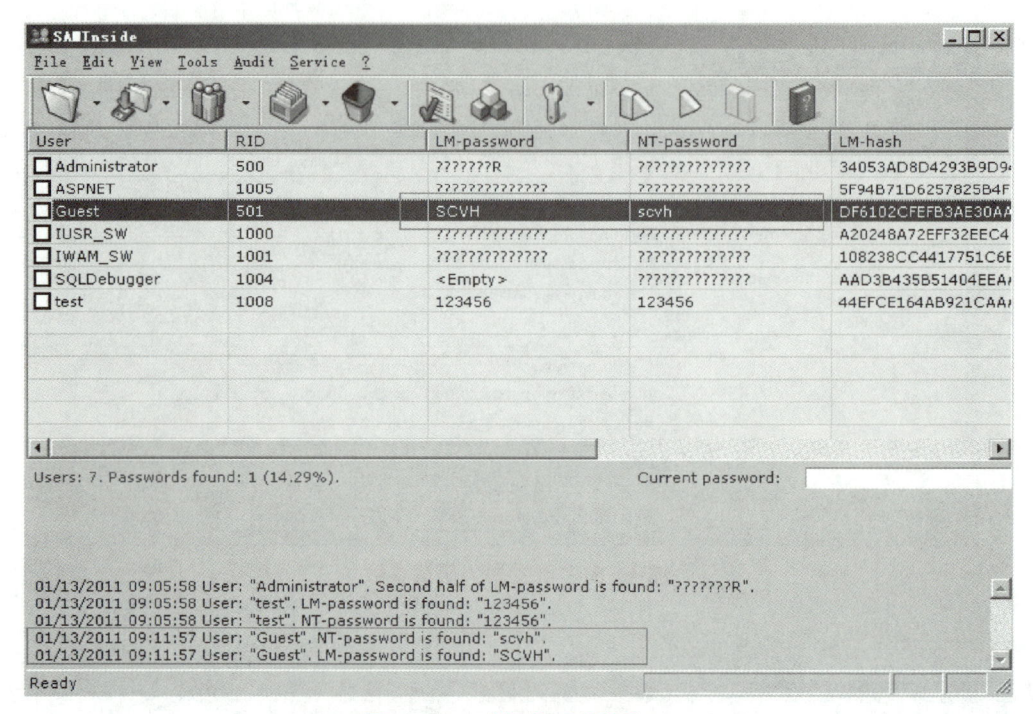

图 4-33 破解出用户的密码

二、Linux 系统密码破解

(1) 启动 Linux 实验台,按任意键进入"GRUB"引导画面,如图 4-34 所示。

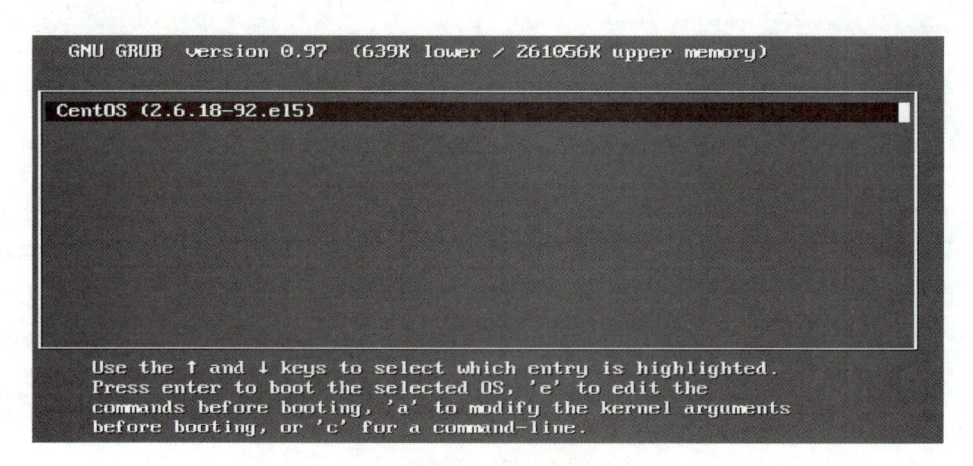

图 4-34 进入"GRUB"引导画面

(2) 按"e"键,进入"GRUB"编辑状态。

(3) 选择"kernel"引导项,按"e"键,如图 4-35 所示。

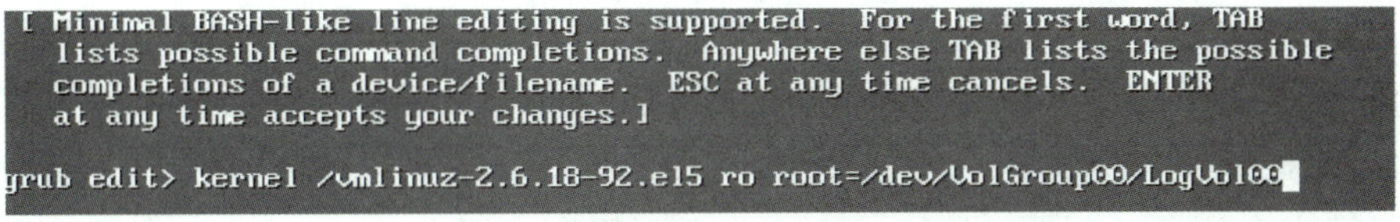

图 4‐35　选择"kernel"引导项

(4) 在命令行中添加"空格",再添加"single",如图 4‐36 所示。

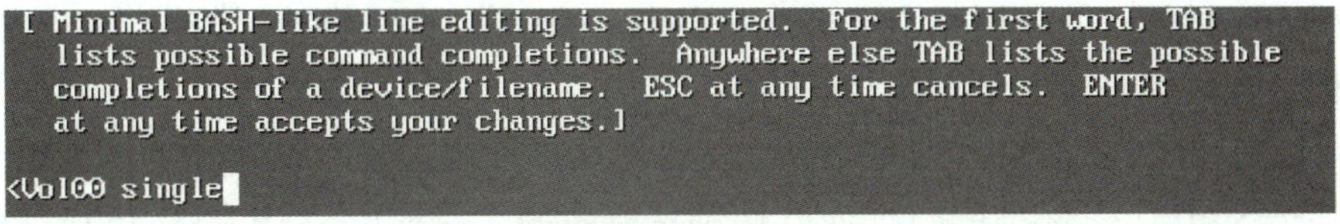

图 4‐36　添加命令行

(5) 回车返回,按"b"键重新引导系统,如图 4‐37 所示。

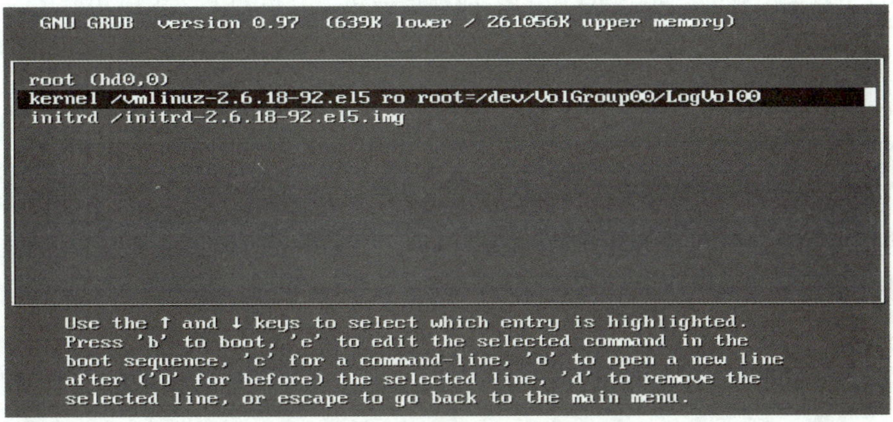

图 4‐37　重新引导系统

(6) 进入系统后使用"password root"命令,按照提示设置新的密码。

【实践思考】
1. 使用 SAMInside 破解方式是否适用于其他 Windows 版本?
2. 如何防御暴力破解密码攻击?

4.6.3　SQL 注入

【实践内容】
1. 获取后台用户名、密码。
2. 获取后台数据库架构。

【实践原理】
SQL(structured query language),即结构化查询语言,是专为数据库建立的操作命令集,是一种功能齐全的数据库语言。对于 SQL 注入的定义,目前并没有统一的说法。微软中国技术中心从两个方面进行了描述,即第一是脚本注入式的攻击,第二是恶意用户输入用来影响被执行的 SQL 脚本。就其本质而言，SQL 注入式攻击就是攻击者把 SQL 命令插入到 Web 表单的输入域或页面请求的查询字符串，由于在服务器端未经严格的有效性验证，从而欺骗服务器执行恶意的 SQL 命令。实际上，SQL 注入是存在于有数据库连接的应用程序中的一种漏洞，攻击者通过在应用程序中预先定义好的查询语句结尾加上额外的 SQL 语句元素，欺骗数据库服务器执行非授权的查询。这类应用程序一般是基于 Web 的应用程序，它允许用户输入查询条件，并将查询条件嵌入 SQL 请求语句中，发送到与该应用程序相关联的数据库服务器中去执行。通过构造一些畸形的输入，攻击者能够操作这种请求语句去获取预先未知的结果。

由于 SQL 注入攻击使用的是 SQL 语法，使得这种攻击具有普适性。从理论上讲，对于所有基于 SQL 语言标准的数据库软件都是有效的。目前以 ASP、JSP、PHP、Perl 等技术与 Oracle、SQL Server、MySQL、Sybase 等数据库相结合的 Web 应用程序均发现存在 SQL 注入漏洞。SQL 注入的原理很简单，需要具备一点关于 SQL 语言的基本知识。

SQL 中最常用到的就是 Select 语句，即选择语句。分析如下一条语句：

```
select * from users where username = 'administrator' and pwd = '12345'
```

该条语句的含义是，从用户表 users 中选出用户名为"administrator"并且密码为"12345"的用户的整条记录。

下面以一个登录界面关键代码为例来分析。

```
<% @LANGUAGE = "VBSCRIPT" CODEPAGE = "936" %>
<! -- #include file = "Connections/conn.asp" -->
<% set conn = server.createobject("adodb.connection")
conn.open "driver = {microsoft access driver ( * .mdb)};
dbq = "&server.mappath ("database/bynha.mdb")
Dim UserName,PassWord
Username = Request.Form("username")
Password = Request.Form("pwd")
...
If UserName = " " or PassWord = " " Then
Response.Write ("<script>alert('会员登录失败！\n\n 错误原因：会员账号和密码未填。');history.back();</script>")
Response.end
End If
...
sql = select * from user where name = '"& Username &"' and pwd = '"& Password &"'
...
```

以上代码中，粗体表示的为需要注意的代码。其中"username"和"pwd"为用户在登录界面表单时输入的用户名和密码。下边一句为服务器端的 ASP 脚本根据表单提供的信息生成 SQL 指令语句提交到 SQL 服务器，并通过分析 SQL 服务器的返回结果来判断该用户名和密码组合是否有效。假设"admin"和"12345"为正确的组合，当用户输入"username = admin","pwd = 12345"时，返回匹配成功的结果；输入"username = admin","pwd = 23456"时，则返回错误的结果。这行代码看似安全，实际上却存在 SQL 注入的安全漏洞。考虑如下情况：

（1）用户的输入为"username = ' abc' or ' 1 ' = ' 1 '","pwd = ' 123 ' or ' 1 ' = ' 1 '"，则现在的 SQL 语句如下：

```
sql = select * from user where name = 'abc' or '1' = '1' and pwd = '123' or '1' = '1'
```

我们知道，or 是一个逻辑运算符，在判断多个条件的时候，只要有一个成立，则等式结果为真。这样即使任意输入"abc"与"123"，由于后边的一个恒等式的存在而绕过了密码验证，仍能登录系统。

（2）输入"username = ' admin ' —","pwd = ' 11 '"。分析 SQL 语句：

```
sql = select * from user where name = 'admin' — and pwd = '11'
```

连接符"—"表示其后的语句为注释语句，因此后面的密码验证不会被执行，对 Access 数据库无效。本例可以用来探测是否存在用户名为 admin（多数情况下默认管理员用户名为 admin），如果存在，则结果为真。

【实践环境】

本地主机（Windows XP 系统）、Windows 实验台（Windows 2003 系统）、动网论坛 6.0 版本实验拓扑图如图 4-38 所示。

图 4-38 实验拓扑图

【实践步骤】

启动虚拟机，并设置实验台的 IP 地址，以实验台为目标主机进行攻防实验。个别实验学生可以以 2 人一组的形式，互为攻击方和被攻击方来做实验。

一、获取后台用户名

以动网论坛 6.0 为例，在地址栏中输入"http:// 实验台的 IP/page6/index.asp"访问论坛首页，通过图 4-39 可以看到一共有 2 位注册会员。

（1）在地址栏中输入（注意输入命令最后的逗号）：

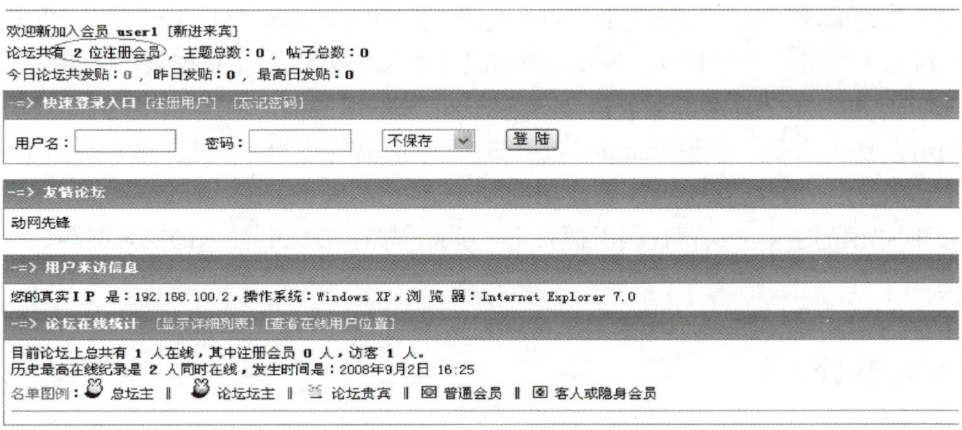

```
欢迎新加入会员 user1 [新进来宾]
论坛共有 2 位注册会员，主题总数：0，帖子总数：0
今日论坛共发贴：0，昨日发贴：0，最高日发贴：0
--=> 快速登录入口 [注册用户] [忘记密码]
用户名：□□□□  密码：□□□□  不保存 ▼  [登 陆]
--=> 友情论坛
动网先锋
--=> 用户来访信息
您的真实IP 是：192.168.100.2，操作系统：Windows XP，浏览器：Internet Explorer 7.0
--=> 论坛在线统计  [显示详细列表] [查看在线用户位置]
目前论坛上总共有 1 人在线，其中注册会员 0 人，访客 1 人。
历史最高在线纪录是 2 人同时在线，发生时间是：2008年9月2日 16:25
名单图例：  总坛主  ‖  论坛主  ‖  论坛贵宾  ‖  普通会员  ‖  客人或隐身会员
```

图 4-39 访问论坛首页

http:// 实验台的 IP/Page6/tongji.asp？orders = 2&N = 10 % 20userclass，如图 4-40 所示，其中管理员的身份已经被标出。

```
document.write('□');document.write('管理员');document.write('
');document.write('□');document.write('新手上路');document.write('
');
```

图 4-40 管理员的身份已被标出

(2) 在地址栏中输入（注意输入命令最后的逗号）：

http:// 实验台的 IP/Page6/tongji.asp？orders = 2&N = 10 % 20userid，显示论坛中用户的注册顺序，如图 4-41 所示。

```
document.write('□');document.write('1');document.write('
');document.write('□');document.write('4');document.write('
');
```

图 4-41 显示论坛中用户的注册顺序

(3) 在地址栏中输入（注意输入命令最后的逗号）：

http:// 实验台的 IP/Page6/tongji.asp？orders = 2&N = 10 % 20userpassword，显示 2 个用户的密码，被 MD5 进行了加密，如图 4-42 所示。

```
document.write('□');document.write('469e80d32c0559f8');document.write('
');document.write('□');document.write('f321d13109c71bf8');document.write('
');
```

图 4-42 显示用户密码

(4) 在地址栏中输入（注意输入命令最后的逗号）：

http:// 实验台的 IP/Page6/tongji.asp？orders = 2&N = 10 % 20quesion，显示的是论坛中用户忘记密码后的提示问题，如图 4-43 所示。

```
document.write('□');document.write('888888');document.write('
');document.write('□');document.write('test');document.write('
');
```

图 4-43 显示论坛中用户忘记密码后的提示问题

(5) 在地址栏中输入(注意输入命令最后的逗号):

http:// 实验台的 IP/Page6/tongji.asp? orders = 2&N = 10 % 20answer,显示用户忘记密码后提示问题的答案,也是通过 MD5 加密的,如图 4-44 所示。

```
document.write('□');document.write('d089b951f146dd05');document.write('
');document.write('□');document.write('4621d373cade4e83');document.write('
');
```

图 4-44　显示用户忘记密码后提示问题的答案

二、构造 SQL 注入点

构造 SQL 注入点文件"sql.asp",代码如下(注:此"sql.asp"文件可以从工具箱中下载):

```
<%
strSQLServerName = "." '数据库实例名称   //"."表示本地数据库
strSQLDBUserName = "sa" '数据库账号
strSQLDBPassword = "123456" '数据库密码
strSQLDBName = "test" '数据库名称
Set conn = Server.createObject("ADODB.Connection")
strCon = "Provider = SQLOLEDB.1;Persist Security Info = False;Server = "
  &strSQLServerName& "; User ID = " &strSQLDBUserName& "; Password = "
  &strSQLDBPassword& ";Database = " &strSQLDBName& ";"
conn.openstrCon
dimrs,strSQL,id
setrs = server.createobject("ADODB.recordset")
id = request("id")
strSQL = "select * from admin where id = " & id
rs.open strSQL,conn,1,3
rs.close
%>
Test!!!!
```

一般在写 ASP 程序的时候,会反复调用数据库,为了管理方便,把这个连接数据库的语句和配置写成一个独立的文件,需要用的时候再引用。后来这个方法广泛使用,也就是"conn.asp"这个文件,全称是 connection,也就是连接的意思。一般为了防止 SQL 注入,会在"conn.asp"文件中对动态调用的变量进行一些关键字或者符号的过滤。如果在"conn.asp"文件中没有对这些符号或关键字进行过滤,当在进行动态调用的时候就可出现注入点从而实现注入。

上面的代码基于此原理而写。其中"strSQL = "select * from admin where id = " & id 可以判断这是一种数字型的注入(如果是字符型则应为在 id 后加撇号')。把这个写好的存在漏洞的文件保存为"sql.asp",放入实验台中动网论坛 6.0 的根目录中。在该文件中,并没有对变量字段 id 进行过滤,因此该注入点可被找到并注入。

启动"啊 D 注入工具",直接单击"登录"按钮进入攻击界面,如图 4-45 所示。

图 4-45 "啊 D 注入工具"攻击界面

在检测网址输入框中输入构造的 SQL 注入点"http://实验台 IP/page6/sql.asp?id=1",单击红色的"打开网页"图标。

这时可以看到该工具已经检测出注入点,并用红色的字体标出,如图 4-46 所示。

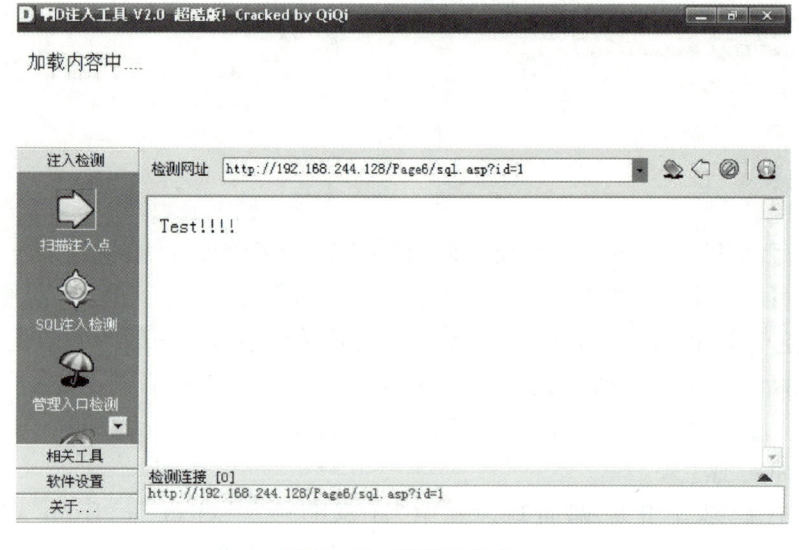

图 4-46 检测注入点

选择 SQL 注入检测，界面如图 4‑47 所示。

图 4‑47 SQL 注入检测界面

单击"检测表段""检测字段"按钮，则会显示出之前所建立的表和字段，再单击"检测内容"，则把所构造的表中的所有信息全显示了出来。在底部的"当前库"中显示了该表所在的数据库。连接类型为数字型被检测了出来，数据库也显示出了 MSSQL，当前用户为 dbo，即 SA。当前的权限为 SA 权限。单击"跨库"按钮，则显示出了当前主机中所有的数据库，如图 4‑48 所示。

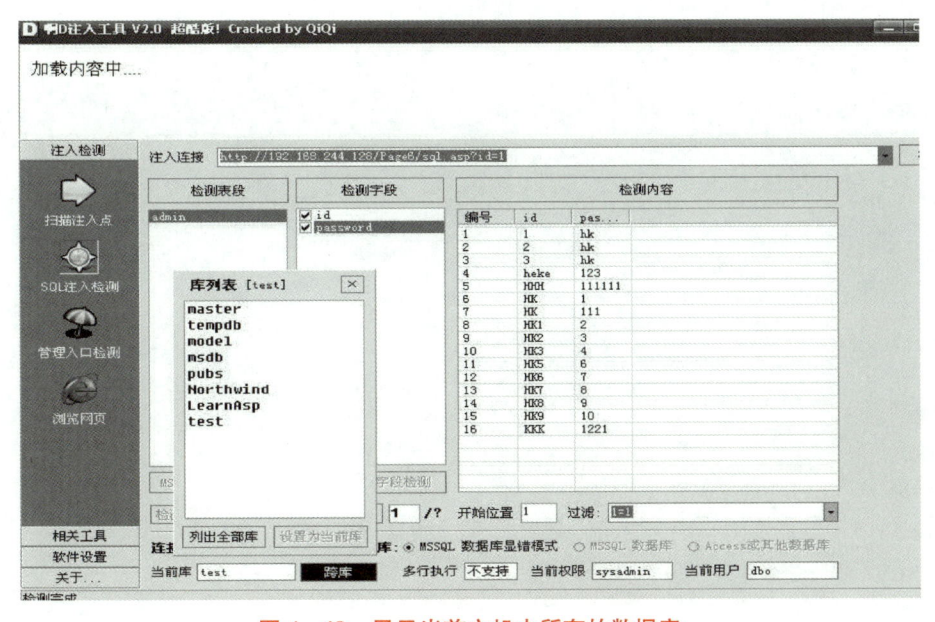

图 4‑48 显示当前主机中所有的数据库

从列表中选择某个数据库,然后单击"检测表段""检测字段""检测内容",所选数据库中的所有内容都可以被显示出来,如图 4-49 所示。

图 4-49　显示数据库所有内容

【实践思考】

1. 记录获取的用户名/密码对。
2. 记录获取的后台数据库的表项、字段名。

第 5 章

网络设备安全技术

学习目标

1. 了解防火墙、入侵检测、虚拟专用网、网络隔离和统一威胁管理系统的概念。
2. 掌握防火墙、入侵检测、虚拟专用网等的关键技术。
3. 了解相关网络安全的常见产品。

引 例

随着网络应用的普及,不同的企事业单位都将自己的业务应用通过网络实现。在应用中,有不同的安全问题出现:如单位网络边界的安全问题,企业总部与分部间的信息通信、企业与合作伙伴的业务往来、企业出差人员的移动办公。如何能保障资源合理、安全地共享是网络安全产品及相应的技术要解决的问题。

热点关注

美国棱镜门的启示

拓展阅读

芯片"卡脖子"的警示

5.1 防火墙技术

5.1.1 防火墙概述

一、防火墙的基本概念

防火墙的英文名称为 firewall,该词是早期建筑领域的专用术语,原指建筑物间的一堵隔离墙,用途是在建筑物失火时阻止火势的蔓延。在现代计算机网络中,防火墙则是指一种协助确保信息安全的设施,其会依照特定的规则,允许或是禁止传输的数据通过。防火墙通常位于一个可信任的内部网络与一个不可信任的外部网络之间,用于保护内部网络免受非法用户的入侵。防火墙技术是网络之间安全的核心技术,是解决网络隔离与连通矛盾的一种较好的解决方案。它在网络环境下构筑内部网和外部网之间的保护层,并通过网络路由和信息过滤实现网络的安全。防火墙的逻辑部署如图 5-1 所示。

防火墙可以由计算机系统构成,也可以由路由器构成,所用的软件按照网络安全的级别和应用系统的安全要求,解决网间的某些服务与信息流的隔离与连通问题。它可以是

微课

5.1 节

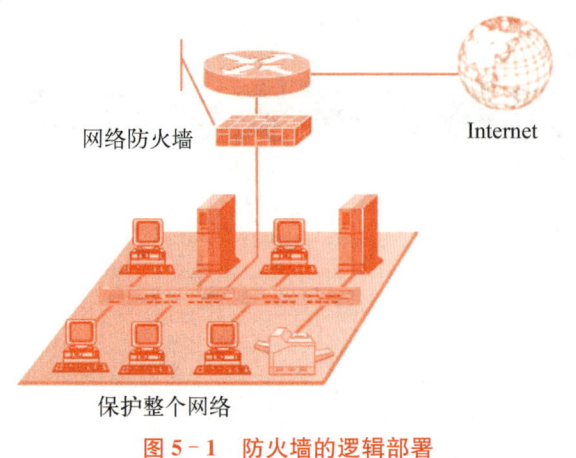

软件,也可以是硬件,或者两者的结合,起到过滤、监视、检查和控制流动信息合法性的作用。

防火墙可以在内部网和公共互联网间建立,也可以在要害部门、敏感部门与公共网间建立,还可以在各个子网间建立,其关键区别在于隔离与连通的程度。但必须注意,当分离型子网过多并采用不同防火墙技术时,所构成的网络系统很可能使原有网络互联的完整性受到损害。因此,隔离与连通是防火墙要解决的矛盾,突破与反突破的斗争会长期持续,在这种突破与修复中,防火墙技术得以不断发展,逐步完善。因此,防火墙的设计要求具有判断、折中的特点,并能接受某些风险。

图 5-1 防火墙的逻辑部署

二、防火墙的功能

防火墙最基本的功能就是控制在计算机网络中不同信任程度区域间传送的数据流。例如互联网是不可信任的区域,而内部网络是高度信任的区域。具体包括以下四个方面。

1. 防火墙是网络安全的屏障

一个防火墙(作为阻塞点、控制点)能极大地提高一个内部网络的安全性,并通过过滤不安全的服务而降低风险。由于只有经过精心选择的应用协议才能通过防火墙,所以网络环境变得更安全。如防火墙可以禁止诸如众所周知的不安全的 NFS(net file system)协议进出受保护的网络,这样外部的攻击者就不可能利用这些脆弱的协议来攻击内部网络。防火墙同时可以保护网络免受基于路由的攻击,如 IP 选项中的源路由攻击和 ICMP(Internet control message protocol)重定向中的重定向路径。防火墙可以拒绝所有以上类型攻击的报文并通知防火墙管理员。

2. 防火墙可以强化网络安全策略

通过以防火墙为中心的安全方案配置,能将所有安全软件(如口令、加密、身份认证、审计等)配置在防火墙上。与将网络安全问题分散到各个主机上相比,防火墙的集中安全管理更经济。例如在网络访问时,一次一密口令系统和其他的身份认证系统完全可以不必分散在各个主机上,而集中在防火墙上。

3. 对网络存取和访问进行监控审计

如果所有的访问都经过防火墙,那么,防火墙就能记录下这些访问并作出日志记录,同时也能提供网络使用情况的统计数据。当发生可疑动作时,防火墙能进行适当的报警,并提供网络是否受到监测和攻击的详细信息。另外,收集一个网络的使用和误用情况也是非常重要的。理由是可以知道防火墙是否能够抵挡攻击者的探测和攻击,并且知道防火墙的控制是否充足。而网络使用统计对网络需求分析和威胁分析等而言也是非常重要的。

4. 防止内部信息的外泄

通过利用防火墙对内部网络的划分,可实现内部网重点网段的隔离,从而限制了局部重点或敏感网络安全问题对全局网络造成的影响。再者,隐私是内部网络非常关心的问题,一个内部网络中不引人注意的细节可能包含了有关安全的线索而引起外部攻击者的兴趣,甚至因此而暴露了内部网络的某些安全漏洞。使用防火墙就可以隐蔽那些透露内部细节的服务如 Finger、DNS 等服务。Finger 显示了主机的所有用户的注册名、真名,最后登录时间和使用 shell 类型等。但是 Finger 显示的信息非常容易被攻击者所获悉。攻击者可以知道一个系统使用的频繁程度,这个系统是否有用户正在连线上网,这个系统在被攻击时是否会引起注意等。防火墙可以同样阻塞有关内部网络中的 DNS 信息,这样一台主机的域名和 IP 地址就不会被外界所了解。

除了上述的安全作用,防火墙还支持具有 Internet 服务特性的企业内部网络技术体系 VPN。VPN 可以将企事业单位分布在世界各地的 LAN 或专用子网有机地联成一个整体。不仅省去了专用通信线路,而且为信息共享提供了技术保障。

三、防火墙的局限性

虽然防火墙在网络安全部署中起到非常重要的作用,但它并不是万能的。下面总结了它的十个方面的缺陷。

(1) 防火墙不能防范不经过防火墙的攻击。没有经过防火墙的数据,防火墙无法检查。

(2) 防火墙不能解决来自内部网络的攻击和安全问题。防火墙可以设计为既防外也防内,谁都不可信,但绝大多数单位因为不方便,不要求防火墙防内。

(3) 防火墙不能防止策略配置不当或错误配置引起的安全威胁。防火墙是一个被动的安全策略执行设备,就像门卫一样,要根据政策规定来执行安全,而不能自作主张。

(4) 防火墙不能防止可接触的人为或自然的破坏。防火墙是一个安全设备,但防火墙本身必须存在于一个安全的地方。

(5) 防火墙不能防止利用标准网络协议中的缺陷进行的攻击。一旦防火墙准许某些标准网络协议,防火墙不能防止利用该协议中的缺陷进行的攻击。

(6) 防火墙不能防止利用服务器系统漏洞所进行的攻击。黑客通过防火墙准许的访问端口对该服务器的漏洞进行攻击,防火墙不能防止。

(7) 防火墙不能防止受病毒感染的文件的传输。防火墙本身并不具备查杀病毒的功能,即使集成了第三方的防病毒的软件,也没有一种软件可以查杀所有的病毒。

(8) 防火墙不能防止数据驱动式的攻击。当有些表面看来无害的数据拷贝到内部网的主机上并被执行时,可能会发生数据驱动式的攻击。

(9) 防火墙不能防止内部的泄密行为。防火墙内部的一个合法用户主动泄密,防火墙是无能为力的。

(10) 防火墙不能防止本身的安全漏洞的威胁。防火墙保护别人有时却无法保护自己,目前还没有厂商绝对保证防火墙不会存在安全漏洞。因此对防火墙也必须提供某种安全保护。

5.1.2 防火墙技术概述

一、包过滤技术

包过滤技术是防火墙最基本的实现技术,具有包过滤技术的装置是用来控制内、外网络数据流入和流出，包过滤技术的数据包大部分是基于 TCP/IP 协议平台的，对数据流的每个包进行检查，根据数据包的源地址、目的地址、TCP 和 IP 的端口号，以及 TCP 的其他状态来确定是否允许数据包通过。包过滤技术及其工作原理如图 5-2 和图 5-3 所示。

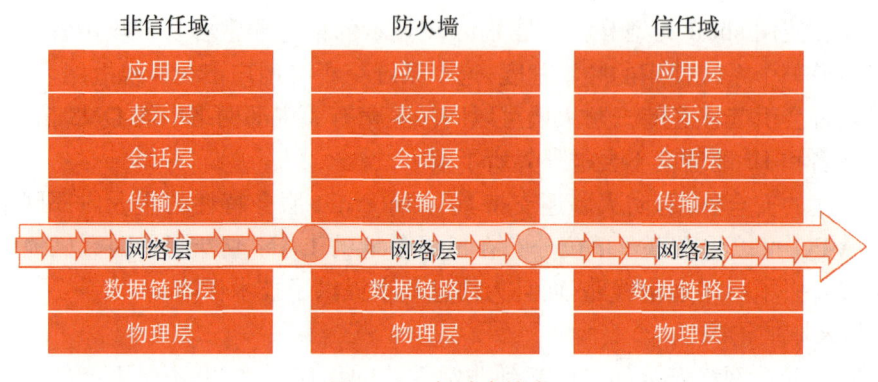

图 5-2 包过滤技术

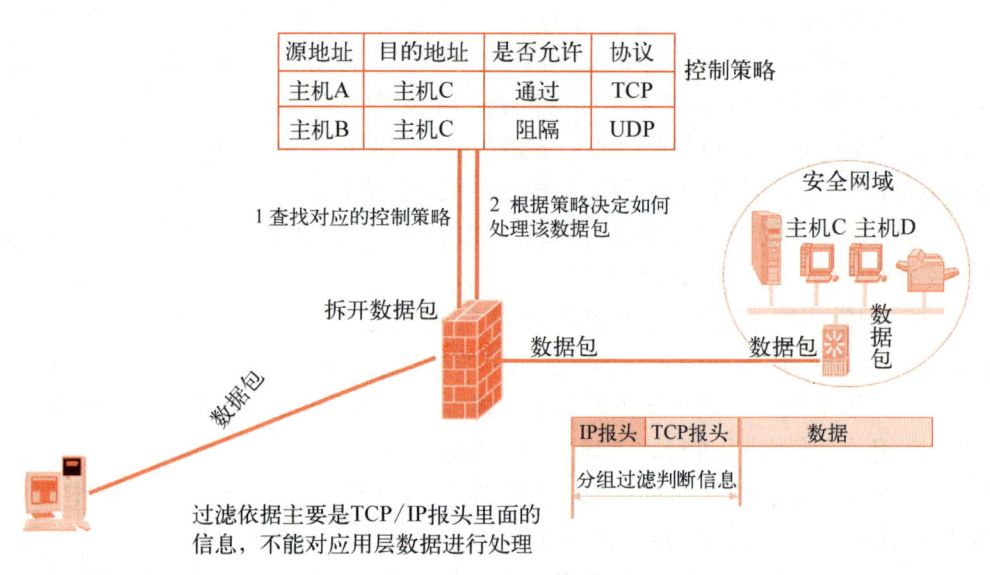

图 5-3 包过滤技术工作原理

包过滤技术的基础是 ACL(access control list，访问控制列表)，其作用是定义报文匹配规则。ACL 可以限制网络流量、提高网络性能。在实施 ACL 的过程中，应遵循两个基本原则：最小特权原则，即只给受控对象完成任务所必需的最小的权限；最靠近受控对象原则，即所有的网络层访问权限控制。

有些类型的攻击很难用基本包头信息加以鉴别，一些路由器可以用来防止这类攻击，但过滤规则需要增加一些信息，而这些信息只有通过以下方式才能获悉：研究路由选择表、检查特定的 IP 选项、校验特殊的片段偏移等。这类攻击有以下几种：

(1) 源 IP 地址欺骗攻击。入侵者伪装成一台内部主机的一个外部地点传送一些信息包;这些信息包包含了一个内部系统的源 IP 地址。如果这些信息包到达路由器的外部接口,则舍弃每个含有这个源 IP 地址的信息包,就可以挫败这种源欺骗攻击。

(2) 源路由攻击。源站指定了一个信息包穿越 Internet 时应采取的路径,这类攻击企图绕过安全措施,并使信息包沿一条意外(疏漏)的路径到达目的地。可以通过舍弃所有包含这类源路由选项的信息包的方式来挫败这类攻击。

(3) 残片攻击。入侵者利用 IP 残片特性生成一个极小的片段并将 TCP 报头信息肢解成一个分离的信息包片段。舍弃所有协议类型为 TCP、IP 片段偏移值等于 1 的信息包,即可挫败残片攻击。

从以上可看出定义一个完善的安全过滤规则是非常重要的。包过滤规则的匹配方式是顺序匹配,因此在设置规则时,需要注意以下几点:

(1) 最常用的规则放在前面,这样可以提高效率。

(2) 按从最特殊到最一般的规则的顺序创建。当规则冲突时,一般规则不会妨碍特殊规则。

(3) 规则库通常有一条默认规则,当前面所有的规则都不匹配时,执行默认规则。默认规则可以是允许,也可以是禁止。从安全角度来看,默认规则为禁止更合适。

(4) 对于 TCP 数据包,大多数分组过滤设备都使用一个总体性的策略来允许已建立的连接通过设备。如果 TCP 包的 SYN 位被清空,则表示这是一个已建立连接的数据包。

二、应用网关技术

应用网关(application gateway)技术又被称为代理技术。它的逻辑位置在 OSI 七层协议的应用层上,所以主要采用协议代理服务(proxy services)。应用代理防火墙比包过滤防火墙提供更高层次的安全性,但这是以丧失对应用程序的透明性为代价的。

代理服务器可以解决诸如 IP 地址耗尽、网络资源争用和网络安全等问题。下面从代理服务器的功能和原理两个方面介绍代理技术。

1. 代理服务器的功能

代理服务器处在客户机和服务器之间,对于远程服务器而言,代理服务器是客户机,它向服务器提出各种服务申请;对于客户机而言,代理服务器是服务器,它接受客户机提出的申请并提供相应的服务。也就是说,客户机访问 Internet 时所发出的请求不再直接发送到远程服务器,而是被送到了代理服务器上,代理服务器再向远程的服务器提出相应的申请,接收远程服务器提供的数据并保存在自己的硬盘上,然后用这些数据对客户机提供相应的服务。

代理服务器可以保护局域网的安全,起到防火墙的作用:对于使用代理服务器的局域网来说,在外部看来只有代理服务器是可见的,其他局域网的用户对外是不可见的,代理服务器为局域网的安全起到了屏障的作用。另外,通过代理服务器,用户可以设置 IP 地址过滤,限制内部网用户对外部的访问权限。同样,代理服务器也可以用来封锁 IP 地址,禁止用户对某些网页的访问。

使用代理服务器时,所有用户对外只占用一个 IP,所以不必租用过多的 IP 地址,降低网络的维护成本。

2. 代理服务器的原理

代理服务器一般构建在内部网络和 Internet 之间,负责转发内网计算机对 Internet 的访问,并对转发请求进行控制和登记。作为连接 Intranet(局域网)与 Internet(因特网)的桥梁,代理服务器在实际应用中有着重要的作用。利用代理,除可实现最基本的连接功能外,还可以实现安全保护、缓存数据、内容过滤和访问控制等功能。如图 5-4 所示为 Web 代理的原理图。

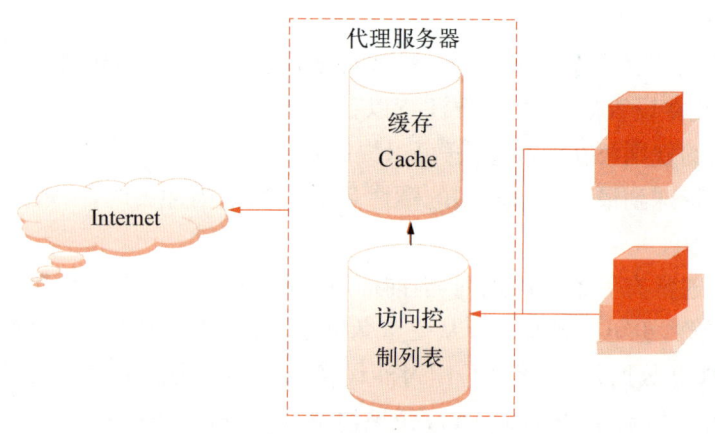

图 5-4　Web 代理的原理

多台客户机通过内网与 Web 代理服务器连接,Web 代理服务器除了与内网连接外,还有一个网络接口与外网连接。Web 代理服务器平时维护着一个很大的缓存 Cache,当某一台客户机访问外网的某台 Web 服务器时,Web 服务器会对发来的 HTTP 请求进行分析,如果发现数据在缓存中已经存在,则直接把这些数据发送给客户机。代理服务器的工作机制很像生活中常常提及的代理商,假设用户的计算机为 A,用户想获得的数据由服务器 B 提供,代理服务器为 C,那么具体的连接过程是这样的。首先,A 需要 B 的数据,A 直接与 C 建立连接,C 接收到 A 的数据请求后,与 B 建立连接,下载 A 所请求的 B 上的数据到本地,再将此数据发送回 A,完成代理任务。

当然,如果 Web 代理服务器在缓存中找不到所请求的数据,则会转发这个 HTTP 请求到客户机要访问的 Web 服务器。Web 服务器响应后,把数据发给了 Web 代理服务器,Web 代理服务器再把这个数据转交给客户机,同时把这些数据存储在缓存中。用户要求的数据存于代理服务器的硬盘中,因此下次这个用户或其他用户再要求相同目的站点的数据时,就会直接从代理服务器的硬盘中读取,代理服务器起到了缓存的作用。对热门站点有很多用户访问时,代理服务器的优势更为明显。

代理服务器是接收和解释客户机连接并发起到服务器的新连接的网络节点,这意味着代理服务器必须满足以下条件:

(1) 能够接收和解释客户机的请求。

(2) 能够创建到服务器的新连接。

(3) 能够接收服务器发来的响应。

(4) 能够发出或解释服务器的响应并将该响应回传给客户机。

因此,代理服务器必须要同时具备服务器和客户机两端的功能。

三、状态检测技术

状态检测技术是防火墙近几年才应用的新技术。传统的包过滤防火墙只是通过检测数据包头的相关信息来决定数据流是通过还是拒绝,而状态检测技术采用的是一种基于连接状态的检测机制,将属于同一连接的所有包作为一个整体的数据流看待,构成连接状态表,通过规则表与状态表的共同配合,对表中的各个连接状态因素加以识别。动态连接状态表中的记录可以是以前的通信信息,也可以是其他相关应用程序的信息,因此,与传统包过滤防火墙的静态过滤规则表相比,它具有更好的灵活性和安全性。

状态检测包过滤和应用代理这两种技术目前仍然是防火墙市场中普遍采用的主流技术,但两种技术正在形成一种融合的趋势,演变的结果也许会导致一种新的结构名称的出现。状态检查技术原理如图 5-5 所示。

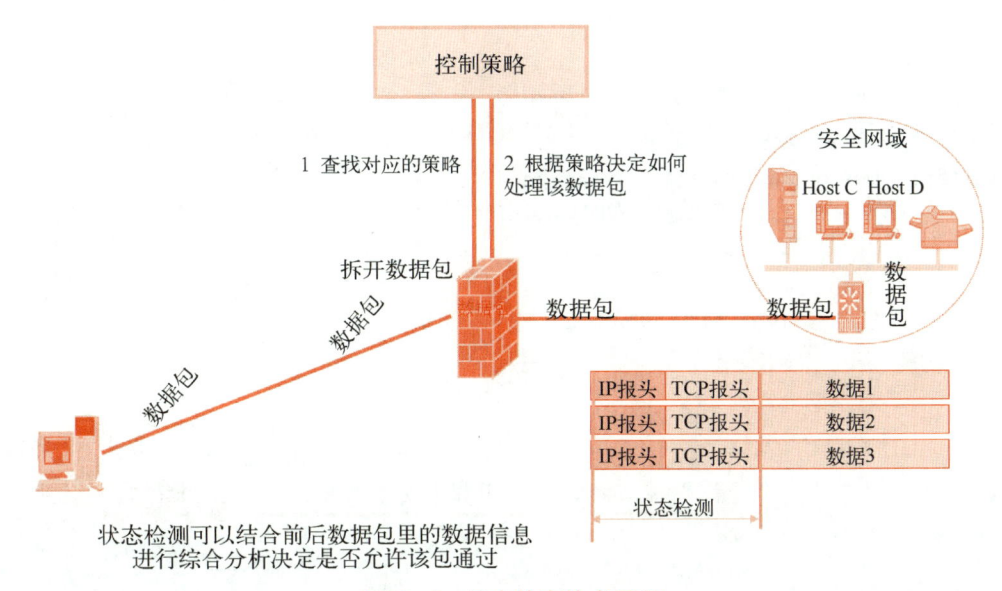

图 5-5 状态检查技术原理

使用状态检测防火墙的运行方式是:当一个数据包到达状态检测防火墙时,首先通过查看一个动态建立的连接状态表判断数据包是否属于一个已建立的连接。这个连接状态表包括源地址、目的地址、源端口号、目的端口号等及对该数据连接采取的策略(丢弃、拒绝或是转发)。连接状态表中记录了所有已建立连接的数据包信息。

如果数据包与连接状态表匹配,属于一个已建立的连接,则根据连接状态表的策略对数据包实施丢弃、拒绝或是转发。

如果数据包不属于一个已建立的连接,数据包与连接状态表不匹配,那么防火墙检查数据包是否与它所配置的规则集匹配。大多数状态检测防火墙的规则仍然与普通的包过滤防火墙相似。也有的状态检测防火墙会对应用层的信息进行检查。例如可以通过检查内网发往外网的 FTP 数据包中是否有 put 命令来阻断内网用户向外网的服务器上传数据。与此同时，状态检测防火墙将建立起连接状态表，记录该连接的地址信息以及对此连接数据包的策略。

比起分组过滤技术，状态检测技术的安全性更高。连接状态表的使用大大降低把数据包伪装成一个正在使用的连接的一部分的可能。

四、网络地址转换(NAT)技术

1. NAT 的定义

NAT 英文全称是 network address translation，中文全称是网络地址转换，它是一个 IETF(Internet Engineering Task Force，互联网工程任务组)标准，允许一个机构以一个地址出现在 Internet 上。NAT 将每个局域网节点的地址转换成一个 IP 地址，反之亦然。它也可以应用到防火墙技术里，把个别 IP 地址隐藏起来不被外界发现，使外界无法直接访问内部网络设备，同时，它还可以帮助网络合理地安排公有 IP 地址和私有 IP 地址的使用。NAT 地址转换如图 5-6 所示。

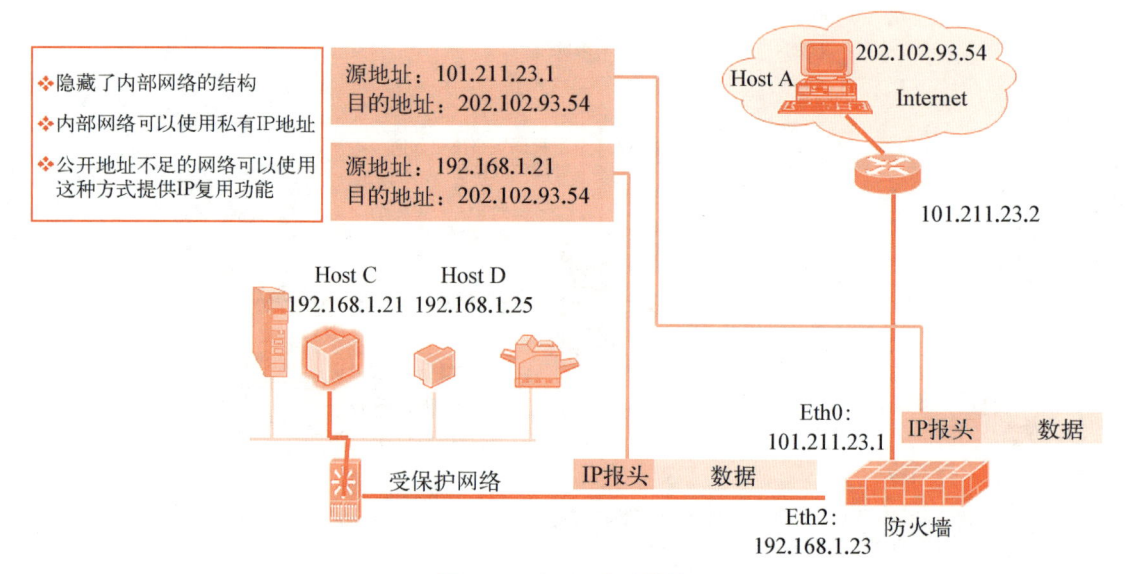

图 5-6　NAT 地址转换

2. NAT 技术的基本原理和类型

（1）NAT 技术基本原理。

NAT 技术能帮助解决 IP 地址紧缺的问题，而且能使得内外网络隔离，提供一定的网络安全保障。它解决问题的办法是：在内部网络中使用内部地址，通过 NAT 把内部地址翻译成合法的 IP 地址在 Internet 上使用，其具体的做法是把 IP 包内的地址域用合法的 IP 地址来替换。NAT 功能通常被集成到路由器、防火墙、ISDN（integrated services digital network，综合业务数字网）路由器或者单独的 NAT 设备中。NAT 设备包含一个状态表，用来把非法的 IP 地址映射到合法的 IP 地址上去。每个包在 NAT 设备中都被翻译成正确的 IP 地址，发往下一级，这意味着给处理器带来了一定的负担。但对于一般的网络来说,这种负担是微不足道的。

(2) NAT 技术的类型。

NAT 有三种类型:静态 NAT(static NAT)、动态地址 NAT(pooled NAT)、网络地址端口转换 NAPT(Port-Level NAT)。其中静态 NAT 设置起来最为简单和最容易实现,内部网络中的每个主机都被永久映射成外部网络中的某个合法的地址。而动态地址 NAT 则是在外部网络中定义了一系列的合法地址,采用动态分配的方法映射到内部网络。NAPT 则是把内部地址映射到外部网络的一个 IP 地址的不同端口上。根据不同的需要,三种 NAT 方案各有利弊。

动态地址 NAT 只是转换 IP 地址,它为每一个内部的 IP 地址分配一个临时的外部 IP 地址,主要应用于拨号,对于频繁的远程连接也可以采用动态 NAT。当远程用户连接上之后,动态地址 NAT 就会给他分配一个 IP 地址,用户断开时,这个 IP 地址就会被释放留待以后使用。

网络地址端口转换 NAPT(network address port translation)是人们比较熟悉的一种转换方式。NAPT 普遍应用于接入设备中,它可以将中小型的网络隐藏在一个合法的 IP 地址后面。NAPT 与动态地址 NAT 不同,它将内部连接映射到外部网络中的一个单独的 IP 地址上,同时在该地址上加上一个由 NAT 设备选定的 TCP 端口号。

在 Internet 中使用 NAPT 时,所有不同的 TCP 和 UDP 信息流看起来好像来源于同一个 IP 地址,这个优点在小型办公室内非常实用,通过从互联网服务提供商处申请的一个 IP 地址,将多个连接通过 NAPT 接入 Internet。实际上,许多 SOHO 远程访问设备支持基于点对点协议的动态 IP 地址。这样,互联网服务提供商甚至不需要支持 NAPT,就可以做到多个内部 IP 地址共用一个外部 IP 地址连接 Internet,虽然这样会导致信道一定程度的拥塞,但考虑到节省的上网费用和易管理的特点,用 NAPT 还是很值得的。

3. NAT 的优点、缺点和局限性

NAT 的优点:

(1) 宽带共享。通过一个公网地址可以让许多机器连上网络;解决了 IP 地址不够用的情况。

(2) 安全防护。通过 NAT 技术转换后,实际机器隐藏自己的真实 IP,仅通过端口来区别是内网中的哪个机器,保证了自身的安全。

NAT 的缺点:

在一个具有 NAT 功能的路由器下的主机并没有建立真正的端对端连接,并且不能参与一些 Internet 协议。一些从外部网络建立需要初始化的 TCP 连接,和使用无状态协议(比如 UDP)的服务将被中断。NAT 也会使安全协议变得复杂。

NAT 的局限性:

(1) NAT 违反了 IP 地址结构模型的设计原则。IP 地址结构模型的基础是每个 IP 地址均标识了一个网络的连接。Internet 的软件设计就是建立在这个前提之上,而 NAT 使得有很多主机可能在使用相同的 IP 地址,如 10.0.0.1。

（2）NAT 使得 IP 协议从面向无连接变成面向连接。NAT 必须维护专用 IP 地址与公用 IP 地址以及端口号的映射关系。在 TCP/IP 协议体系中，如果一个路由器出现故障，不会影响到 TCP 协议的执行，因为只要几秒收不到应答，发送进程就会进入超时重传阶段。而当存在 NAT 时，最初设计的 TCP/IP 协议过程将发生变化，Internet 可能变得非常脆弱。

（3）NAT 违反了基本的网络分层结构模型的设计原则。因为在传统的网络分层结构模型中，第 N 层是不能修改第 $N+1$ 层的报头内容的，NAT 破坏了这种各层独立的原则。

（4）有些应用是将 IP 地址插入到正文的内容中，例如标准的 FTP 协议与 IP 电话协议 H.323。如果 NAT 与这一类协议一起工作，那么 NAT 协议一定要做适当的修正。同时，网络的传输层也可能使用 TCP 与 UDP 协议之外的其他协议，那么 NAT 协议必须做出相应的修改。由于 NAT 的存在，使得 P2P 应用实现出现困难，因为 P2P 的文件共享与语音共享都是建立在 IP 协议的基础上的。

（5）NAT 同时存在对高层协议和安全性的影响问题。RFC(request for comments) 文件对 NAT 存在的问题进行了讨论，NAT 的反对者认为这种临时性的缓解 IP 地址短缺的方案推迟了 IPv6 迁移的进程，而并没有解决深层次的问题，他们认为是不可取的。

5.1.3　下一代防火墙技术特性

下一代防火墙，即 Next Generation Firewall，简称 NG Firewall，是一款可以全面应对应用层威胁的高性能防火墙。通过深入洞察网络流量中的用户、应用和内容，并借助全新的高性能单路径异构并行处理引擎，NGFirewall 能够为用户提供有效的应用层一体化安全防护，帮助用户安全地开展业务并简化用户的网络安全架构。

一、下一代防火墙性能要求

下一代防火墙要替代传统的防火墙产品，既需要具备传统状态监测防火墙所应当具备的全部功能，包括包过滤、状态监测等功能，还必须具备以下全新性能要求。

1. 高速的处理性能

下一代防火墙需要在不影响网络运行的情况下进行配置，必须具备线速的网络处理能力，从而可以无缝部署至现有的用户网络中，不影响用户的使用。

2. 智能化联动

采用更为先进的一体化单次解析引擎，将漏洞、病毒、攻击、恶意代码脚本等众多应用层威胁统一进行检测匹配，实现入侵防御系统策略与传统安全策略的融合，让管理和安全业务处理变得更简单高效，从而最大化地保证系统运行效率，使系统更加智能。

3. 应用识别及身份鉴别的能力

下一代防火墙要具备极强的应用识别能力及用户身份鉴别的能力，以及将应用识别及身份鉴别与安全策略整合的能力，如拥有与传统的基于端口和协议（五元组）不同的方式进行应用识别的能力，对同一应用进行更细粒度的访问控制，例如允许用户使用的文本聊天、文件传输功能但不允许进行语音视频聊天。应用识别带来的额外好处是可以合理优化带宽的使用情况,保证关键业务的畅通。

二、下一代防火墙的特点

下一代防火墙技术对网络应用的识别和控制主要特点如下:

1. 以网络应用识别作为基础,对所有层的网络数据进行监控

所有经过下一代防火墙的网络数据包都要经过检查,下一代防火墙可以识别所有已知的网络应用,对每个网络应用进行监控。

2. 网络应用识别是第一任务

在下一代防火墙中,系统默认是禁止所有不能识别的网络数据包通过的,网络管理员需要对下一代防火墙进行配置,允许识别的网络应用数据包通过防火墙,从而可以保证内部网络的安全可靠。因此,在下一代防火墙中网络应用识别是第一任务,首先需要准确识别应用,才能保证配置规则的正确执行,实现对网络应用控制的目的。

3. 下一代防火墙可以识别所有端口

在下一代防火墙中,网络应用识别可以监控所有的网络端口,但网络应用识别不依赖于特定的端口。虽然网络应用可以使用任意的端口作为通信的通道,但是下一代防火墙都能准确识别这个网络应用,网络应用无法通过端口跳变技术来逃过防火墙的识别。

4. 下一代防火墙能够识别不同操作系统下的所有网络应用版本

下一代防火墙根据网络应用协议的特征进行识别,无论用户使用任何操作系统,只要应用的协议不发生变化,下一代防火墙就能够准确识别出来,网络应用特征就是它的指纹信息,在任何操作系统下都是一样的。

三、Web 应用防火墙(WAF)

WAF 的概念起源于 2004 年,Web 应用防火墙(Web Application Firewall,简称 WAF)虽然也叫防火墙,但和一般意义的防火墙并不是完全相同的。传统的防火墙是布置在网络层进行安全防护的,可以禁用端口、禁用某 IP 的访问等等;WAF 是布置在应用层进行安全防护的。传统的防火墙在允许的范围内,在应用层面仍然可能出现安全事件,比如 80 端口的网站应用,可能出现网站木马,所以出现了 WAF,WAF 很好地弥补了传统防火墙在应用层无法进行有效防护的缺陷。

WAF 通常会提供一些可视化的效果,帮助网络运维人员实时查看网络攻击情况。对于发生的攻击能够及时进行报警处理,紧急采取防护措施,并将攻击细节准确全面地展示给网络运维人员,帮助他们找出更加有效的防范策略。同时,更好地追溯攻击的全部流程,也可以帮助运维人员找到漏洞的根源所在,并进行及时的弥补。WAF 也会给用户留下大量准确的日志,供运维人员随时分析。

WAF 可分为软件 WAF、硬件 WAF 和云 WAF 三类。软件 WAF 是指在 Web 应用上使用代码在正常功能之前增添一层防护,阻断恶意攻击,软件 WAF 通常主要用于防范和报警功能,和 Web 服务共用同样的资源;硬件 WAF 是指购买专业的硬件 WAF 设备架设在网络应用出口,由于是专业的 WAF 设备,其 WAF 功能要比软件 WAF 更加强大且不会和 Web 服务抢占资源,可以备份流量数据以供随时分析,也具有强大的可视化界面,

但是成本较高；云 WAF 是新兴的一种 WAF 防护，这种 WAF 利用了云技术将网站应用保护在云 WAF 之后，同样可以起到很好的防护作用，同时不需要专门购买硬件设备，成本相对硬件 WAF 较低。

四、防火墙软件化和智能化

随着网络规模的不断扩大、虚拟化技术的不断发展，在现阶段软件定义网络（SDN）已经广泛应用于大规模数据中心、云计算中心和各机构网络。传统的网络安全机制已经无法适应新的网络架构，软件定义安全成为新型网络架构的安全解决方案。

传统物理防火墙受到物理位置限制，一般位于网络边界，内部流量对于防火墙不可见，自然无法对内部网络做访问控制。独立硬件的形式进一步限制了防火墙的作用，防火墙作为一个孤立的安全设备无法与网络中其他安全设备协同运行，落后的人工配置和单机工作的模式难以应对时刻变化的网络状况。利用软件定义网络技术，上述防火墙的缺陷和不足可以得到解决。

随着人工智能（AI）的发展和应用，越来越多的科研人员考虑到将人工智能算法融入防火墙技术中，这样可以增加对隐蔽性病毒和入侵的识别能力。人工智能算法给防火墙技术提供了全新的防御思路，像这种融入人工智能技术的防火墙又被称为"智能防火墙"。AI 技术的发展使新一代防火墙的生命力再次得到升华。当前，全球及国内主流的安全网关厂商纷纷积极采用 AI 技术构建新一代的防火墙。可以预期，随着 AI 算力的不断提升及 AI 算法的不断成熟，融入 AI 技术的新一代防火墙必将成为未来发展的主流。

5.1.4　防火墙的常见产品

一、华为 HiSecEngine USG6600E 系列 AI 防火墙

华为 HiSecEngine USG6600E 系列是面向下一代数据中心推出的万兆 AI 防火墙。在提供 NGFW 能力的基础上，联动其他安全设备，主动防御网络威胁，增强边界检测能力，有效防御高级威胁，同时解决性能下降问题。NP 提供快速转发能力，防火墙性能显著提升。

二、华三 H3C SecPath F5000－AI 系列防火墙

华为 H3C SecPath F5000－AI－20、F5000－AI－40 是面向行业市场的高性能超万兆防火墙 VPN 集成网关产品，硬件上基于多核处理器架构，为 2U 的独立盒式防火墙。该系列防火墙产品提供丰富的接口扩展能力。同时作为 NGFW 产品，丰富的审计功能是必不可少的，所以产品系列可以扩展大容量硬盘。

在安全功能方面，系列作为 NGFW 产品，除支持安全控制、VPN、NAT、DOS/DDOS 防御等防火墙安全功能外，还一体化地集成了 IPS、AV、应用控制、DLP、URL 分类及自定义过滤等深度安全防御的功能，实现了基于用户、应用、时间、地理位置、安全状态等多维度的策略控制功能。

产品系列集成了 AI 计算能力，针对未知威胁和 APT 攻击提供有效的防护。同时，基于 AI 技术，简化了产品的运维体验。

三、天融信 Web 应用安全防护系统(TopWAF)

1. 保障 Web 业务安全，满足合规要求

设备内置上千条由天融信阿尔法攻防实验室提供的安全规则，对从客户到网站服务器的访问流量和从网站服务器到客户的响应流量进行双向安全过滤，有效防护诸如 SQL 注入攻击、XSS、CSRF、信息泄露等 OWASP TOP10 内容以及其他针对 Web 站点的攻击行为。通过部署 TopWAF 能够符合国家信息安全等级保护建设中对网站安全的要求。

2. 规范用户行为，防御未知威胁

TopWAF 对客户端与 Web 网站间交互的 HTTP 数据报文进行智能分析，学习 Web 网站支持的参数长度、类型、隐藏、只读属性、请求方法等信息，并生成学习报告。设备通过自学习结果自动生成防护规则，动态、智能的适应当前网络环境；规范用户在 Web 网站中提交信息的行为，应对未知威胁，保证 Web 服务器的安全。

3. 避免敏感信息泄露，保障用户信息安全

TopWAF 支持对自定义敏感信息进行过滤保护，对 Web 服务器返回的数据进行检测分析，若数据中包含身份证、银行卡等敏感信息会用"＊"进行替换，保障用户的个人信息安全。

4. 防止网页被篡改，保障客户声誉影响

TopWAF 的网页防篡改功能无须在 Web 服务器上安装任何插件。设备将被保护网站的文件备份在系统存储区中，通过提取被保护文件的指纹定期和 Web 服务器进行对比，如果指纹发生变化，则根据管理员的配置采取报警或自动恢复机制，有效的做到篡改预防以及篡改后的修复。维护政府和企业形象，保障互联网业务的正常运营。

5.2 入侵检测技术

5.2.1 入侵检测概述

入侵检测是监控计算机系统或网络中所发生的事件并分析这些事件以查找可能的事故的过程，这些事故违反或者即将违反计算机安全策略、可接受使用策略或标准安全实践。入侵检测系统(intrusion detection system, IDS)是自动化入侵检测过程的软件和硬件的组合。

入侵检测系统的主要用途是识别可能的事故，然后向安全管理员报告事故，安全管理员将快速启动应急响应以最小化事故的损害，也可以记录日志信息，供事故处理者使用，另外，可以监视文件传送并识别。入侵检测应用示意图如图 5-7 所示。

5.2.2 入侵检测系统的技术实现

一、入侵检测系统的组成

入侵检测系统的组成如图 5-8 所示。

图 5-7 入侵检测应用示意图

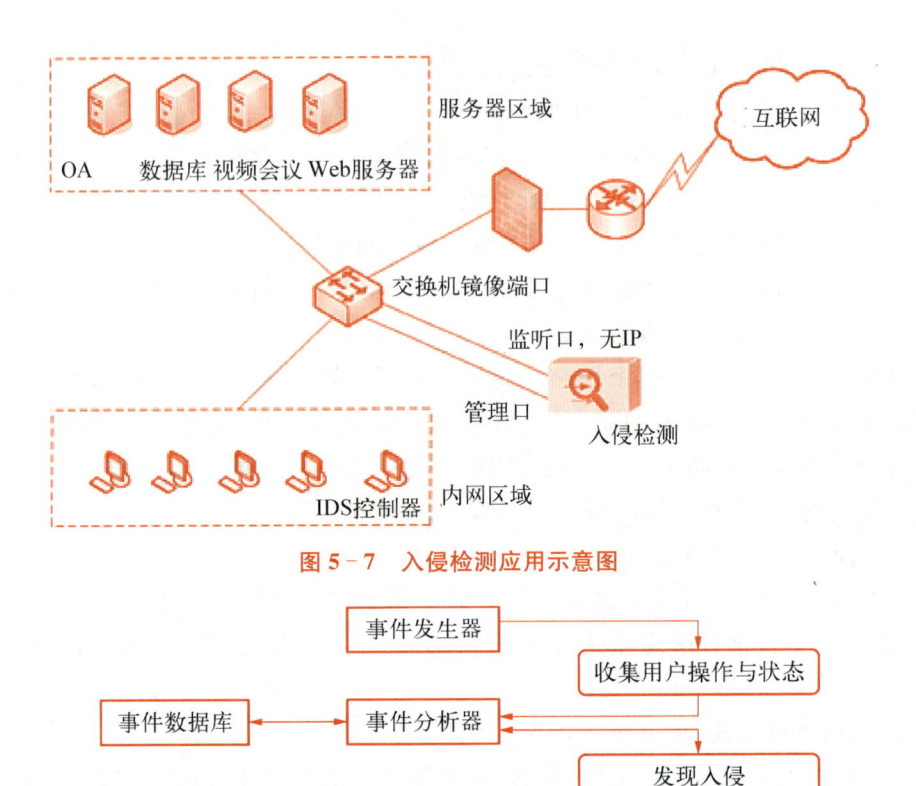

图 5-8 入侵检测系统的组成

（1）事件发生器：入侵检测系统需要分析的数据统称为事件，事件可以是基于网络的入侵检测系统中的数据，也可以是从系统日志或其他途径得到的信息。事件发生器的任务是从入侵检测系统之外的计算机环境中收集事件，并将这些事件转换成 CIDF（common intrusion detection framework，通用入侵检测框架）的统一入侵检测对象（generalized intrusion detection objects，GIDO）格式传送给其他组件。

（2）事件分析器：事件分析器分析从其他组件收到的 GIDO，并将产生新的 GIDO 再传送给其他组件。

（3）事件数据库：用于存储 GIDO。

（4）响应单元：处理收到的 GIDO，并据此采取相应的措施。

四个组件只是逻辑实体，一个组件可能是某台计算机上的一个线程或进程，也可能是多个计算机上的多个进程，它们以 GIDO 格式进行数据交换。GIDO 是对事件进行编码的标准通用格式，GIDO 数据流可以是发生在系统中的审计事件，也可以是对审计事件的分析结果。

二、入侵检测系统的功能

一个入侵检测系统，至少应该能够完成如下功能。

1. 监控、分析用户和系统的活动

监控、分析用户和系统的活动是入侵检测系统能够完成入侵检测任务的前提条件。入侵检测系统通过获取进出某台主机的数据或整个网络的数据，或者通过查看主机日志等信

息来实现对用户和系统活动的监控。获取网络数据的方法一般是"抓包",即将数据流中的所有包都抓下来进行分析,这就对入侵检测系统的效率提出了更高的要求。如果入侵检测系统不能实时地截获数据包并对它们进行分析,那么就会出现漏包或网络阻塞的现象。如果是前一种情况,系统的漏报就会很多;如果是后一种情况,就会影响到入侵检测系统所在主机或网络的数据流速,使得入侵检测系统成为整个系统的瓶颈,这显然是不愿意看到的结果。因此,入侵检测系统不仅要能控制、分析用户和系统的活动,还要使这些操作足够快。

2. 发现入侵企图或异常现象

发现入侵企图或异常现象是入侵检测系统的核心功能,主要包括两方面:一方面是入侵检测系统对进出网络或主机的数据流进行监控,看是否存在对系统的入侵行为;另一方面是评估系统关键资源和数据文件的完整性,看系统是否已经遭受了入侵。前者的作用是在入侵行为发生时及时发现,从而避免系统再次遭受攻击;后者的作用是对攻击者进行追踪,对攻击行为进行取证。

对于网络数据流的监控,可以使用异常检测的方法,也可以使用误用检测的方法。目前有很多新技术被提出来,但多数都还在理论研究阶段,现在的入侵检测产品使用的还主要是模式匹配技术。检测技术的好坏,直接关系到系统能否精确到检测出攻击,因此,对于这方面的研究是入侵检测系统研究领域的主要工作。

3. 记录、报警和响应

入侵检测系统在检测到攻击后,应该采取相应的措施来阻止攻击或响应攻击。作为一种主动防御策略,它必然应该具备此功能。入侵检测系统首先应该记录攻击的基本情况,其次应该能够及时发出报警。合格的入侵检测系统,不仅应该能把相关数据记录在文件中或数据库中,还应该提供报表打印功能。必要时,系统还应该采取响应行为,如拒绝接收所有来自某台计算机的数据、追踪入侵行为等。实现与防火墙等安全部件的响应互动,也是入侵检测系统需要研究和完善的功能之一。

作为一个合格的入侵检测系统,除了具有以上基本功能外,还可以包括其他一些功能,如审计系统的配置和弱点、评估关键系统及数据文件的完整性等。另外,入侵检测系统应该为管理员和用户提供友好、易用的界面,方便管理员设置用户权限、管理数据库、手工设置和修改规则、处理报警和浏览、打印数据等。

三、入侵检测系统的工作原理

在安全体系中,入侵检测系统是唯一一个通过数据和行为模式判断其是否有效的系统。防火墙就像一道门,它可以阻止一类人群的进入,但无法只阻止同一类人群中的破坏分子,也不能阻止内部的破坏分子;访问控制系统可以不让低级权限的人做越权工作,但无法保证高级权限的人做破坏工作,也无法保证低级权限的人通过非法行为获得高级权限。

如图5-9所示,入侵检测系统在网络连接过程中通过实时监测网络中的各种数据,并与自己的入侵规则库进行匹配判断,一旦发生入侵迹象立即响应和报警,从而完成整个实时监测。入侵检测系统通过安全审计将历史事件一一记录下来,作为证据和为实施数据恢复做准备。如图5-10所示为通用网络入侵监测系统模型(NIDS),主要由以下几个部分组成。

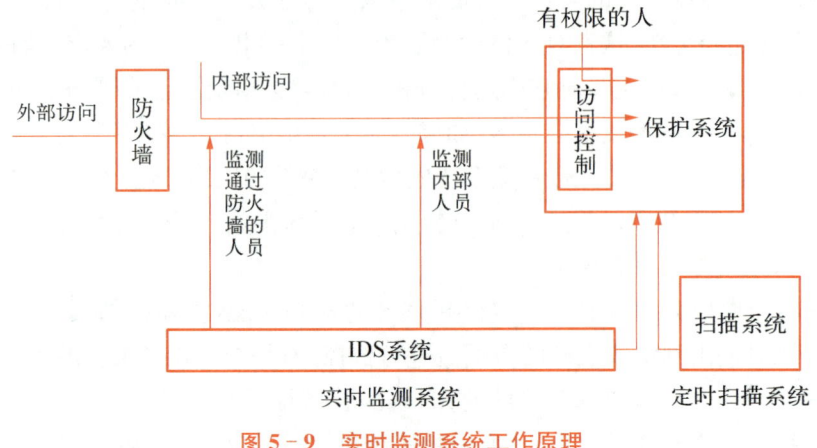

图 5-9 实时监测系统工作原理

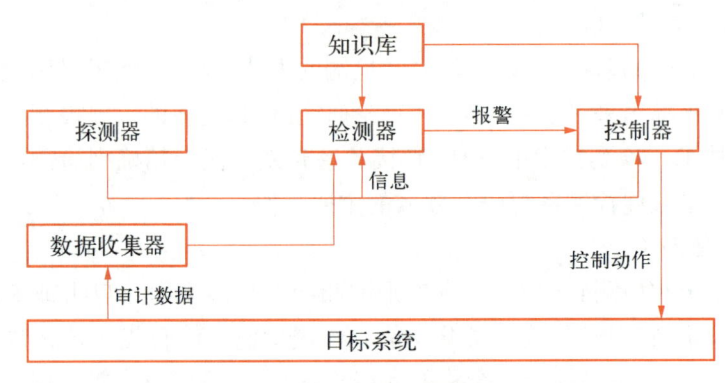

图 5-10 通用网络入侵监测系统模型(NIDS)

数据收集器：主要负责收集数据。

探测器：收集捕获所有可能的和入侵行为有关的信息，包括网络数据包、系统或应用程序的日志和系统调用记录等，探测器将数据收集后，送到检测器进行处理。

检测器：负责分析和监测入侵行为，并发出警报信号。

知识库：提供必要的数据信息支持，如用户的历史活动档案、监测规则集等。

控制器：根据报警信号，人工或自动做出反应动作。

入侵检测的工作流程如下：

第一步，网络数据包的获取（混杂模式）。

第二步，网络数据包的解码（协议分析）。

第三步，网络数据包的检查（规则匹配/误用检测）。

第四步，网络数据包的统计（异常检测）。

第五步，网络数据包的审查（事件生成）。

第六步，网络数据包的处理（报警和响应）。

这六个步骤可以将入侵检测的工作概括成两部分：实时监控和安全审计。实时监控——实时地监视网络中所有的数据报文及系统中的访问行为，识别已知的攻击行为，分析异常访问行为,发现并实时处理来自内部和外部的攻击事件和越权访问;安全审计——通过对入侵检测系统记录的违反安全策略的用户活动进行统计分析,并得出网络系统的安全状态,并对重要事件进行记录和还原,为事后追查提供必要的证据。

四、入侵检测系统的分类

随着入侵检测技术的发展,出现了很多入侵检测系统,不同的入侵检测系统具有不同的特征。根据不同的分类标准,入侵检测系统可分为不同的类别。对于入侵检测系统,要考虑的因素(分类依据)主要有:信息源、入侵、事件生成、事件处理、检测方法等。下面就不同的分类依据及分类结果分别加以介绍。

1. 按体系结构进行分类

按照体系结构,入侵检测系统可分为集中式和分布式两种。

(1) 集中式入侵检测系统。

引擎和控制中心在一个系统中,不能远距离操作,只能在现场进行操作。优点是结构简单,不会因为通信而影响网络带宽和泄密。

(2) 分布式入侵检测系统。

引擎和控制中心在两个系统中,通过网络通信,可以远距离查看和操作。目前的大多数入侵检测系统都是分布式的,优点是不必在现场操作,可以用一个控制中心管理多个引擎;可以统一进行策略编辑和下发,统一查看和集中分析上报的事件;可以通过分开时间显示和查看的功能提高处理速度等。

2. 按检测原理进行分类

传统的观点是根据入侵行为的属性分为误用和异常两种,然后分别对其建立误用检测模型和异常检测模型。误用入侵检测是指利用已知系统和应用软件的弱点攻击模式来检测入侵方法。异常入侵检测是指能够根据异常行为和使用计算机的资源情况检测出入侵的方法。它试图用定量的方式描述可以接受的行为特征,以区分非正常的、潜在的入侵行为。入侵行为可分为外部闯入、内部渗透和不当行为。外部闯入是指未经授权的计算机系统用户的入侵;内部渗透是指已授权的计算机系统用户访问未经授权的数据;不当行为是指用户虽然授权,但对授权数据和资源的使用不合法或滥用授权。综上所述,可根据系统所采用的检测模型,将入侵检测分为两类:误用检测和异常检测。

(1) 误用检测(misuse detection)。

误用检测运用已知攻击方法,根据已定义好的入侵模式,通过判断这些入侵模式是否出现来检测。因为很大一部分的入侵是利用了系统的脆弱性,通过分析入侵过程的特征、条件、排列及事件间关系能具体描述入侵行为的迹象。因为它匹配的是入侵行为特征,所以又存在以下几个特点:

- 如果入侵特征与正常的用户行为匹配,则系统会发生误报。
- 如果没有特征能与某种新的攻击行为匹配,则系统会发生漏报。
- 攻击特征的细微变化,会使得误用检测无能为力。

误用检测模型误报率低,漏报率高。对于已知的攻击,它可以详细、准确地报告出攻击类型,但是对于未知攻击却效果有限,而且特征库还必须不断更新。误用检测模型如图5-11所示。

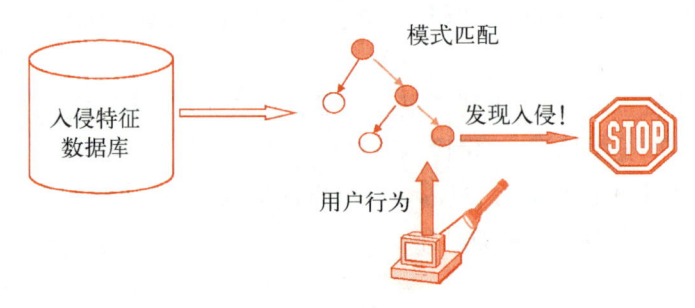

图 5-11 误用检测模型

(2) 异常检测(anomaly detection)。

异常检测是首先总结正常操作应该具有的特征,在得出正常操作的模型之后,对后续的操作进行监视,一旦发现偏离正常统计学意义上的操作模式,即进行报警。因为它的特征库匹配的是正常操作行为,所以存在以下几个特点:

- 异常检测系统的效率取决于特征库的完备性和监控的频率。
- 因为不需要对每种入侵行为进行定义,因此能有效检测未知的入侵。
- 系统能针对用户行为的改变进行自我调整和优化,但随着检测模型的逐步精确,异常检测会消耗更多的系统资源。

异常检测模型漏报率低,误报率高。因为不需要对每种入侵行为进行定义,所以能有效检测未知的入侵。

除了最常用的误用检测和异常检测技术外,IDS还有一些辅助检测技术。比如,会话状态分析检测技术、智能协议分析检测技术等。

3. 按所能监控的事件以及部署方法进行分类

基于所能监控的事件以及部署方法,入侵检测系统技术分成以下几种主要类别:

(1) 网络入侵检测系统。它监控特定网段或设备上的网络流量,分析网络和应用协议活动以识别可疑的活动,它可以识别不同类型的可疑的事件,通常部署于边界和网络之间,例如靠近边界防火墙或路由器、虚拟专用网(VPN)服务器、远程接入服务器和无线网络。

(2) 无线入侵检测系统。它监控无线网络流量并分析无线网络协议,以识别包括协议本身的可疑活动,它不能识别无线网络流量所传输的更高层协议(TCP、UDP)或应用中的可疑活动,通常部署于组织机构无线网络的范围中以监视组织机构无线网络,但它也可以部署在非授权无线网络可能出现的地方。

(3) 主机入侵检测系统。它监控主机以及发生于此主机上的特征以识别可疑的活动。主机入侵检测系统所监控的特征类型包括网络流量、系统日志、运行进程、应用活动、文件上传和修改以及系统与应用配置修改。主机入侵检测系统通常部署在一些关键主机上,例如公众可访问的服务器和包含敏感信息的服务器。

5.2.3　入侵检测的局限性与发展方向

一、入侵检测系统的局限性

入侵检测系统只能对主机或网络行为进行安全审计，在应用入侵检测系统的时候应注意以下几个问题：

(1) 需要大量的资源来配置、操作、管理。
(2) 分布式的感应器会产生大量的信息。
(3) 在特定情况下，许多告警可能无法与入侵行为相关联。
(4) 需要大量的人力接入，尤其是在响应方面。
(5) 感应器与控制台通信的安全性问题。

二、入侵检测系统的发展方向

1. 与防火墙联动

入侵检测系统与防火墙的联动系统示意图如图 5-12 所示。

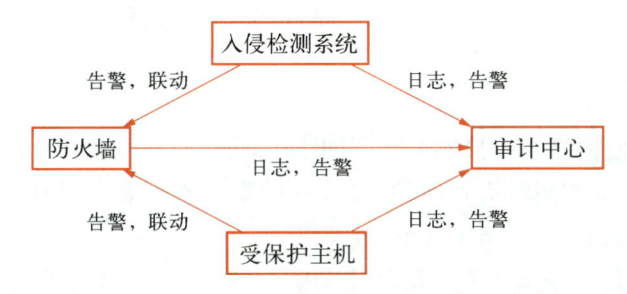

图 5-12　入侵检测系统与防火墙的联动系统示意图

入侵检测系统是一种主动的网络安全防护措施，它从系统内部和各种网络资源中主动采集信息，从中分析可能的网络入侵或攻击。入侵检测系统在发现入侵后会及时做出一些相对简单的响应，包括记录事件和报警等。显然，这些入侵检测系统自动进行的操作，对于网络安全来说远远不够。因此，入侵检测系统需要与防火墙进行协作，请求防火墙及时切断相关的网络连接。

防火墙是访问控制设备，安置在不同安全领域的接口处，其主要目的是根据网络的安全策略，控制经过的网络流量，而这种控制通常基于 IP 地址、端口、协议类型和应用代理。包过滤、网络地址转换、应用代理和日志审计是防火墙的基本功能。目前，防火墙已经成为企业网络安全的第一道屏障，保护企业网络免遭外部不信任网络的侵害。

入侵检测系统则不同于防火墙，它不是网络控制设备，不对通信流量做任何限制。它采用的是一种动态的安全防护技术，通过监视网络资源（网络数据包、系统日志、文件和用户活动的状态行为），主动寻找分析入侵行为的迹象，一旦发现入侵，立即进行日志、告警和安全控制操作等，从而给网络系统提供对外部攻击、内部攻击和误操作的安全保护。

可以看到，防火墙不识别网络流量，只要是经过合法通道的网络攻击，防火墙无能为力。例如很多来自 ActiveX 和 JavaApplet 的恶意代码，通过合法的 Web 访问渠道，对系统形成威胁。虽然现在的开发商对防火墙进行了许多功能扩展,有些还具备了初步的入侵检测功能,但防火墙作为网关,极易成为网络的瓶颈,并不宜做太多的扩展。同样,入侵检测系统也有自己的弱点,自身极易遭受拒绝服务的攻击,其包捕捉引擎在突发的、海量的流量前能够迅速失效,而且还有一些攻击可绕过它的检测。同时,入侵检测系统对攻击的抵抗控制力也很弱,对攻击源一般只做两种处理:一种是发送 RST(reset the connection)包复位连接,另一种是发送回应包"host unreachable"欺骗攻击源。这两种方式都不可避免地增加了网络的流量,甚至拥塞网络。

综上所述,防火墙和入侵检测系统的功能特点和局限性决定了它们彼此非常需要对方,且不可能相互取代,原因在于防火墙侧重于控制,入侵检测系统侧重于主动发现入侵的信号。而且,它们本身所具有的强大功效仍没有充分发挥。例如,入侵检测系统检测到一种攻击行为,如不能及时有效地阻断或者过滤,这种攻击行为仍将对网络应用造成损害;没有入侵检测系统,一些攻击会利用防火墙合法的通道进入网络。因此,防火墙和入侵检测系统之间十分适合建立紧密的联动关系,以将两者的能力充分发挥出来,相互弥补不足,相互提供保护。从信息安全整体防御的角度出发,这种联动是十分必要的,极大地提高了网络安全体系的防护能力。

2. 入侵防御系统

前面介绍的入侵检测系统只能旁路到网络中,可以记录攻击行为,但是无法有效地阻断攻击,只能被动地检测网络遭到何种攻击,它的阻断攻击能力很有限,因此出现了入侵防御系统(intrusion prevention system,IPS)。

入侵防御系统是一种基于应用层和主动防御的产品,它以在线方式部署于网络关键路径,通过对数据报文的深度检测,实时发现威胁并主动进行处理。目前已成为应用层安全防护的主流设备。入侵防御系统在网络中的部署如图 5-13 所示。

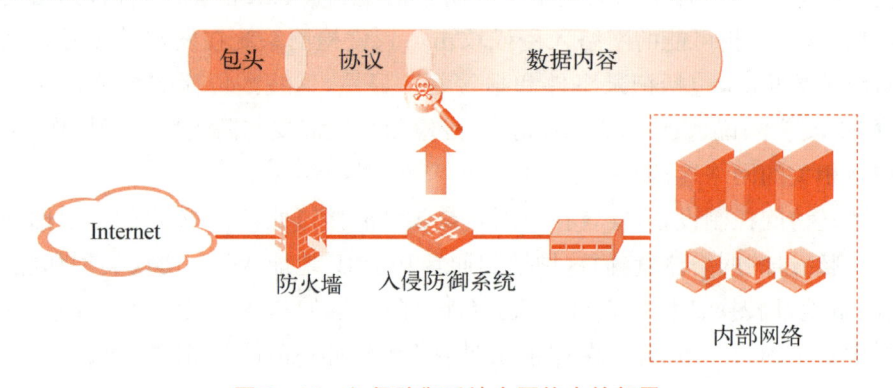

图 5-13 入侵防御系统在网络中的部署

入侵防御系统的基本原理就是通过对数据流进行重组后进行协议识别分析和特征模式匹配,将符合特定条件的数据进行限流、整形,或进行阻断、重定向,或进行隔离,而对正常流量进行转发。入侵防御系统的基本原理如图 5-14 所示。

(1) 数据流重组。入侵防御系统具有把数据流重组到连接会话中的能力,这个过程至关重要,因为这样入侵防御系统就可以把分散在不同报文中的表达这个会话的目的或

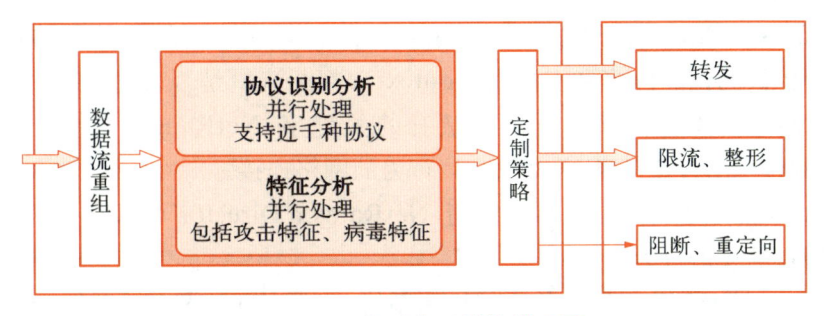

图 5-14 入侵防御系统的基本原理

行为的片段连接起来,在这个基础上,才能更有效地去进行协议分析和特征/模式匹配。

(2) 协议分析。相当数量的协议在个别字段输入错误时,会造成处理错误,形成入侵攻击条件。协议分析最初的目的是对应用程序的正确性进行验证,以防止通过修改协议的字段对网络构成威胁。

现在的协议分析,已不仅仅是检查协议正确性。它一方面可以作为应用控制,如限速、阻断等行为的依据,另一方面也可以通过解码对部分协议承载的内容进行分析,进而进行特征匹配。

(3) 特征/模式匹配。特征/模式匹配是检测攻击最常用的方法之一。入侵防御系统通常配有数据库来存储数以千计的攻击特征,并依靠该数据库来进行攻击特征或模式的匹配。用来匹配的特征通常包括如下几大类:漏洞攻击、病毒、后门、木马、探测/扫描、恶意代码、间谍软件等,前面所描述的缓冲区溢出、SQL 注入、跨脚本等漏洞均包含在漏洞攻击中。在该环节对相应特征进行匹配识别,再送主动处理环节作相应处理。

(4) 特征/模式更新。由于新的漏洞、攻击工具、攻击方式的不断出现,作为入侵防御系统还应具备特征/模式更新的机制,以保证对新出现的入侵做出匹配和响应。

(5) 主动处理。主动处理是入侵防御系统与入侵检测系统的最大区别之一,入侵防御系统根据协议分析和特征匹配的结果进行处理,通常入侵防御系统设备均提供推荐处理方式,同时也支持用户针对不同特征指定处理方式。

入侵防御系统具有以下几个主要功能:
(1) 针对漏洞的主动防御。
(2) 针对攻击的主动防御。
(3) 基于应用的带宽管理。
(4) 报警及报表。

5.2.4 入侵检测的常见产品

目前流行的入侵检测系统产品主要有 Cisco 公司的 NetRanger,ISS 公司的 RealSecure,以及 Network Associates 公司的 CyberCop 等。

NetRanger 是一种企业级的实时入侵检测系统,可检测、报告和阻断网络中的未授权活动。NetRanger 可以在 Internet 网络环境和内部网络环境中进行,以提供对网络的整体保护。NetRanger 由两个部件构成:NetRanger Sensor 和 NetRanger Director。

NetRanger Sensor 通过旁路的方式获取网络流量，因此不会对网络的传输性能造成影响，其通过分析数据包的内容和上下文(context)，判断流量是否未经授权。一旦检测到未经授权的网络行为，如 ping 攻击或敏感的关键字，NetRanger 可以向 NetRanger Director 控制台发出告警信息，并截断入侵行为的网络连接。

NetRanger 的显著特点是检测性能高，NetRanger Director 可以监视网络的全局信息，并发现潜在的攻击行为。

RealSecure 是 ISS 公司研发的入侵检测系统，包括基于主机的 SystemAgent 以及基于网络的 NetworkEngine 两个套件。NetworkEngine 负责监测网络数据包并生成告警，SystemAgent 接受警报并作为配置和生成数据库报告的中心点。这两部分均可以在 Linux、Windows NT、SunOS、Solaris 等操作系统上运行，且支持在混合的操作系统环境中使用。RealSecure 的最显著的优势在于简洁的应用和较低的价格上，使用普通的商用计算机就可以运行 RealSecure。RealSesure 还支持与 CheckPoint 防火墙的交互式控制，支持由 Cisco 等主流交换机组成的交换环境监听，可以在需要时自动切断入侵连接。

CyberCop 是可以同时在基于主机和基于网络两种模式下工作的入侵检测系统，基本上可以认为是 NetRanger 的局域网管理员版，这些局域网管理员正是 Network Associates 的主要客户群。CyberCop 被设计成一个网络应用程序，一般在 20 分钟内就可以安装完毕。它预设了 6 种通常的配置模式：Windows NT 和 UNIX 的混合子网、UNIX 子网、NT 子网、远程访问、前沿网（如 Internet 的接入系统）和骨干网。与 NetRanger 相比，CyberCop 缺乏一些企业应用的特征，如路径备份功能等。

5.3 虚拟专用网技术

5.3.1 虚拟专用网概述

在现代社会，Internet 已经成为人类通信的重要方式，从根本上改变了人们的交往方式，与传统的通信方式一样，网络通信也有保密性要求。Internet 是开放的网络，通信系统易遭受攻击，如窃听、消息篡改、冒充、抵赖等，存在各种安全问题。军队、金融、交通等部门不得不使用专用网络来实现安全、保密的通信。一些企业随着自身的发展壮大，在不同的地方不断设立分公司，它们也需要构建专用网络来实现企业内部的安全通信。但使用专用网络的主要缺点是网络运营成本高，在这种情况下，虚拟专用网络技术应运而生。

一、VPN 的定义

VPN（virtual private network）即虚拟专用网，被定义为通过一个公用网络（通常是 Internet）建立一个临时的、安全的连接，是一条穿过非安全网络的安全、稳定的隧道。"虚拟"的意思是没有固定的物理连接，网络只有需要时才建立；"专用"是指它利用公共网络设施构成专用网。虚拟专用网示意图如图 5-15 所示。

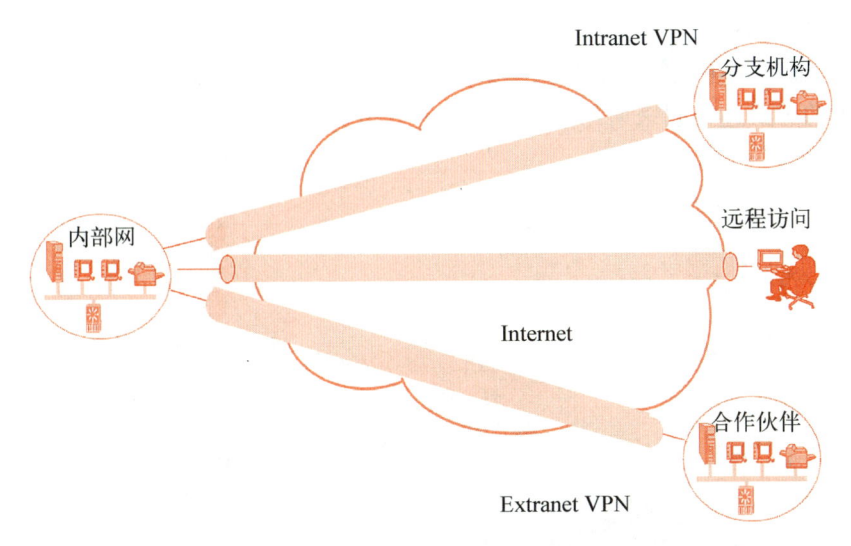

图 5-15　虚拟专用网示意图

二、VPN 的分类

VPN 的分类方式比较混乱。不同的生产厂家在销售它们的 VPN 产品时使用了不同的分类方式，它们主要是从产品的角度来划分的。不同的互联网服务提供商在开展 VPN 业务时也推出了不同的分类方式，他们主要是从业务开展的角度来划分的。而用户往往也有自己的划分方法，主要是根据自己的需求来进行的。

根据 VPN 的服务类型，VPN 业务大致分为三类：接入式 VPN(Access VPN)、内联网 VPN(Intranet VPN)和外联网 VPN(Extranet VPN)。通常情况下内联网 VPN 是专线 VPN。

1. 接入式 VPN

该方式下远端用户不再如传统的远程网络访问那样，通过长途电话拨号到公司远程接入端口，而是拨号接入到用户本地的网络提供商，利用 VPN 系统在公网上建立一个从客户端到网关的安全传输通道。这种方式适用于公司内部经常有流动人员远程办公的情况，如出差员工或在家办公，异地办公的人员拨号到本地的网络提供商，就可以和公司的 VPN 网关建立私有的隧道连接。服务器可对员工进行验证和授权，保证连接的安全，同时负担的整体接入成本大大降低。接入式 VPN 示意图如图 5-16 所示。

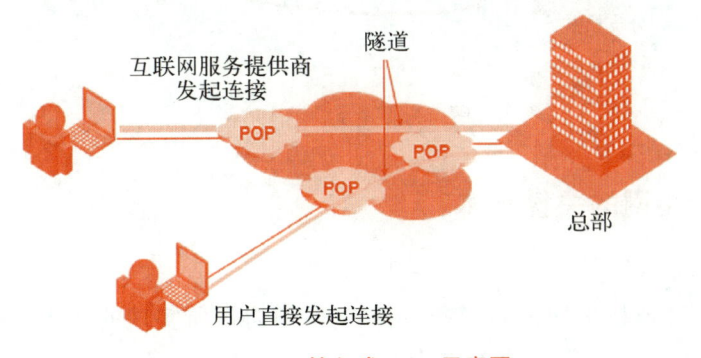

图 5-16　接入式 VPN 示意图

2. 内联网 VPN

内联网 VPN 是企业的总部与分支机构之间通过公网构筑的虚拟网,这是一种网络到网络以对等的方式连接起来所组成的 VPN。内联网 VPN 示意图如图 5-17 所示。

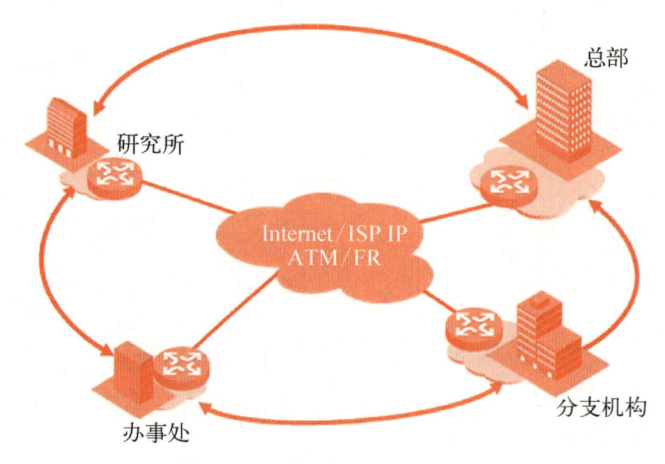

图 5-17 内联网 VPN 示意图

3. 外联网 VPN

外联网 VPN 是企业在发生收购、兼并或企业间建立战略联盟后,使不同企业间通过公网来构筑的虚拟网。这是一种网络到网络以不对等的方式连接起来所组成的 VPN(主要在安全策略上有所不同)。外联网 VPN 示意图如图 5-18 所示。

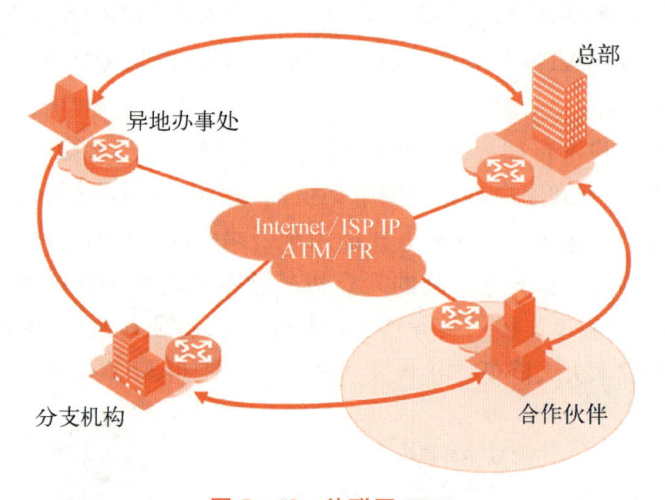

图 5-18 外联网 VPN

5.3.2 虚拟专用网的关键技术

一、隧道技术

隧道协议是隧道技术的核心,基于不同的隧道协议所实现的 VPN 是不同的。VPN 按实现的层次可以分为二层隧道 VPN 和三层隧道 VPN。所谓"二层隧道"是指先把各种网络层协议（如 IP、IPX 和 AppleTalk 等）封装到数据链路层的点对点协议（PPP）帧里，再把整个 PPP 帧装入隧道协议里，如 L2TP、PPTP 协议。而"三层隧道"是指把各种网络层协议数据包直接装入隧道协议中，这种隧道封装的是网络层数据包，如 GRE、IPSec 协议。此外，还有直接将应用层数据包进行封装的隧道协议，如 SSL 协议。

二、加密技术

数据加密的基本思想是通过变换信息的表示形式来伪装需要保护的敏感信息，使非授权者不能了解被保护的信息的内容。加密算法有 RC4、DES、三重 DES、AES、IDEA 等。

加密技术可以在协议栈的任意层进行，可以对数据或报文头进行加密。在网络层中的加密标准是 IPSec，在链路层中，目前还没有统一的加密标准，因此所有的链路层加密方案基本上是生产厂家自己设计的，需要特别的加密硬件。

三、密钥管理技术

密钥管理是数据加密技术中重要一环，密钥管理是整个加密系统中最薄弱的环节，密钥的泄露将直接导致明文内容的泄露。从密钥管理的途径窃取机密比用破译的方法花费的代价要小得多，所以对密钥的管理和保护格外重要。

密钥管理是处理密钥自产生到最终销毁的整个过程中的所有问题，包括系统的初始化，密钥的产生、存储、备份/装入、分配、保护、更新、控制丢失、吊销和销毁等。其中存储和分配是最大的难题。密钥管理不仅影响系统的安全性，而且涉及系统的可靠性、有效性和经济性。当然，密钥管理也涉及物理上、人事上、规程上和制度上的一些问题。

具体的密钥管理包括：

（1）产生与所要求安全级别相称的合适密钥。

（2）根据访问控制的要求，对于每个密钥决定哪个实体应该接受密钥的拷贝。

（3）用可靠的办法使这些密钥对开发系统中的实体可用，即安全地将这些密钥分配给用户。

（4）某些密钥管理功能在网络应用实现环境之外执行，包括用可靠手段对密钥进行物理分配。

也就是说，密钥管理的目的是：维持系统中各实体之间的密钥关系，以抗击各种可能的威胁，这些威胁主要有密钥的泄露、私钥的身份真实性丧失、未授权使用等。需要强调的是，密钥管理是要对密钥的整个生成期的管理。整个管理过程是一个不可断裂的链条，在整个密钥生成期中，任何管理环节的失误都会危及密码系统的安全。

VPN 中的密钥分发与管理非常重要。密钥分发有两种方法：一种是通过手工配置；另一种是采用密钥交换协议动态分发。手工配置的方法由于密钥更新困难，只适合于简单网络的情况；密钥交换协议采用软件方式动态生成密钥，适合于复杂网络的情况且密钥可快速更新，可以显著提高 VPN 的安全性。目前常见的密钥管理协议包括互联网简单密钥交换协议（simple key exchange for internet protocol，SKEIP）与互联网密钥交换（internet key exchange，IKE）。

SKEIP 由 SUN 公司提出，用于解决网络密钥交换问题，主要是利用 Diffie-Hellman 密钥交换算法通过网络进行密钥协商；IKE 属于一种混合型协议，由互联网安全关联和密钥管理协议（internet security association and key management protocol，ISAKMP）及两种密钥交换协议 Oakley 与 SKEME 组成。IKE 创建在由 ISAKMP 定义的框架上，沿用了 Oakley 的密钥交换模式以及 SKEME 的共享和密钥更新技术。

上述的两种密钥管理协议都要求一个既存的、完全可操作的公钥基础设施。SKEIP 要求 Diffie-Hellman 证书，IKE 则要求 RSA 证书。

四、用户认证技术

在正式的隧道连接开始之前需要确认用户身份，以便系统进一步实施资源访问控制或用户授权。VPN 中常见的身份认证方式主要有安全口令和认证协议。

使用安全口令是最简单的一种认证方式。目前，计算机及网络系统中常用的身份认证方式主要有以下几种：

1. 用户名/密码认证

用户名/密码是最简单也是最常用的身份认证方法，是基于"what you know"的验证手段。每个用户的密码是由用户自己设定的，只有用户自己才知道。只要能够正确输入密码，计算机就认为操作者是合法用户。实际上，由于许多用户为了防止忘记密码，经常采用诸如生日、电话号码等容易被猜测的字符串作为密码，或者把密码抄在纸上放在一个自认为安全的地方，这样很容易造成密码泄露。即使能保证用户密码不被泄露，由于密码是静态的数据，在验证过程中需要在计算机内存中和网络中传输，而每次验证使用的验证信息都是相同的，很容易被驻留在计算机内存中的木马程序或网络中的监听设备截获。因此，从安全性上讲，用户名/密码方式是一种极不安全的身份认证方式。

2. 智能卡认证

智能卡是一种内置集成电路的芯片，芯片中存有与用户身份相关的数据，智能卡由专门的厂商通过专门的设备生产，是不可复制的硬件。智能卡由合法用户随身携带，登录时必须将智能卡插入专用的读卡器读取其中的信息，以验证用户的身份。智能卡认证是基于"what you have"的手段，通过智能卡硬件不可复制来保证用户身份不会被仿冒。然而由于每次从智能卡中读取的数据是静态的，通过内存扫描或网络监听等技术还是很容易截取到用户的身份验证信息，因此还是存在安全隐患。

3. 动态口令认证

动态口令技术是一种让用户密码按照时间或使用次数不断变化、每个密码只能使用一次的技术。它采用一种叫作动态令牌的专用硬件，内置电源、密码生成芯片和显示屏，密码生成芯片运行专门的密码算法，根据当前时间或使用次数生成当前密码并显示在显示屏上。认证服务器采用相同的算法计算当前的有效密码。用户使用时只需要将动态令牌上显示的当前密码输入客户端计算机，即可实现身份认证。由于每次使用的密码必须由动态令牌来产生，只有合法用户才持有该硬件，所以只要通过密码验证就可以认为该用户的身份是可靠的。而用户每次使用的密码都不相同，即使黑客截获了一次密码，也无法利用这个密码来仿冒合法用户的身份。

动态口令技术采用一次一密的方法,有效保证了用户身份的安全性。但是如果客户端与服务器端的时间或次数不能保持良好的同步,就可能发生合法用户无法登录的情况。并且用户每次登录时需要通过键盘输入一长串无规律的密码,一旦输错就要重新操作,使用起来非常不方便。

4. USB Key 认证

基于 USB Key 的身份认证方式是近几年发展起来的一种方便、安全的身份认证技术。它采用软硬件相结合、一次一密的强双因子认证模式,很好地解决了安全性与易用性之间的矛盾。USB Key 是一种 USB 接口的硬件设备,它内置单片机或智能卡芯片,可以存储用户的密钥或数字证书,利用 USB Key 内置的密码算法实现对用户身份的认证。基于 USB Key 的身份认证系统主要有两种应用模式:一是基于冲击/响应的认证模式,二是基于 PKI(public key infrastructure)体系的认证模式。

5. 生物特征认证

生物认证技术(biometric identification technology)是指利用人体生物特征进行身份认证的一种技术,目前相对成熟的认证技术有:指纹、面相、虹膜、掌纹等。生物认证技术是目前最为方便与安全的认证技术,它不需要记住复杂的密码,也不需要随身携带钥匙、智能卡之类的东西。随着其技术的不断发展,其应用前景非常广阔。

以上几种认证方式的比较如表 5-1 所示。

表 5-1 几种认证方式的比较

认证方式	优　　点	缺　　点	主　要　产　品
用户名/密码	简单易行	保护非关键性的系统,不能保护敏感信息	嵌入在各种应用软件中
智能卡	硬件由专门厂商生产,不可复制	数据是静态的,可通过内存扫描或网络监听截取	各种智能卡
动态口令	一次一密,较高安全性	使用烦琐,有可能造成新的安全漏洞	动态令牌等
USB Key	安全可靠,成本低廉	依赖硬件的安全性	USB 接口的设备
生物特征	安全性最高	技术不成熟,准确性和稳定性有待提高	指纹认证系统等

使用认证协议有两种基本模式:有第三方参与的仲裁模式和没有第三方参与的基于共享密钥的认证模式。

(1) 仲裁认证模式。在仲裁认证模式下,通信双方的身份认证需要一个可信的第三方进行仲裁。这种方式灵活性高,易于扩充,即系统一旦建立,系统用户数目的增加不会导致系统维护工作量的增加或显著增加。通过第三方机构之间建立信任关系,可以实现不同系统间的互操作,具有开放特性。仲裁认证模式的缺点是建立安全的认证系统很困难,而且作为系统核心的仲裁服务器会成为攻击的主要目标。

(2) 共享认证模式。共享认证模式不需要第三方仲裁,进行认证时在网上交换的信息量少,系统易于实现。但此方式灵活性差,不易于扩充,系统维护的工作量随系统中用户总数的增加而增加,共享密钥必须定期或不定期地进行手工更新,而且单个用户密钥数据库的更新必然导致整个系统中所有用户密钥数据库的更新,在手工更新方式下,这意味着整个系统的维护工作是极其繁重的。另外,共享认证模式很难支持不同安全系统之间的互操作,只能用于封闭的用户群环境。

远程用户拨号认证系统(remote authentication dial in user service,RADIUS)和质询握手协议(challenge handshake authentication protocol,CHAP)等都是 VPN 中常见的认证协议。

5.3.3 虚拟专用网常用隧道协议

常规的直接拨号连接与虚拟专网连接的不同点在于,在前一种情形中 PPP(点对点协议)数据流是通过专用线路传输的。在 VPN 中,PPP 数据流是由一个 LAN 上的路由器发出的,通过共享 IP 网络上的隧道进行传输,到达另一个 LAN 上的路由器。隧道代替了实实在在的专用线路。

VPN 采用隧道技术,将企业网的数据封装在隧道中进行传输。隧道协议可分为第二层隧道协议 PPTP、L2F、L2TP 和第三层隧道协议 GRE、IPSec。它们的本质区别在于用户的数据包是被封装在哪种数据包中在隧道中传输的。

一、建立隧道的主要方式

建立隧道主要有两种方式:客户启动(client-initiated)和客户透明(client-transparent)。

(1) 客户启动(client-initiated)。客户启动方式要求客户和隧道服务器(或网关)都安装隧道软件。

(2) 客户透明(client-transparent)。客户透明方式通常要求隧道软件安装在公司中心站上。通过客户软件初始化隧道,隧道服务器中止隧道,互联网服务提供商可以不必支持隧道。客户和隧道服务器间只需建立隧道,并使用用户 ID 和口令或用数字许可证鉴权。一旦隧道建立,就可以进行通信了,如同互联网服务提供商没有参与连接一样。

另外,如果希望隧道对客户透明,互联网服务提供商的入网点必须具有允许使用隧道的接入服务器及可能需要的路由器。客户首先拨号进入服务器,服务器必须能识别这一连接,并与某一特定的远程点建立隧道,通常使用用户 ID 和口令进行鉴权。这样客户端就通过隧道与隧道服务器建立了直接对话。尽管这一方式不要求客户有专门的软件,但客户只能拨号进入正确配置的服务器。

二、几种主流 VPN 协议

下面就现在项目应用中的几种主流 VPN 协议进行阐述。

1. 点对点隧道协议(PPTP)

PPTP(point to point tunneling protocol)是由 Microsoft、Ascend、3COM 等公司支

持的 VPN 协议，在 Windows NT 4.0 以上版本中都有支持。

PPTP 提供 PPTP 客户机和 PPTP 服务器之间的加密通信。PPTP 客户机是指运行了该协议的计算机，如启用该协议的个人计算机；PPTP 服务器是指运行该协议的服务器，如启用该协议的 Windows NT 服务器。PPTP 可看作是 PPP 协议的一种扩展，它提供了一种在 Internet 上建立多协议的安全虚拟专用网的通信方式。远端用户能够通过任何支持 PPTP 的互联网服务提供商访问公司的专用网络。

通过 PPTP，用户可采用拨号方式接入公共 IP 网络。拨号用户首先按常规方式拨号到互联网服务提供商的接入服务器(NAS)，建立 PPP 连接；在此基础上，用户进行二次拨号建立到 PPTP 服务器的连接，该连接称为 PPTP 隧道，实质上是基于 IP 协议上的另一个 PPP 连接，其中的 IP 包可以封装多种协议数据，包括 TCP/IP、IPX 和 NetBEUI。PPTP 采用了基于 RSA 公司 RC4 的数据加密方法，保证了虚拟连接通道的安全性。对于直接连到 Internet 上的用户则不需要第一重 PPP 的拨号连接，可以直接与 PPTP 服务器建立虚拟通道。PPTP 把建立隧道的主动权交给了用户，但用户需要在其计算机上配置 PPTP，这样做既增加了用户的工作量又会造成网络安全隐患。PPTP 本身并不提供数据安全功能，而是依靠 PPP 的身份认证和加密服务提供数据的安全性。另外 PPTP 只支持 IP(Internet protocol)作为传输协议。

2. 第二层转发协议(L2F)

L2F 是由 Cisco 公司提出的可以在多种介质如 ATM、帧中继、IP 网上建立多协议的安全虚拟专用网的通信方式。远端用户能够通过任何拨号方式接入公共 IP 网络，首先按常规方式拨号到互联网服务提供商的接入服务器(NAS)，建立 PPP 连接；NAS 根据用户名等信息，发起第二重连接，通向 HGW(home gateway，家庭网关)。在这种情况下隧道的配置和建立对用户是完全透明的。

3. 第二层隧道协议(L2TP)

L2TP 结合了 L2F 和 PPTP 的优点，可以让用户从客户端或访问服务器端发起 VPN 连接。L2TP 是把链路层 PPP 帧封装在公共网络设施如 IP、ATM、帧中继中进行隧道传输的封装协议。

Cisco、Ascend、Microsoft 和 RedBack 公司的专家们在修改了十几个版本后，终于在 1999 年 8 月公布了 L2TP 的标准 RFC2661。

目前用户拨号访问 Internet 时，必须使用 IP 协议，并且其动态得到的 IP 地址也是合法的。L2TP 的好处就在于支持多种协议，用户可以保留原有的 IPX、AppleTalk 等协议或公司原有的 IP 地址。L2TP 还解决了多个 PPP 链路的捆绑问题，PPP 链路捆绑要求其成员均指向同一个 NAS，L2TP 可以使物理上连接到不同 NAS 的 PPP 链路，在逻辑上的终结点为同一个物理设备。在传统拨号接入方式中用户通过模拟电话线或 ISDN/ADSL 与网络访问服务器建立一个第二层的连接，并在其上运行 PPP，第二层连接的终结点和 PPP 会话的终结点在同一个设备上(如 NAS)，如图 5-19 所示。L2TP 作为 PPP 的扩展提供更强大的功能，包括第二层连接的终结点和 PPP 会话的终结点可以是不同的设备。

和数据摘要(hash)等手段来保证数据包在 Internet 上传输时的私密性、完整性和真实性。IPSec 协议如图 5-22 所示。

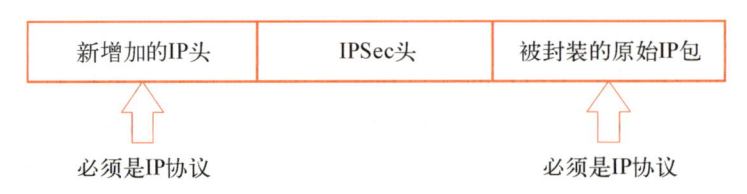

```
┌─────────────┬─────────┬──────────────────┐
│ 新增加的IP头 │ IPSec头 │ 被封装的原始IP包 │
└─────────────┴─────────┴──────────────────┘
       ↑                         ↑
   必须是IP协议              必须是IP协议
```

图 5-22　IPSec 协议

IPSecVPN 系统工作在网络协议栈中的 IP 层,采用 IPSec 协议提供 IP 层的安全服务。由于所有使用 TCP/IP 协议的网络在传输数据时,都必须通过 IP 层,所以提供了 IP 层的安全服务就可以保证端到端传递的所有数据的安全性。

虚拟私有网络允许内部网络之间使用保留 IP 地址进行通信。为了使采用保留 IP 地址的 IP 包能够穿越公共网络到达对端的内部网络,需要对使用保留地址的 IP 包进行隧道封装,加封新的 IP 包头。封装后的 IP 包在公共网络中传输,如果对其不做任何处理,在传递过程中有可能被"第三者"非法查看、伪造或篡改。为了保证数据在传递过程中的私密性、完整性和真实性,有必要对封装后的 IP 包进行加密和认证处理。通过对原有 IP 包进行加密,还可以隐藏实际进行通信的两个主机的真实 IP 地址,减少了它们受到攻击的可能性。IPSec 的框架结构如图 5-23 所示。

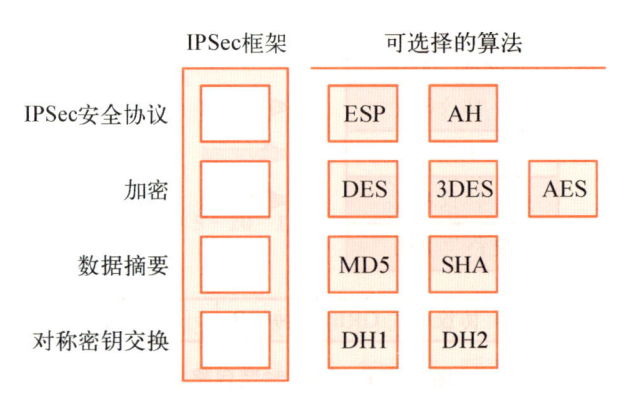

IPSec框架	可选择的算法
IPSec安全协议	ESP　AH
加密	DES　3DES　AES
数据摘要	MD5　SHA
对称密钥交换	DH1　DH2

图 5-23　IPSec 的框架结构

IPSec 支持两种封装模式:传输模式和隧道模式。传输模式不改变原有的 IP 包头,通常用于主机与主机之间,如图 5-24 所示。

隧道模式增加新的 IP 包头,通常用于私网与私网之间通过公网进行通信,如图 5-25 所示。

AH(authentication header,认证报头)模式无法与 NAT 一起进行,AH 对包括 IP 地址在内的整个 IP 包进行 hash 运算,而 NAT 会改变 IP 地址,从而破坏 AH 的 hash 值,如图 5-26 所示。

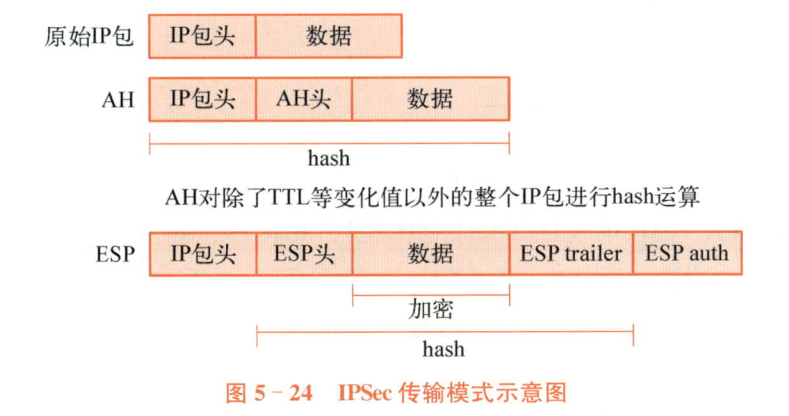

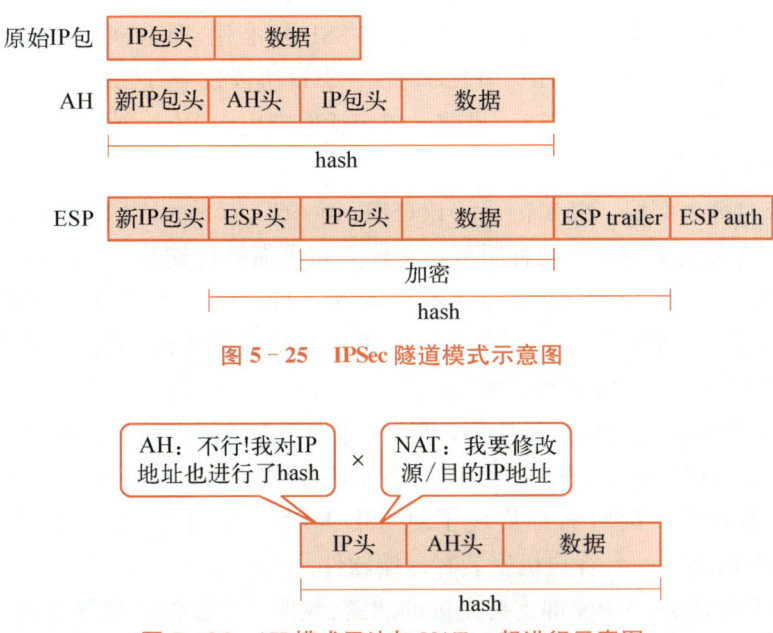

图 5-24 IPSec 传输模式示意图

图 5-25 IPSec 隧道模式示意图

图 5-26 AH 模式无法与 NAT 一起进行示意图

ESP(encapsulate security payload,封装安全载荷)模式下,只进行地址映射时,ESP 可与 NAT 一起工作;进行端口映射时,需要修改端口,而 ESP 已经对端口号进行了加密和 hash 运算,所以将无法进行,如图 5-27 所示。

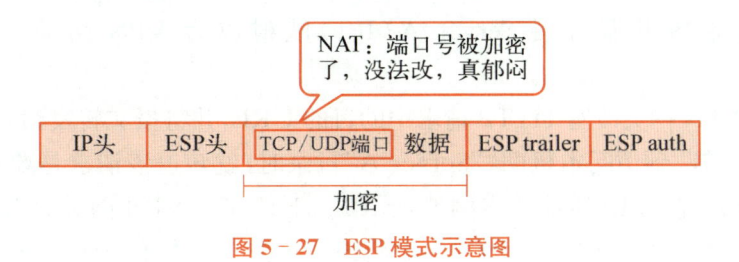

图 5-27 ESP 模式示意图

IPSec 穿越 NAT 后,会在 ESP 头前增加一个 UDP 头,就可以进行端口映射,如图 5-28 所示。

| IP头 | 新UDP头 | ESP头 | TCP/UDP端口 | 数据 | ESP trailer | ESP auth |

NAT:可以改端口号了,太棒了

加密(TCP/UDP端口 数据)

图 5-28 IPSec 转换示意图

6. 高层隧道协议——安全套接层(SSL)

SSL 的英文全称是"secure sockets layer",中文名为"安全套接层",是网景(Netscape)公司提出的基于 Web 应用的安全协议。IETF 将 SSL 标准化,即 RFC2246,并将其称为传输层安全(transport layer security,TLS)协议。SSL 协议位于 TCP/IP 与各种应用层协议之间,为数据通信提供安全支持。目前已被广泛地应用于 Web 浏览器与服务器之间的身份认证和加密数据传输。

SSL 协议可分为两层。SSL 记录协议(SSL record protocol):SSL 记录协议为 SSL 连接提供机密性和报文完整性两种服务。它建立在可靠的传输协议(如 TCP)之上,为高层协议提供数据封装、压缩、加密等基本功能的支持。SSL 握手协议(SSL handshake protocol):它建立在 SSL 记录协议之上,用于在实际的数据传输开始前,通信双方进行身份认证、协商加密算法、交换加密密钥等。

SSL VPN 是 SSL 协议的一种应用,可提供远程用户访问内部网络数据最简单的安全解决方案。SSL VPN 最大的优势在于使用简便,通过任何安装了浏览器的主机都可以使用 SSL VPN,这是因为浏览器都集成了对 SSL VPN 协议的支持,因此不需要像传统 IPSec VPN 那样,为每一台客户机安装客户端软件。

SSL VPN 和 IPSec VPN 都支持先进的加密、数据完整性验证和身份验证技术。SSL VPN 实现原理如图 5-29 所示。

SSL VPN 的实现过程如下:

(1) 远程主机向 VPN 网关发出 HTTP 请求。远程主机希望访问内网的 Web 服务器 Server A,但 Server A 使用的是内网地址 IP1,该地址在公网或者 Internet 上不可见。所以 SSL VPN 网关为内网每个可访问的网络资源建立了一个虚拟路径,该路径与内网资源一一对应,如将 Web 服务器 Server A(IP1)映射成为 VPN 网关上的虚拟路径 "/Server A"。

(2) SSL VPN 网关改写 HTTP 请求中的目的 URL,并将报文转发给真实的服务器。SSL VPN 网关接收到访问本机的"/Server A"目录时,就知道该请求是要求访问内网的服务器 Server A,它的 IP 地址是内网地址 IP1。于是 SSL VPN 网关就改写了 URL 请求,去掉了原请求中的目录"/Server A",并将该请求报文转发给内网服务器 Server A 去

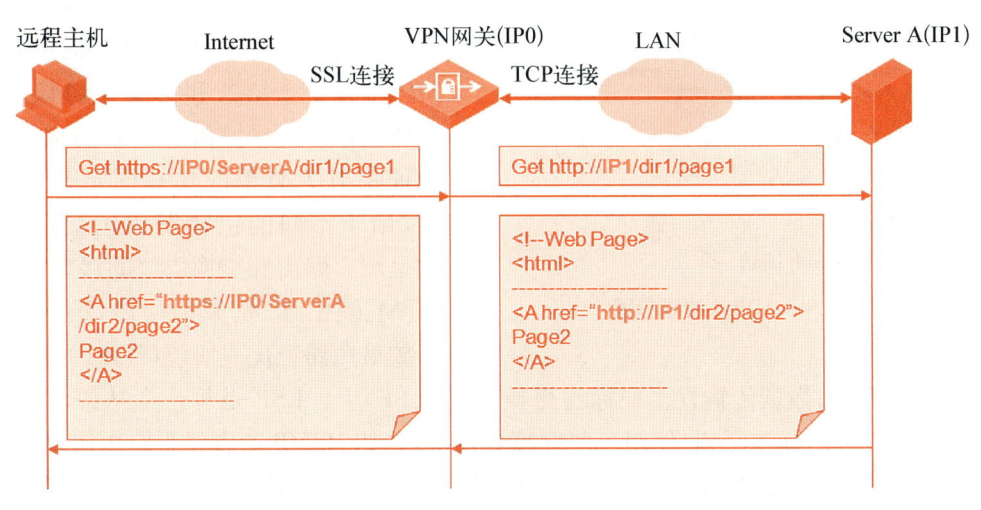

图 5‑29 SSL VPN 实现原理

处理。

（3）内网的服务器返回响应报文。Web 服务器应答报文的实体部分一般是一个 Web 页面，在其中包含了指向其他页面的 URL。由于 Web 服务器在内网部署，在一般情况下，页面中的 URL 链接指向的都是内网地址。如图 5‑29 中所示，页面中包含了一个指向服务器 IP1 的 URL："http://IP1/dir2/page2"。

（4）SSL VPN 网关改写 Web 页面中的 URL 链接，并将其返回给远程主机。SSL VPN 网关解析 HTTP 响应，将其中指向内网的 URL 链接进行改写，用相应的映射到网关上的虚拟路径替换。之后，网关将改写过的 HTTP 响应返回给远程主机。

用户在远程主机上单击这些经过改写的链接，就会产生发向 SSL VPN 网关的 HTTP 请求，从而可以实现从公网到内网的正常访问。

7. 多协议标签交换（MPLS）

Internet 的迅猛发展对 IP 承载网提出了各种挑战，比如路由问题、QoS（quality of service）保障问题等。网络的发展正向宽带化、智能化和一体化的方向发展。在这种背景下，出现了 MPLS（multi-protocol label switching，多协议标签交换）。

MPLS 属于第三代网络架构，是新一代的 IP 高速骨干网络交换标准，由 IETF 所提出，由 Cisco、ASCEND、3COM 等网络设备大厂所主导。

MPLS 的核心概念是交换，也就是这里最后一个字母 S（switching）的含义；其次的重要概念是标签，即这里 L（label）字母的含义；最后一层概念是多协议，即这里的 MP（multi-protocol）的含义。MPLS 的基本思想就是在三层数据包比如 IP 包头之前打上标签，根据这个标签实现快速交换。随着网络设备硬件技术的发展，如交换矩阵等的发展，速度提高主要依靠硬件来完成。MPLS 的概念图如图 5‑30 所示，其中 LER（label edge router）是边缘路由器，LSR（label switching router）是核心路由器。

MPLS 是一种用于快速数据包交换和路由的体系，它为网络数据流量提供了目标、路

第三层路由 MPLS 第三层路由

IP Packet
IP Packet with label
第二层交换

图 5-30 MPLS 的概念图

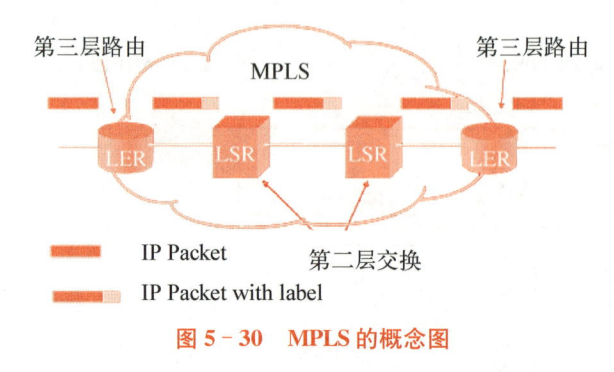

由、转发和交换等能力。更特殊的是，它具有管理各种不同形式通信流的机制。MPLS 独立于第二和第三层协议，诸如 ATM 和 IP。它提供了一种方式，将 IP 地址映射为简单的具有固定长度的标签，用于不同的包转发和包交换技术。它是现有路由和交换协议的接口，如 IP、ATM、帧中继、资源预留协议（RSVP）、开放最短路径优先协议（OSPF）等。

在 MPLS 中，数据传输发生在标签交换路径（LSP）上。LSP 是每一个从源端到终端的路径上的节点的标签序列，使用一些标签分发协议，如 RSVP 或者建于路由协议之上的一些协议，如边界网关协议（BGP）及 OSPF。因为固定长度标签被插入每一个包或信元的开始处，并且可被硬件用来在两个链接间快速交换数据包，所以使数据的快速交换成为可能。如图 5-31 所示是 MPLS 解决方案，其中包括几个组成部分：P(provider router)，代表骨干网核心路由器，负责根据标记(label)转发；PE(provider edge router)代表骨干网边缘路由器；CE(customer edge router)代表用户网边缘路由器。

VPN B site2 10.4.0.0/16
VPN A site2 10.2.0.0/16
VPN A site1 10.1.0.0/16
VPN B site3 10.5.0.0/16
VPN B site1 10.1.0.0/16
VPN A site3 10.3.0.0/16

P: provider router
PE: provider edge router
CE: customer edge router

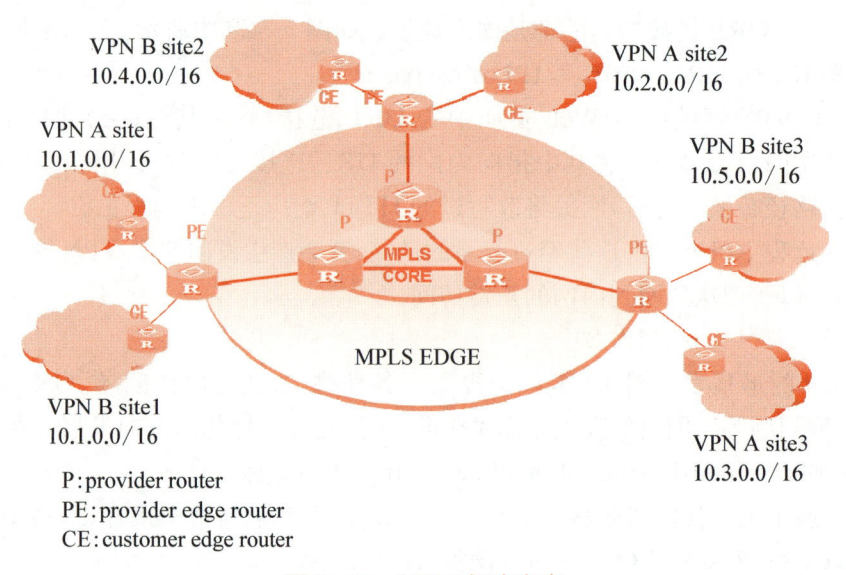

图 5-31 MPLS 解决方案

MPLS VPN 有如下特点：

（1）MPLS 同其他 VPN 的区别是它的实现是由运营商网络完成的，用户端设备可以是路由器、防火墙、三层交换机甚至是一台计算机，而这些设备都无须提供对 MPLS 的支持。

（2）MPLS VPN 提供了灵活的地址管理。由于采用了单独的路由表，允许每个 VPN 使用单独的地址空间，采用私有地址的用户不必再进行地址转换 NAT。NAT 只有在两个有冲突地址的用户需要建立 Extranet 进行通信时才需要。

（3）目前中国电信、中国网通等运营商在国内较大的城市内和城市之间提供了 MPLS VPN 业务，对于分支机构主要分布在较大城市的企业集团，MPLS VPN 是一个较理想的选择。

（4）MPLS 主要设计来解决网络问题，如网络速度、可扩展性、服务质量（QoS）管理以及流量工程，同时也为下一代 IP 中枢网络解决宽带管理及服务请求等问题。

8. 各种 VPN 的应用

表 5-2 对本节介绍的各种 VPN 技术的适用性和特点进行了总结。

表 5-2　各种 VPN 技术的适用性和特点

VPN 类型	适　用　性	特　　点
第二层 VPN 技术	现在已经很少应用	在认证、数据完整性以及密钥管理等方面存在不足
IPSec VPN	得到了广泛的应用	较高的安全性、可实施性
SSL VPN	适用于任何基于 B/S 的应用	零客户端，在实际应用中，SSL VPN 和 IPSec VPN 两种方案往往结合实行
MPLS VPN	适合分支机构位于较大城市的集团企业采用	由运营商提供

5.3.4　虚拟专用网网络安全解决方案

Internet 安全解决方案如图 5-32 所示。

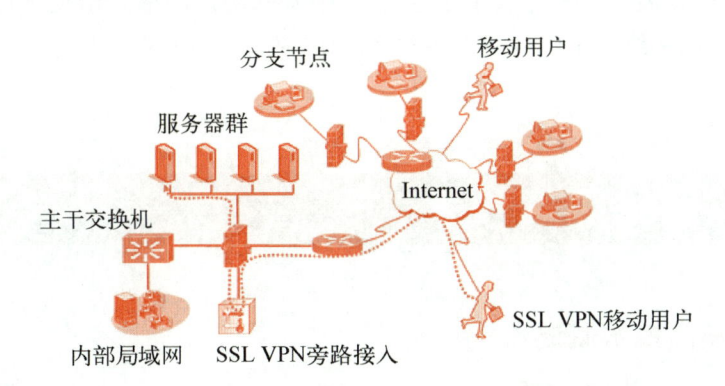

图 5-32　Internet 安全解决方案

在采用 VPN 技术解决网络安全问题时，不但要考虑到现有的网络安全问题，还要考虑到将来可能出现的安全问题、与不同操作平台之间的互操作性和新的加密算法之间的无缝连接等问题，在实际应用中要注意以下 4 个关键问题：

（1）对 VPN 模型选取的考虑。在 VPN 的应用中，应根据具体的应用环境和用户对安全性的需求，采用相应的 VPN 模式，使得网络安全性与实际需要相符合并留有一定的余地。

(2) 对加密算法的选取。对 IP 数据包的加密传输，可以选取 DES、IDEA、RC4 等分组加密算法，要根据情况选择合适的加密算法，使得网络的处理能力、安全性、传输性能达到一个最佳状态。

(3) 对数据完整性和身份认证的考虑。在网络传输时对数据完整性进行检查是必需的，可以采用 hash 函数进行消息认证和发送方的身份认证。

(4) 对主密钥和包密钥的考虑。

VPN 对解决网络通信、资源共享面临的威胁和提高网络通信的保密性、安全性具有现实意义。

5.3.5 虚拟专用网的发展方向

虚拟专用网的发展方向包括以下 3 个方面：

(1) SSL VPN 发展加速。

由于网络应用的 Web 化趋势明显，所以 SSL VPN 快速发展的形式将得到延续。SSL VPN 很可能在不久的将来成为和 IPSec VPN、MPLS VPN 分庭抗礼的 VPN 架构。

(2) 服务质量有待加强。

由于承载 VPN 流量的非专用网络通常不提供服务质量保障，所以 VPN 解决方案必须整合 QoS 解决方案，才能够提供满足不同用户需求的可用性。目前 IETF 已经提出了支持 QoS 的带宽资源预留协议（RSVP），而 IPv6 也提供了处理 QoS 的能力。这为 VPN 技术在服务质量上的进一步改善提供了足够的保障。

(3) 基础设施化趋势显现。

随着 IPv6 的发展，VPN 技术有可能以 IP 中基础协议的形式出现。这样 VPN 将有机会被作为基础的网络安全组件嵌入各种系统中，从而使 VPN 成为完全透明化的网络安全基础设施。

5.4 网络隔离技术

5.4.1 网络隔离技术概述

网络隔离（network isolation）主要是指把两个或两个以上可路由的网络通过不可路由的协议（如 IPX/SPX、NetBEUI 等）进行数据交换而达到隔离的目的，保护内部网络的安全。网络隔离结构如图 5-33 所示。

隔离概念是在为了保护高安全度网络环境的情况下产生的，如涉密网、专用网。网络隔离的关键点在于任何时刻在保护网络和外部网络之间都不存在直接的物理连接，它是最高级别的安全技术。一般认为，网络隔离技术经历了 5 个发展阶段：

第一代隔离技术——完全隔离。此方法使得网络处于信息孤岛状态，做到了完全的

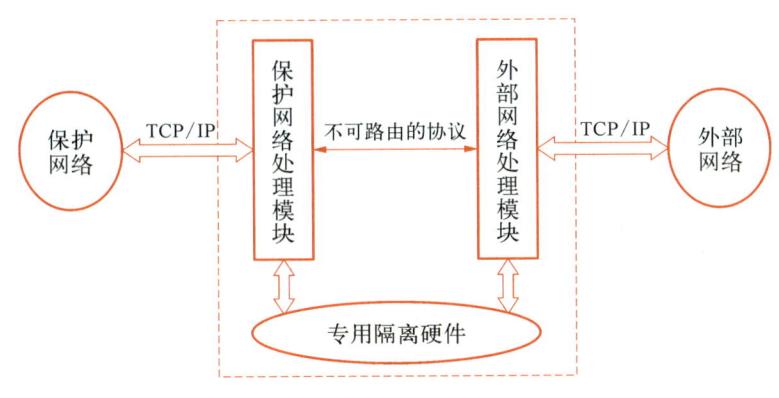

图 5-33　网络隔离结构图

物理隔离,但需要至少两套网络和系统,造成了信息交流的不便和成本的提高,这样给维护和使用带来了极大的不便。

第二代隔离技术——硬件卡隔离。在客户端增加一块硬件卡,客户端硬盘或其他存储设备首先连接到该卡,然后再转接到主板上,通过该卡能控制客户端硬盘或其他存储设备。而在选择不同的硬盘时,同时选择了该卡上不同的网络接口,连接到不同的网络。但是,这种隔离产品有的仍然需要网络布线为双网线结构,产品存在较大的安全隐患。

第三代隔离技术——数据转播隔离。利用转播系统分时复制文件的方式来实现隔离,切换时间非常之久,甚至需要手工完成,不仅明显地减缓了访问速度,更不支持常见的网络应用,失去了网络存在的意义。

第四代隔离技术——空气开关隔离。它是通过使用单刀双掷开关,使得内外部网络分时访问临时缓存器来完成数据交换的,但在安全和性能上存在许多问题。

第五代隔离技术——安全通道隔离。此技术通过专用通信硬件和专有安全协议等安全机制,来实现内外部网络的隔离和数据交换,不仅解决了以前隔离技术存在的问题,并有效地把内外部网络隔离开来,而且高效地实现了内外网数据的安全交换,透明支持多种网络应用,成为当前隔离技术的发展方向。

5.4.2　网络隔离技术工作原理及关键技术

一、网络隔离技术的特点

网络隔离技术的特点包括以下 5 个方面:

1. 要具有高度的自身安全性

隔离产品要保证自身具有高度的安全性,至少在理论和实践上要比防火墙高一个安全级别。在技术实现上,除了和防火墙一样要对操作系统进行加固优化或采用安全操作系统外,关键在于要把外网接口和内网接口从一套操作系统中分离出来。也就是说,至少要由两套主机系统组成,一套控制外网接口,另一套控制内网接口,然后在两套主机系统之间通过不可路由的协议进行数据交换,如此,即便黑客攻破了外网系统,仍然无法控制内网系统,就达到了更高的安全级别。

2. 要确保网络之间是隔离的

保证网间隔离的关键是网络包不可路由到对方网络，无论中间采用了什么转换方法，只要最终使得一方的网络包能够进入到对方的网络中，都无法称之为隔离，即达不到隔离的效果。显然，只是对网间的包进行转发，并且允许建立端到端连接的防火墙，是没有任何隔离效果的。此外，那些只是把网络包转换为文本，交换到对方网络后，再把文本转换为网络包的产品也是没有隔离效果的。

3. 要保证网间交换的只是应用数据

既然要达到网络隔离，就必须做到彻底防范基于网络协议的攻击，即不能够让网络层的攻击包到达要保护的网络中，所以就必须进行协议分析，完成应用层数据的提取，然后进行数据交换，这样就把诸如 TearDrop、Land、Smurf 和 SYNFlood 等网络攻击包，彻底地阻挡在了可信网络之外，从而明显地增强了可信网络的安全性。

4. 要对网间的访问进行严格的控制和检查

作为一套适用于高安全度网络的安全设备，要确保每次数据交换都是可信的和可控制的，严格防止非法通道的出现，以确保信息数据的安全和访问的可审计性。所以必须施加一定的技术，保证每一次数据交换过程都是可信的，并且内容是可控制的，可采用基于会话的认证技术和内容分析与控制引擎等技术来实现。

5. 要在坚持隔离的前提下保证网络畅通和应用透明

隔离产品会部署在多种多样的复杂网络环境中，并且往往是数据交换的关键点，因此，产品要具有很高的处理性能，不能够成为网络交换的瓶颈，要有很好的稳定性；不能够出现时断时续的情况，要有很强的适应性，能够透明接入网络，并且透明支持多种应用。

二、网络隔离技术的工作原理

网络隔离技术的核心是物理隔离，并通过专用硬件和安全协议来确保两个链路层断开的网络能够实现数据信息在可信网络环境中进行交互、共享。一般情况下，网络隔离系统主要包括内网处理单元、外网处理单元和专用隔离交换单元三部分，其中，内网处理单元和外网处理单元都具备一个独立的网络接口和网络地址来分别对应内网和外网，而专用隔离交换单元则是通过硬件电路控制高速切换连接内网或外网。网络隔离技术的基本原理是通过专用物理硬件和安全协议在内网和外网之间架构起安全隔离网墙，使两个系统在空间上物理隔离，同时又能过滤数据交换过程中的病毒、恶意代码等信息，以保证数据信息在可信的网络环境中进行交换、共享，同时还要通过严格的身份认证机制来确保用户获取所需数据信息。网络隔离系统的组成如图5-34所示。

三、网络隔离技术的类型

主要的网络隔离技术有如下几种类型：

1. 双机双网

双机双网隔离技术方案是指通过配置两台计算机来分别连接内网和外网环境，再利用移动存储设备来完成数据交互操作，然而这种技术方案会给后期系统维护带来诸多不便，同时还存在成本上升、占用资源等缺点，而且通常效率也无法达到用户的要求。

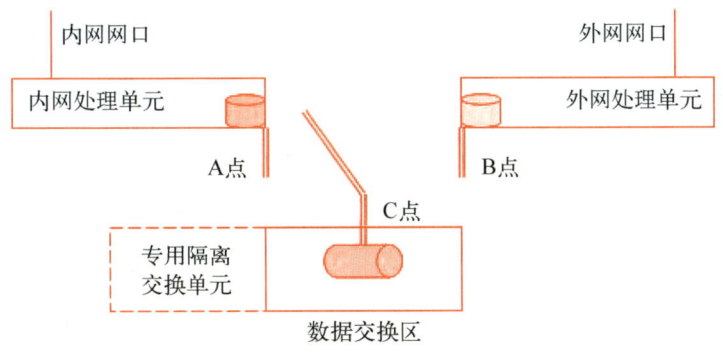

图 5-34 网络隔离系统的组成

2. 双硬盘隔离

双硬盘隔离技术方案的基本思想是通过在原有客户机上添加一块硬盘和隔离卡来实现内网和外网的物理隔离,并通过选择启动内网硬盘或外网硬盘来连接内网或外网。由于这种隔离技术方案需要多添加一块硬盘,所以对那些配置要求高的网络而言,就造成了成本浪费,同时频繁地关闭、启动硬盘容易造成硬盘的损坏。

3. 单硬盘隔离

单硬盘隔离技术方案的实现原理是从物理层上将客户机的单个硬盘分割为公共和安全分区,并分别安装两套系统来实现内网和外网的隔离,这样就可具有较好的可扩展性,但是也存在数据是否安全界定困难、不能同时访问内外两个网络等缺陷。

4. 集线器级隔离

集线器级隔离技术方案的一个主要特征是客户机只需使用一条网线就可以部署内网和外网,然后通过远端切换器来选择连接内网或外网,避免了客户端要用两条网线来连接内外网络。

5. 服务器端隔离

服务器端隔离技术方案的关键内容是在物理上没有数据连通的内外网络下,如何快速分时地处理和传递数据信息,该方案主要是通过采用复杂的软硬件技术手段在服务器端实现数据信息过滤和传输任务,以达到隔离内外网的目的。

四、网络隔离环境下的数据交换过程

网络隔离技术的重点是在网络隔离的环境下如何交换数据。基于网络隔离的数据交换系统如图 5-35 所示,此时为无数据交换的网络断开图。外网是安全性不高的互联网,内网是安全性很高的内部专用网络。正常情况下,隔离设备和外网、隔离设备和内网、外网和内网是完全断开的。隔离设备可以理解为由存储介质和控制电路组成。

当外网需要将数据送达内网的时候(如发送电子邮件),外部的服务器立即发起对隔离设备的非 TCP/IP 协议的数据连接,隔离设备将所有的协议剥离,并将原始的数据写入存储介质,该过程如图 5-36 所示。

根据应用的不同,有必要对数据进行完整性和安全性检查,以防止病毒和恶意代码等进入内网。一旦数据完全写入隔离设备的存储介质,隔离设备立即中断与外网的连接。

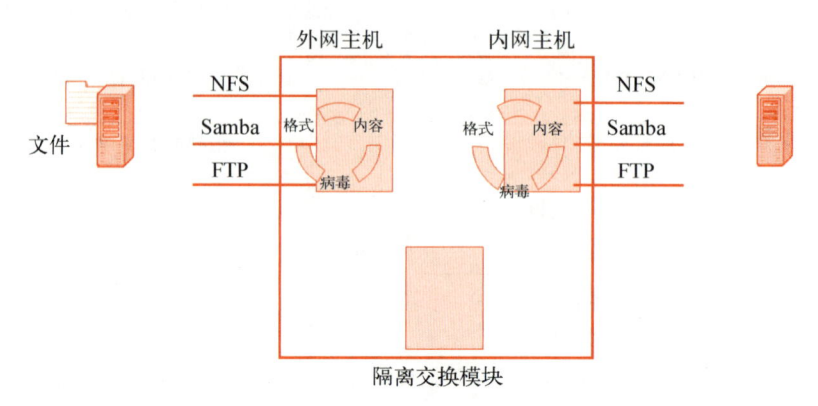

图 5-35　基于网络隔离的数据交换系统

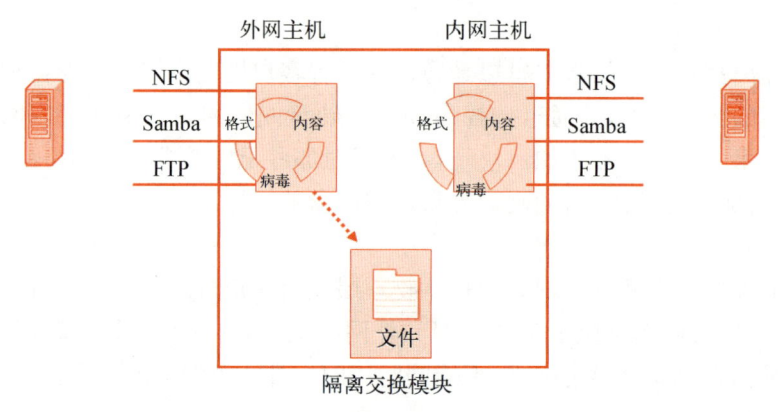

图 5-36　外部主机与固态存储介质交换数据示意图

转而发起对内网的非 TCP/IP 协议的数据连接,此时隔离设备将存储介质内的数据推向内网,如图 5-37 所示。

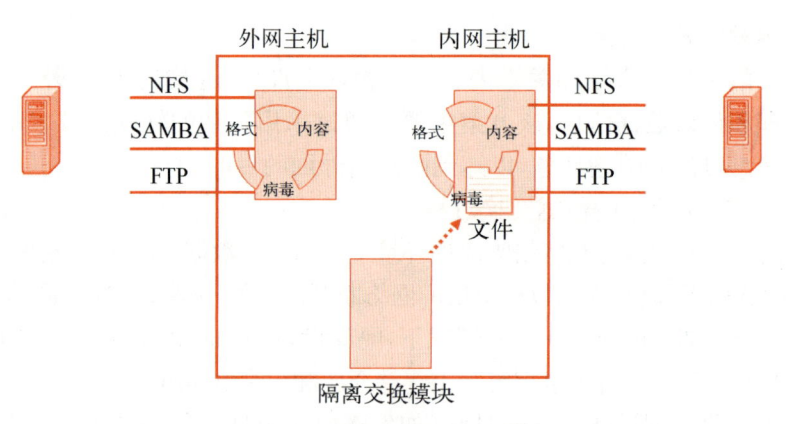

图 5-37　固态存储介质与内部主机数据交换示意图

内网收到数据后,立即进行 TCP/IP 的封装和应用协议的封装,并交给应用系统。这个时候内网电子邮件系统就收到了外网的电子邮件系统通过隔离设备转发的电子邮件。在控制台收到完整的交换信号后,隔离设备立即切断与内网的连接,恢复到如图 5-38 所示的状态。

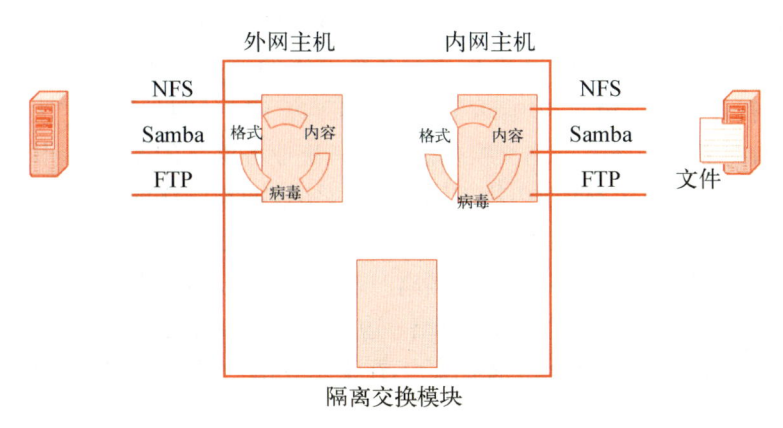

图 5-38　文件被传送到内网恢复断开状态

五、GAP 技术

1. 定义

GAP 源于英文的"airgap"，GAP 技术是一种通过专用硬件使两个或者两个以上的网络在不连通的情况下，实现安全数据传输和资源共享的技术。GAP 中文名字叫作"安全隔离网闸"，它采用独特的硬件设计，能够显著地提高内部用户网络的安全强度。

2. GAP 技术的基本原理

目前主要有 3 类 GAP 技术：实时开关（real time switch）、单向连接（one way link）和网络交换器（network switcher）。

实时开关（real time switch）指同一时刻内外网络没有物理上的数据连通，但又快速分时地处理并传递数据。通常实时开关连接一个网络去获得数据，然后开关转向另一个网络并把数据放在上面，两个网络间的数据移动以很快的速度进行，就像实时处理一样。通常采取的方式是：终止网络连接并剥去 TCP 包头，然后把"原始"数据传入实时开关，这样就可除去网络协议漏洞带来的风险。同时，实时开关也可执行内容检测以防止病毒所造成的损害。

单向连接（one way link）指数据只能单向地从源网（source network）传输到目的网（destination network），单向连接实际上建立了一个"只读"网络，即不允许数据反向传回到源网。同实时开关一样，单向连接必须用硬件来实现，以防止数据传错方向。

网络交换器（network switcher）指一台计算机上有两个虚拟机，先把数据写入一个虚拟机，然后通过开关把传输数据到另一个虚拟机，数据传输速度比实时开关和单向连接都慢，不是实时工作的。网络交换器通常可用带有双接口的硬件卡来实现，每个接口连接一个隔离的网络，但同一时刻只有一个是激活的。

3. 网闸的应用定位

安全隔离网闸的优势在于它通过在不可信网络牺牲自己来积极有效地应对攻击，以充分保护可信网络，避免受到基于操作系统和网络的各种攻击。它的应用包括以下几个方面。

（1）涉密网与非涉密网之间。

（2）局域网与互联网之间（内网与外网之间）。有些局域网络，特别是政府办公网络，涉及政府敏感信息,有时需要与互联网在物理上断开,用物理隔离网闸是一个常用的办法。

(3) 办公网与业务网之间。办公网络与业务网络的信息敏感程度不同,例如,银行的办公网络和银行业务网络就是很典型的信息敏感程度不同的两类网络。为了提高工作效率,办公网络有时需要与业务网络交换信息。为解决业务网络的安全性问题,比较好的办法就是在办公网与业务网之间使用物理隔离网闸,实现两类网络的物理隔离。

(4) 电子政务的内网与专网之间。在电子政务系统建设中要求政府内网与外网之间用逻辑隔离,在政府专网与内网之间用物理隔离。现在常用的方法是用物理隔离网闸来实现。

(5) 业务网与互联网之间。电子商务网络一边连接着业务网络服务器,另一边通过互联网连接着广大民众,为了保障业务网络服务器的安全,在业务网络与互联网之间应实现物理隔离。

5.4.3 网络隔离常见产品

一、国外网闸产品介绍

1. 美国鲸鱼公司的网闸(e-Gap)

e-Gap 是典型的用 SCSI(small computer system interface)技术实现的网闸。e-Gap 采用实时交换技术,固态介质存储设备是 RAMdisk。e-Gap 剥离了 TCP/IP 协议,鲸鱼公司形象地称自己的网闸为"应用巴士",目前支持的应用有"文件巴士""Web 巴士""电子邮件巴士"和"数据库巴士"等。该产品的最大缺点是基于 Windows 平台,尽管可以对 Windows 平台进行加固,但 Windows 平台的安全性似乎先天不足。

2. 美国矛头公司的网闸(NETGAP)

矛头公司的网闸(NETGAP),采用的是基于总线的网闸技术。通过采用双端口的静态存储器和低电压差分信号(LVDS)总线技术来实现内存数据的交换。矛头公司把该技术取名为基于硬件的反射技术。NETGAP 第一代的产品采用了一路存储转发,第二代采用了两路非同时存储转发,效率提高了一倍。

二、国内网闸产品介绍

TopRules 是天融信公司 2008 年推出的网络隔离与信息交换产品,该产品完善了安全隔离与信息交换的理念,提出了三机系统安全隔离模型,采用自主研发的安全操作系统 TOS、专用的硬件设计、内核级监测、完善的身份认证、严格的访问控制和安全审计等各种安全模块,有效地防止非法攻击、恶意代码和病毒渗入,同时防止内部机密信息的泄露,实现网间信息的安全隔离和可控交换。

国内的网闸产品,除了天融信公司网闸(TopRules),主要还有中网公司的网闸(X-GAP)、国保金泰公司网闸(IGAP)和联网公司的网闸(SIS)等。

5.5 统一威胁管理系统

一、UTM 的定义

UTM(unified threat management),即统一威胁管理,2004 年 9 月,IDC(International

Data Corporation)首次提出统一威胁管理的概念,即将防病毒、入侵检测和防火墙安全设备划归统一威胁管理的新类别。目前 UTM 常定义为由硬件、软件和网络技术组成的具有专门用途的设备,它主要提供一项或多项安全功能,同时将多种安全特性集成于一个硬件设备里,形成标准的统一威胁管理平台。UTM 设备应该具备的基本功能包括网络防火墙、网络入侵检测、防御和网管防病毒功能。

虽然 UTM 集成了多种功能,但却不一定要同时开启。根据不同用户的不同需求以及不同的网络规模,UTM 产品分为不同的级别,也就是说,如果用户需要同时开启不同的网络规模,则需要匹配性能比较高、功能比较丰富的产品。

统一威胁管理系统需要做到以下几点:

(1) 建立一个更可靠的防火墙,除了传统的访问控制之外,防火墙还应该对垃圾邮件、拒绝服务、黑客攻击等一些外部的威胁起到综合检测网络安全协议层防御的作用,真正的安全不能只停留在底层,要能实现七层协议的保护,而不仅仅局限于二到四层。

(2) 要有高检测技术来降低误报,作为一个串联接入的网关设备,一旦误报过高,对用户来说是灾难性的后果,IPS 就是一个典型例子,采用高技术门槛的分类检测技术可以大幅度降低误报率。

(3) 要有高可靠性、高性能的硬件平台支撑,对于 UTM 时代的防火墙,在保证网络安全的同时,不能使其成为网络应用的瓶颈,UTM 必须以高性能、高可靠性的专用芯片及专用硬件平台为支撑,以避免 UTM 设备在复杂的环境下其可靠性和性能不佳带来的对用户核心业务正常运行的影响。

二、UTM 的优点

(1) 将多种安全功能整合在同一产品当中能够让这些功能组成统一的整体发挥作用,比单个功能的累加功效更强。现在很多组织特别是中小企业用户受到成本限制而无法获得令人满意的安全解决方案。UTM 产品有望解决这一困境,购买包含多个功能的 UTM 安全设备的价格比单独购买这些功能要低,这使得用户可以用较低的成本获得相比以往更加全面的安全防御设施。

(2) 减低信息安全工作强度。由于 UTM 安全产品可以一次性地获得以往多种产品的功能,并且只要插接在网络上就可以完成基本的安全防御功能,所以在部署过程中可以大大降低强度。另外,UTM 安全产品的各个功能模块遵循同样的管理接口,并具有内建的联动能力,所以在使用上也远较传统的安全产品简单。同等安全需求条件下,UTM 安全设备的数量要低于传统安全设备,无论是厂商还是网络管理员都可以减少服务和维护工作量。

(3) 降低技术复杂度。由于 UTM 安全设备中装入了很多的功能模块,所以需要为提高易用性进行考虑。这些功能的协同无形中减低了掌握和管理各种安全功能的难度以及用户误操作的可能,对于没有专业信息安全人员及技术力量相对薄弱的组织来说,使用 UTM 产品可以提高这些组织应用信息安全设施的质量。

三、UTM 的缺点

(1) 过度集成带来的风险。将所有功能集成在 UTM 设备中使得抗风险能力有所降低,但是一旦该 UTM 设备出现问题,将导致所有的安全防御措施失效。UTM 设备的安全漏洞也会造成相当严重的损失。

(2) 性能和稳定性难以平衡。尽管使用了很多专门的软硬件技术用于提供足够的性能,但是在同一空间下实现更高的性能输出还是会对系统的稳定性造成影响,目前 UTM 安全设备的稳定程度相比传统安全设备来说仍有不少可改进之处。

5.6 项目实践

站点到站点的 IPSec VPN 实现

【实践内容】

某企业的总部和分部分别位于不同的城市,根据业务需要,现在要在总部和分部间建立可靠的信息传输。考虑到建设成本和原有设备的充分利用,该企业采用了 VPN 解决方案,并在原有的防火墙系统上配置 VPN 系统,实现站点到站点的可靠信息传输。

【实践原理】

IPSec 三层隧道实现安全的数据传输,详细的原理请参考 5.3.3 节。

【实践环境】

Juniper 防火墙 2 台、计算机 3 台、网线若干。

典型的实践环境如图 5-39 所示。

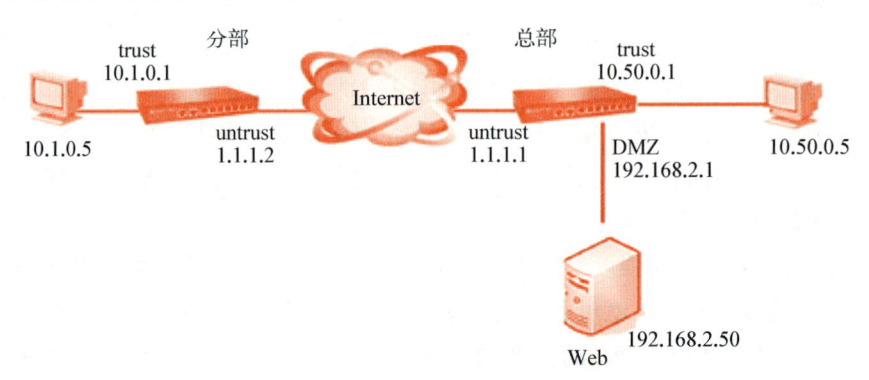

图 5-39 典型的实验环境

【实践步骤】

一、配置各计算机的 IP 地址、网关(步骤略)

二、配置防火墙

以总部防火墙的 VPN 配置为例:

- 配置网关名称、远端 VPN 设备的 IP 地址。
- 设置共享密钥。
- 配置 VPN IKE 参数。

- 配置策略。
- 配置完成后,再配置分部的 VPN 系统,最后测试。

以分部(用 C 表示)防火墙的配置为例:

- 配置网关名称为"c to a"、远端 VPN 设备 IP 地址为 1.1.1.1。如图 5-40 所示。

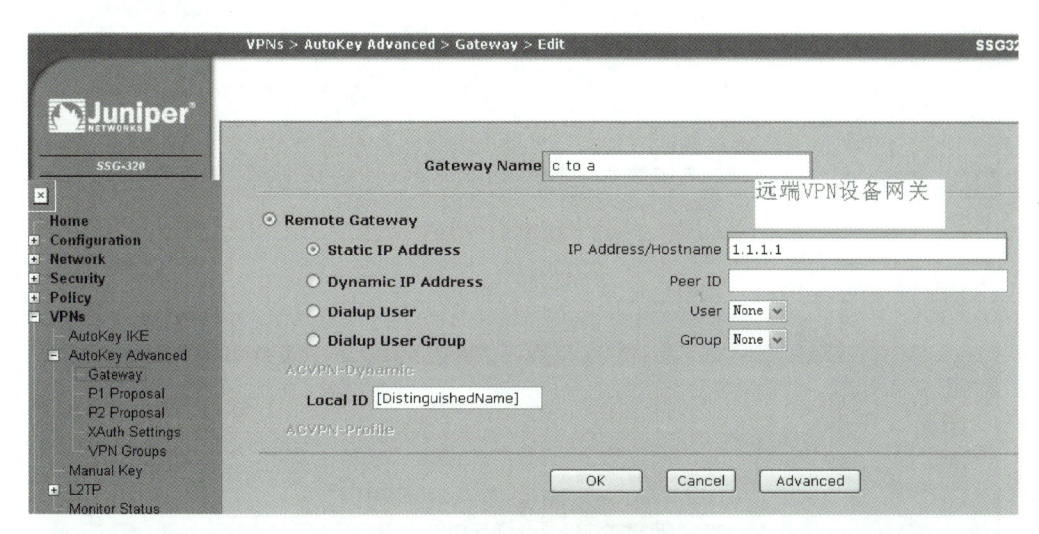

图 5-40 配置网关参数基本

注意:在配置总部防火墙时,远端 VPN 设备网关应改为对端(即分部)防火墙外网口地址,并相应地改变"Gateway Name"。

(1) 在如图 5-41 所示的高级选项中设置共享密钥,注意总部和分部的密钥应一致。

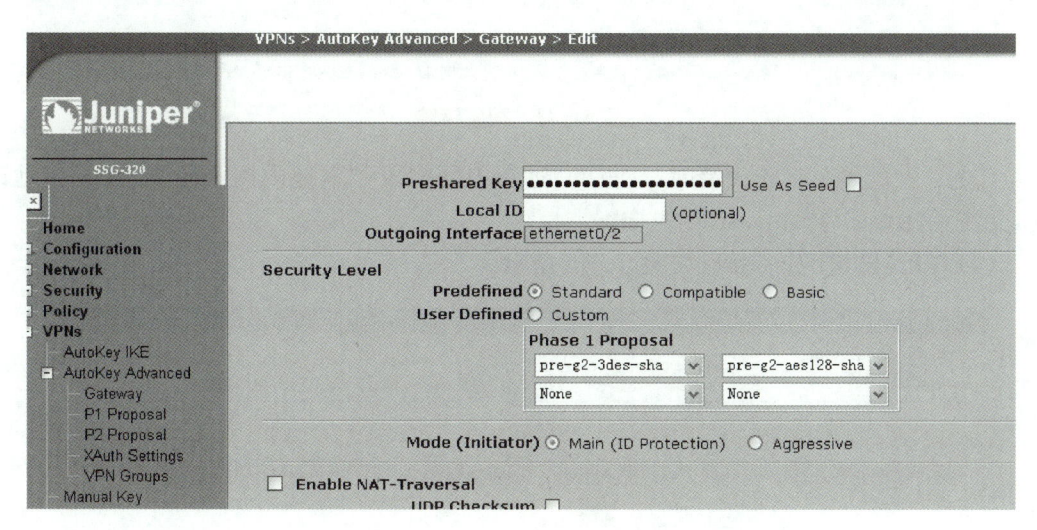

图 5-41 设置共享密钥

(2) 配置 VPN IKE 参数"Security Level",注意总部和分部两端保持一致,如图 5-42 所示。

图 5-42　配置 VPN IKE 参数

(3) 配置策略,如图 5-43 所示。

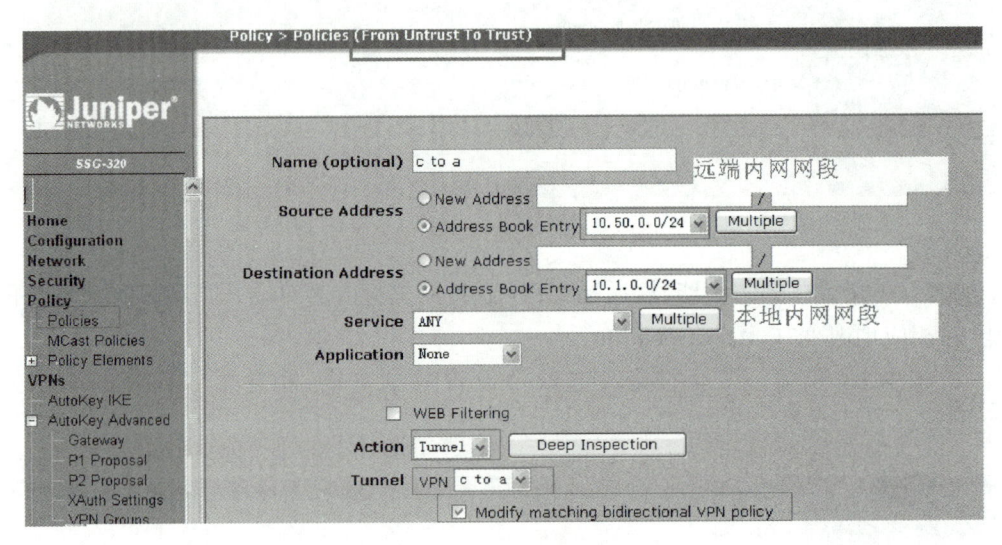

图 5-43　配置策略

注意:在配置总部防火墙时,这里的"远端内网网段""本地内网网段"也要相应地改变,并注意"trust"与"untrust"的方向。

(4) VPN 隧道配置完成,如图 5-44 所示。

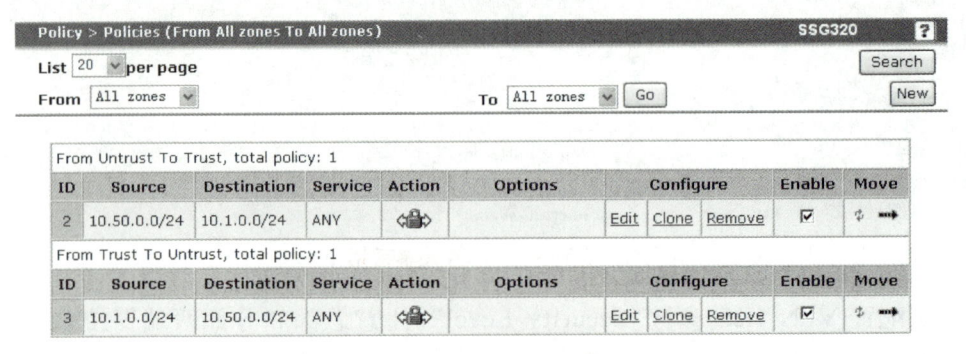

图 5-44　VPN 隧道配置完成

(5) 测试结果,如图 5-45 所示。

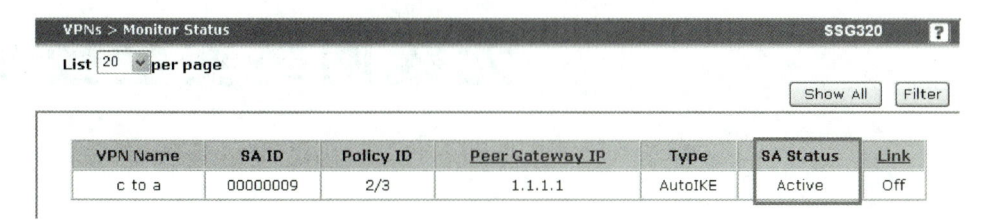

图 5-45　测试结果

到此为止,VPN 网关到网关的配置已经完成。

【实践思考】

添加多个连接,同时开启,看 VPN 网关能否正常工作。

第 6 章

无线网络安全技术

热点关注
明明白白用无线

>>> **学习目标**

1. 了解无线传输协议。
2. 掌握 WEP 和 WPA 加密方式。
3. 了解 4G 移动通信安全问题。
4. 掌握无线网络的安全隐患及对策。

拓展阅读
为什么是 5G

引 例

Internet 发展速度出乎所有人意料,然而进入 21 世纪,随着移动智能终端的迅猛发展,移动互联异军突起。移动办公、掌上互联已成为当前最流行的应用,在智慧城市发展战略中,无线网络覆盖是最重要的组成部分。然而由于无线信号传播的特殊性,无线通信安全问题日益突出。随着智能终端的不断普及,人们也越来越关注移动安全。

6.1 无线网络安全概述

拓展阅读
WIFI 6

6.1.1 WLAN

一、无线局域网

无线局域网(Wireless LAN,WLAN)是不使用任何导线或传输电缆连接的局域网,而使用无线电波作为数据传输的媒介,传输距离一般只有几十米。无线局域网的主干网络通常使用有线电缆,无线局域网用户通过一个或多个无线接入点接入无线局域网。无线局域网现在已经广泛地应用在商务区、大学、机场及其他公共区域。

二、802.11 协议集

无线局域网的发展已有二十多年的历史,其大致发展可分为三个阶段。

起步阶段:1999 年,IEEE 802.11b(11 Mbps)和 IEEE 802.11a(54 Mbps)标准协议的相继问世,最大限度地将 WLAN 的网络接入速率提升到了 11 Mbps 和 54 Mbps,并将

可用频段从 2.4 GHz 扩展至 5 GHz。

发展阶段：2003 年，有三种无线技术有效地推动了无线网络朝商业化市场迈进。802.11g 标准协议的发布，将 2.4 G 频段上的网络接入速率提升至 54 Mbps，为市场提供了一种速率更高，价格更低，并且能向下兼容 802.11b 的产品；而 IEEE 802.3af 标准的批准，规范了以太网电缆电力检测和控制事项，简化了 Wi-Fi 无线网络的安装部署和使用。

2004 年，IEEE 802.11i 安全标准协议的制定，增强了 802.11 链路的安全特性，为用户的数据安全性提供了更为重要的安全屏障。

飞跃阶段：2009 年，802.11n 作为新一代的 Wi-fi 标准，提供了 300 Mbps 的连接速度，是 802.11g 的六倍速度；2013 年，作为 802.11n 的延伸 802.11ac 正式发布，其工作主要频段为 5 GHz 频率，802.11ac 向后兼容 802.11 全系列标准和规划，接入速率达到 1 Gbps。

当前 802.11 协议中最新的即为 802.11ax 协议，又称为 Wi-Fi 6、高效率无线标准（High-Efficiency Wireless，HEW），其接入速率达到 9.6 Gbps，当未来 Wi-Fi 6 普及时，在车站、机场、体育场馆、学校教室、开放式办公室等高密度场景下，人们能够随意、流畅地连接 Wi-Fi 网络。

6.1.2 典型无线网络应用

无线网络区别于有线网络，省略了繁杂的物理线路设置，便于用户自由接入网络，正是其方便性深受用户喜爱，根据无线网络的应用范围，其典型的应用有以下几种。

一、简单的家庭无线网络

随着笔记本电脑、掌上电脑、智能手机的普及，用户迫切需求在家庭中能随时随地地连接 Internet，区别于传统的有线网络，利用无线路由器，组建简单的家庭无线局域网是当前最普遍的应用，如图 6-1 所示。

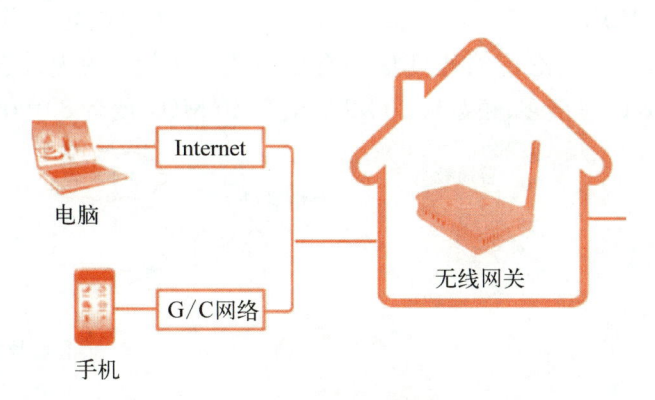

图 6-1　家庭无线局域网

家庭的无线组网，摒弃了繁杂的网络布线，并且采用了 802.11g 标准，提供 54 M 的带宽，保证了家庭网络的各种应用。无线网络中提供了多种加密机制，保证了家庭网络的安全。打印服务器则解放出专门用于和打印机连接的计算机。数字媒体适配器（DMA）则把共享于整个局域网内的视频、音频资料，通过电视进行播放。

二、无线桥接

无线网络的传播距离在室外环境最远达到 300 m,在室内环境最远能达到 100 m,但由于自然环境存在各种干扰源和障碍物,因而无线信号的实际有效距离要短得多。为了解决这一问题,可以采取无线桥接技术,如图 6-2 所示。

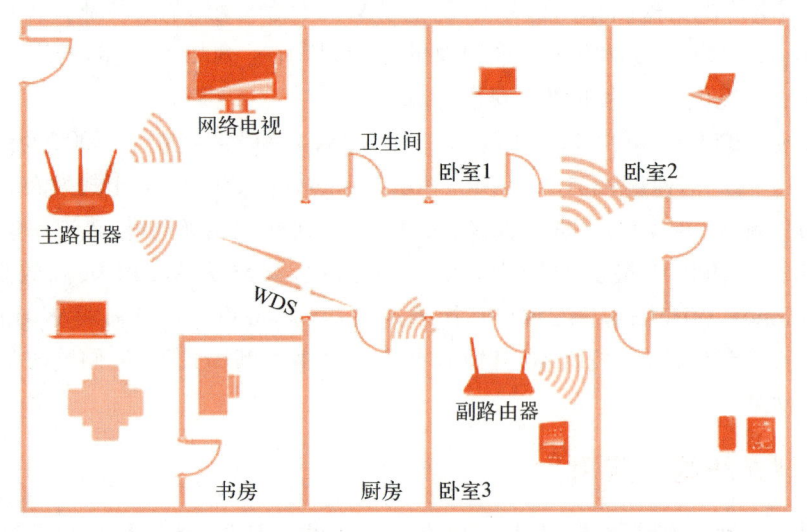

图 6-2 无线桥接

目前市场上主流的无线路由器都支持无线桥接,在设置无线桥接网络时至少需要 2 台无线路由器,也可以用多台覆盖更大的网络环境。

三、中型 WLAN

随着无线网络技术的不断发展,802.11n 300 Mbps 标准的无线网络产品已成为市场主流,在 2012 年,IEEE 进行了一种新的 802.11ac 标准的制定工作,这是一个基于 802.11a 5 GHz 频段,理论传输速度最高有望达到 1 Gbps 的无线技术,传输速度是 802.11n 300 Mbps 的三倍多;频宽从 20 MHz 增至 40 MHz 或者 80 MHz,甚至有可能达

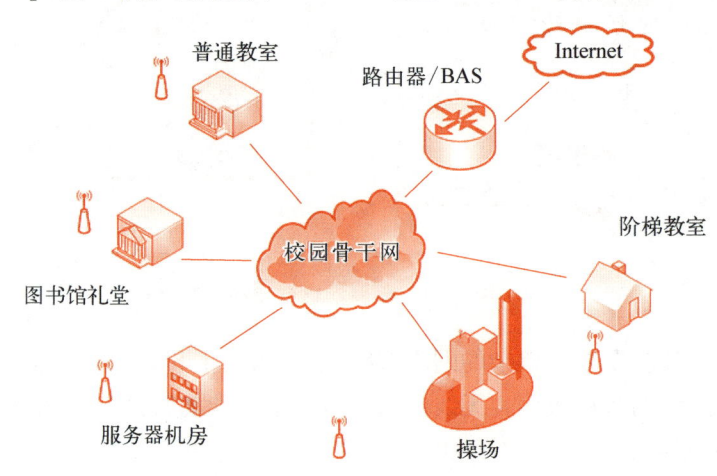

图 6-3 中型无线网络示意图

到 160 MHz。随着基于 802.11ac 标准的产品不断推出,无线网络将进入 G 时代。因此,中型无线网络在中小型企业、政府机构、学校、酒店、医院和工厂等应用环境中将更加普及。学校内的中型无线网络示意图如图 6-3 所示。

6.1.3 无线局域网存在的安全问题

一、无线局域网的安全隐患

1. 信号传输

无线网络通过电磁波传输信息,电磁波属于向四周发散的、不可视的网络介质,与有线网络传输介质的固定性、可视性和可监控性截然相反。电磁波的发散范围和区域是不受人为控制的,一些"不应当"接收到无线网络信号的区域也同样可以接收到信号。

2. SSID

SSID(service set identifier)广播是指无线接入点向外界告知自身存在所发出的广播信息。无线网络终端进入一个新的环境中,无线网卡之所以能够"查看"到周围的无线网络信息,是因为 SSID 在将自身进行广播,将其"存在"的信息告知周围的无线网卡。无线网卡根据 SSID 广播查看到无线网络信息,连接到相应的 SSID 并通过身份验证后即可接入无线网络。

3. 加密方式

按照无线网络加密技术的发展历程,大致可以将无线网络的加密方式分为三种,即 WEP 加密方式、WPA 加密方式、WPA2 加密方式。实践证明,三种加密方式都存在被破解的可能,特别是 WEP 加密方式,被破解的可能性几乎达到了 100%,并且破解耗时非常之少。WPA 和 WPA2 虽然安全程度提高了很多,但是也存在被破解的可能。

二、无线局域网的安全威胁

1. 无线网络被盗用

无线网络被盗用是指用户的无线网络被非授权的计算机接入,这种行为被人们形象地称为"蹭网"。无线网络被盗用会对正常用户造成很恶劣的影响,一是会影响到正常用户的网络访问速度;二是对于按照网络流量缴纳上网服务费用的用户会造成直接经济损失;三是无线网络被盗用会增加正常用户遭遇攻击和入侵的概率;四是如果黑客利用盗用的无线网络进行黑客行为造成安全事件,正常用户可能受到牵连。

2. 网络通信被窃听

网络通信被窃听是指用户在使用网络过程中产生的通信信息被局域网中的其他计算机所捕获。由于大部分网络通信都是以明文(非加密)的方式在网络上进行传输,因此通过观察、监听、分析数据流和数据流模式,就能够得到用户的网络通信信息。例如,A 计算机用户输入百度的网址就可能被处于同一局域网的 B 计算机使用监视网络数据包的软件所捕获,并且在捕获软件中能够显示出来,同样可以捕获的还有聊天记录等。

3. 遭遇无线钓鱼攻击

遭遇无线钓鱼攻击是指用户接入到"钓鱼"无线网络接入点而遭到攻击的安全问题。无线钓鱼攻击者首先会建立一个无线网络接入点,"欢迎"用户接入其无线接入点。一旦用户接入了其所建立的无线网络，用户使用的系统就会遭遇扫描、入侵和攻击，部分用户的计算机会被其控制，被控计算机可能遭遇机密文件被盗取、感染木马等安全威胁。

4. 无线 AP 遭遇控制

无线 AP 是指无线网络接入点，例如家庭中常用的无线路由器就是无线 AP。无线 AP 为他人所控制就是无线路由器的管理权限为非授权的人员所获得。当无线网络盗取者盗取无线网络并接入后，就可以连接访问无线 AP 的管理界面，如果恰好用户使用的无线 AP 验证密码非常简单，比如使用的是默认密码，那么非授权用户即可登录进入无线 AP 的管理界面随意进行设置。

无线 AP 为他人所控制造成的后果可能很严重：一是盗用者在控制无线 AP 后，可以任意修改用户 AP 的参数，包括断开客户端连接；二是在无线路由器管理界面中，存放用户 ADSL 的上网账号和口令，通过密码查看软件可以很轻松地查看以星号或者点号显示的口令。

6.2 802.11 安全简介

6.2.1 802.11 发展历程

IEEE 802.11 是现今无线局域网通用的标准，它是由国际电气电子工程师学会（IEEE）所定义的无线网络通信的标准。虽然有人将 Wi-Fi 与 802.11 混为一谈，但两者并不一样。IEEE 802.11 是无线局域网的一个标准，而 Wi-Fi 是 Wi-Fi 联盟的一个商标，该商标仅保障使用该商标的商品互相之间可以合作，与标准本身实际上没有关系。Wi-Fi 的应用如图 6-4 所示。

图 6-4 Wi-Fi 应用

随着无线网络技术的发展，在 802.11 基础上又发展出了 802.11b、802.11a、802.11g、802.11n、802.11ac、802.11ax 等等，这些标准成员具体工作频段及速率如表 6-1 所示。

表 6-1　802.11 标准成员具体工作频段及速率

协　议	工 作 频 段	速　　率
802.11	2.4 GHz	2 Mbps
802.11a	5 GHz	54 Mbps
802.11b	2.4 GHz	11 Mbps
802.11g	2.4 GHz	54 Mbps
802.11n	2.4 或 5 GHz	540 Mbps
802.11ac	5 GHz	1 Gbps
802.11ax	2.4 或 5 GHz	9.6 Gbps

拓展阅读

WIFI 6 与 WIFI 7

随着扩展标准的发展和普及,802.11 标准已经逐渐被淘汰。802.11b 是继 802.11 后形成的无线网络标准,盛行一时,但是它仅仅具备 11 Mbps 带宽,不能满足很多局域网内的特殊业务要求。之后出现了 802.11a,这个标准支持速率高达 54 Mbps,可以满足多数业务需要,但是其工作在 5 GHz 频段,与 802.11 和 802.11b 在硬件上得不到兼容,很难抢占 802.11b 已有的客户群,没有得到普及。

为了保持 802.11a 的高速率和 802.11b 的兼容性,在 802.11b 的基础上经过优化,编制出 802.11g 标准,它既保持 54 Mbps 速率,又兼容 802.11b 2.4 GHz 的工作频段,对 802.11b 的客户群有着良好的硬件兼容性。在 802.11g 标准之后,人们又制定了无线网络速率更高、频段兼容性更好的标准——802.11n,尽管 802.11n 的无线产品已经全面普及,传输速率也从最初的 150 Mbps 提升到了 300 Mbps 和更高的 450 Mbps 与 600 Mbps,但是,802.11n 标准被更先进的 802.11ac 标准所替代。

随着移动终端和移动应用的普及,我们正迈进随时随地接入网络的无线互联网时代。由于数量越来越庞大的移动终端的接入,以及高清视频和 VR/AR 等高带宽消耗业务的兴起,人们对无线网络的容量和可靠性提出了更高要求。在最新的 Wi-Fi 6 标准中,通过加入一系列新技术和优化手段,Wi-Fi 网络在速率、接入密度、覆盖距离上都有了相应的提升,能够满足诸如网页浏览、即时通信、AR/VR、高清影视等多元化场景应用的需求。802.11ax 势必逐步成为市场发展的主流。

6.2.2　802.11 安全技术体系

一、WEP 机制

1997 年 IEEE 颁布了无线局域网最早的标准 802.11,WEP 是 IEEE 802.11 标准定义的加密规范。该标准主要是对网络的物理层和媒体访问控制层进行了规定,其中对 MAC 层的规定是重点。在该标准的框架下,可以采用两种认证方式(开放系统认证和共享密钥认证)、基于 MAC 地址访问控制以及基于 RC4 流加密算法的 WEP 协议。

WEP 主要包括以下几个方面的技术。

1. 认证技术

(1) 开放式认证。客户端和 AP 间只是发送认证请求和回应报文,没有真正的认证。

（2）共享密钥认证。AP向客户端发送明文的报文，客户端用本地的WEP key加密报文并发给AP。AP解密该报文，如果和自己发送的报文一致，则用户认证通过。共享密钥认证过程如图6-5所示。

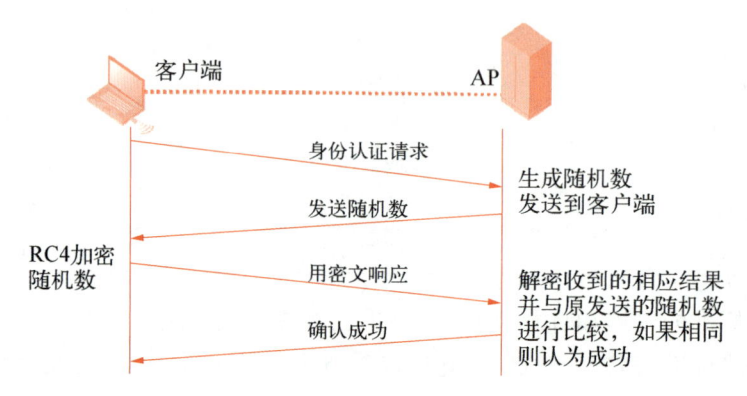

图6-5 共享密钥认证过程

风险：入侵者只要将明文报文和加密后的报文截获，进行异或运算就可以得到WEP key。

2. 加密技术

（1）RC4加密。802.11采用RC4进行加密，RC4加密可分为流（stream）加密和块（block）加密，流加密通过将密钥流（key stream）和明文流异或得到密文。RC4流加密过程如图6-6所示。

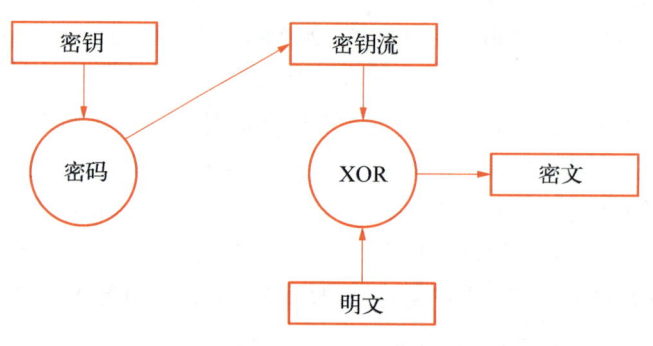

图6-6 RC4流加密过程

RC4块加密是将明文分割为多个块，再和密钥流异或得到密文。RC4块加密过程如图6-7所示。

块加密和流加密统称为Electronic Code Book（ECB）方式，其特征是相同的明文将产生相同的加密结果。如果能够发现加密规律性，破解并不困难。

（2）初始化向量（IV）。为了避免规律性，802.11引入了IV，IV和密钥一起作为输入来生成密钥流，所以相同密钥将产生不同的加密结果。IV在报文中用明文携带，这样接收方可以解密。RC4 IV加密过程如图6-8所示。

IV虽然逐包变化，但是24 bits的长度，使一个繁忙的AP在若干小时后就出现IV重用。所以IV无法真正避免报文的规律性。

图 6-7 RC4 块加密过程

图 6-8 RC4 IV 加密过程

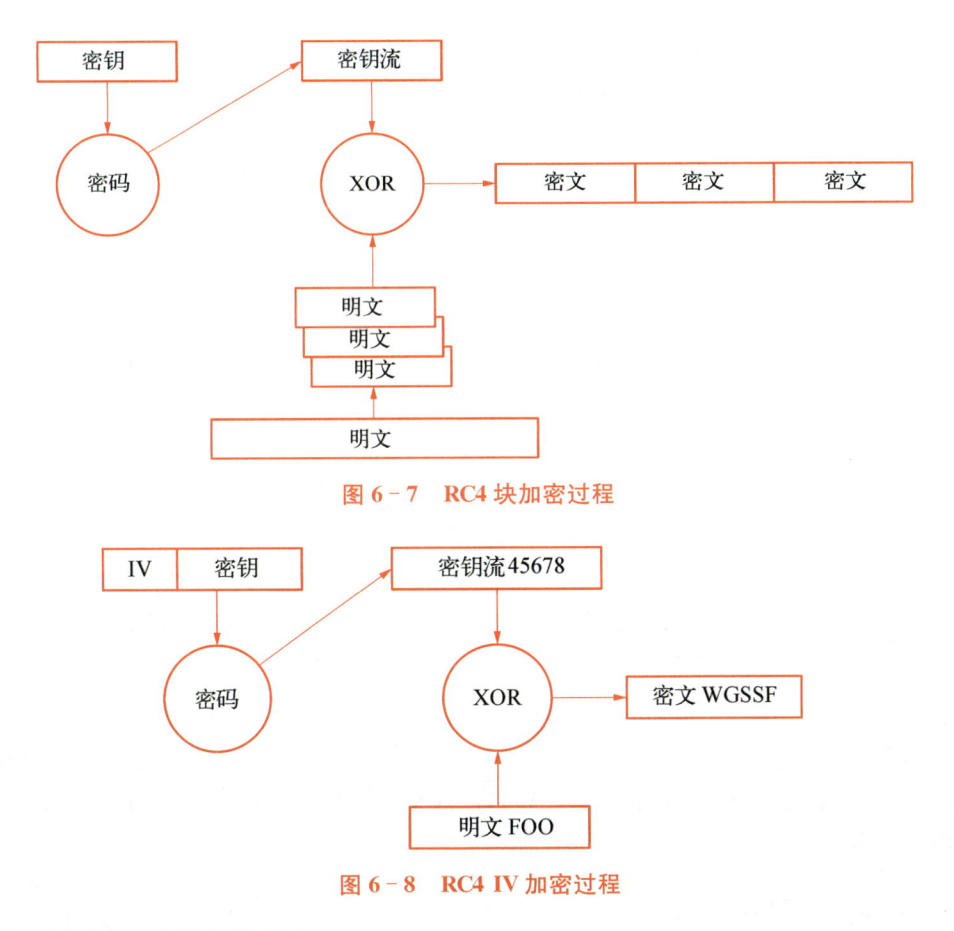

3. 完整性检验技术（ICV）

802.11 使用 CRC32 checksum 算法计算报文的 ICV，附加在 MSDU（MAC service data unit，MAC 服务数据单元）后，ICV 和 MSDU 一起被加密保护。CRC32 本身很弱，可以通过"位转换攻击"篡改报文。ICV 过程如图 6-9 所示。

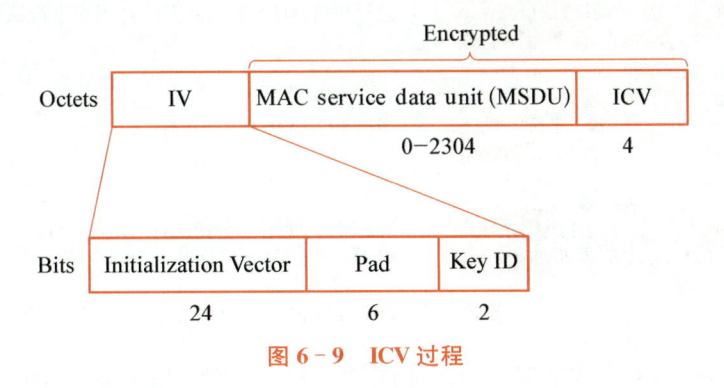

图 6-9 ICV 过程

4. WEP 加密过程

WEP 采用 24 位的初始化向量和 40 位的密钥构成密钥种子，并利用 RC4 算法生成密钥流，用于给待加密的明文加密。待加密的明文先由完整性检测算法（CRC32）产生一个完整性检测码 ICV(ICV 用来检测明文的内容在传输过程中是否被修改),然后 ICV 和明文一起利用密钥流进行加密得到密文。WEP 加密过程如图 6-10 所示。

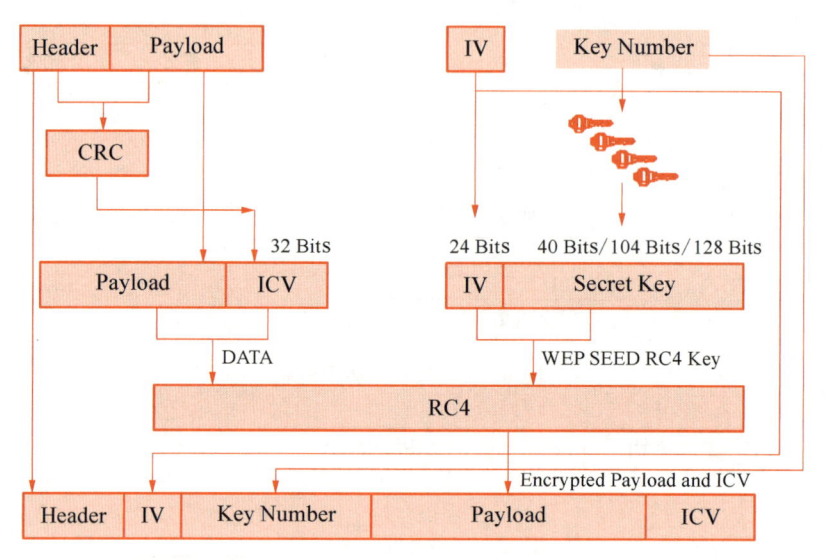

图 6-10 WEP 加密过程

5. MAC 地址过滤

接入点通过设置 MAC 地址列表,只允许 MAC 地址列表中的客户端访问无线网络,来对访问无线网络的客户端进行访问控制。

6.2.3 802.11i 标准

一、IEEE 802.11i 框架结构

802.11i 的框架结构如图 6-11 所示。

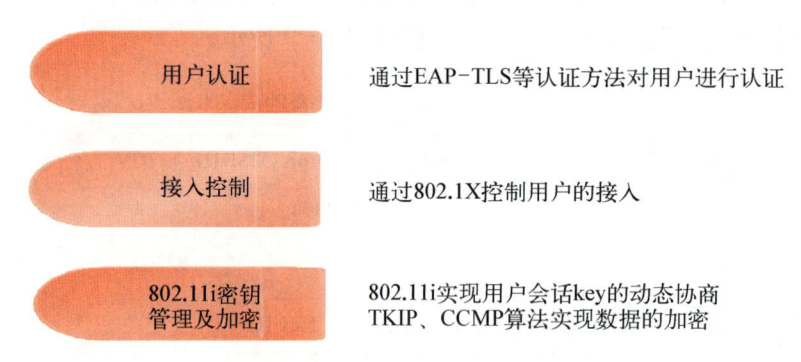

- 用户认证：通过EAP-TLS等认证方法对用户进行认证
- 接入控制：通过802.1X控制用户的接入
- 802.11i密钥管理及加密：802.11i实现用户会话key的动态协商 TKIP、CCMP算法实现数据的加密

图 6-11 802.11i 框架结构

为了增强 WLAN 的数据加密和认证性能,定义了 RSN(robust security network)的概念,并且针对 WEP 加密机制的各种缺陷做了多方面的改进。

二、IEEE 802.11i 认证过程

如图 6-12 所示,802.11i 的认证可分为如下几个过程：

(1) 安全能力发现过程。
(2) 安全协商过程。
(3) 802.1X 认证过程。
(4) 802.11i 密钥管理和密钥分发过程。
(5) 数据加密传输过程。

图 6‑12　802.11i 认证过程

三、802.1X 认证协议

(1) 802.1X(port-based network access control)是一个基于端口的网络访问控制标准。

(2) 802.1X 利用 EAP(extensible authentication protocol)链路层安全协议,在通过认证以前,只有 EAPoL 报文(extensible authentication protocol over LAN)可以在网络上通行。认证成功后,通常的数据流便可在网络上通行。

四、802.1X 协议架构

(1) EAP 是认证协议框架,不提供具体认证方法,它支持多种认证方法。

(2) 802.1X 报文(EAP 认证方法)在特定的链路层协议传递时,需要一定的报文封装格式。

(3) EAPoL 报文传输。交换机将把 EAPoL 报文中的认证报文 EAP 封装到 RADIUS 报文中,通过 RADIUS 报文和认证服务器进行交互,如图 6‑13 所示。

图 6‑13　802.1X 协议架构

五、802.1X 认证过程

(1) 客户端向交换机发送一个 EAPoL-Start 报文,开始 802.1X 认证接入。

(2) 交换机向客户端发送 EAP-Request/Identity 报文,要求客户端将用户名送上来。

(3) 客户端回应一个 EAP-Response/Identity 给交换机,其中包括用户名。

(4) 交换机将 EAP-Response/Identity 报文封装到 RADIUS Access-Request 报文中,发送给认证服务器。

(5) 认证服务器产生一个 Challenge(质询),通过交换机将 RADIUS Access-Challenge 报文发送给客户端,其中包含有 EAP-Request/MD5-Challenge。

(6) 交换机将 EAP-Request/MD5-Challenge 发送给客户端,要求客户端进行认证。

(7) 客户端收到 EAP-Request/MD5-Challenge 报文后,将密码和 Challenge 做 MD5 算法,再将 EAP-Response/MD5-Challenge 回应给交换机。

(8) 交换机将 Challenge、密码和用户名一起送到 RADIUS 服务器,由 RADIUS 服务器进行认证。

(9) RADIUS 服务器根据用户信息,做 MD5 算法,判断用户是否合法,然后回应认证成功/失败报文到交换机。如果成功,则携带协商参数以及用户的相关业务属性给用户授权;如果认证失败,则流程到此结束。

802.1X 提供了控制接入框架,依赖 EAP 协议完成认证,EAP 协议给诸多认证协议提供了框架,EAP 协议前端依赖 EAPoL,后端依赖 RADUIS 完成协议交换。802.1X 认证过程如图 6-14 所示。

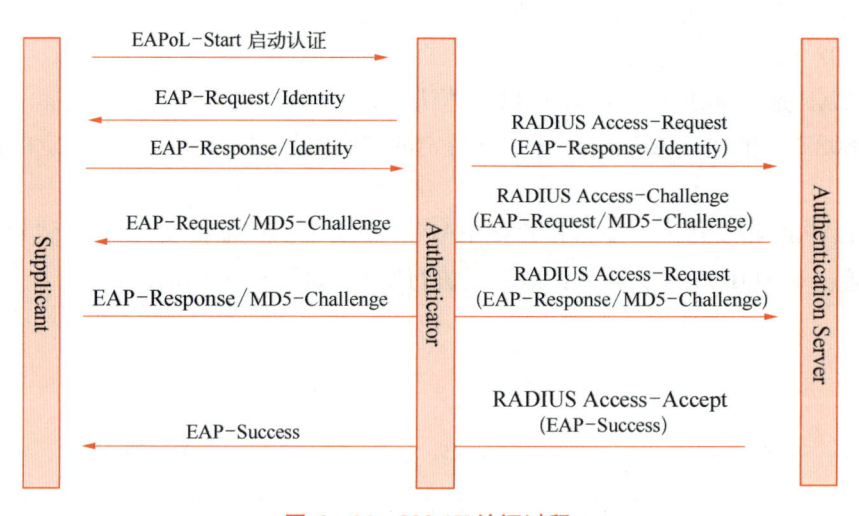

图 6-14 802.1X 认证过程

六、802.11i 协议密钥管理

802.11i 协议重点解决:用户会话密钥的动态协商、使用密钥对数据进行加密的问题。

802.11i 规定使用 802.1X 认证和密钥管理方式,在数据加密方面,定义了 TKIP(temporal key integrity protocol,动态密钥完整性协议)、CCMP(counter‐mode/CBC‐MAC protocol,计数器模式密码块链消息完整码协议)和 WRAP(wireless robust authenticated protocol,无线增强认证协议)三种加密机制。其中 TKIP 采用 WEP 机制里的 RC4 作为核心加密算法,可以通过在现有的设备上升级固件和驱动程序的方法达到提高 WLAN 安全的目的。CCMP 机制基于 AES(advanced encryption standard)加密算法和 CCM (counter‐mode/CBC‐MAC)认证方式,使得 WLAN 的安全程度大大提高,实现 RSN 的强制性要求。WRAP 机制基于 AES 加密算法和 OCB 模式(offset codebook),是一种可选的加密机制。

TKIP 并不直接使用由 PTK/GTK(成对临时密钥/组临时密钥)分解出来的密钥作为加密报文的密钥,而是将该密钥作为基础密钥(base key),经过两个阶段的密钥混合过程,生成一个新的、每一次报文传输都不一样的密钥,该密钥才是用作直接加密的密钥,通过这种方式可以进一步增强 WLAN 的安全性。

除了 TKIP 算法以外,802.11i 还规定了一个基于 AES 加密算法的 CCMP(counter‐mode/CBC‐MAC protocol)数据加密模式。与 TKIP 相同,CCMP 也采用 48 位初始化向量(IV)和 IV 顺序规则,其消息完整检测算法采用 CCM 算法。

(1) 加密协议 TKIP 主要特点:
- 使用 RC4 来实现数据加密,这样可以重用用户原有的硬件而不增加加密成本。
- 使用 MIC 算法来实现消息完整性校验。结合 MIC(message integrity code),TKIP 采用了"反策略"方式:一旦发现了攻击(MIC failure),就中止该用户接入。
- 将 IV 长度从 24 bits 增加到 48 bits,减少了 IV 重用。
- 使用了每包密钥混合功能(per‐packet key mixing)方式来增加密钥的安全性。

(2) 加密协议 CCMP 主要特点:

CCMP 为块加密,802.11i 要求 AES 每块为 128 bits。对于块加密,需要将待加密的消息转化为块,这个过程称为操作模式。CCMP 使用了 CCM 方式作为操作模式。为了破坏加密结果的规律性,CCM 采用了计数模式:首先计算得到一个数值(初始值随机,然后累加 1),AES 加密后得到加密值和被加密的块。除了数据加密,CCMP 还使用密码块链接(cipher block chaining,CBC)来产生 MIC,以实现数据的完整性。

6.3 WEP 与 WPA 简介

6.3.1 WEP 加密

Wi-Fi 无线网络有 3 种无线加密技术:WEP、WPA、WPA2。有线等效加密(wired

equivalent privacy),又称无线加密协议(wireless encryption protocol),简称 WEP,是首个保护无线网络(Wi-Fi)信息安全的体制。WEP 是 1999 年 9 月通过的 IEEE 802.11 标准的一部分,使用 RC4 串流加密技术达到机密性,并使用 CRC32 校验以达到资料准确性。

一、WEP 发展历史

IEEE 802.11 的 WEP 模式是在 20 世纪 90 年代后期设计的,当时的无线安全防护效果非常出色。

二、WEP 加密特点

目前常见的是 64 位 WEP 加密和 128 位 WEP 加密。

标准的 64 bits WEP 使用 40 bits 的密钥接上 24 bits 的初向量(initialization vector,IV)成为 RC4 用的密钥。在起草原始的 WEP 标准的时候,美国政府在加密技术的输出限制中限制了密钥的长度,一旦这个限制放宽之后,所有的主要使用者都用 104 bits 的密钥视作了 128 bits 的 WEP 延伸协定。

用户输入 128 bits 的 WEP 密钥的方法一般都是用含有 26 个十六进制数(0~9 和 A~F)的字符串来表示,每个字符代表密钥中的 4 个位,4×26=104(bits),再加上 24 bits 的 IV 就成了所谓的"128 bits WEP 密钥"。有些厂商还提供 256 bits 的 WEP 系统,就像上面讲的,24 bits 是 IV,实际上剩下 232 bits 作为保护之用,典型的做法是用 58 个十六进制数来输入,(58×4+24) bits=256 bits。

三、WEP 加密安全隐患

在 2001 年 8 月,Fluhrer et al 就发表了针对 WEP 的密码分析,利用 RC4 加解密和 IV 的使用方式的特性,在无线网络上偷听几个小时之后,就可以把 RC4 的密钥破解出来。这个攻击方式被迅速传播,而且自动化破解工具也相继推出,WEP 加密变得岌岌可危。

密钥长度不是 WEP 安全性的主要因素,虽然破解较长的密钥需要拦截较多的封包,但是有某些主动式的攻击可以激发所需的流量。WEP 还有其他的弱点,包括 IV 雷同的可能性和伪造的封包,这些用较长的密钥根本没有用。

6.3.2 WPA 加密

一、WPA 加密

因为 WEP 的安全性较低,IEEE 开始制定新的安全标准,也就是 802.11i 协议。但由于新标准从制定到发布需要较长的周期,而且用户也不会仅为了网络的安全性就放弃原来的无线设备,所以无线产业联盟在新标准推出之前,又在 802.11i 草案的基础上制定了WPA(Wi-Fi protected access)无线加密协议。

WPA 使用 TKIP,它的加密算法依然是 WEP 中使用的 RC4 加密算法,所以不需要修改原有的无线设备硬件。WPA 针对 WEP 存在的缺陷,例如 IV 过短、密钥管理过于简单、对消息完整性没有有效地保护等问题,通过软件升级的方式来提高无线网络的安全性。

WPA 为用户提供了一个完整的认证机制，AP 根据用户的认证结果来决定是否允许其接入无线网络，认证成功后可以根据多种方式（传输数据包的多少、用户接入网络的时间等）动态地改变每个接入用户的加密密钥。此外，它还会对用户在无线传输中的数据包进行 MIC 编码，确保用户数据不会被其他用户更改。作为 802.11i 标准的子集，WPA 的核心就是 802.1X 和 TKIP。

对于一些中小型的企业网络或者家庭用户来说，"WPA 预共享密钥（WPA-PSK）"模式更加适合，它不需要专门的认证服务器，仅要求在每个 WLAN 节点（AP、无线路由器、网卡等）预先输入一个密钥即可。需要注意的是，这个密钥仅仅用于认证过程，而不是用于传输数据的加密。数据加密的密钥是在认证成功后动态生成的，系统将保证"一户一密"，不存在像 WEP 那样全网共享一个加密密钥的情形，所以无线网络的安全性较 WEP 有大幅提升。

二、WPA2 加密

WPA2 是目前最强的无线加密技术。由于各种原因，在完整的 IEEE 802.11i 标准推出前，Wi-Fi 联盟为了让新的安全性标准能够尽快被部署，以消除用户对无线网络安全性的担忧，从而让无线网络的市场可以迅速扩展开来，其以已经完成的 TKIP 的 IEEE 802.11i 第三版草案（IEEE 802.11i draft 3）为基准，制定了 WPA。而当 IEEE 完成并公布 IEEE 802.11i 无线局域网安全标准后，Wi-Fi 联盟也随即公布了 WPA 第 2 版——WPA2。WPA2 支持 AES（高级加密算法），安全性更高；但与 WPA 不同的是，WPA2 需要新的硬件才能支持。

WPA2 是 Wi-Fi 联盟验证过的 IEEE 802.11i 标准的认证形式，其实现了 802.11i 的强制性元素，特别是 MIC 算法被公认彻底安全的 CCMP 信息认证码所取代，而 RC4 加密算法也被 AES 所取代。

在 WPA/WPA2 中，PTK 的生成是依赖于 PMK 的，而 PMK 的生成方式有两种，一种是 PSK 方式，也就是预共享密钥模式（pre-shared key，PSK，又称为个人模式），在这种方式中 PMK 与 PSK 等价；而另一种方式则需要认证服务器和站点进行协商来产生 PMK。下面通过公式来看看 WPA 和 WPA2 的区别：

WPA = IEEE 802.11i draft 3 = IEEE 802.1X/EAP + WEP（选择性项目）/TKIP。

WPA2 = IEEE 802.11i = IEEE 802.1X/EAP + WEP（选择性项目）/TKIP/CCMP。

目前 WPA2 加密方式的安全防护能力非常出色，但在一些无线路由的无线网络加密模式中还有一个 WPA-PSK(TKIP) + WPA2-PSK(AES) 的选项，它是比 WPA2 更强的加密方式吗？答案是肯定的，这确实是目前最强的无线加密方式，但由于这种加密方式的兼容性存在问题，设置完成后很难正常连接，因此不推荐普通用户选择此加密方式。

6.4 移动通信安全

6.4.1 4G移动通信技术简介

1. 4G移动通信技术简介

从我国移动通信技术和产业的发展历程看,20世纪80年代第一代移动通信时期我国没有任何自主的技术和产业;20世纪90年代第二代移动通信时期,我国采用GSM、CMDA国外技术标准,逐步实现自主研发设备和产品。

20世纪末、21世纪初进入第三代移动通信发展阶段,我国把握机遇,较早参与国际标准制定和研究开发,提出了我国拥有自主知识产权的TD-SCDMA国际标准,建立了自主的产业链和体系,产业创新能力不断提升。

2012年1月18日17时,在日内瓦举行的国际电联2012年无线电通信全体会议上,WirelessMAN-Advanced(802.16m)和LTE-Advanced技术规范通过审议,正式被确立为IMT-Advanced(俗称"4G")国际标准。我国主导制定的TD-LTE-Advanced同时成为IMT-Advanced国际标准。4G网络的下行速率能达到100 Mbps,比拨号上网快2 000倍,比3G快20倍,上传的速度也能达到20 Mbps。

截至2018年7月末,三家运营商的移动用户总数近15.2亿户,同比上年增长11.1%。其中,移动宽带用户总数达12.7亿户,占移动电话用户的83.4%;4G用户总数达到11.3亿户,占移动电话用户的73.9%。

2. 4G通信系统的特点

4G通信系统主要具有以下五方面特点:

(1) 容量、速率更高

最低数据传输速率为2 Mb/s,最高可达100 Mb/s。

(2) 兼容性更好

4G系统开放了接口,能实现与各种网络的互联,同时能与二代、三代手机兼容。它能在不同系统间进行无缝切换,并提供多媒体高速传送业务。

(3) 数据处理更灵活

智能技术在4G系统中的应用,能自适应地分配资源。智能信号处理技术将实现任何信道条件下的信号收发。

(4) 用户共存

4G系统会根据信道条件、网络状况自动进行处理,实现高速用户、低速用户、用户设备的互通与并存。

(5) 自适应网络

针对系统结构,4G系统将实现自适应管理,它可根据用户业务,进行动态调整,从而最大限度地满足用户需求。

3. 4G 在我国移动通信行业应用现状

根据中国产业信息网的调查数据，我国 4G 用户增长迅猛，2017 年中国联通 4G 用户净增 7 033 万户，年底达到 1.75 亿户。在此两个动力的驱动下，2017 年底联通的网络利用率达到 57%。联通通过不限流量套餐吸引用户的效果"立竿见影"，在国内移动用户存量竞争的背景下，电信和移动逐步试探性跟进。

随着 4G 技术在我国融合发展和 5G 技术的快速崛起，通信行业将迎来新一轮的投资高峰。通信行业的高速增长的大背景将会驱动通信网络技术服务进入新一轮的增长期，为通信网络技术服务行业带来新的发展契机。近几年来的通信网络技术服务行业市场规模稳步增长，2017 年将达到 2 669 亿元，同比上年增长 16%。预计，未来 5G 的发展和普及会促使通信网络技术服务规模继续扩大。

2017 年我国电信业务总量达到 27 557 亿元（按照 2015 年不变单价计算），比上年增长 76.4%。电信业务收入 12 620 亿元，比上年增长 6.4%。随着 4G 应用的不断发展以及未来 5G 的商用、三网融合快速推进、物联网应用场景逐步落地，电信行业整体上繁荣发展，业务收入将持续增加。在整个大背景下，通信技术服务行业的规模也将越做越大。

6.4.2　4G 移动通信的无线网络安全防护措施

1. 保护好移动终端的防护措施

对于 4G 移动通信无线网络的移动终端安全的保护，主要包括两个方面，第一个方面就是要保护好无线网络系统的硬件。对于硬件的保护，首先要对 4G 网络的操作系统进行加固，换句话说，即通过使用安全可靠的操作系统，从而支持实现系统的诸多功能，具体包括访问混合控制功能、验证远程功能等等；其次还要改进系统的物理硬件集成方式，确保可以减少可能遭受攻击的物理接口数量。另一方面，就是通过电压以及电流检测电路的增设，以达到检测并保护网络电路的目的，重发一次，对网络物理攻击进行防护，与此同时还可以通过使用存储保护、完整性测试及可信启动等方式实现对移动终端的保护。

2. 保护好无线接入网的安全措施

（1）安全传输。可以通过结合 4G 移动通信的无线网络的业务需求，并采用对无线接入网和移动终端设置加密传输功能的方式，在用户的计算机和无线网络中自动选择通信模式，从而提高无线网络的安全传输性能。

（2）安全访问。利用辅助安全设备以及有针对性的安全措施，以防未经验证信任的移动终端连接到 4G 无线网络。

（3）统一审计和监控。根据实际情况建立统一的审计监控系统，随时监控和记录移动终端的异常行为，以确保无线网络的可靠性。

（4）安全数据过滤。对包括视频媒体等数据的过滤，从而保证内部网络系统的安全。

（5）身份认证。通过构建无线接入网与移动终端之间的双向身份认证提高安全系数。

3. 建立安全体系机制

通过充分考虑 4G 移动通信的无线网络系统的安全性、可扩展性等等特性,从而建立 4G 无线通信安全体系机制。具体的操作如下,首先基于多策略机制采用不同的无线网络安全防护方法应用在不同的使用场合;其次则是建立适当的配置机制,确保移动终端配置的安全,换句话说用户可以根据个人需要选择合适的移动终端安全措施;再者就是建立可协商措施,使网络使用更加流畅;除此之外在整合部分安全机制的情况下,还应该以构建混合策略系统方式保护网络通信安全。

6.4.3 5G 时代展望

1. 5G 技术的基本特点

从 4G 到 5G 的演进,5G 的相关通信技术特点主要表现在以下几个方面。

(1) 频谱使用率高

作为在使用率相当高的频谱资源,当前的科技水平高频电波利用率条件下的相对较低,渗透性差,有使用上的诸多限制,和速率增加的频谱的未来使用,轻载和无线网络,5G 技术带来了广阔的应用的前景,促使了有线和无线宽带技术的高速发展,也让业务形成一体化。5G 也具备更大的容量、更快的处理速度,并在可移动设备中延伸出更多的全新的服务。

(2) 5G 系统具备的应用性能

5G 移动通信技术将多点、多天线、多用户、多社区合作和互助网络为重点,提高通信系统的性能,室内通信业务主要是商务交际、5G 移动通信系统室内无线网络覆盖性能和业务支持扩宽地区的移动通信系统的覆盖范围。

(3) 双向信号传输

由于 5G 无线速度的优点,促使人类发展了更先进的通信技术。双向的无线电传导,可移动的设备发出的信息将被转换成电子信号和传输电子信号,先传输到终端用户的最近的无线电子信号塔,然后辐射出反射信号,实现呼叫连接。

(4) 低功耗、低成本

将来开发的重点将是无线网络的软配置设计。运营商可以根据业务流量的变化及时调整网络资源,实现低能耗、低成本。

2. 5G 移动通信技术关键技术

由于 2G/3G/4G 技术的高速发展,为我们发展和开发 5G 技术打下了牢固的基础,具体技术主要如下。

(1) 高频传输技术

移动网络逐渐积累了大量的终端客户,造成频带资源显得愈来愈短缺,高频的传输能够提高频谱资源的利用效率,在 3 GHz 频段的蜂窝移动通信系统中,假若频率频带宽度伸展到 273.5 GHz,这不但涵盖了许多小的通信设备,还可以实现信息的短距离高速传输,满足用户的容量、速度和其他方面的要求。

(2) 多天线传输技术

多天线传输技术：成为我们研究 5G 领域最重要的也不可或缺的技术。它能完全提高频谱利用率到 10 倍以上，从而实现二维到三维、无源到有源、高阶多重输入与多重输出到一系列阵列的转换。

同时同频全双工技术可以在相同的物理信道上双向传输信号，所以同频全双工技术被认为一项有效提高频谱效率的技术，该技术实现了两个方向信号在同一物理信道上的传输，即在双工节点的接收机处消除发射机信号的干扰，并在发射机信号处同时从另一节点接收相同频率的信号。这样可以有效提高频谱效率，使移动通信网络更灵活、稳定。

(3) 设备间直接通信技术

在 5G 计算机网络设备两者之间的直接通信，客户规模、计算机数据流量将大幅度倍增，传统的基站电子网络模型为中心，早已无法满足业务发展的需求，技术和设备两者之间的直接通信能够做到在没有基站的情况下有效率地工作，并开放存取网络连接。

(4) 密集网络技术

5G 是一个综合智能全方面型网络，数据流量相当于 1 000 个 4G，但在要达到两种技术：一是在宏基站安排大型天线，二是安排密集的网络，目的在于获得室外空间收益和满足室内室外的需求。今后，只有在多达数百个扇形区域部署更为密集的网络以实现更为宽带化的目标。

建立全新的网络体系结构技术：未来主要研究方向放在 C-RAN 和云架构上，以便 5G 具有低延迟、低成本和平坦性等特点，以满足未来更多用户的需求。

(5) 智能化技术

5G 中央网络是由一个大的服务器组成的云计算平台，路由器和基站之间互相切换。通过开关网络和数据链路，还有智能的自动切换模式，无论企业选择什么频率，怎样连接天线，只要他们把网络需要处理的数据提交到云计算机中心，都能得到完好的结果。所以在不久的将来，智能技术是我们实现 5G 网络的关键技术。

3. 5G 的产业应用前景

2019 年 6 月，中国工信部向中国电信、中国移动、中国联通以及中国广电发布了 5G 商用牌照，这也标志着中国 5G 时代正式开启。我国首批 5G 试点城市包括北京、雄安、沈阳、天津、青岛、南京、上海、杭州、福州、深圳、郑州、成都、重庆、武汉、贵阳、广州、苏州、兰州 18 个城市。

5G 作为社会信息流动的主动脉、产业转型升级的加速器、构建数字社会的新基石已成为社会的广泛共识。中国移动同全球电信运营企业一起，期待 5G 在更广范围、更多领域得到应用，更加高效推动万物智联发展，在促进经济转型升级、社会发展进步、人民生活改善方面发挥更大作用。

一是加速技术融合、产业融通，激发经济增长新动能。中国移动将持续深耕重点垂直领域和通用场景，不断强化云和 DICT 能力，打造 5G+X 的跨行业融合应用，支撑传统产业网络化、数字化、智能化转型。

二是推进数据汇聚、资源共享,创造社会发展新机遇。中国移动将充分发挥自身资源禀赋优势,促进信息资源融合共享、业务应用智能协同,完善智慧城市建设、管理、运营、服务体系,努力成为领先的新型智慧城市运营商。

三是推动连接泛在、感知泛在,提供数字生活新体验。中国移动将大力推广 5G 高品质智能硬件,不断创新可穿戴设备、智能网关、家庭安防、车载终端等产品应用,为人民带来全新数字生活体验。

四是优化智能网络、定制服务,实现智慧运营新模式。中国移动将努力把握运营转型的方向路径,积极构建基于规模的融合、融通、融智价值运营体系,利用融合加快商业、产品模式创新,利用融通加快资源、能力组合创新,充分整合基础设施、数据、渠道等资源能力,实现对内的灵活支撑和对外的开放赋能;利用融智打造生产经营全流程、全环节的智能闭环管理体系,不断提升全要素生产率。

6.5 项目实践

WEP 密码破解

【实践内容】

利用 BackTrack 提供的工具破解目的 AP 的 WEP 密码。

【实践原理】

BackTrack 是黑客攻击专用的 Linux 平台,是非常有名的无线攻击光盘(LiveCD)。BackTrack 内置了大量的黑客及审计工具,涵盖了信息窃取、端口扫描、缓冲区溢出、中间人攻击、密码破解、无线攻击、VoIP 攻击等方面。Aircrack‐ng 是一款用于破解无线 WEP 及 WPA‐PSK 加密的工具,它包含了多款无线攻击审计工具,具体如表 6‐2 所示。

表 6‐2 无线攻击审计工具

组件名称	描 述
Aircrack-ng	用于密码破解,只要 Airodump-ng 收集到足够数量的数据包就可以自动检测数据包并判断是否可以破解
Airmon-ng	用于改变无线网卡的工作模式
Airodump-ng	用于捕获无线报文,以便于 Aircrack-ng 破解
Aireplay-ng	可以根据需要创建特殊的无线数据报文及流量
Airserv-ng	可以将无线网卡连接到某一特定端口
Airolib-ng	进行 WPA Rainbow Table 攻击时,用于建立特定数据库文件
Airdecap-ng	用于解开处于加密状态的数据包
Tools	其他辅助工具

本实验利用 BackTrack 系统中的 Aircrack-ng 工具破解 WEP。为了快速捕获足够的数据包,采用有合法客户端活动情况下的破解方式(对无客户端的破解方式感兴趣的同学可以自己在网上查找相关资料),合法客户端在实验过程中需保持网络活动(比如网络下载)。

【实践环境】

实验网络拓扑图如图 6-15 所示。

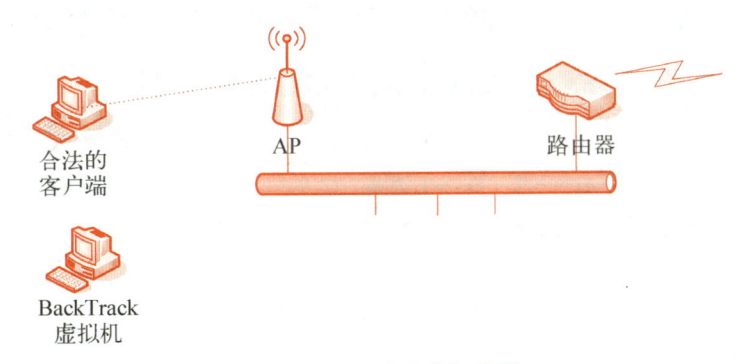

图 6-15 实验网络拓扑图

【实践步骤】

一、确定 AP 对象

首先按 AP 对象分成小组,小组中一部分作为合法用户,一部分为攻击方,合法用户需要保持网络活动(比如 ping AP 或其他同组合法用户)以便于抓包。参考无线组网实验,首先在 Windows 系统下利用无线网卡搜索 AP,可以获得 AP 的 SSID 和安全设置(采用 WPA 会有标示)。选择采用 WEP 的无线 AP 来破解,如图 6-16 所示。

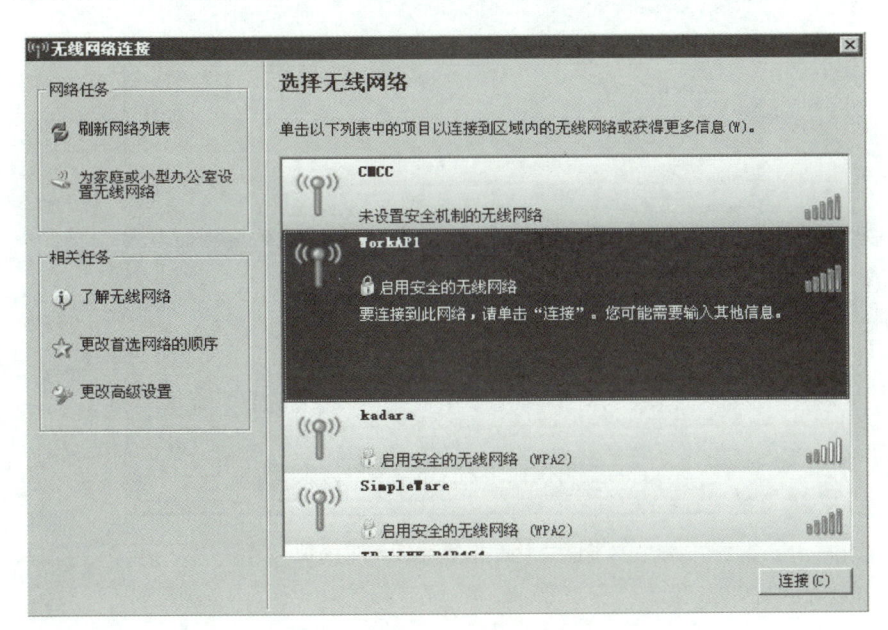

图 6-16 确定 AP 对象

二、启动 BackTrack5,载入网卡

(1) 新建虚拟机文件,导入 BackTrack5(BT5)系统。启动 VMware,新建虚拟机,需要设置操作系统类型(Ubuntu)、虚拟机名称、磁盘大小等。操作步骤如图 6－17—图 6－20 所示。

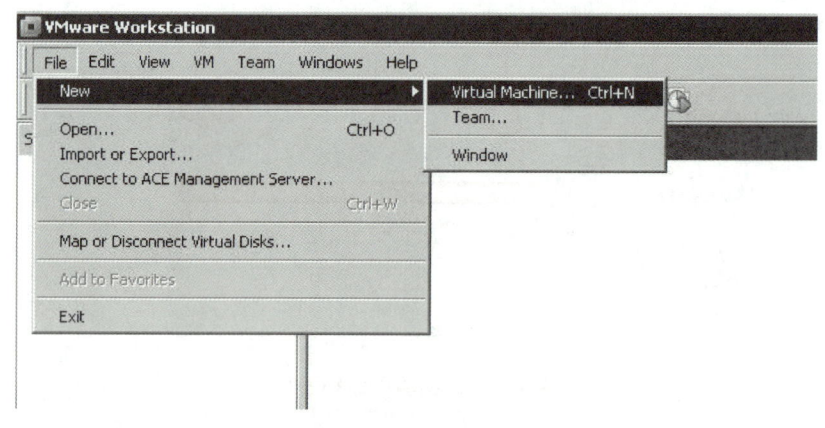

图 6－17　新建虚拟机

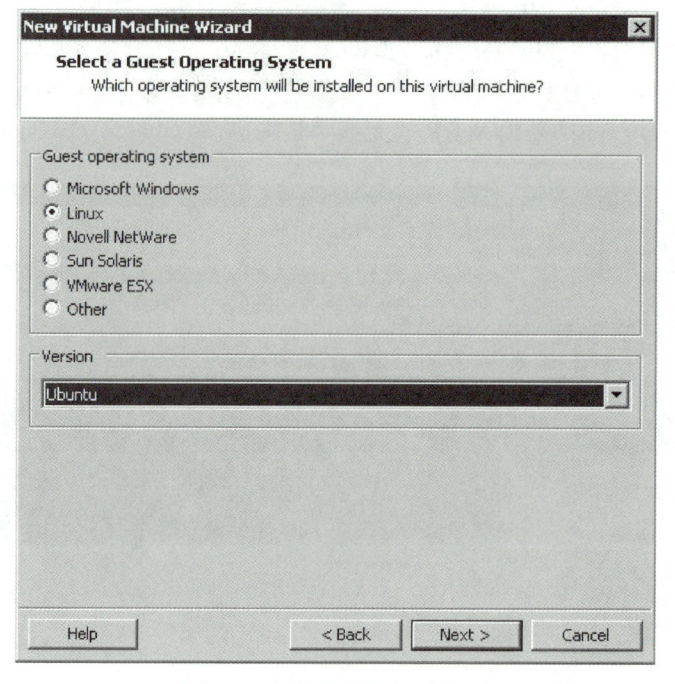

图 6－18　设置操作系统类型

图 6-19　设置虚拟机名称

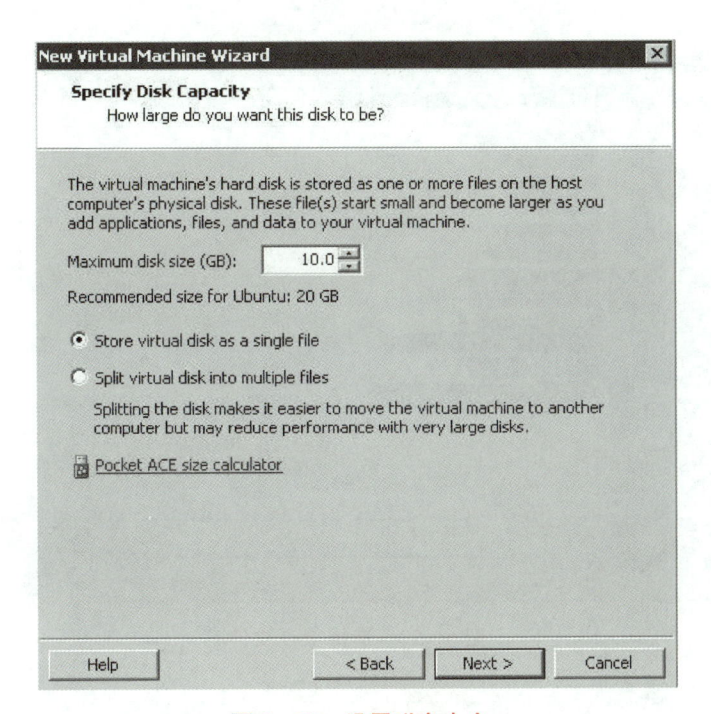

图 6-20　设置磁盘大小

选择新建的虚拟机,设置其 CD/DVD 使用 ISO 文件,如图 6-21 所示。

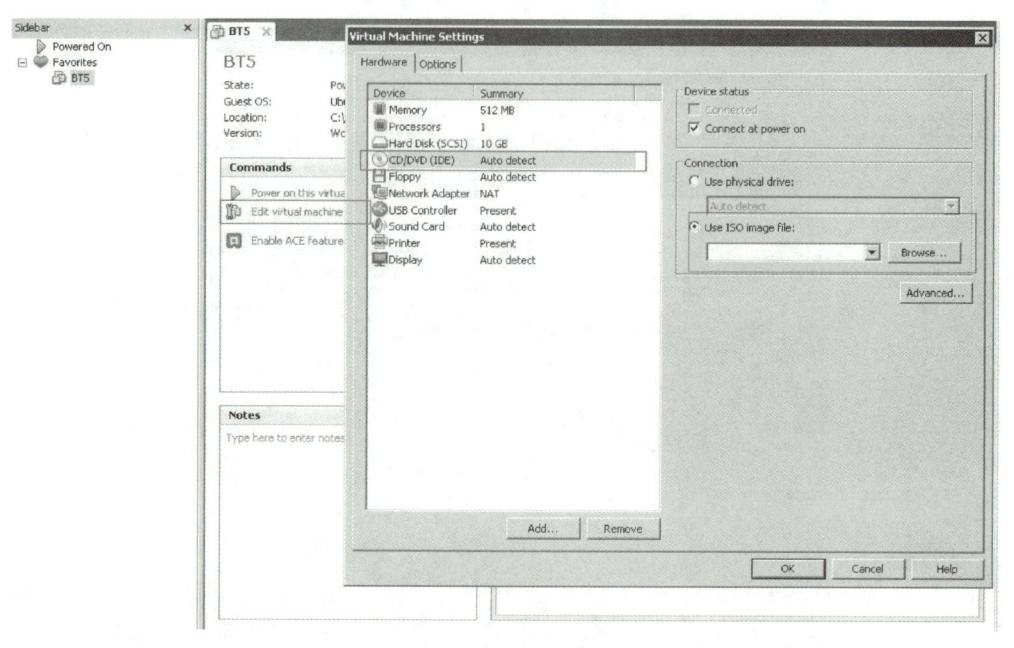

图 6-21 使用 ISO 文件

单击"Browse …"选择需要的 ISO 文件打开并单击"打开",如图 6-22 所示。

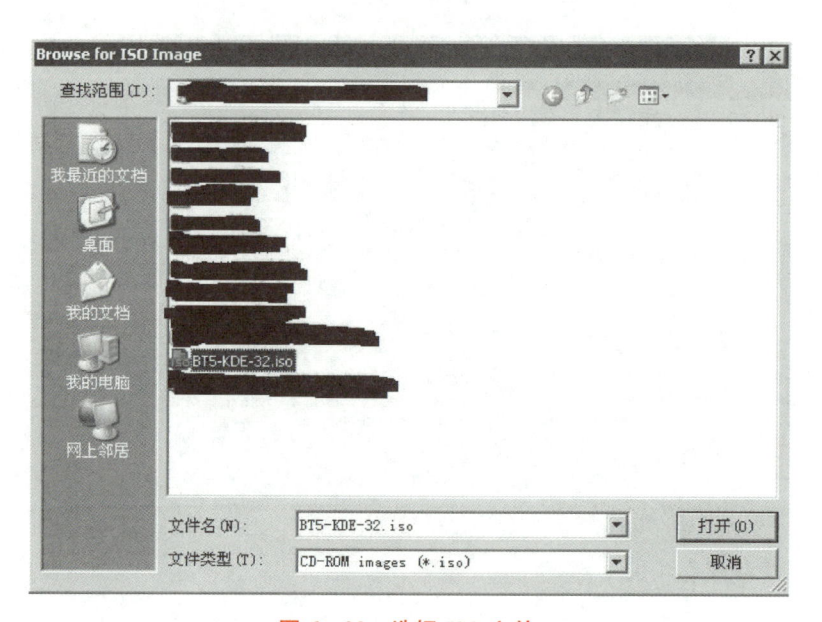

图 6-22 选择 ISO 文件

选择虚拟机单击"开始",即可启动 BT5 系统了,有提示时按"回车"启动系统,注意选择启动方式为默认的"Text",按提示输入"startx"启动 x 窗口模式,如图 6-23 所示。

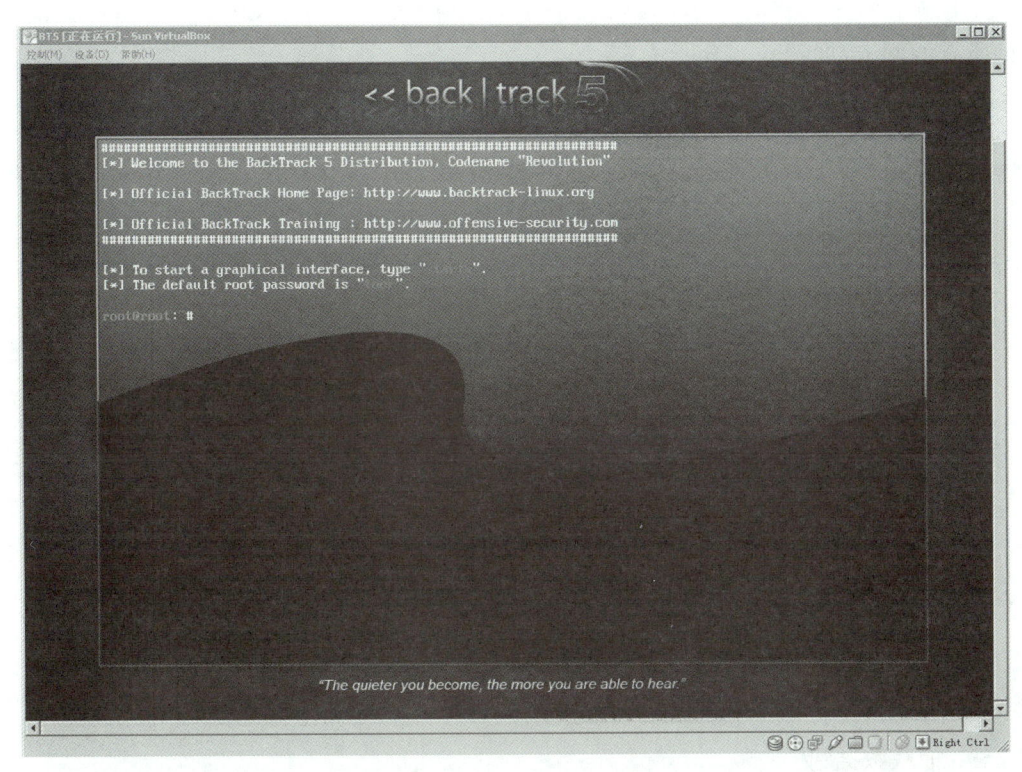

图 6-23　启动 x 窗口模式

（2）依次选择"VM"→"Removable Devices"，选择无线网卡，如果未接入虚拟机，单击"Connect"，如图 6-24 所示。

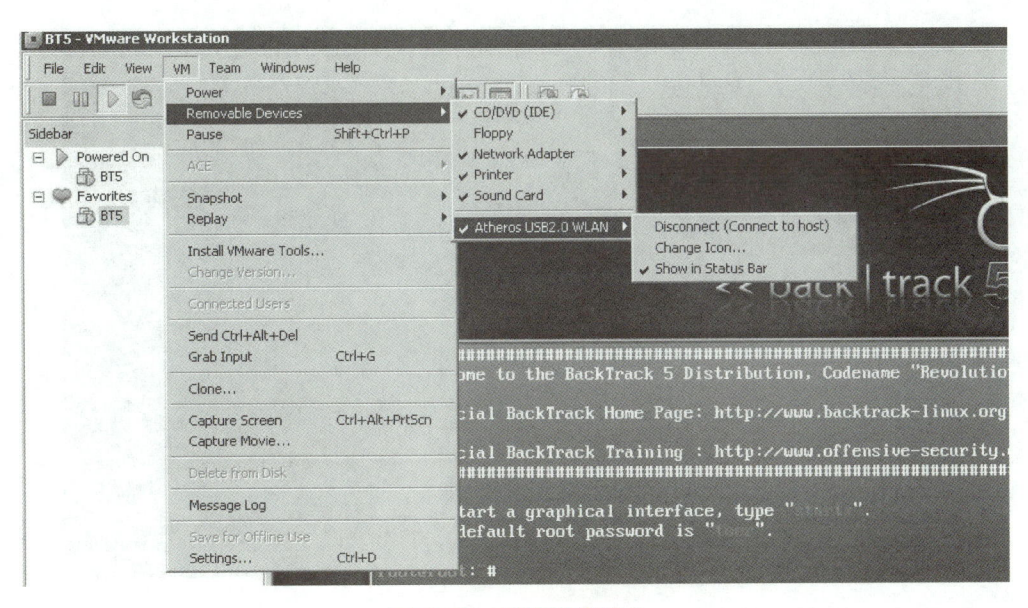

图 6-24　选择无线网卡

(3) 单击 BT5 系统左下方的第二个图标(终端图标)启动"shell",输入"ipconfig‐a"查询所有的网卡,如图 6‐25 所示。

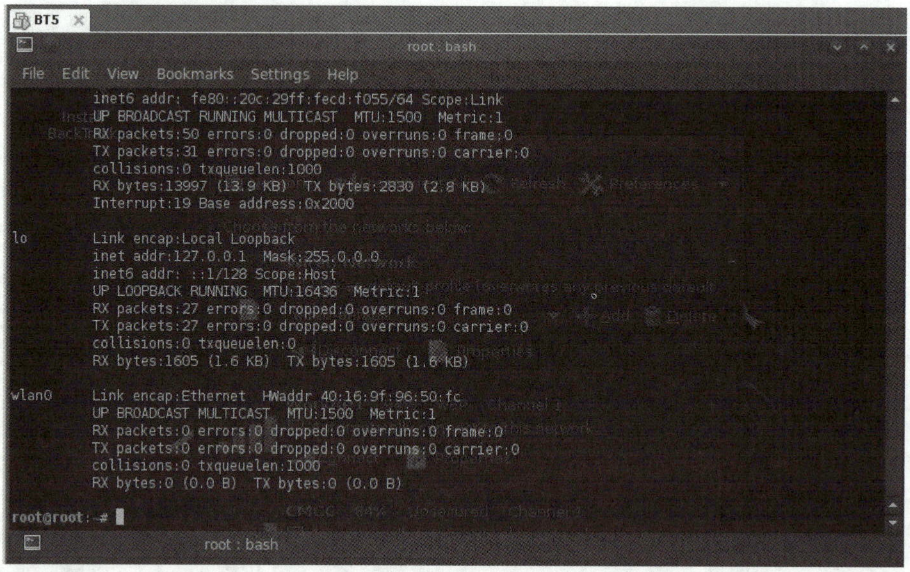

图 6‐25　查询网卡

三、捕获数据包

(1) 首先输入"airmon-ng start 网卡名频道",将网卡激活为"monitor"模式,利用"kill"命令删除提示中可能影响网卡工作的进程再重新激活,如图 6‐26 所示;频道通过"backtrack"搜索,单击左下角第一个图标,依次选择"Internet"→"Wicd Network Manager",打开如图 6‐27 所示界面。

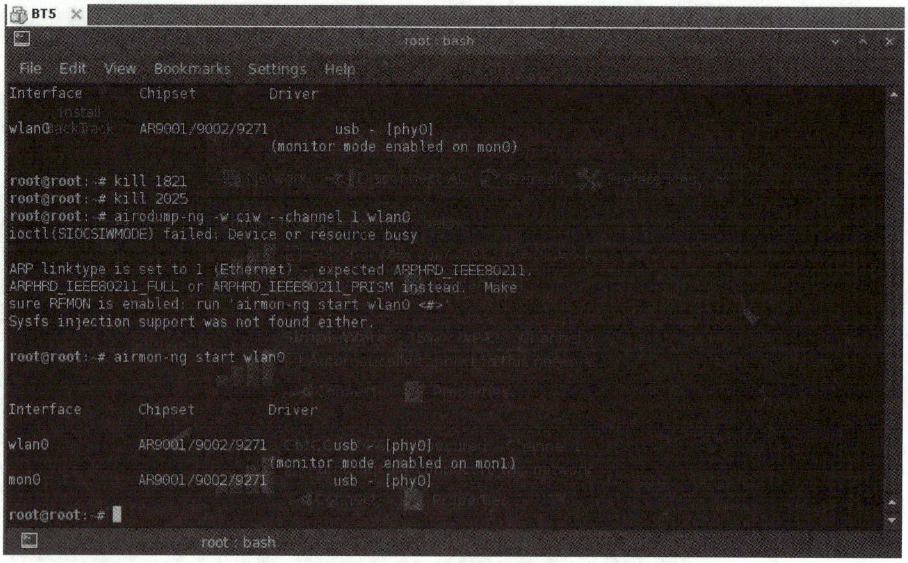

图 6‐26　删除进程

图 6-27 "Wicd Network Manager"界面

(2) 输入"airodump-ng－w ciw－channel 频道名网卡名",注意网卡名为激活后的虚拟名(比如 mon0、mon1 等),其中"ciw"为文件名,具体的文件名可在命令窗口中输入"ls"查看;输入指令后开始抓包,抓包信息显示了许多网络信息,"data"值表示抓包数量,如图 6-28 所示。

图 6-28 显示抓包信息

四、破解 WEP 密码

(1) 等到抓包数量足够(一般"data"数量达 4 000 以上)后,在新的"shell"中输入

"aircrack-ng - x - f 2"抓包文件名,按提示输入选择 AP 来破解密码。上述过程如图 6-29 所示。

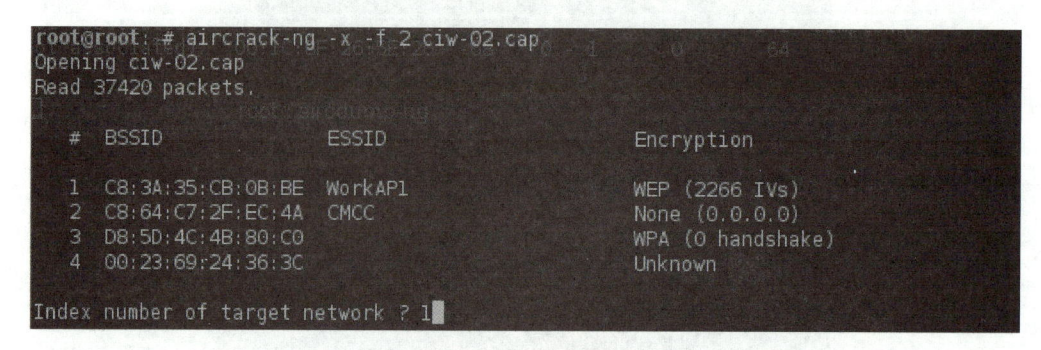

图 6-29 破解密码

(2)等待一段时间后,密码破解成功,如图 6-30 所示。如果提示破解失败,再等待一段时间抓获更多数据包再破解。

图 6-30 密码破解成功

【实践思考】

WEP 采用复杂密码和增加密码长度是否能提高安全性?

第 7 章

网络操作系统安全技术

>>> **学习目标**

1. 了解 Windows 操作系统安全基础。
2. 了解 Linux 操作系统安全基础。
3. 掌握 Windows 操作系统的安全技术特点。
4. 掌握 Linux 操作系统的安全特性。
5. 掌握利用日志及审计维护操作系统安全的能力。

引 例

当前主流操作系统 Windows、Linux、UNIX 以及苹果 iOS 都不是尽善尽美的操作系统,各种操作系统漏洞层出不穷,尤其以 Windows 系统最为严重。操作系统也是当前病毒等恶意程序攻击的主要对象,获得对方计算机的控制权等于获得了对方计算机内所有资源的控制权。出于国家安全考虑,我国陆续推出 COS、麒麟等国产自主研发的操作系统。由此可见国家对操作系统安全的重视程度。

热点关注

国产操作系统的重要性

拓展阅读

COS 鸿蒙的突围

7.1　Windows 操作系统安全概述

7.1.1　Windows 安全概述

拓展阅读

鸿蒙系统

Microsoft Windows,中文又译作微软视窗或微软窗口,是微软公司推出的一系列操作系统。它问世于 1985 年,起初仅是 MS-DOS 之下的桌面环境,而其后续版本逐渐发展成为个人计算机和服务器用户设计的操作系统,并最终获得了全球个人计算机操作系统软件的垄断地位。Windows 操作系统可以在几种不同类型的平台上运行,如个人计算机、服务器和嵌入式系统等,其中在个人计算机的应用领域内最为普遍。

当前,个人计算机 Windows 最新的版本是 Windows 10,最新的服务器 Windows 版本是 Windows Server 2019 R2。目前市场占有率最高的操作系统是 Windows 10。

一、Windows 典型操作系统

1. Windows 2000

Windows 2000 是一个由微软公司发行于 1999 年 12 月 19 日的 32 位图形商业性质的操作系统,内核版本号为 NT 5.0。Windows 2000 有 4 个版本:Professional、Server、Advanced Server 和 Datacenter Server。其中 Professional 有 5 次大的更新,SP1、SP2、SP3、SP4 以及一个 SP4 后的累积性更新。Windows 2000 Server 是服务器版本,它的前一个版本是 Windows NT 4.0 Server 版。所有版本的 Windows 2000 都有共同的一些特征:NTFS 5——新的 NTFS 文件系统;EFS——允许对磁盘上的所有文件进行加密;WDM——增强对硬件的支持。Windows 2000 操作系统界面如图 7-1 所示。

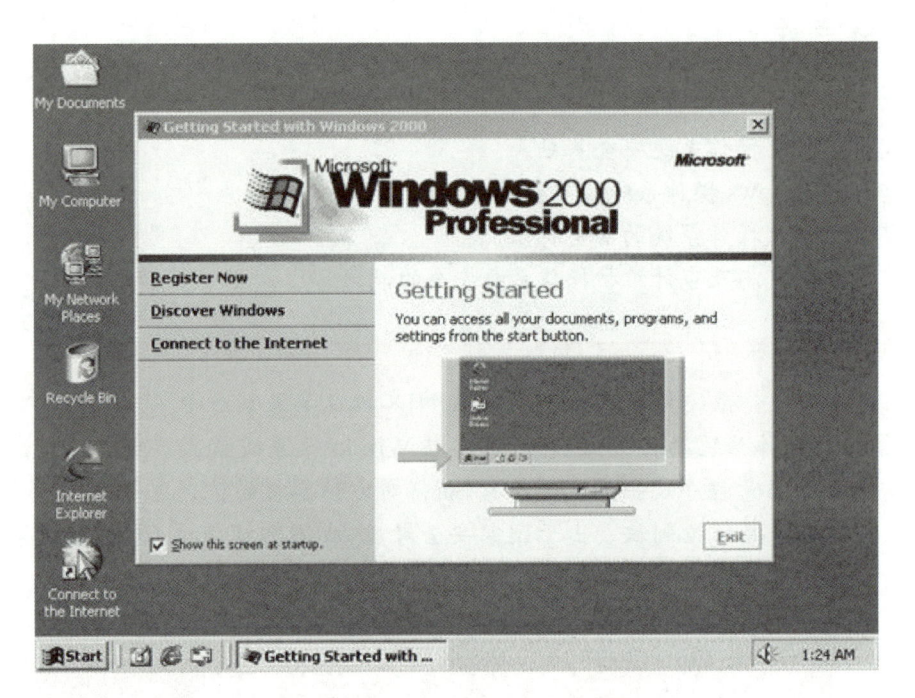

图 7-1 Windows 2000 操作系统界面

2. Windows Server 2003

Windows Server 2003 是微软推出的使用广泛的服务器操作系统,其内核版本号为 NT 5.2。Windows Server 2003 有多种版本,每种都适合不同的商业需求:

- Windows Server 2003 Web 版。
- Windows Server 2003 标准版。
- Windows Server 2003 企业版。
- Windows Server 2003 数据中心版。
- Windows Server 2003 R2。

Windows Server 2003 R2 的额外功能如下:

- 分支办事处服务器管理：文档和打印机集中管理工具、增强的分布式文件系统（DFS）命名空间管理界面、使用远程差别压缩的更有效的广域网数据复制。
- 身份和权限管理：外网单点登录和身份联合、对外网应用访问的集中式管理、根据活动目录账户信息自动禁止外网访问、用户访问日志、跨平台的网页单点登录和密码同步，采用网络信息服务（NIS）。
- 存储管理：文档服务器资源管理器（storage utilization reporting）、增强的配额管理。
- 虚拟服务器：新的版权协议，允许最多4个虚拟实例（在企业版及以上版本）。

Windows Server 2003 的操作界面如图 7-2 所示。

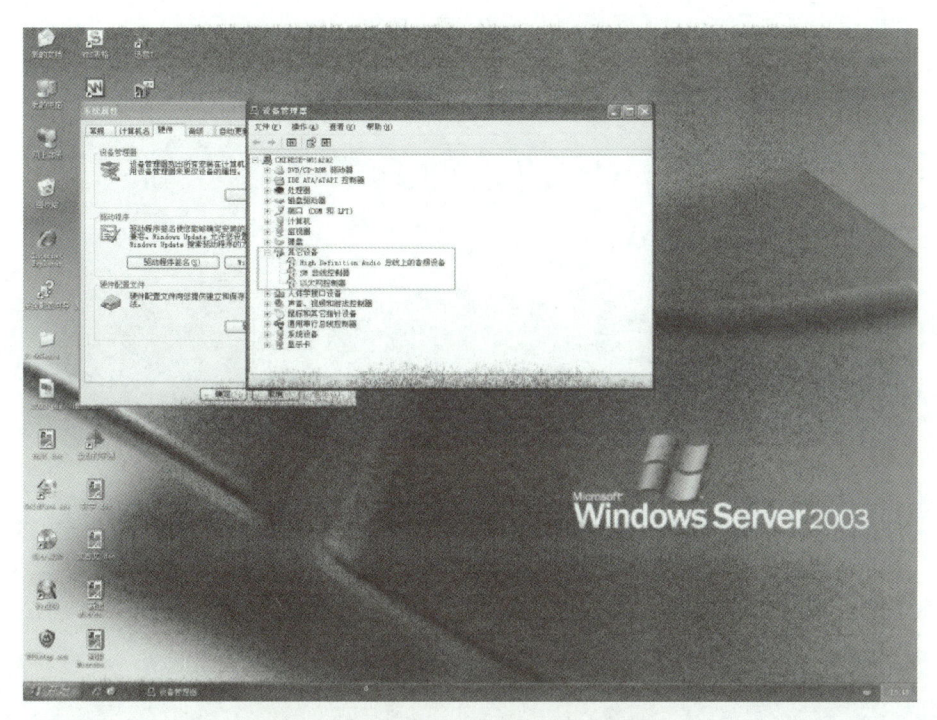

图 7-2　Windows Server 2003 操作界面

3. Windows Server 2008

Microsoft Windows Server 2008 代表了下一代 Windows Server，内核版本号为 NT 6.0。使用 Windows Server 2008 时，IT 专业人员对服务器和网络基础结构的控制能力更强，从而可重点关注关键业务需求。Windows Server 2008 通过加强操作系统和保护网络环境提高了安全性。通过加快 IT 系统的部署与维护，使服务器和应用程序的合并与虚拟化更加简单。Windows Server 2008 不仅提供直观管理工具，还为 IT 专业人员提供了灵活性。

Windows Server 2008 操作系统中的安全性也得到了增强。Windows Server 2008 提供了一系列新的和改进的安全技术，这些技术增强了对操作系统的保护，为企业的运营和发展奠定了坚实的基础。Windows Server 2008 提供了减小内核攻击面的安全创新（例如 PatchGuard），因而使服务器环境更安全、更稳定。通过保护关键服务器服务使之免受文件系统、注册表或网络中异常活动的影响，Windows 服务强化有助于提高系统的安全性。借助网络访问保护（NAP）、只读域控制器（RODC）、公钥基础结构（PKI）增强功能、Windows 服务、新的双向 Windows 防火墙和新一代加密支持，Windows Server 2008 操作系统的安全性也得到了增强。

4. Windows 7

Windows 7 是微软于 2009 年发布的，开始支持触控技术的 Windows 桌面操作系统，其内核版本号为 NT 6.1。到 2012 年 9 月，Windows 7 已经超越 Windows XP，成为全球占有率最高的操作系统，直至 2018 年 12 月才被 Windows 10 超越。Windows 7 将帮助企业优化它们的桌面基础设施，具有无缝操作系统、应用程序和数据移植功能。Windows 7 的开始界面如图 7-3 所示。

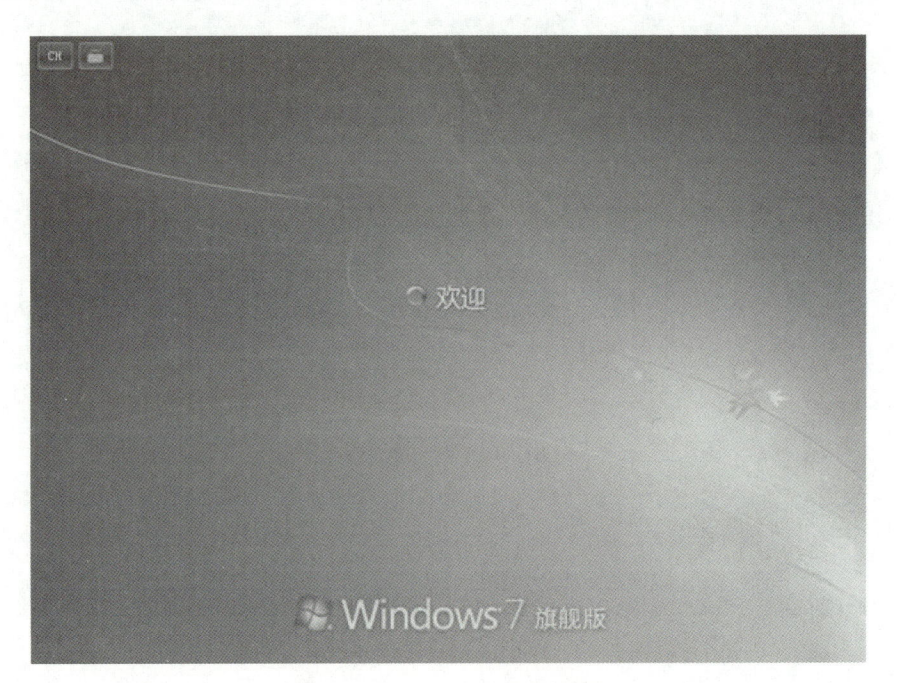

图 7-3 Windows 7 开始界面

5. Windows Server 2008 R2

Windows Server 2008 R2 为 Windows 7 的服务器版本，系统内核号为 NT 6.1，于 2009 年发售。同 2008 年 1 月发布的 Windows Server 2008 相比，Windows Server 2008 R2 继续提升了虚拟化、系统管理弹性和网络存取方式，以及信息安全等领域的应用，其中有不少功能需搭配 Windows 7。Windows Server 2008 R2 重要新功能包含：Hyper-V 加入动态迁移功能，作为最初发布版中快速迁移功能的一个改进；Hyper-V 将以毫秒计算迁移时间。

这是微软第一个仅支持 64 位的操作系统。支持多达 64 个物理处理器和最多 256 个逻辑处理器。Windows Server 2008 R2 的操作界面如图 7-4 所示。

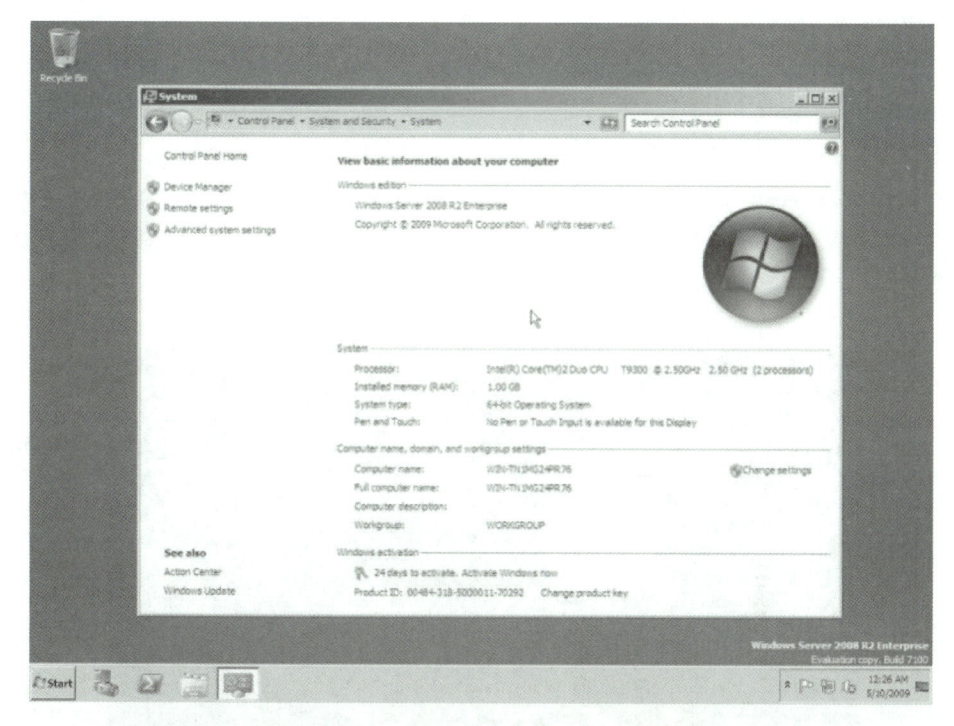

图 7-4 Windows Server 2008 R2 操作界面

6. Windows 8

Windows 8 是由微软公司开发的,第一款带有 Metro 界面的桌面操作系统,内核版本号为 NT 6.2。该系统旨在让人们日常的平板电脑操作更加简单和快捷。2012 年 8 月 2 日,微软宣布 Windows 8 开发完成,正式发布 RTM 版本;10 月 25 日正式推出 Windows 8,微软自称触摸革命将开始。Windows 8 操作界面如图 7-5 所示。

图 7-5 Windows 8 操作界面

7. Windows Server 2012

Windows Server 2012 是微软的一个服务器系统，它是 Windows 8 的服务器版本，并且是 Windows Server 2008 R2 的继任者。该操作系统已经在 2012 年 8 月 1 日完成编译 RTM 版，并且在 2012 年 9 月 4 日正式发售。Windows Server 2012 包含了一种全新设计的文件系统，名为 resilient file system(ReFS)，以 NTFS 为基础构建而来，不仅保留了与 NTFS 的兼容性，同时可支持新一代存储技术与场景。Windows Server 2012 登录界面如图 7-6 所示。

图 7-6　Windows Server 2012 登录界面

8. Windows 10

Windows 10 是由微软公司开发的操作系统，应用于计算机和平板电脑等设备。2015 年 11 月，Windows 10 的 1511 版本发布。

Windows 10 在易用性和安全性方面有了极大的提升，除了针对云服务、智能移动设备、自然人机交互等新技术进行融合外，还对固态硬盘、生物识别、高分辨率屏幕等硬件进行了优化完善与支持。

9. Windows Server 2016

Windows Server 2016 是微软公司研发的服务器操作系统，于 2016 年 10 月 13 日发布。

Windows Server 2016 基于 Long-Term Servicing Branch 1607 内核开发，引入了新的安全层保护用户数据、控制访问权限，增强了弹性计算能力，降低存储成本并简化网络，还提供新的方式进行打包、配置、部署、运行、测试和保护应用程序。

Windows Server 2016 提供的虚拟化区域包括适用于 IT 专业人员的虚拟化产品和功能，以设计、部署和维护 Windows Server。Windows Server 2016 提供了访问安全，身份标识中的新功能提高了组织保护 Active Directory 环境的能力，并帮助它们迁移到仅限云的部署和混合部署，其中某些应用程序和服务托管在云中，其他的则托管在本地。

10. Windows Server 2019

Windows Server 2019(图 7-7)是微软公司研发的服务器操作系统,于 2018 年 10 月 2 日发布,于 2018 年 10 月 25 日正式商用。

图 7-7　Windows Server 2019

Windows Server 2019 基于 Long-Term Servicing Channel 1809 内核开发,相较于之前的 Windows Server 版本主要围绕混合云、安全性、应用程序平台、超融合基础设施 (HCI)四个关键主题实现了很多创新。

Windows Server 2019 增强了安全性,包括三个方面:保护,检测和响应。Windows Server 2019 集成的 Windows Defender 高级威胁检测可发现和解决安全漏洞。Windows Defender 攻击防护可帮助防止主机入侵。该功能会锁定设备以避免攻击媒介的攻击,并阻止恶意软件攻击中常用的行为。而保护结构虚拟化功能适用于 Windows Server 或 Linux 工作负载的受防护虚拟机可保护虚拟机工作负载免受未经授权的访问。打开具有加密子网的交换机的开关,即可保护网络流量。Windows Server 2019 将 Windows Defender 高级威胁防护(ATP)嵌入到操作系统中,该功能可提供预防性保护,检测攻击和零日漏洞利用以及其他功能。这使客户可以访问深层内核和内存传感器,从而提高性能和防篡改,并在服务器计算机上启用响应操作。

二、32 位与 64 位

Windows 目前比较流行的是 32 位和 64 位的操作系统,还有 128 位与 16 位。32 位的优点是价格便宜,支持所有硬件和软件(除专为 64 位版的软件);缺点是安全性低,无法支持 4 G 以上的内存。其他操作系统如 Windows NT 3.×／4.× 还有用于 Alpha、MIPS、PowerPC 等平台的版本。

1. 32 位(X86)操作系统

这个系列的产品包括:Windows NT 3.1/3.5/3.51/4.0、Windows 2000、Windows XP、Windows Server 2003、Windows Vista、Windows Server 2008、Windows 7、Windows Thin PC、Windows Developer Preview、Windows 8 Consumer Preview、Windows 8 Release Preview、Windows 8 RTM。

2. 32位（ARM）操作系统

这个系列目前有 Windows RT、Windows 10。

3. 64位（X86-64）操作系统

这个系列的产品包括：Windows XP Professional 64位版、Windows Server 2003 64位版、Windows Server 2003 R2 64位版、Windows Vista 64位版、Windows Server 2008 64位版、Windows 7 64位版、Windows Server 2008 R2、Windows 8 64位版、Windows Server 2012。

4. 64位（安腾）操作系统

这个系列包括：Windows XP 64位版、Windows Server 2003 安腾版、Windows Server 2008 安腾版、Windows Server 2008 R2 安腾版。

7.1.2 身份认证技术

身份认证是系统安全的一个基础方面，它用来确认尝试登录域或访问网络资源的用户的身份。Windows 服务器系统身份认证针对所有网络资源启用"单点登录"（single sign on，SSO），采用单点登录后用户可以使用一个密码或智能卡一次登录到域，然后向域中的计算机验证身份。身份认证的重要功能就是它对单点登录的支持。

单点登录是一种方便用户访问多个系统的技术，用户只需在登录时进行一次注册，就可以在一个网络中自由访问，不必重复输入用户名和密码来确定身份。单点登录的实质就是安全上下文（security context）或凭证（credential）在多个应用系统之间的传递或共享。当用户登录系统时，客户端软件根据用户的凭证（例如用户名和密码）为用户建立一个安全上下文，安全上下文包含用于验证用户的安全信息，系统用这个安全上下文和安全策略来判断用户是否具有访问系统资源的权限。Kerberos V5 身份认证协议提供一个在客户端跟服务器之间，或者服务器与服务器之间的双向身份认证机制。

单点登录在安全性方面提供了两个主要优点：

● 对用户而言，单个密码或智能卡的使用减少了混乱，提高了工作效率。

● 对管理员而言，由于管理员只需要为每个用户管理一个账户，因此域用户所要求的管理支持减少了。

一、单点登录身份认证执行方式

包括单点登录在内的身份认证，分两个过程执行：交互式登录和网络身份认证。用户身份认证的成功取决于这两个过程。

1. 交互式登录

交互式登录过程会向域账户或本地计算机确认用户的身份。这一过程根据用户账户的类型而不同。

● 使用域账户：用户可以通过存储在 Active Directory 目录服务中的单一注册凭据使用密码或智能卡登录到网络。如果使用域账户登录，被授权的用户可以访问该域及任何信任域中的资源。如果使用密码登录到域账户，将使用 Kerberos V5 进行身份认证；如果使用智能卡,则将结合使用 Kerberos V5 身份认证和证书。

● 使用本地计算机账户:用户可以通过存储在安全账户管理器(本地安全账户数据库,SAM)中的凭据登录到本地计算机。任何工作站或成员服务器均可以存储本地用户账户,但这些账户只能用于访问该本地计算机。

2. 网络身份认证

网络身份认证会向用户尝试访问的任何网络服务确认用户的身份证明。为了提供这种类型的身份认证,安全系统支持多种不同的身份认证机制,包括 Kerberos V5、安全套接层/传输层安全性(SSL/TLS),以及为了与 Windows NT 4.0 兼容而提供的 NTLM(NT LAN manager)。

网络身份认证对于使用域账户的用户来说不可见。使用本地计算机账户的用户每次访问网络资源时,必须提供凭据(如用户名和密码),而使用域账户时,用户已经具有了可用于单一登录的凭据。

二、主要的身份认证类型

在尝试对用户进行身份认证时,根据各种因素的不同,可使用多种行业标准类型的身份认证。如表 7-1 所示列出了 Windows Server 2003 支持的身份认证类型。

表 7-1 Windows Server 2003 支持的身份认证类型

身份认证类型	描述
Kerberos V5 身份认证	与密码或智能卡一起使用的用于交互式登录的协议,它也适用于服务的默认网络身份认证方法
SSL/TLS 身份认证	用户尝试访问安全的 Web 服务器时使用的协议
NTLM 身份认证	客户端或服务器使用早期版本的 Windows 时使用的协议
摘要式身份认证	摘要式身份认证将凭据作为 MD5 哈希或消息摘要在网络上传递
Passport 身份认证	Passport 身份认证是提供单一登录服务的用户身份认证服务

三、Kerberos V5 身份认证机制

Kerberos 身份认证协议的当前版本是 Kerberos V5,它是域内主要的安全身份认证协议。Kerberos V5 协议可验证请求身份认证的用户标识(也就是对客户端身份进行认证),以及提供请求身份认证的服务器(也就是对服务器身份进行认证)。这种双重认证也就是通常所说的"相互身份认证"(在 NTLM 身份认证机制中,它只是对客户端进行单向的身份认证)。Kerberos V5 身份认证协议提供了一种在客户端和服务器之间,或者一个服务器与其他服务器之间进行相互身份认证的机制。

客户端与服务器相互认证步骤如图 7-8 所示。

详细的认证步骤说明如下,对应图 7-8 中的(1)—(6)步。

1. 客户端从 KDC 请求 TGT

在用户试图通过提供用户凭据登录到客户端时,如果已启用了 Kerberos 身份认证协议,则客户端计算机上的 Kerberos 服务向密钥分发中心(KDC)发送一个 Kerberos 身份

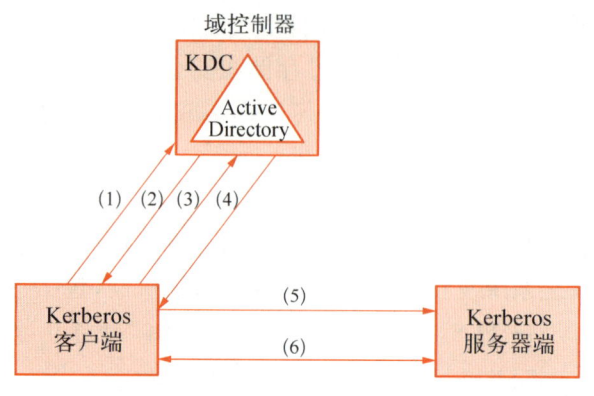

图 7-8 客户端与服务器相互认证步骤

认证服务请求,以期获得 TGT(ticket-granting ticket,票证许可票证)。

在 Kerberos V5 中主要有两类密钥,一是长效密钥(long-term key),二是短效密钥(short-term key)。长效密钥通常是指密码,一般来说不会经常更改密码;短效密钥一般是指具体会话过程中使用的会话密钥。

2. KDC 发送加密的 TGT 和登录会话密钥

KDC 为来自 Active Directory 的用户获取长效密钥(即密码),然后解密随 Kerberos 身份认证请求一起传送的时间戳。如果该时间戳有效,则用户是有效用户。KDC 身份认证服务创建一个登录会话密钥,并使用用户的长效密钥对该副本进行加密。然后,KDC 身份认证服务再创建一个 TGT,它包括用户信息和会话密钥。最后,KDC 身份认证服务使用自己的密钥加密 TGT,并将加密的登录会话密钥副本和加密的 TGT 传递给客户端。

时间戳的解密也是使用用户长效密钥,登录会话密钥是由用户的长效密钥进行加密的,TGT 是由 KDC 密钥进行加密的。

3. 客户端向 KDC TGS 请求 ST

客户端使用其长效密钥(即密码)解密登录会话密钥,并在本地缓存它。同时,客户端还将加密的 TGT 存储在它的缓存中。这时还不能访问网络服务,因为它仅获得了 TGT 和登录会话密钥,仅完成了网络登录的过程,还没有获得访问相应网络服务器所需的服务票证(service ticket,ST)。客户端向 KDC 票证许可服务(ticket-granting service,TGS)发送一个服务票证请求(ST 是由 TGS 颁发的),请求中包括用户名、使用用户登录会话密钥加密的认证符、TGT,以及用户想访问的服务和服务器名称。

认证符是由用户登录会话密钥进行加密的。

4. TGS 发送加密的服务会话密钥和 ST

KDC 使用自己创建的登录会话密钥解密认证符(通常是时间戳)。如果验证者消息成功解密,则 TGS 从 TGT 提取用户信息,并使用用户信息创建一个用于访问对应服务的服务会话密钥。它使用该用户的登录会话密钥对该服务会话密钥的一个副本进行加密,创建一个具有服务会话密钥和用户信息的服务票证(ST),然后使用该服务的长效密钥(密码)对该服务票证进行加密,并将加密的服务会话密钥和服务票证返回给客户端。

认证符是由登录会话密钥解密的，服务会话密钥是由用户登录会话密钥加密的，服务票证是用服务的长效密钥加密的。

5. 客户端发送访问网络服务请求

客户端访问服务时，向 Kerberos 服务器发送一个请求。该请求包含身份认证消息（时间戳），并用服务会话密钥和服务票证进行加密。

服务请求消息是由服务会话密钥和服务票证加密的。

6. 服务器与客户端进行相互验证

Kerberos 服务器使用服务会话密钥和服务票证解密认证符，并计算时间戳。然后与认证符中的时间戳进行比较，如果误差在允许的范围内（通常为 5 分钟），则通过测试，服务器使用服务会话密钥对认证符（时间戳）进行加密，然后将认证符传回到客户端。客户端用服务会话密钥解密时间戳，如果该时间戳与原始时间戳相同，则该服务是真正的，客户端继续连接。注意这是一个双向、相互的身份认证过程。

认证符是由服务会话密钥和服务票证解密的，而返回给客户端的时间戳是用服务会话密钥加密的，在客户端同样是用服务会话密钥解密时间戳的。

四、Kerberos V5 身份认证的优点与缺点

Kerberos V5 相对以前的 NTLM 身份认证方式来讲，具有明显的优势，但与其他身份认证方式相比，又具有一定的缺点。

1. Kerberos V5 身份认证的优点

Kerberos V5 比 NTLM 身份认证方式更安全、更具弹性、更有效率。Kerberos V5 身份认证方式具有以下优点：

- 支持相互身份认证。
- 支持委派身份认证。
- 简化的信任管理。

2. Kerberos V5 身份认证的缺点

Kerberos V5 身份认证的缺点主要体现在以下几个方面：

（1）Kerberos V5 身份认证采用的是对称加密机制，加密和解密使用的是相同的密钥，交换密钥时的安全性比较难以保障。

（2）Kerberos 服务器与用户共享的服务会话密钥是用户的口令字，服务器在响应时不需要验证用户的真实性，而是直接假设只有合法用户拥有了该口令字。如果攻击者截获了响应消息，就很容易形成密码攻击。

（3）Kerberos 中的 AS（身份认证服务）和 TGS 是集中式管理，容易形成瓶颈，系统的性能和安全也严重依赖于 AS 和 TGS 的性能和安全。在 AS 和 TGS 前应该有访问控制，以增强 AS 和 TGS 的安全。

（4）随用户数量的增加，密钥管理较复杂。Kerberos 拥有每个用户的口令字的散列值，AS 与 TGS 负责用户间通信密钥的分配。假设有 n 个用户想同时通信，则需要维护 $n \times (n-1)/2$ 个密钥。

7.1.3 文件系统安全

一、Windows 文件系统概念简介

1. 簇

新硬盘在使用之前，首先要创建分区或卷，然后再格式化才可以使用。格式化就好像是在一张纸上打格子，这些打好的格子，就是簇。簇的特点是：每一个文件存储时，都必须要以一个新簇开头。

2. FAT32

FAT32 是 32 位文件系统，推荐 FAT32 每个分区小于 32 GB，这样每个簇的大小小于 4 KB，节约空间。

3. NTFS

每个簇最大 4KB，并且在格式化的时候，可选择簇的大小，非常节约空间。

NTFS 文件系统的特点：（a）安全性好；（b）簇小，节约空间；（c）支持活动目录（AD）；（d）支持文件加密系统（EFS）；（e）不支持软盘；（f）支持文件许可（permission）。

4. ReFS

ReFS(resilient file system，弹性文件系统)是在 Windows Server 2012 中新引入的一个文件系统。目前只能应用于存储数据，还不能引导系统，并且在移动媒介上也无法使用。ReFS 是与 NTFS 大部分兼容的，其主要目的是保持较高的稳定性，可以自动验证数据是否损坏，并尽力恢复数据。

二、NTFS 文件系统简介

1. 文件许可（permission）

许可是基于资源的，它和用户的权利是不同的。

权利（right），是为用户设置的，它存储在系统中，对用户权利所做的修改，需用户重新登录才可生效。可通过组策略编辑器（gpedit.msc）—计算机配置—Windows 设置—安全设置—本地策略—用户权限分配，来查看和修改本地用户和组的权利。

许可（permission），是基于资源的（如文件、打印机等），它记录在资源的访问控制列表（ACL）中，对资源许可的修改，是即时生效的，它不需要用户重新登录系统（注：对资源的许可，记录的是用户的安全标识符 SID，而不是单纯的用户名）。

2. 许可的继承

许可是可以继承的，默认状态、子目录或文件都会继承父目录的许可。许可实际上是被复制到底层的所有对象上的。当然，也可以修改文件或目录对许可的继承。

假如在 D 盘上（必须是 NTFS 文件系统）有这么一个目录：D：\a\b\c\1.txt，那么许可的继承关系是：1.txt 文件继承 c 目录上所做的许可，c 继承 b，b 继承 a。现在在 c 目录上做一些许可的修改，并让它不再从 b 目录继承许可，只要在 c 目录"属性—安全性"上将"从上级目录继承许可"这个复选框取消选中就可以了。经过这样修改以后，许可的继承关系就变成了：1.txt 仍然继承 c 目录上的许可，c 不再继承 b，b 仍然继承 a。

3. NTFS 文件系统许可的种类

(1) 读。

(2) 读和运行。

(3) 写。

(4) 修改。

(5) 完全控制。

(6) 特殊的许可。

它们对应的许可操作如下：

读——可以读取文件、查看文件属性、查看文件所有者及许可内容。读和运行——除了具有读的许可外，还可以运行程序。写——改写文件、改变文件属性、查看文件所有者和许可内容，如果是文件夹，还可创建文件及子文件夹，但不可以删除文件。修改——除了具有"读和运行"以及"写"的许可外，还可以修改和删除文件。完全控制——除具有以上全部许可外，还可以修改许可的内容及获取文件所有权。

4. ACL 和 ACE

文件的许可体现在 ACL 和 ACE(access control entry，访问控制项)上，在对许可进行修改的时候，实质上是在修改 ACL 和 ACE。如果许可发生冲突，则遵循 ACL 原则，它的内容是：

(1) 多个用户组被赋予不同的许可是累加的。

(2) 文件的许可优先于目录的许可，即底层设置的许可优先。

(3) 拒绝访问许可优先。

三、NTFS 文件加密(EFS)

NTFS 文件许可有其自身缺陷，那就是它只在本机上生效，如果把硬盘换到另一台计算机上，即换一个操作系统，则所有的许可就会无效。而 EFS 对文件内容进行加密，即使换一个操作系统，也不能对其访问。EFS 为 NTFS 文件提供文件级别加密。EFS 加密技术是基于公共密钥的系统，它作为一种集成式服务系统运行，并由指定的 EFS 恢复代理启用文件恢复功能。

EFS 加密的过程如下：

(1) 随机生成一把对称式加密密钥，称为 FEK(file encryption key)。

(2) 使用 FEK 对文件加密。

(3) 如果是第一次使用，系统自动为该用户生成一对公钥和私钥。

(4) 利用该用户的公钥对 FEK 加密。

(5) 原始 FEK 被删除，加密后的 FEK 和加密文件保存在一起。

EFS 加密有如下特点：

(1) 用户只有持有一个加密 NTFS 文件的私钥，才可以打开该文件，并作为普通文件透明地使用。

(2) EFS 加密不要求输入密码。

启用 EFS 加密时的操作流程如图 7-9 所示。

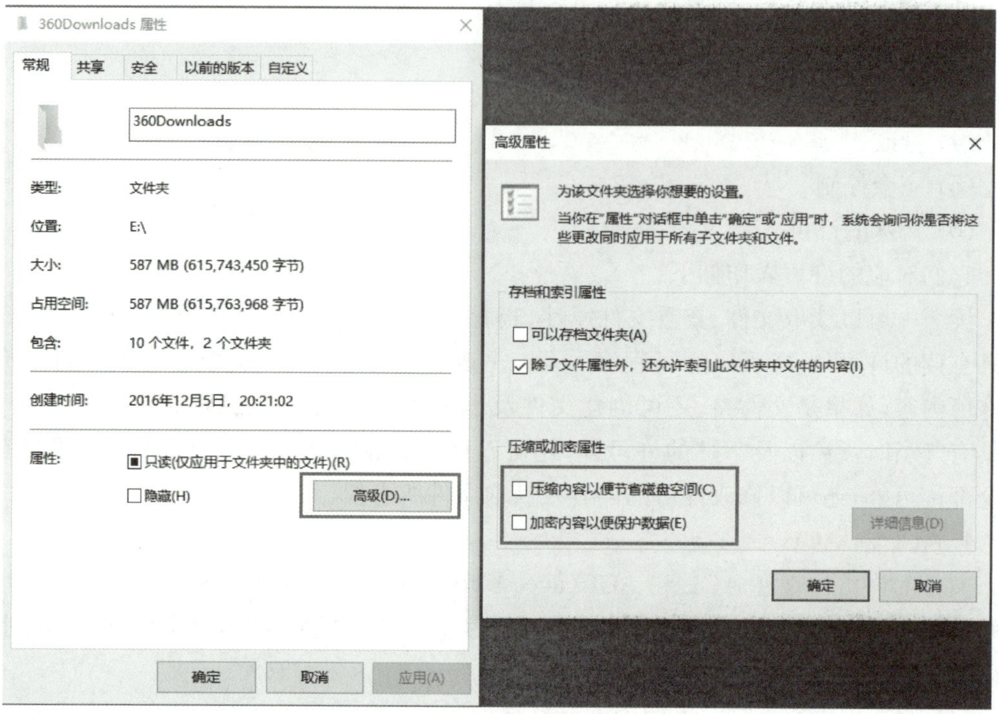

图 7-9 启用 EFS 加密时的操作流程

当第一次进行 EFS 加密后,系统会提示用户备份加密密钥,或者通过"用户账户"对话框备份。

EFS 加密时需要注意以下几点:

(1) 需要确保备份加密证书和加密密钥。

(2) 共享 EFS,其他想要访问已加密的文件或文件夹的用户必须将其自己的 EFS 证书添加到这些文件中。

(3) 加密与压缩功能不能同时使用。

(4) 最好对文件夹加密(对文件加密,文件会产生临时文件,造成泄密)。

四、弹性文件系统(ReFS)

弹性文件系统(ReFS)可以视为新技术文件系统(NTFS)的一种演进,关注点在于可用性和完整性。ReFS 会以原子形式在磁盘上的不同位置写入数据,这样就可以在写入期间出现电源故障时改善数据弹性,并且还包括新的"完整性流"功能,可使用校验和与实时分配来保护测序,并同时访问系统和用户数据。

由于目前 NTFS 的普及度太高,所以在设计上 ReFS 是向下兼容 NTFS 文件系统的。ReFS 新增了支持元数据,即允许通过更少、更大的 I/O 将存储介质混合写入,这对旋转介质(固态硬盘)及闪存类介质更加友好,此外还支持超大规模的卷、文件和目录(系统中存储池最大规模 4 PB,存储池最大数量不限、存储池中空间最大数量不限),并允许跨设备的储存池共享机制。ReFS 对于数据损坏具有"弹性限度",能够使系统检测各种磁盘损坏,提高文件系统的可靠性和安全性。

7.1.4 组策略

一、组策略概述

在 Windows Server 2019 环境中,组策略的功能特性有了不少的扩大与加强。目前已有了超过 5 000 个设置,拥有更多的管理能力。使用组策略来简化 IT 环境管理,已成为用户必须了解的技术。

实际上组策略是一种让管理员集中管理计算机和用户的手段和方法。组策略适用于众多方面的配置,如软件、安全性、IE、注册表等。在活动目录中利用组策略可以在站点、域、OU(组织单位)等对象上进行配置,以管理其中的计算机和用户对象,可以说组策略是活动目录的一个非常大的功能。

二、组策略基础架构

如图 7-10 所示,组策略分为两大部分:计算机配置和用户配置。每一个部分都有自己的独立性,因为它们配置的对象类型不同。计算机配置部分控制计算机账户,同样用户配置部分控制用户账户。其中有部分配置在两者中都有,它们是不会跨越执行的。假设某个配置选项希望计算机账户启用、用户账户也启用,那么就必须在计算机配置和用户配置两部分都进行设置。总之,计算机配置下的设置仅对计算机对象生效,用户配置下的设置仅对用户对象生效。

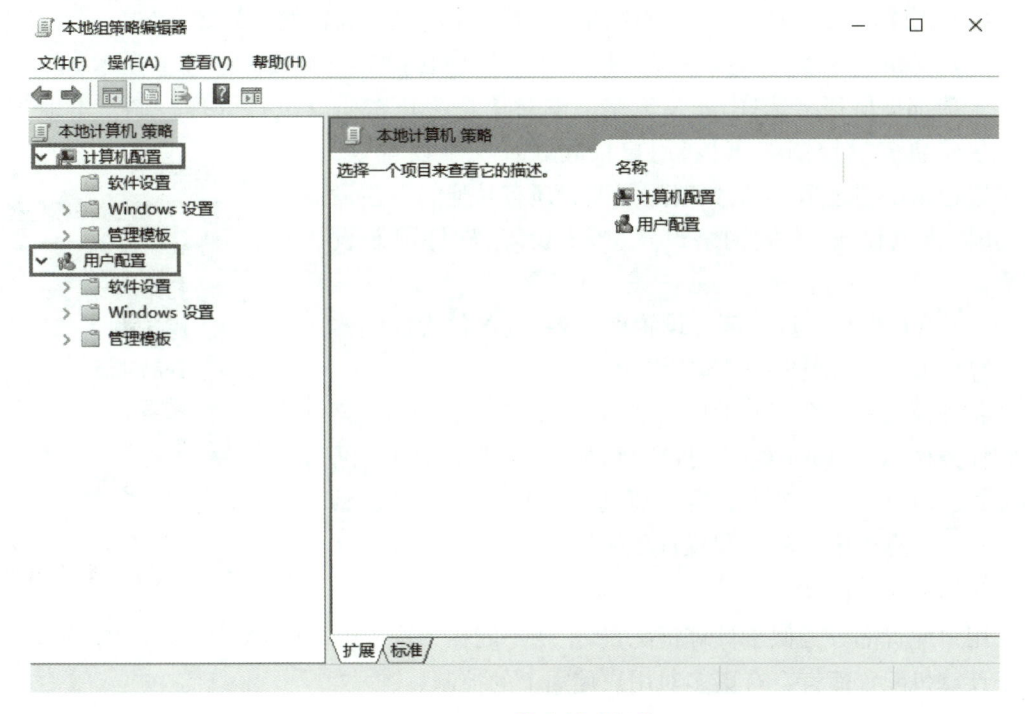

图 7-10 组策略基础架构

1. 计算机配置部分

展开计算机配置部分可看到其有三个主要的部分，如图 7-11 所示：

图 7-11　组策略—计算机配置

图 7-12　组策略—计算机配置—Windows 设置

（1）软件设置。这一部分相对简单，它可以让用户实现软件的部署分发。

（2）Windows 设置。这一部分更复杂一些，包含很多子项，如图 7-12 所示。

子项都提供很多选择，账户策略能够对用户账户密码等进行管理控制。本地策略则提供了更多的控制如审核、用户权利以及安全设置，安全设置包括了超过 75 个的策略配置项。还有其他的一些设置，如防火墙设置、无线网络设置、PKI 设置、软件限制设置等。

（3）管理模板。这一部分设置项最多，包含各式各样的对计算机的配置，如图 7-13 所示。

管理模板有八个主要的配置管理方向，包括："开始"菜单和任务栏、Windows 组件、打印机、服务器、控制面板、网络、系统、所有设置。其中包含了超过 1 250 个设置选项，涵盖了一台计算机中众多的配置管理信息。

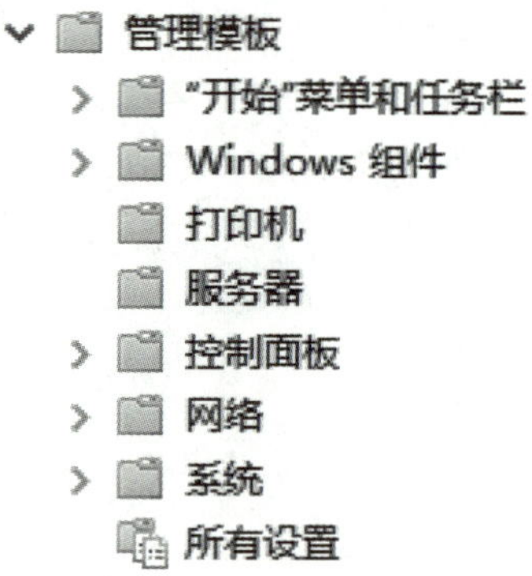

图 7-13　组策略—计算机配置—管理模块

2. 用户配置部分

用户配置部分类似于计算机配置，主要不同在于这一部分配置的目标是用户账户，相对于计算机配置而言会有更多对用户使用上的控制。

这一部分同样也包含三大部分，如图 7-14 所示：

图 7-14 组策略—用户配置

(1) 软件设置。这一部分可以实现针对用户的软件部署分发。

(2) Windows 设置。这一部分与计算机配置里的 Windows 设置有很多的不同,其中少了"域名解析策略"子项,而在安全设置中只有"公钥策略",如图 7-15 所示。

图 7-15 组策略—用户配置—Windows 设置

图 7-16 组策略—用户配置—管理模块

(3) 管理模板。这一部分展开后,可以发现比起计算机配置里的管理模板有更多的配置,用户部分的管理模板可以用来管理控制用户配置文件,而用户配置文件影响用户对计算机的使用体验,所以这里面出现了"桌面""共享文件夹"等配置,如图 7-16 所示。

三、本地组策略和域组策略

1. 本地组策略

Windows 8、windows 10 等计算机都有且只有一份本地组策略。本地组策略的设置都存储在各个计算机内部,不论该计算机是否属于某个域。本地组策略包含的设置要少于非本地组策略的设置,像在"安全设置"上就没有域组策略那么多的配置,也不支持"文件夹重定向"和"软件安装"这些功能。

在任意一台非域控制器的计算机上编辑管理本地组策略步骤如下:

(1) 点击任务栏的搜索按钮,输入"组策略",如图 7-17 所示。

(2) 点击上面的"编辑组策略"。

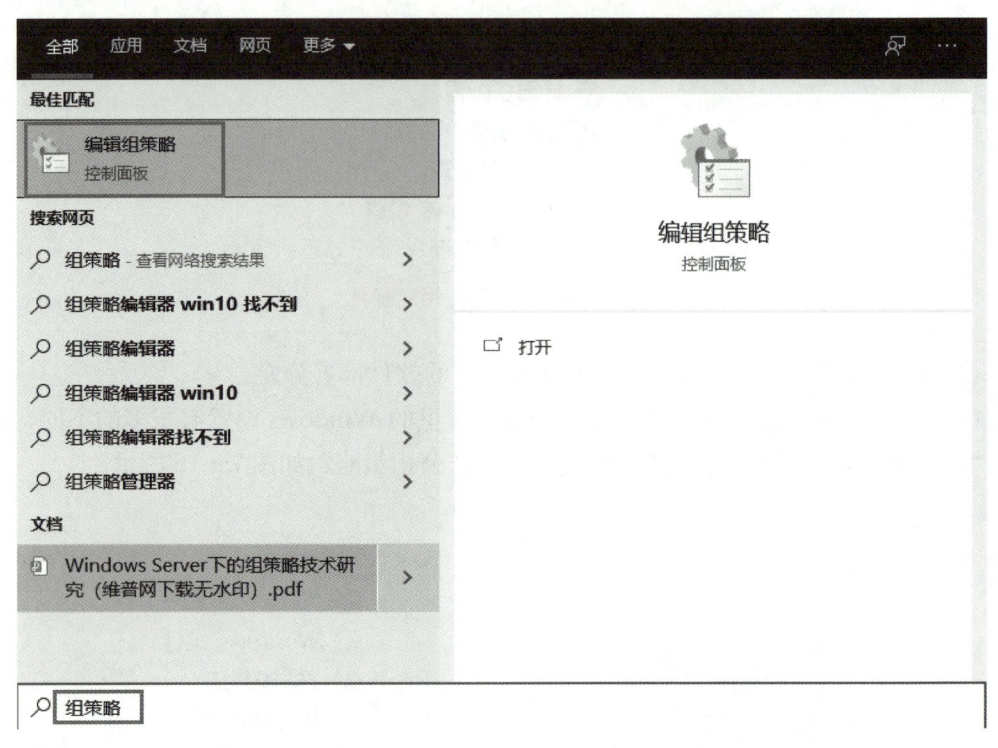

图 7-17　在搜索框输入组策略

(3) 展开"计算机配置""用户配置",如图 7-18 所示。

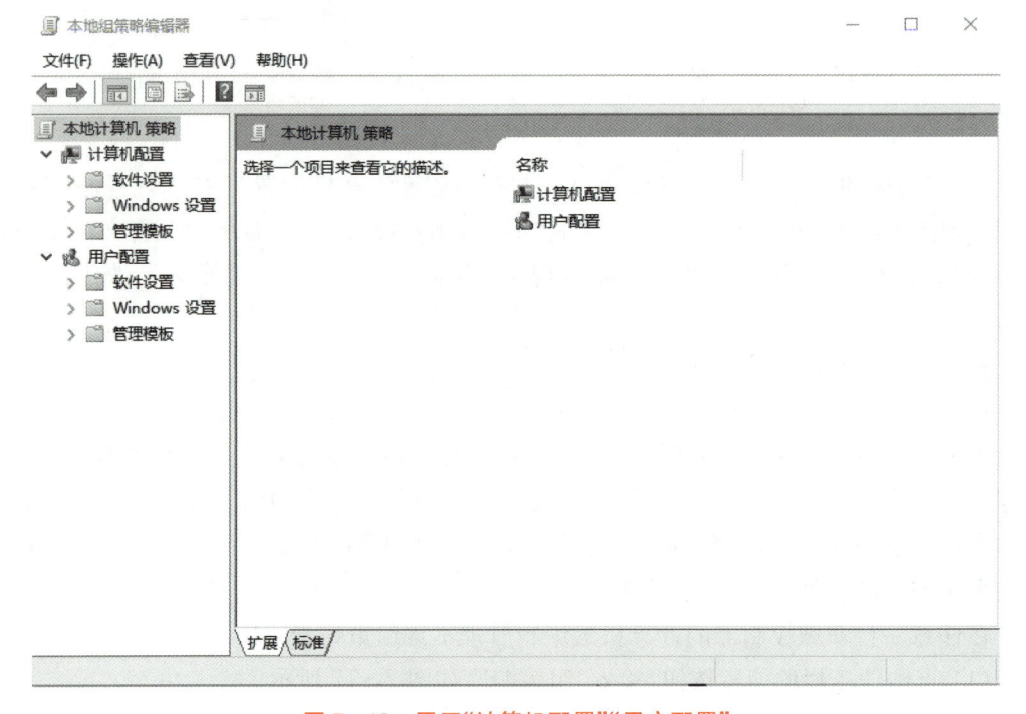

图 7-18　展开"计算机配置""用户配置"

2. 域组策略

与本地组策略的一机一策略不同,在域环境内可以有成百上千个组策略能够创建和存在于活动目录中。并且能够通过活动目录这个集中控制技术实现整个计算机、用户网络的基于组策略的控制管理。在活动目录中我们可以为站点、域、OU 创建不同管理要求的组策略,而且允许每一个站点、域、OU 能同时设施多套组策略。

我们可以使用 Windows Server 2019 自带组策略管理工具来查看管理组策略,步骤如下：

(1) 开始菜单中点运行,输入 gpmc.msc。
(2) 在 GPMC 管理界面展开森林和域节点。
(3) 在域节点展开组策略对象节点 这样就能看到如图 7‑19 所示的组策略列表。

图 7‑19　组策略列表

从上图的列表中,我们可以去创建更多的组策略,并且能够根据需求将组策略应用到相应的站点、域、OU 去,实现对整个站点、整个域、或某个特定 OU 的计算机和用户的管理控制。

7.1.5　安全审核

一、Windows 安全审核概述

在 Windows 中,审核时跟踪计算机上用户活动和系统活动的过程,称之为事件。为了方便实用,这些事件被分别记录到 6 种日志中去,分别是应用程序日志、系统日志、安全

续表

设　　置	描　　述
安全组管理	审核由对安全组的更改生成的事件
分发组管理	审核由对分发组的更改生成的事件
应用程序组管理	审核由对应用程序组的更改生成的事件
其他账户管理事件	审核由此类别中不涉及的其他用户账户更改生成的事件

3. 详细跟踪事件

可以使用详细跟踪事件监视各个应用程序的活动，以了解计算机的使用方式以及该计算机上用户的活动。详细跟踪事件的相关设置如表7-4所示。

表7-4　详细跟踪事件的相关设置

设　　置	描　　述
进程创建	审核当创建或启动进程时生成的事件，还要审核创建该进程的应用程序或用户的名称
进程终止	审核当进程结束时生成的事件
DPAPI活动	审核当对数据保护应用程序接口(DPAPI)进行加密或解密请求时生成的事件，DPAPI用来保护机密信息，如存储的密码和密钥信息
RPC事件	审核入站远程过程调用(RPC)连接

4. DS访问事件

DS访问事件提供对访问和修改Active Directory域服务(AD DS)中的对象而进行的较低级别的审核跟踪，仅在域控制器上记录这些事件。DS访问事件的相关设置如表7-5所示。

表7-5　DS访问事件的相关设置

设　　置	描　　述
目录服务访问	审核当访问AD DS对象时生成的事件，仅记录具有匹配的SACL的AD DS对象，此子类别中的事件与以前版本的Windows中可用的目录服务访问事件类似
目录服务更改	审核由对AD DS对象的更改生成的事件，当创建、删除、修改、移动或恢复对象时记录事件
目录服务复制	审核两个AD DS域控制器之间的复制
详细的目录服务复制	审核由域控制器之间详细的AD DS复制生成的事件

5. 登录/注销事件

使用登录和注销事件可以跟踪以交互方式登录计算机或通过网络登录计算机的尝试。这些事件对于跟踪用户活动以及标识网络资源上的潜在攻击尤其有用。登录/注销事件的相关设置如表7-6所示。

表7-6 登录/注销事件的相关设置

设　　置	描　　述
登　　录	审核由用户账户在计算机上的登录尝试生成的事件
注　　销	审核由关闭登录会话生成的事件,这些事件发生在所访问的计算机上,对于交互登录,在用户账户登录的计算机上生成安全审核事件
账户锁定	审核由登录锁定账户的失败尝试生成的事件
IPSec 主模式	审核在主模式协商期间由 Internet 密钥交换协议(IKE)和已验证 Internet 协议(AuthIP)生成的事件
IPSec 快速模式	审核在快速模式协商期间由 Internet 密钥交换协议(IKE)和已验证 Internet 协议(AuthIP)生成的事件
IPSec 扩展模式	审核在扩展模式协商期间由 Internet 密钥交换协议(IKE)和已验证 Internet 协议(AuthIP)生成的事件
特殊登录	审核由特殊登录生成的事件
其他登录/注销事件	审核与"登录/注销"类别中不包含的与登录和注销有关的其他事件
网络策略服务器	审核由 RADIUS(IAS)和网络访问保护(NAP)用户访问请求生成的事件,这些请求可以是授予、拒绝、放弃、隔离、锁定和解锁

6. 对象访问事件

使用对象访问事件可以跟踪网络或计算机上访问特定对象或对象类型的尝试。若要审核文件、目录、注册表项或任何其他对象,必须为成功和失败事件启用"对象访问"类别。例如,审核文件操作需要启用"文件系统"子类别,审核注册表访问需要启用"注册表"子类别。

证明该策略对于外部审核员有效非常困难,没有简单的方法验证在所有继承的对象上是否设置了正确的 SACL。对象访问事件的相关设置如表7-7所示。

表7-7 对象访问事件的相关设置

设　　置	描　　述
文件系统	审核用户访问文件系统对象的尝试,仅对于具有 SACL 的对象,并且仅当请求的访问类型(如读取、写入或修改)以及进行请求的账户与 SACL 中的设置匹配时才生成安全审核事件
注册表	审核访问注册表对象的尝试,仅对于具有 SACL 的对象,并且仅当请求的访问类型(如读取、写入或修改)以及进行请求的账户与 SACL 中的设置匹配时才生成安全审核事件

续 表

设 置	描 述
内核对象	审核访问系统内核(包括 Mutexes 和 Semaphores)的尝试,只有具有匹配的 SACL 的内核对象才生成安全审核事件
SAM	审核由访问安全账户管理器(SAM)对象的尝试生成的事件
证书服务	审核 Active Directory 证书服务(AD CS)操作
生成的应用程序	审核通过使用 Windows 审核应用程序编程接口(API)生成事件的应用程序,设计为使用 Windows 审核 API 的应用程序使用此子类别记录与其功能有关的审核事件
句柄操作	审核当打开或关闭对象句柄时生成的事件,只有具有匹配的 SACL 的对象才生成安全审核事件
文件共享	审核访问共享文件夹的尝试,但是,当创建、删除文件夹或更改其共享权限时不生成任何安全审核事件
详细的文件共享	审核访问共享文件夹上文件和文件夹的尝试,"详细的文件共享"设置在每次访问文件或文件夹时记录一个事件,而"文件共享"设置仅为客户端和文件共享之间建立的任何连接记录一个事件。"详细的文件共享"审核事件包括有关用来授予或拒绝访问的权限或其他条件的详细信息的事件
筛选平台数据包丢弃	审核由 Windows 筛选平台(WFP)丢弃的数据包
筛选平台连接	审核 WFP 允许或阻止的连接
其他对象访问事件	审核由管理任务计划程序作业或 COM+ 对象生成的事件

7. 策略更改事件

使用策略更改事件可以跟踪对本地系统或网络上重要安全策略的更改。由于策略通常是由管理员建立的,用于确保网络资源的安全,因此任何更改或更改这些策略的尝试都可能是网络安全管理的重要方面。策略更改事件的相关设置如表 7-8 所示。

表 7-8 策略更改事件的相关设置

设 置	描 述
审核策略更改	审核安全审核策略设置的更改
身份验证策略更改	审核由对身份验证策略的更改生成的事件
授权策略更改	审核由对授权策略的更改生成的事件
MpsSvc 策略规则更改	审核由 Windows 防火墙使用的策略规则的更改生成的事件
筛选平台策略更改	审核由对 WFP 的更改生成的事件
其他策略更改事件	审核由策略更改类别中不审核的其他安全策略更改生成的事件

8. 权限使用事件

使用权限使用事件可以跟踪一台或多台计算机上某些权限的使用。权限使用事件的相关设置如表 7-9 所示。

表 7-9 权限使用事件的相关设置

设　　置	描　　述
敏感权限使用	审核由使用敏感权限(用户权限)生成的事件,如充当操作系统的一部分、备份文件和目录、模拟客户端计算机或生成安全审核
非敏感权限使用	审核由使用非敏感权限(用户权限)生成的事件,如本地登录或使用远程桌面连接登录、更改系统时间或从扩展坞删除计算机
其他权限使用事件	未使用

9. 系统事件

使用系统事件可以跟踪对其他类别中不包含且有潜在安全隐患的计算机的高级更改。系统事件的相关设置如表 7-10 所示。

表 7-10 系统事件的相关设置

设　　置	描　　述
安全状态更改	审核由计算机安全状态更改生成的事件
安全系统扩展	审核与安全系统扩展或服务有关的事件
系统完整性	审核违反安全子系统的完整性的事件
IPSec 驱动程序	审核由 IPSec 筛选器驱动程序生成的事件
其他系统事件	审核以下任何事件: 启动和关闭 Windows 防火墙; 由 Windows 防火墙处理的安全策略; 加密密钥文件和迁移操作

7.1 节测验

7.2　Linux 操作系统安全

一、Linux 发展历史

Linux 和 UNIX 有密切的联系。UNIX 的早期版本源代码可以免费获得,但随后其发布者将其转向商业化,于是其许可证中禁止在课程中研究源代码以免开发者的商业利益受到损害。为了扭转这种局面,荷兰的 Andy Taonenbaum 决定编写一个在用户看来与 UNIX 完全兼容,而内核全新的操作系统——MINIX。Andy Taonenbaum 希望用户通过 MINIX 可以剖析操作系统,研究其内部运作机制。

1990 年,Linus Torvalds 用汇编语言编写了一个在 80386 保护模式下处理多任务切换的程序,后来从 MINIX 中得到灵感,添加了一些硬件的设备驱动程序和一个小的文件系统,这样 0.0.1 版本的 Linux 就出来了,但是它必须在有 MINIX 的机器上编译以后才能运行。随后 Linus 决定彻底抛弃 MINIX，编写一个完全独立的操作系统。

Linux 0.0.2 于 1991 年 10 月 5 日发布，这个版本已经可以运行 BASH(一种用户与操作系统内核通信的命令解释软件)和 GCC(GNU C 编译器)了。

Linus 从一开始就决定自由扩散 Linux，他将源代码发布在 Internet 上，随即就引起世界范围内的计算机爱好者和开发者的注意，他们通过 Internet 加入了 Linux 的内核开发行列之中。一大批高水平程序员的加入，使得 Linux 得到迅猛发展。他们为 Linux 修复错误、增加新功能，不断尽其所能地改进它。

Linux 1.0 于 1993 年底发布，它已经是一个功能完备的操作系统了，其内核紧凑高效，可以充分发挥硬件的性能。

Linux 从 1.3 版本之后开始向其他硬件平台移植，可以在 Intel、DEC 的 Alpha、Motorola 的 M68k、Sun Sparc、PowerPC、MIPS 等处理器上运行，可以涵盖从低端到高端的所有应用。

二、Linux 系统架构

Linux 是一套免费使用和自由传播的类 UNIX 操作系统，是一个基于 POSIX 和 UNIX 的多用户、多任务、支持多线程和多 CPU 的操作系统。它能运行主要的 UNIX 工具软件、应用程序和网络协议，并支持 32 位和 64 位硬件。Linux 继承了 UNIX 以网络为核心的设计思想，是一个性能稳定的多用户网络操作系统。Linux 一般有四个主要部分：内核、Shell、文件结构和实用工具。

1. 内核

内核是系统的心脏，是运行程序和管理如磁盘和打印机等硬件设备的核心部分。

2. Shell

Shell 是系统的用户界面，提供了用户与内核进行交互操作的接口。它接收用户输入的命令并把它送入内核去执行。

实际上 Shell 是一个命令解释器，它解释由用户输入的命令并且把它们送到内核。不仅如此，Shell 有自己的编程语言用于对命令的编辑，它允许用户编写由 Shell 命令组成的程序。Shell 编程语言具有普通编程语言的很多特点，比如它也有循环结构和分支控制结构等，用这种编程语言编写的 Shell 程序与其他应用程序具有同样的效果。

同 Linux 本身一样，Shell 也有多种不同的版本。目前主要有下列版本的 Shell：

- Bourne Shell：由贝尔实验室开发。
- BASH：是 GNU 的 Bourne Again Shell，是 GNU 操作系统上默认的 Shell。
- Korn Shell：是对 Bourne Shell 的发展，在大部分内容上与 Bourne Shell 兼容。
- C Shell：是 Sun 公司 Shell 的 BSD 版本。

3. 文件结构

Linux 用户可以设置目录和文件的权限，以便允许或拒绝其他人对其进行访问。Linux 目录采用多级树形结构，用户可以浏览整个系统，可以进入任何一个已授权进入的目录，访问那里的文件。

文件结构的相互关联性使共享数据变得容易，几个用户可以访问同一个文件。Linux 是一个多用户系统，操作系统本身的驻留程序存放在以根目录开始的专用目录中，有时被指定为系统目录。如图 7-20 所示的 Linux 目录结构中那些根目录下的目录就是系统目录。

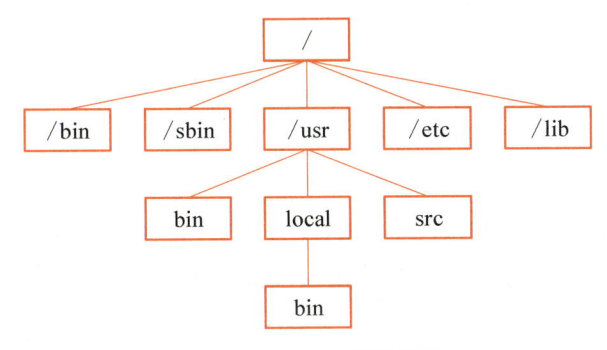

图 7-20　Linux 目录结构

内核、Shell 和文件结构一起形成了基本的操作系统结构。它们使得用户可以运行程序、管理文件以及使用系统。此外，Linux 操作系统还有许多被称为实用工具的程序，辅助用户完成一些特定的任务。

4. 实用工具

标准的 Linux 系统都有一套叫作实用工具的程序，它们是专门的程序，例如编辑器、过滤器等。用户也可以产生自己的工具。实用工具可分为三类：

- 编辑器：用于编辑文件。
- 过滤器：用于接收数据并过滤数据。
- 交互程序：允许用户发送信息或接收来自其他用户的信息。

Linux 的编辑器主要有 Ed、Ex、Vi 和 Emacs。Ed 和 Ex 是行编辑器，Vi 和 Emacs 是全屏幕编辑器。

Linux 的过滤器（filter）读取从用户文件或其他地方的输入，检查和处理数据，然后输出结果。从这个意义上说，它们过滤了经过它们的数据。

交互程序是用户与计算机的信息接口。Linux 是一个多用户系统，它必须和所有用户保持联系。信息可以由系统上的不同用户发送或接收。信息的发送有两种方式，一种方式是与其他用户一对一地链接进行对话，另一种是一个用户与多个用户同时链接进行通信，即所谓广播式通信。

三、Linux 的特点

Linux 从一个由个人开发的操作系统雏形经过二十年左右的时间就发展成为如今举足轻重的操作系统，与 Windows、UNIX 一起形成了操作系统领域三足鼎立的局势，必定有其自身特点和优势，主要包括以下几个方面：

1. 公开源代码

作为程序员，通过阅读 Linux 内核和 Linux 下其他程序的源代码，可以学到很多编程经验和相关知识；作为最终用户，使用 Linux 避免了使用盗版 Windows 的尴尬，同时也不用为某些隐秘的系统后门而担心自身的安全。

2. 系统稳定

Linux 采用了 UNIX 的设计体系,汲取了 UNIX 系统几十年发展的经验。在服务器操作系统市场上,已经超过 Windows 成为服务器的首选操作系统。

3. 性能突出

经过 Linux 和 Windows 两种操作系统之间的比较测试,两者在各种应用情况下,尤其是在网络应用环境中,Linux 的总体性能更好。

4. 安全性强

各种病毒的频繁出现使微软几乎每隔几天就要为 Windows 发布补丁,而目前针对 Linux 的病毒则非常少,而且 Linux 的源代码的开发方式使各种漏洞都能够及早被发现和弥补。

5. 跨平台

Windows 只能在 Intel 构架下运行,而 Linux 除了可以运行于 Intel 平台外,还可以运行于 Motorola 公司的 68K 系列 CPU、IBM、Apple、Motorola 公司的 PowerPC CPU、Compaq 和 Digital 公司的 Alpha CPU、MIPS 芯片、Sun 公司的 SPARC 和 UltraSPARC CPU、Intel 公司的 StrongARM CPU 等处理器系统。

6. 完全兼容 UNIX

Linux 和现今的 UNIX、System V、BSD 三大主流的 UNIX 系统几乎完全兼容,在 UNIX 下可以运行的程序,完全可以移植到 Linux 下。

7. 强大的网络服务

Linux 诞生于 Internet,它具有 UNIX 的特性,保证了它支持所有标准 Internet 协议,而且 Linux 内置了 TCP/IP 协议。事实上,Linux 是第一个支持 IPv6 的操作系统。

7.2.1 用户和组安全

Linux 系统是一个多用户、多任务的分时操作系统,任何一个要使用系统资源的用户,都必须首先向系统管理员申请一个账号,然后以这个账号的身份进入系统。每一个用户都由一个唯一的身份来标识,这个标识叫作用户 ID(user ID,UID),并且系统中每一个用户至少需要一个"用户分组",这是由系统管理员所创建的用户小组,这个小组中包含着许多系统用户。与用户一样,用户分组也是由一个唯一的身份来标识,该标识叫作用户分组 ID(group ID,GID)。某个文件或者程序的访问是以它的 UID 和 GID 为基础,一个执行中的程序继承了调用它的用户权利和访问权限。

用户和用户组的对应关系是:一对一、多对一、一对多或多对多。

- 一对一:某个用户可以是某个组的唯一成员。
- 多对一:多个用户可以是某个唯一的组的成员,不归属其他用户组,比如 beinan 和 linuxsir 两个用户只归属于 beinan 用户组。
- 一对多:某个用户可以是多个用户组的成员,比如 beinan 可以是 root 用户组成员,也可以是 linuxsir 用户组成员,还可以是 adm 用户组成员。

- 多对多:多个用户对应多个用户组,并且几个用户可以是归属相同的组。

每位用户的权限可以被定义为普通用户或者根(root)用户,普通用户只能访问其拥有的或者有权限执行的文件。root 用户能够访问系统全部的文件和程序,而不论 root 用户是不是这些文件和程序的所有者。root 用户通常也被称为"超级用户",其权限是系统中最大的,可以执行任何操作。

一、用户账号与口令管理

入侵一台计算机,最简单的办法是盗取一个合法的账号,这样就可以不被人察觉地使用系统。在 Linux 系统中默认有不少账号安装,也会建立新的个人用户账号,系统管理员应对所有的账号进行安全保护,而不能只防护那些重要的账号,如 root 账号。

1. 用户管理

在 Linux 环境下对用户的管理有多种方式,常用的包括:

- 使用编辑工具 vi 对"/etc/passwd"进行操作。
- 直接使用"useradd""userdel"等用户管理命令。
- 使用"pwconv"命令,让"/etc/passwd"与"/etc/shadow"文件保持一致。

(1) 增加用户。

- 在"/etc/passwd"文件中写入新用户。
- 为新登录用户建立一个 home 目录。
- 在"/etc/group"中增加新用户。

在"/etc/passwd"文件中写入新的入口项时,口令部分可先设置为"nologin",以免有其他人作为此新用户登录。新用户一般独立为一个新组,GID 号与 UID 号相同(除非其要加入已存在的一个组),UID 号必须和其他用户不同,home 目录一般设置在"/usr"或"/home"目录下,建立一个以用户登录名为名称的目录作为其主目录。

(2) 删除用户。

删除用户与增加用户的工作正好相反,首先在"/etc/passwd"和"/etc/group"文件中删除用户的入口项,然后删除用户的 home 目录和所有文件。

"rm -r /usr/loginname"即为删除用户整个目录的命令。

"/usr/spool/cron/crontabs"中有"crontab"文件,也应当删除。

2. 账号信息管理

在 Linux 系统中,账号的信息是储存在"/etc/passwd"和"/etc/shadow"文件中的。"/etc/passwd"文件保存着用户的名称、ID 号、用户组、用户注释、主目录和登录 shell。"/etc/shadow"文件存放了用户名称和口令的加密串。下面是两个文件的例子:

/etc/passwd

```
root:x:0:0:root:/root:/bin/bash
bin:x:1:1:bin:/bin:/sbin/nologin
```

```
daemon：x：2：2：daemon：/sbin：/sbin/nologin
adm：x：3：4：adm：/var/adm：/sbin/nologin
lp：x：4：7：lp：/var/spool/lpd：/sbin/nologin
sync：x：5：0：sync：/sbin：/bin/sync
shutdown：x：6：0：shutdown：/sbin：/sbin/shutdown
halt：x：7：0：halt：/sbin：/sbin/halt
mail：x：8：12：mail：/var/spool/mail：/sbin/nologin
news：x：9：13：news：/etc/news：
uucp：x：10：14：uucp：/var/spool/uucp：/sbin/nologin
```

各个域依次为"用户名：原密码存放位置：用户 ID：组 ID：注释：主目录：外壳"。

/etc/shadow

```
root：$1 $ojgDMA/K $ydGOqgE96ka/HSpXg8e9O.：12367：0：99999：7：：
bin：*：12328：0：99999：7：：
daemon：*：12328：0：99999：7：：
adm：*：12328：0：99999：7：：
lp：*：12328：0：99999：7：：
sync：*：12328：0：99999：7：：
shutdown：*：12328：0：99999：7：：
halt：*：12328：0：99999：7：：
mail：*：12328：0：99999：7：：
news：*：12328：0：99999：7：：
```

各个域依次为"用户名：加密口令：上次修改日期：最短改变口令时间：最长改变口令时间：口令失效警告时间：不使用时间：失效日期：保留"。

3. 禁用账户

如果需要暂时让某个账户停用，而不是删除时，最简单的方法就是确保用户口令终止。禁用账户可以有如下几个方法：

（1）使用语句。

```
# usermod - L <username>
# usermod - U <username>    // 解除禁用
```

（2）修改"/etc/passwd"文件。
- 把第二个字段中的"x"变成其他的字符，该账号就不能登录；
- 把"/bin/bash"修改成"/sbin/nologin"。

(3) 修改"/etc/shadow"文件。
- 在第二个字段 * 的前面加上一个"!",该账号就不能登录,这个其实就是"usermod -L"命令的结果;
- 在最后两个冒号之间加上数字"1",表示该账号的密码自1970年1月1日起,过一天后立即过期,当然现在自然就不能登录了;
- 如果想解禁,把修改的东西去掉就可以了。

4. 控制用户的登录地点

文件"/etc/secruity/access.conf"可控制用户登录地点,为了使用"access.conf",必须在文件"/etc/pam.d/login"中加入如下一行:

account required /lib/security/pam-access.so

"access.conf"文件的格式:

permission:users:origins

其中:
permission 可以是"＋"或"－",表示允许或拒绝;
user 可以是用户名、用户组名,如果是 all 则表示所有用户;
origins 表示登录地点,local 表示本地,all 表示所有地点,console 表示控制台。
后面两个域中加上 except 是"除了"的意思。例如,除了用户 wheel、shutdown、sync 禁止所有的控制台登录:

-:ALL EXCEPT wheel shutdown sync:console

root 账户的登录地点不由"access.conf"文件控制,而是由"/etc/security"文件控制。如果要让 root 能从"pts/0"登录,就在这个文件中添加一行,内容是0,要从"pts/1"登录则以此类推。或者修改"/etc/pam.d/login",将如下一行添加注释也可以允许 root 远程登录。

auth required /lib/security/pam_securetty.so

二、使用 sudo 分配特权

作为系统管理员,可能会碰到这样的情况:有的时候不得不把服务器的 root 权限交给一个普通用户去执行某些只有超级用户才有权执行的命令。比如,服务器升级补丁后需要重启计算机,使用 reboot 命令时需要 root 权限。管理员将面临一个两难的选择,自己一一手动重启或者泄露管理员口令。

sudo 的出现解决了这一矛盾,sudo 是安装在 Linux 系统平台上,允许其他用户以 root 身份去执行特定指令的软件。管理员可以进行配置,允许普通用户使用 reboot 命令,但不可以用 root 身份执行其他命令。故管理员可以不必把 root 的口令告诉普通用户。

"/etc/sudoers"的配置规则如下：

将"visudo"命令在系统安装时与 sudo 程序一起拷贝到"/usr/bin"下。"visudo"就是用来编辑"/etc/sudoers"这个文件的，只要把相应的用户名、主机名和许可的命令列表以标准的格式加入文件并保存就可以生效。例如，管理员需要允许"xyd"用户在主机"solx"上执行"reboot"和"shutdown"命令，在"visudo"时加入

```
xyd  solx = /usr/sbin/reboot，/usr/sbin/shutdown
```

注意：这里命令的表示一定要使用绝对路径，避免其他目录的同名命令被执行，造成安全隐患。完成后保存退出即可。

"xyd"用户想执行"reboot"命令时，只要在提示符下运行下列命令：

```
$sudoreboot
```

就可以重启服务器了。使用 sudo 时，都是在命令前面加上"sudo"，后面跟所要执行的命令。

三、密码设置和管理

1. 密码的设置

密码设置应按照一定的规则。在 Linux 系统中，为了强制用户使用合格的口令，用户修改口令时推荐最少有 6 个字符，而且至少包括 2 个数字或者特殊字符。不过要注意，在以 root 的身份进行密码修改时是不受这个限制的。下面是在进行密码设置时推荐的一些方式：

- 密码至少应有 6 个字符。
- 密码至少应该包含 2 个英文字母及 1 个数字或特殊符号。
- 密码应与用户名完全不同，且不能使用原有名称的变化（如反序、位移等）。
- 新旧密码至少有 3 个字符不相同。

2. 口令的控制

用户应该定期改变自己的口令，例如一个月换一次。如果口令被盗就会引起安全问题，经常更换口令可以帮助减少损失。假设一个黑客盗用了用户的口令，但并没有被发觉，这样给用户造成的损失是不可估计的。用户可以为口令设定有效时间，这样当有效时间结束后，系统就会强制用户更改系统密码。另外，有些系统会将用户以前的口令记录下来，不允许用户使用以前的口令，而要求用户输入一个新的口令，这样就增强了系统的安全性。

7.2.2 认证与授权

一、PAM 机制

PAM（pluggable authentication modules）是由 Sun 公司提出的一种认证机制。它通过提供一些动态链接库和一套统一的 API，将系统提供的服务和该服务的认证方式分开，

使得系统管理员可以灵活地根据需要给不同的服务配置不同的认证方式而无须更改服务程序,同时也便于向系统中添加新的认证手段。PAM 最初集成在 Solaris 中,目前已移植到其他系统中,如 Linux、SunOS、HP‑UX 9.0 等。

系统管理员通过 PAM 配置文件来制定认证策略,即指定什么服务该采用什么样的认证方法;应用程序开发者通过在服务程序中使用 PAM API 实现对认证方法的调用;PAM 服务模块(service module)的开发者则利用 PAM SPI(service module API)来编写认证模块,将不同的认证机制加入系统中。

PAM 支持的四种服务模块如下:

- 认证管理(authentication management),主要是接受用户名和密码,进而对该用户的密码进行认证,并负责设置用户的一些秘密信息。
- 账号管理(account management),主要是检查账户是否被允许登录系统,账号是否已经过期,账号的登录是否有时间段的限制等。
- 会话管理(session management),主要是提供对会话的管理和记账(accounting)。
- 口令管理(password management),主要是用来修改用户的密码。

PAM 的文件主要有:

- /usr/lib/libpam.so.*　　　　　　　　PAM 核心库
- /etc/pam.conf 或者 /etc/pam.d/　　　PAM 配置文件
- /usr/lib/security/pam_*.so　　　　　可动态加载的 PAM service module

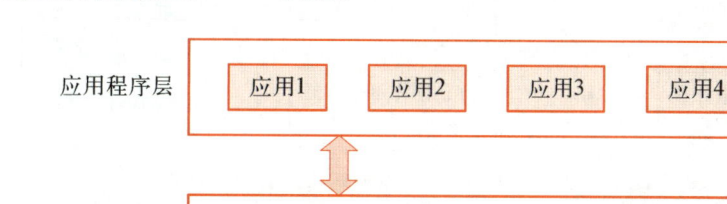

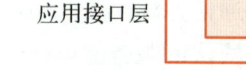

PAM 的层次结构如图 7‑21 所示。

图 7‑21　PAM 层次结构

二、认证机制

目前,网络通信主要提供五种通用的安全服务:认证服务、访问控制服务、机密性服务、完整性服务和非否认性服务。认证服务是实现网络安全最重要的服务之一,其他的安全服务在某种程度上都依赖于认证服务。

通过身份认证,通信双方可以相互验证身份,从而保证双方都能够与合法的授权用户进行通信。认证服务主要有下面三种认证方式:

1. 口令认证方式

口令认证是一种最简单的用户身份认证方式。系统通过核对用户输入的用户名和口令与系统内已有的合法用户名和口令是否匹配来验证用户的身份。

2. 基于生物学特征的认证

基于生物学信息的身份认证就是利用用户所特有的生物学特征来区分和确认用户的身份，如指纹、声音、视网膜、DNA 图案等。

3. 基于智能卡的认证

智能卡是由一个或多个集成电路芯片组成的集成电路卡。智能卡可存储用户的个人参数和秘密信息（如用户名、口令和密钥），用户访问系统时必须持有该智能卡。基于智能卡的认证方式是一种双因子的认证方式（PIN + 智能卡）。

三、Kerberos 认证系统

Kerberos 认证系统是一种应用于开放式网络环境、基于可信任第三方的 TCP/IP 网络认证协议，可以在不安全的网络环境中为用户对远程服务器的访问提供自动鉴别、数据安全性和完整性以及密钥管理服务。该协议是美国麻省理工学院（MIT）为其 Athena 项目开发的，基于 Needham-Schroeder 认证模型，使用 DES 算法进行加密和认证。至今，Kerberos 系统已有五个版本，其结构如图 7-22 所示。1993 年，Kerberos V5 已经被 IETF 正式命名为 RFC1510，目前被 RFC 4120 所取代。

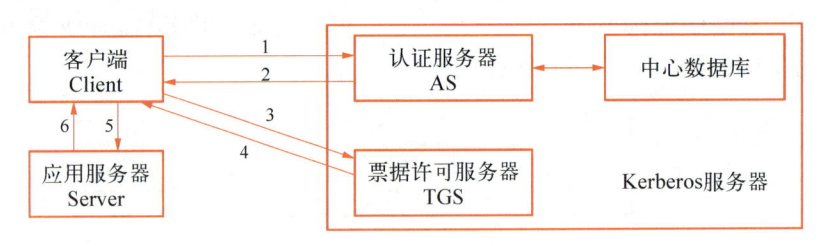

图 7-22 Kerberos 认证系统结构及其协议原理

协议原理：在 Kerberos 认证系统中，发起认证服务的通信方称为客户端，客户端需要访问的对象称为应用服务器。首先是认证服务交换，客户端从认证服务器（AS）请求一张票据许可票据（ticket granting ticket，TGT），作为票据许可服务（ticket granting server，TGS），即图 7-22 中消息过程 1、2；接着是票据授权服务交换，客户端向 TGS 请求与服务方通信所需要的票据及会话密钥，即图中消息过程 3、4；最后是客户端/应用服务器双向认证，客户端在向应用服务器证实自己身份的同时，证实应用服务器的身份，即图中消息过程 5、6。

四、轻量级目录访问协议(LDAP)

在 Kerberos 域内，Kerberos 系统可以提供认证服务，系统内的访问权限和授权则需要通过其他途径来解决。轻量级目录访问协议（LDAP）使用基于访问控制策略语句的访问控制列表（access control list，ACL）来实现访问控制与应用授权，不同于现有的关系型数据库和应用系统，访问控制异常灵活和丰富。

1. 协议模型

LDAP 协议采用的通用协议模型是一个由客户端发起操作的客户端/服务器响应模

型。在此协议模型中,LDAP 客户端通过 TCP/IP 的系统平台和 LDAP 服务器保持连接,这样任何支持 TCP/IP 的系统平台都能安装 LDAP 客户端。应用程序通过应用程序接口(API)调用把操作要求和参数发送给 LDAP 客户端,客户端发起 LDAP 请求,通过 TCP/IP 传递给 LDAP 服务器;LDAP 服务器必须分配一个端口来监听客户端请求,其代替客户端访问目录库,在目录上执行相应的操作,把包含结果或者错误信息的响应回传给客户端;应用程序取回结果。当客户端不再需要与服务器通信时,由客户端断开连接。协议模型如图 7-23 所示。

图 7-23　LDAP 协议模型

2. 数据模型

LDAP 是以树状方式组织信息,称为目录信息树。信息树的根节点是一个没有实际意义的虚根,树上的节点被称为条目(entry),是树状信息中的基本数据单元。条目的名称由一个或多个属性组成,称为相对识别名(RDN),用来区别与它同级别的条目。从一个条目到根的直接下级条目的 RDN 序列组成该条目的识别名(distinguished name, DN),DN 是该条目在整个树中的唯一名称标志。DN 的每一个 RDN 对应信息树的一个分支,从根一直到目录条目。如图 7-24 所示为一个 LDAP 目录信息树结构。

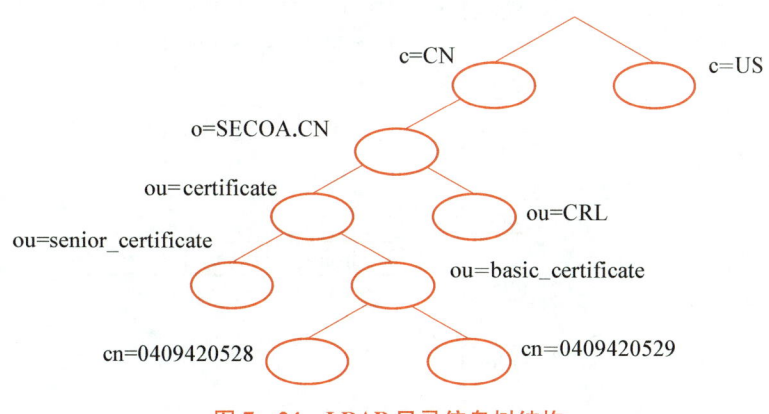

图 7-24　LDAP 目录信息树结构

7.2.3　文件系统安全

文件系统是 Linux 系统的核心模块,通过使用文件系统,用户可以很好地管理各项文件及目录资源。然而,Linux 文件系统的安全面临着关键文件易被非法篡改、删除等威胁,并且由于访问权限设置不当等问题,很多重要文件也可能被低权限的用户浏览、窃取甚至删除和篡改。

一、文件类型

Linux 有四种基本文件类型：普通文件、目录文件、链接文件和特殊文件，可用 file 命令来识别。

普通文件：如文本文件、C 语言原代码、shell 脚本、二进制的可执行文件等，可用 cat、less、more、vi、emacs 来查看内容，用 mv 来改名。

目录文件：包括文件名、子目录名及其指针。它是 Linux 储存文件名的唯一地方，可用 ls 列出目录文件。

链接文件：指向同一索引节点的目录条目。用 ls 来查看时，链接文件的标志用 l 开头，而文件后面以"→"指向所链接的文件。

特殊文件：Linux 的一些设备如磁盘、终端、打印机等都在文件系统中表示出来，这一类文件就是特殊文件，常放在"/dev"目录内。例如，软驱 A 的文件名为"/dev/fd0"。

二、文件系统结构

Linux 文件系统是一个目录树的结构，它的根是根目录"/"，往下连接各个分支，如图 7-25 所示。

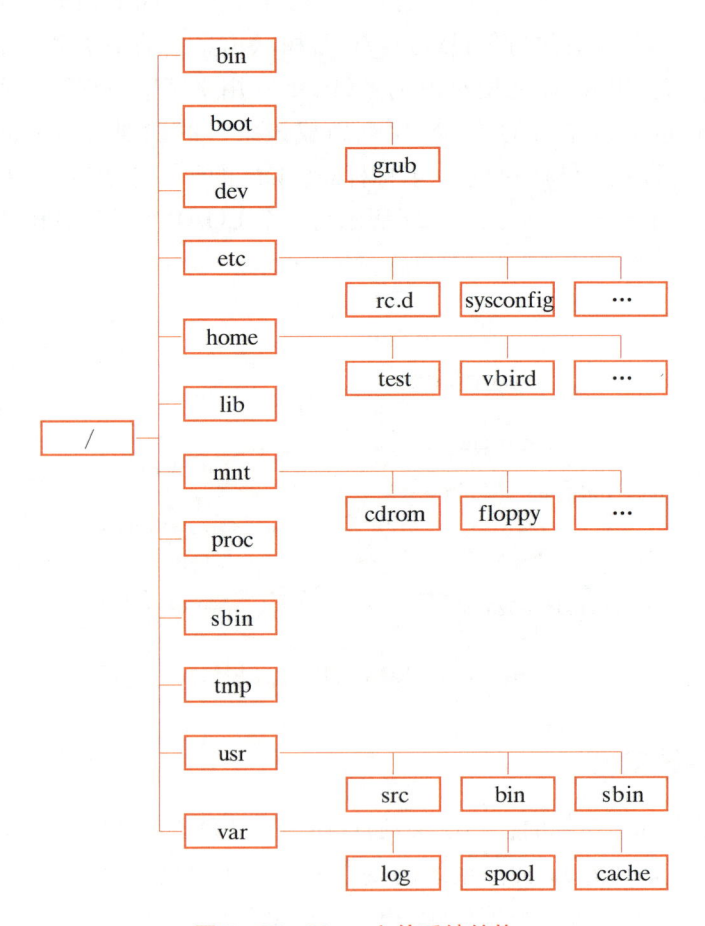

图 7-25　Linux 文件系统结构

"/bin"：系统所需要的某些命令位于此目录，如"ls""cp""mkdir"等；这个目录中的文件都是可执行的，普通用户都可以使用。作为基础系统所需要的最基础的命令就放在这里。

"/boot"：此为 Linux 的内核及引导系统程序所需要的文件目录，在一般情况下，GRUB 或 LILO 系统引导管理器也位于这个目录。

"/dev"：设备文件存储目录，如声卡、磁盘等。

"/etc"：系统配置文件的所在地，一些服务器的配置文件也在这里，如用户账号及密码配置文件。

"/home"：普通用户家目录默认存放目录。

"/lib"：库文件存放目录。

"/mnt"：这个目录一般是用于存放挂载存储设备的挂载目录的，如"cdrom"等目录。

"/proc"：操作系统运行时，进程信息及内核信息（如 CPU、硬盘分区、内存信息等）存放在这里。"/proc"目录是伪装的文件系统"proc"的挂载目录，"proc"并不是真正的文件系统。

"/sbin"：主要用来存放涉及系统管理的命令，是超级权限用户"root"的可执行命令存放地，普通用户无权限执行这个目录下的命令。

"/tmp"：临时文件目录，有时用户运行程序时会产生临时文件，"/tmp"就用来存放临时文件。

"/usr"：这个是系统存放程序的目录，如命令、帮助文件等。

"/var"：这个目录的内容经常变动，可以理解为"vary"的缩写，"/var"下有"/var/log"，是用来存放系统日志的目录。

三、Linux 的文件权限

Linux 系统中的文件权限，是指对文件的访问权限，包括对文件的读、写、删除、执行。Linux 是一个多用户操作系统，它允许多个用户同时登录和工作，因此 Linux 需要将一个文件或目录与一个用户和组联系起来。请看下面的例子：

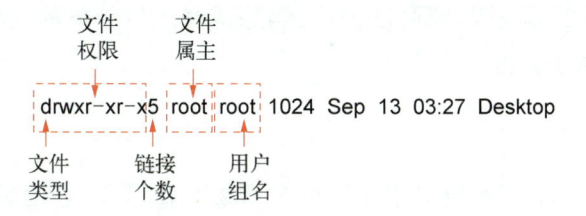

```
drwxr-xr-x 5  root  root  1024 Sep 13 03:27 Desktop
```

文件权限 文件属主
文件类型 链接个数 用户组名

与文件权限相关联的是第一、第三、第四个域。第三个域是文件的所有者，第四个域是文件的所属组，而第一个域则限制了文件的访问权限。在这个例子中，文件的所有者是"root"，所属的组是"root"，文件的访问权限是"drwxr-xr-x"。

第一个域由 10 个字符组成，可以把它们分为 4 组，具体含义分别是：

d→文件类型。

rwx→所有者权限。

r‐x→组权限。

r‐x→其他用户权限。

文件类型：第一个字符。由于 Linux 系统将设备、目录、文件都当作是文件来处理，因此该字符表明此文件的类型。

权限标志：每个文件或目录都有 4 类不同的用户，每类用户各有一组读、写和执行（搜索）文件的访问权限，这 4 类用户是：

root：系统特权用户类，即 UID＝0 的用户。

owner：拥有文件的用户。

group：共享文件的组访问权限的用户组名称。

world：不属于上面 3 类的所有其他用户。

作为 root，用户自动拥有了所有文件和目录的全面的读、写和搜索的权限，所以没有必要明确指定它们的权限，其他三类用户则可以在单个文件或者目录中撤销授权。因此对另外三类用户，一共有 9 个权限位与之对应，分为 3 组，每组 3 个，分别用 r、w、x 来表示，分别对应 owner、group、world 三类用户。

权限位对于文件和目录的含义有些许不同。每组 3 个字符对应的含义从左至右的顺序，对于文件来说是：读文件的内容(r)、写数据到文件(w)、作为命令执行该文件(x)；对于目录来说是：读包含在目录中的文件名称、写信息到目录中（增加和删除索引点的连接）、搜索目录（能用该目录名称作为路径名去访问它所包含的文件或子目录）。具体来说就是：

- 有只读权限的用户不能用"cd"命令进入该目录，还必须有执行权限才能进入。
- 有执行权限的用户只有在知道文件名并拥有该文件的读权限的情况下才可以访问目录下的文件。
- 必须有读和执行权限才可以使用"ls"命令列出目录清单，或使用"cd"命令进入目录。
- 如用户有目录的写权限，则可以创建、删除或修改目录下的任何文件或子目录，即使该文件或子目录属于其他用户。

7.2.4 日志与审计

Linux 系统中的日志子系统对于系统安全来说非常重要，它记录了系统每天发生的各种事情，包括哪些用户曾经或者正在使用系统，可以通过日志来检查错误发生的原因，更重要的是在系统受到黑客攻击后，日志可以记录攻击者留下的痕迹。通过查看这些痕迹，系统管理员可以发现入侵者的某些手段和特点，从而能够进行处理工作，为抵御下一次入侵做好准备。

一、Linux 日志管理简介

日志的主要功能是审计和监测。它还可以用于追踪入侵者等。在 Linux 系统中，有

4类主要的日志：

（1）连接时间日志：由多个程序执行，把记录写入到"/var/log/wtmp"和"/var/run/utmp"，"login"等程序更新"wtmp"和"utmp"文件，使系统管理员能够跟踪谁在何时登录到系统。

（2）进程统计日志：由系统内核执行。当一个进程终止时，系统内核为每个进程向进程统计文件（"pacct"或"acct"）中写入一个记录。进程统计的目的是为系统中的基本服务提供命令使用统计。

（3）错误日志：由 syslogd(8)守护程序执行。各种系统守护进程、用户程序和内核通过 syslogd(3)守护程序向文件"/var/log/messages"报告值得注意的事件。另外有许多 Linux 程序也能创建日志，如 HTTP 和 FTP 这样提供网络服务的服务器也能保持详细的日志。

（4）实用程序日志：许多程序通过维护日志来反映系统的安全状态。"su"命令允许用户获得另一个用户的权限，所以它的安全很重要，它的日志文件为 sulog，同样重要的还有 sudolog。另外，诸如 Apache 等 HTTP 服务器都有两个日志：access_log（客户端访问日志）以及 error_log。

上述4类日志中，常用的日志文件如表 7‐11 所示。

表 7‐11 Linux 常用日志文件

日 志 文 件	注　　　释
access-log	记录 HTTP/Web 的传输
acct/pacct	记录用户命令
boot.log	记录 Linux 系统开机自检过程显示的信息
lastlog	记录最近几次成功登录的事件和最后一次不成功的登录
messages	从 syslog 中记录信息（有的链接到 syslog 文件）
sudolog	记录使用"sudo"发出的命令
sulog	记录使用"su"命令的使用
syslog	从 syslog 中记录信息
utmp	记录当前登录的每个用户信息
wtmp	一个用户每次登录进入和退出时间的永久记录
xferlog	记录 FTP 会话信息
maillog	记录每一个发送到系统或从系统发出的电子邮件的活动，它可以用来查看用户使用哪个系统发送工具或把数据发送到哪个系统

二、Linux 基本日志管理机制

"utmp""wtmp"日志文件是多数 Linux 日志子系统的关键，它保存了用户登录和退出的记录。有关当前登录用户的信息记录在文件"utmp"中，登录和退出记录在文件"wtmp"中，数据交换、关机以及重启的机器信息也都记录在"wtmp"文件中。所有的记录都包含时间戳。时间戳对于日志来说非常重要,因为很多攻击行为都与时间有极大的关系。这些文件在具有大量用户的系统中增长十分迅速,例如"wtmp"文件可以无限增长,除非定期截取。许多系统以一天或者一周为单位把"wtmp"配置成循环使用,它通常由"cron"运行的脚本来修改,这些脚本重新命名并循环使用"wtmp"文件。通常,"wtmp"在第一天结束后命名为"wtmp.1";第二天后"wtmp.1"变为"wtmp.2",依次类推,用户可以根据实际情况来对这些文件进行命名和配置使用。

"utmp"文件被各种命令文件使用,包括"who""w""users"和"finger";而"wtmp"文件被程序"last"和"ac"使用。

"wtmp"和"utmp"文件都是二进制文件,它们不能被诸如"tail""cat"等命令剪贴或合并。用户需要使用"who""w""users""last"和"ac"来使用这两个文件包含的信息。

三、Syslog 日志设备

审计和日志功能对于系统来说是非常重要的,可以把用户感兴趣的操作都记录下来,供分析和检查。Linux 采用了 syslog 工具来实现此功能,如果配置正确的话,所有在主机上发生的事情都会被记录下来,不管是好的还是坏的。

Syslog 已被许多日志系统采纳,它用在许多保护措施中——任何程序都可以通过 syslog 记录事件。syslog 可以记录系统事件,可以写到一个文件或设备中,或给用户发送一个信息。它能记录本地事件或通过网络记录另一个主机上的事件。

Syslog 依据两个重要的文件:"/sbin/syslogd"(守护进程)和"/etc/syslog.conf"(配置文件),习惯上,多数 syslog 信息被写到"/var/adm"或"/var/log"目录下的信息文件"messages.*"中。一个典型的 syslog 记录包括生成程序的名字和一个文本信息,还包括一个设备和一个行为级别(但不在日志中出现)。

四、Logcheck

"logcheck"是一个安全软件包,用来自动检查日志文件,以发现安全入侵和不正常的活动。"logcheck"用"logtail"程序来记录读到的日志文件的位置,下一次运行的时候从记录下的位置开始处理新的信息。所有的源代码都是公开的,实现方法也非常简单。

"logcheck shell"脚本和"logtail.c"程序用关键字查找的方法进行日志检测。此处关键字就是指在日志文件中出现的关键字,会触发向系统管理员发送的报警信息。"logcheck"的配置文件自带了默认的关键字,适用于大多数的"*inx"系统。管理员最好还是自行检查一下配置文件,看看自带的关键字是否符合实际需要。

"logcheck"脚本是简单的"shell"程序,"logtail.c"程序只调用了标准的 ANSI C 函数。logcheck 要在"cron"守护进程中配置,至少要每小时运行一次。脚本用简单的"grep"命令从日志文件中检查不正常的活动,如果发现异常就发送信息给管理员;如果没有发现异常,就不会发送信息。

五、Linux 日志使用注意事项

系统管理人员应该提高警惕,随时注意各种可疑状况,并且按时和随机地检查各种系统日志文件,包括一般信息日志、网络连接日志、文件传输日志以及用户登录日志等。在

检查这些日志时,要注意是否有不合常理的时间记录,例如,用户在非常规的时间登录等。Linux 日志使用注意事项如下:

- 不正常的日志记录,如日志残缺不全或者诸如"wtmp"这样的日志文件无故地缺少了中间的记录文件。
- 用户登录系统的 IP 地址和以往的不一样。
- 用户登录失败的日志记录,尤其是那些连续尝试登录失败的日志记录。
- 非法使用或不正当使用超级用户权限"su"的指令。
- 无故或者非法重新启动各项网络服务的记录。

特别提醒管理人员注意的是:日志并不是完全可靠的,高明的黑客在入侵系统后,经常会"打扫"现场,所以需要综合运用以上的系统命令,全面、综合地进行审查和检测,切忌断章取义,否则很难发现入侵或者作出错误的判断。

另外,在有些情况下,可以把日志送到打印机,这样网络入侵者怎么修改日志都没有用,并且,通常要广泛记录日志。另外,syslog 设备是一个攻击者的显著目标,一个为其他主机维护日志的系统对于防范服务器攻击特别脆弱,因此要特别注意。

7.3 项目实践

7.3.1 Windows 安全策略与审核

【实践内容】

1. 进行 Windows 操作系统的账户策略管理。
2. Windows 操作系统中文件操作的审核策略。
3. 对 Windows 用户账号管理进行审核。
4. 对 Windows 用户登录事件进行审核。
5. 对 IE 浏览器进行安全配置。
6. 对系统补丁自动升级进行配置。

【实践原理】

操作系统的安全配置是整个系统安全审核策略的核心,其目的就是从系统根源构筑安全防护体系,通过用户的一系列设置,形成一整套有效的系统安全策略。

【实践环境】

Windows Server 2019。

【实践步骤】

打开 Windows 实验台,运行 Windows Server 2019 系统。

一、账户策略

(1)实验操作者以管理员身份登录系统:打开搜索输入"本地安全策略",打开"本地安全策略"对话框,选择"安全设置"→"账户策略"→"密码策略"→"密码长度最小值",通过此窗口设置密码长度的最小值,如图7-26所示。

图7-26 "密码长度最小值"设置窗口

选择"密码必须符合复杂性要求",通过此窗口可以启用此功能,如图7-27所示。

图7-27 "密码必须符合复杂性要求"设置窗口

(2)实验操作者以管理员身份登录系统:打开搜索输入"本地安全策略",打开"本地安全策略"对话框,选择"安全设置"→"账户策略"→"帐户锁定策略"→"帐户锁定阈值",如图7-28所示。

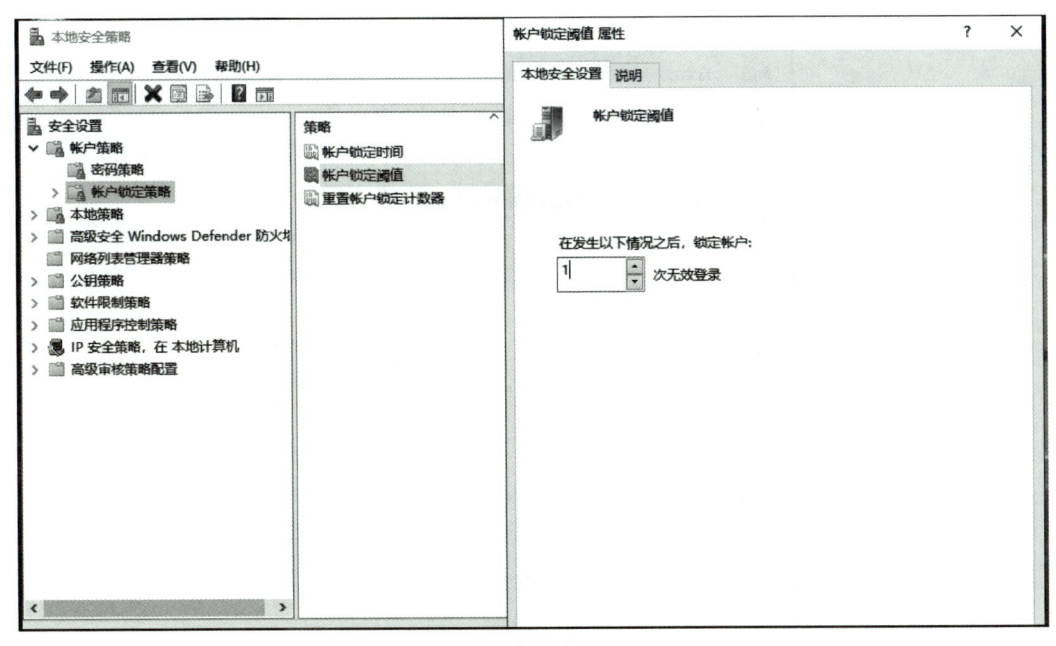

图 7‑28 "帐户锁定阈值"设置窗口

二、文件操作的审核

(1) 实验操作者以管理员身份登录系统：打开搜索输入"本地安全策略"，打开"本地安全策略"对话框，选择"安全设置"→"本地策略"→"审核策略"，双击"审核对象访问"，选"成功"和"失败"，如图 7‑29 所示。

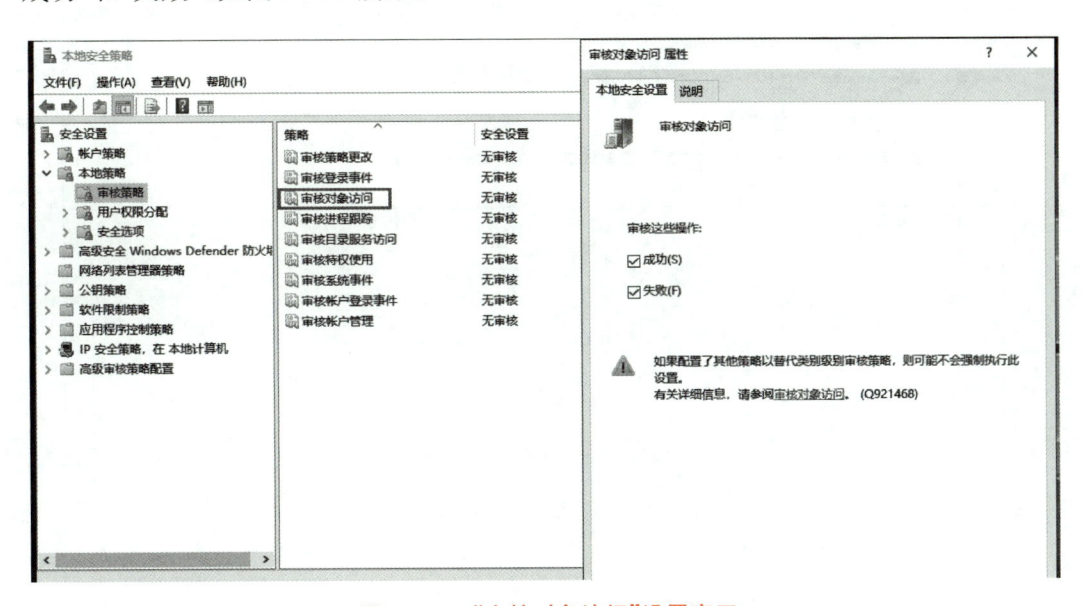

图 7‑29 "审核对象访问"设置窗口

(2) 在硬盘上新建一个名为"测试保密.txt"文件，右键单击该文件，单击"属性"，然后单击"安全"选项卡。如图 7‑30 所示。

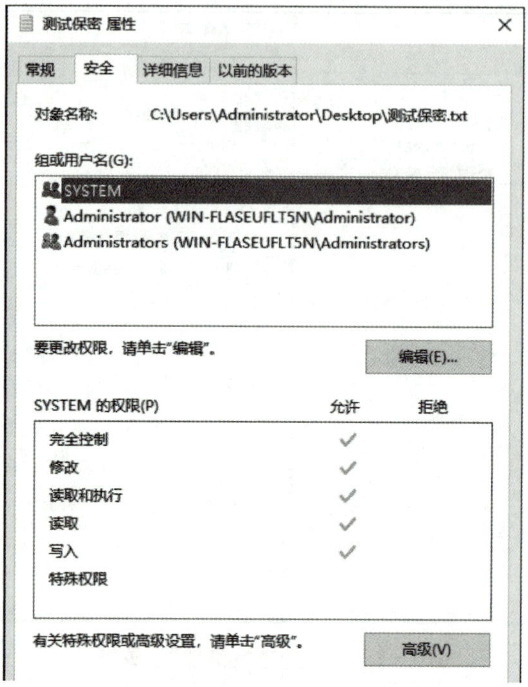

图 7-30 "测试保密属性""安全"选项卡

(3) 单击"高级",然后单击"审核"选项卡。如图 7-31 所示。

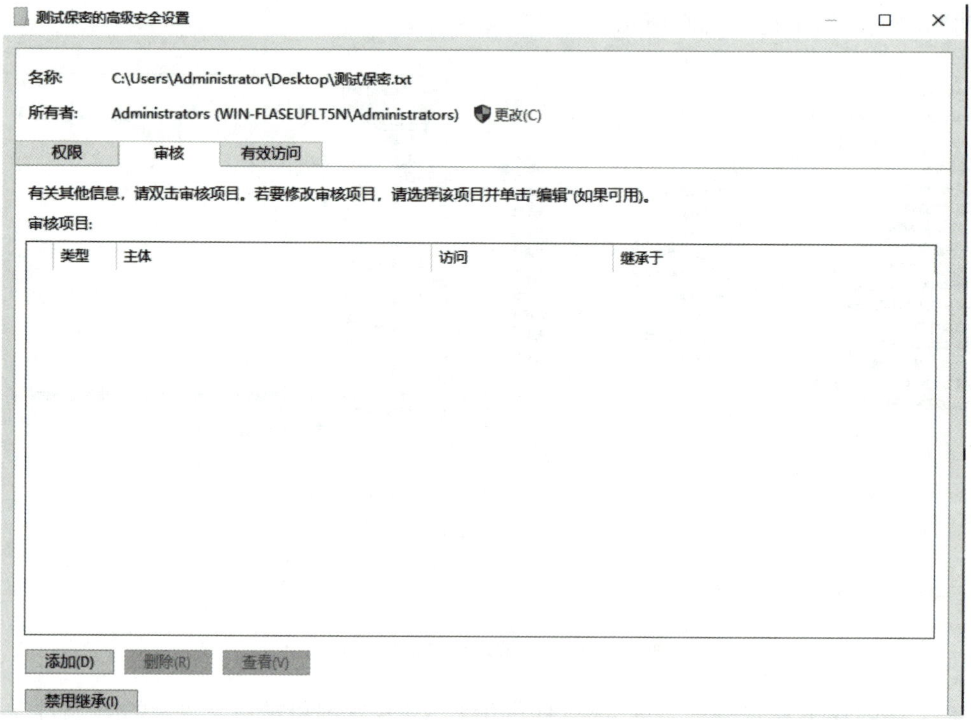

图 7-31 "高级"—"审核"选项卡

(4) 单击"添加",点击"选择主体",在"输入要选择的对象名称"中,键入"Everyone",然后单击"确定"。如图 7-32 所示。

图 7-32 "选择用户或组"设置窗口键入"Everyone"

或者如图 7-33 所示,单击"高级",点击"立即查找",选择"Everyone"如图 7-34 所示。

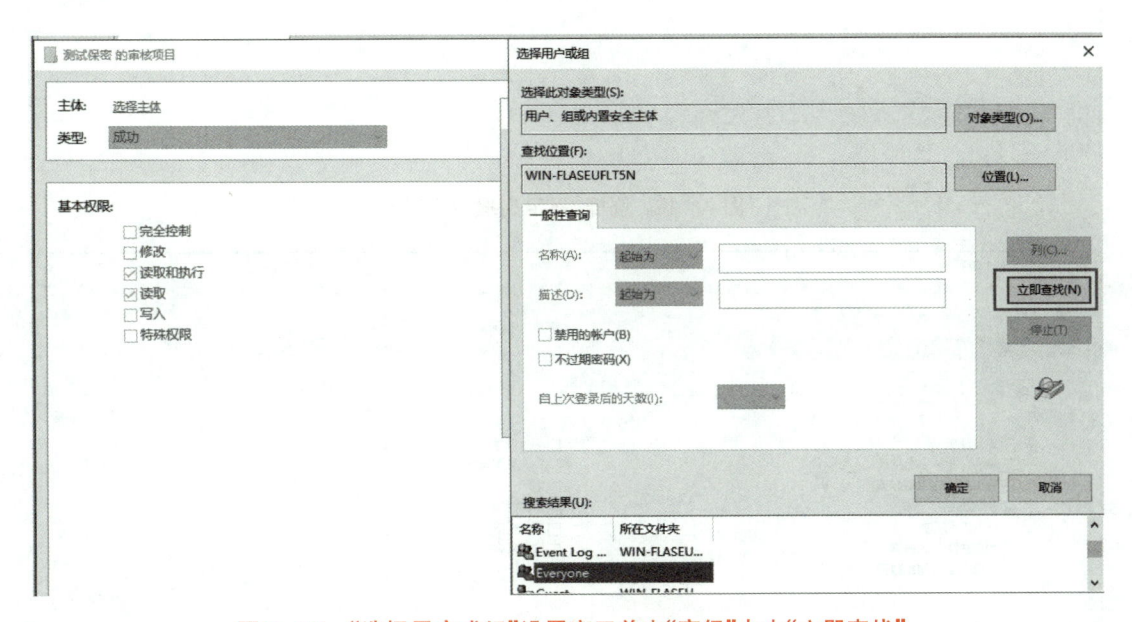

图 7-33 "选择用户或组"设置窗口单击"高级"点击"立即查找"

(5) 在"测试保密的审核项目"对话框中,选择"显示高级权限",如图 7-35 和图 7-36 所示。

图 7-34 "选择用户或组"设置窗口选择"Everyone"

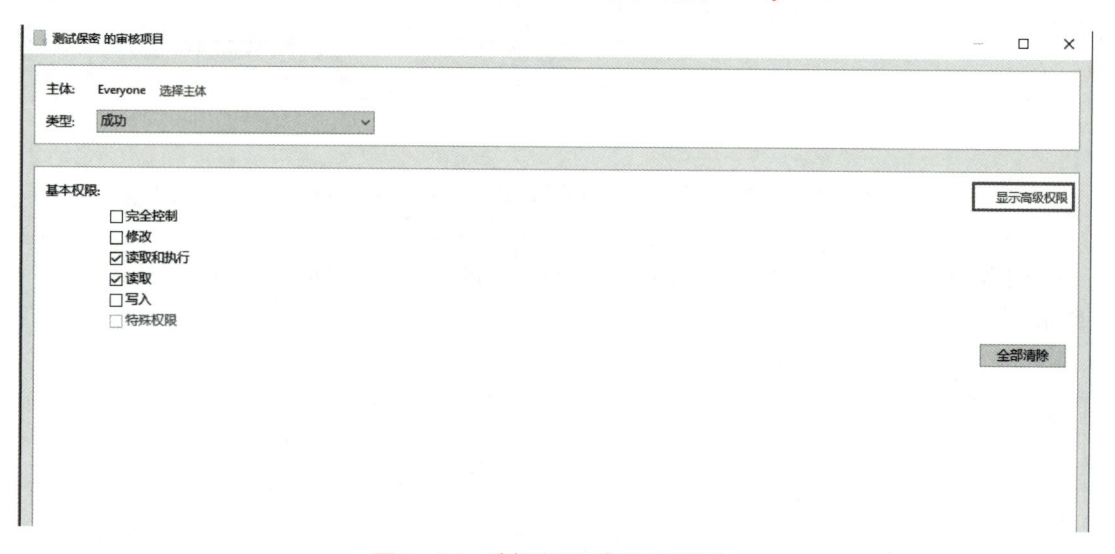

图 7-35 选择"显示高级权限"前

图 7-36 选择"显示高级权限"后

(6) 选择高级权限中的"删除"和"更改权限",如图 7‑37 所示。

图 7‑37 选择"删除"和"更改权限"

(7) 对"测试保密.txt"的审核设置完后,如图 7‑38 所示。

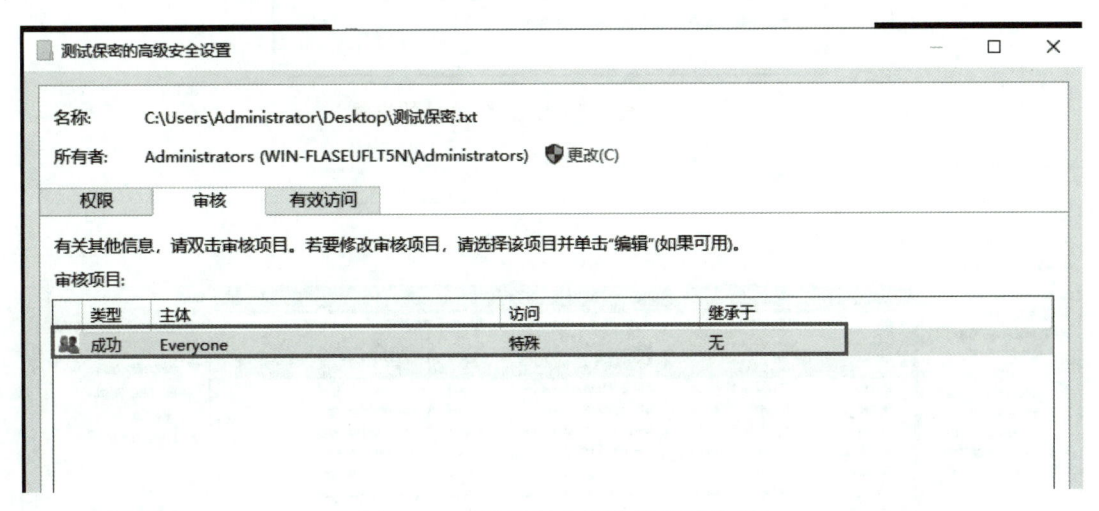

图 7‑38 对"保密测试"审核设置完后

(8) 修改"测试保密.txt"文件的权限,如图 7‑39 所示。
(9) 实验操作者:打开搜索输入"事件查看器",或在搜索中执行 eventvwr.exe。点击"Windows 日志"→"安全",打开"事件查看器"如图 7‑40 所示。双击审核日志,可以看到如图 7‑41 所示审核成功的事件记录。

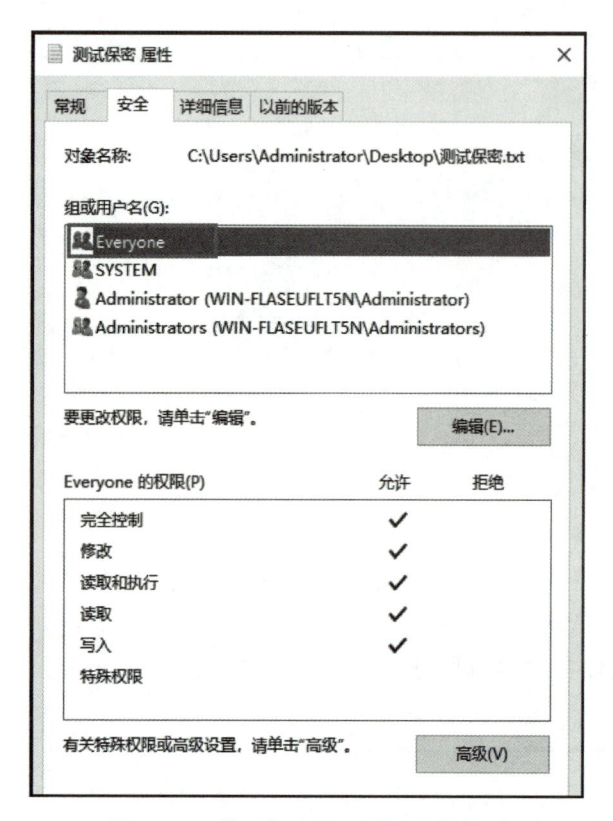

图 7‑39　修改"测试保密"文件的权限

图 7‑40　事件查看器

图 7‑41 "审核成功"的事件记录

三、对 Windows 用户账号管理进行审核

（1）实验操作者以管理员身份登录系统：打开搜索输入"本地安全策略"，打开"本地安全策略"对话框，选择"安全设置"→"本地策略"→"审核策略"，双击"审核账户管理"，选"成功"和"失败"，如图 7‑42 所示。

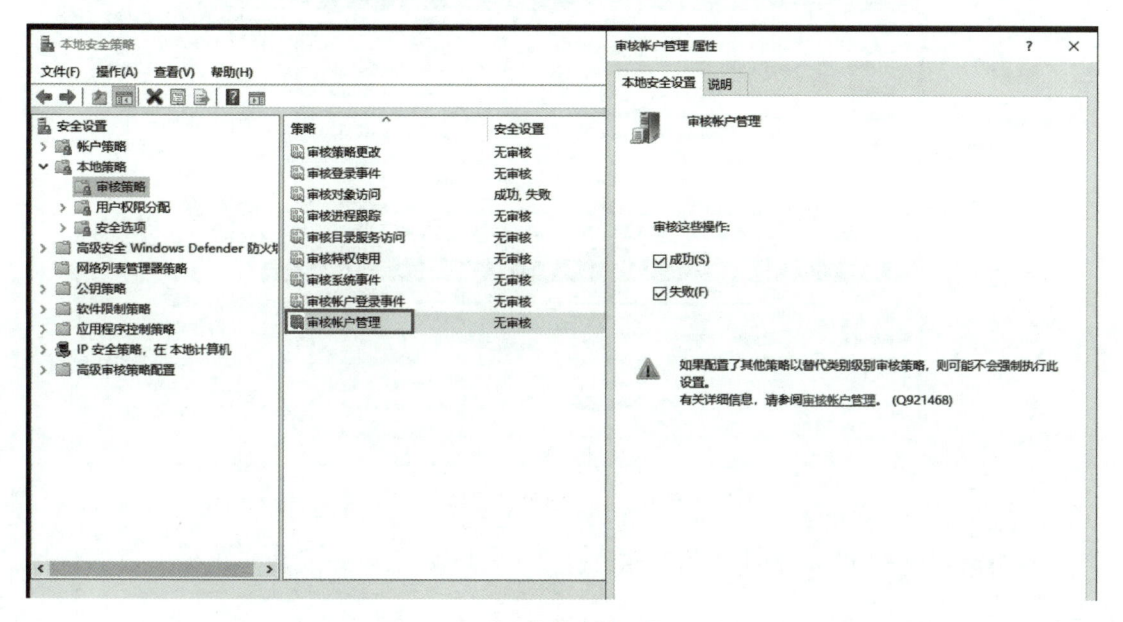

图 7‑42 "审核帐户管理"设置窗口

（2）打开搜索输入"cmd"，运行"命令提示符"，在控制台下输入创建用户 myTest 和设置口令的命令，第一次使用简单密码，创建失败；第二次使用复杂密码，创建成功。如图 7‑43 所示。

图 7-43 cmd 命令窗口

(3) 打开搜索输入"事件查看器",或在搜索中执行 eventvwr.exe。点击"Windows 日志"→"安全",如图 7-44 所示。

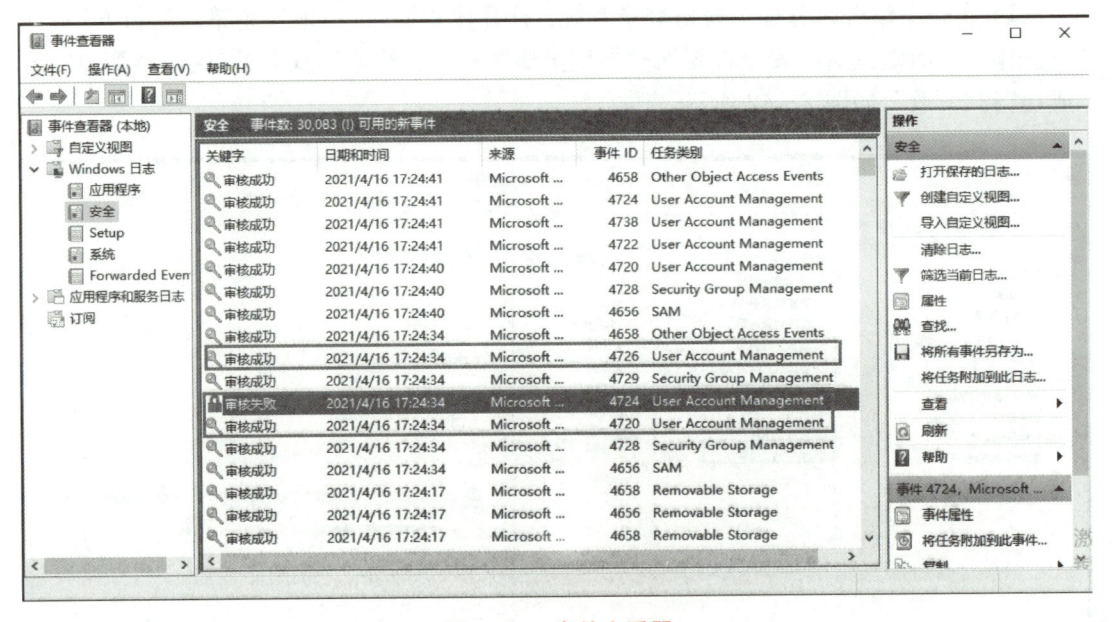

图 7-44 事件查看器

双击审核日志,可以看到如图 7-45 和图 7-46 所示审核成功和审核失败的事件记录。

四、对 Windows 用户登录事件进行审核

(1) 实验操作者以管理员身份登录系统:打开搜索输入"本地安全策略",打开"本地安全策略"对话框,选择"安全设置"→"本地策略"→"审核策略",双击"审核帐户登录事件",选"成功"和"失败",如图 7-47 所示。

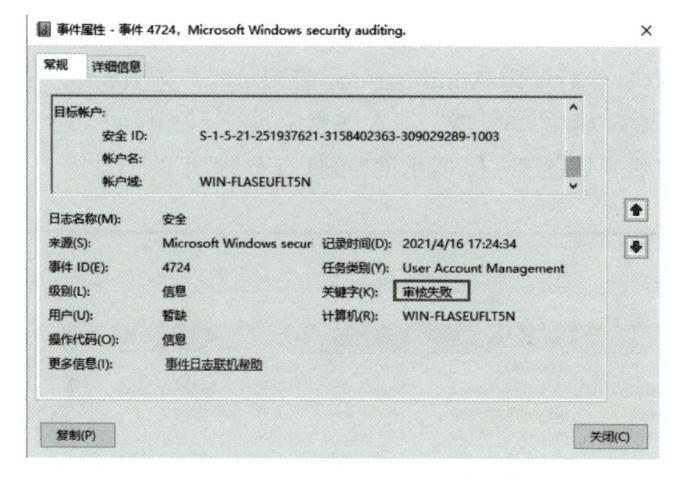

图 7-45 "审核失败"的事件记录

图 7-46 "审核成功"的事件记录

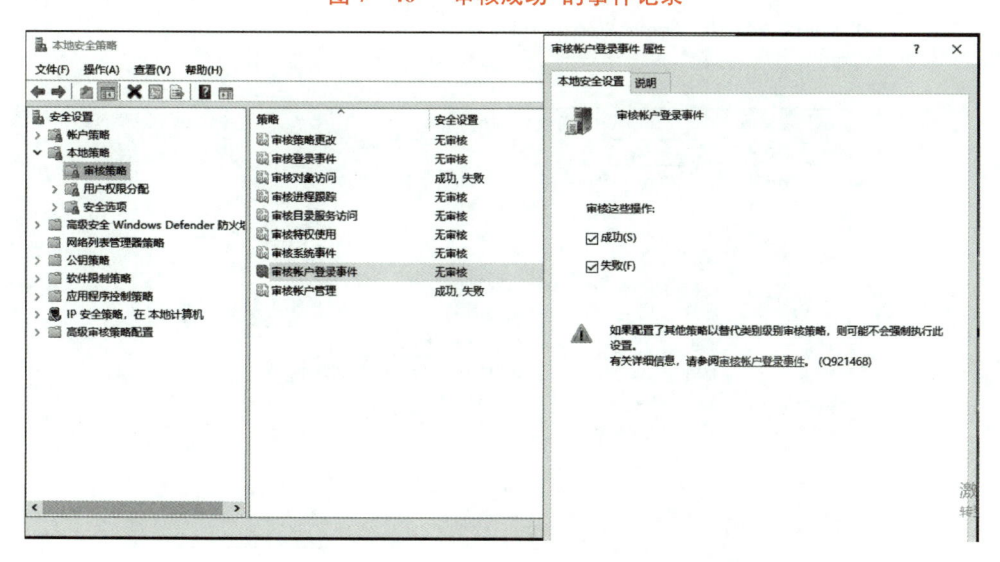

图 7-47 "审核帐户登录事件"设置窗口

(2) 注销当前用户,并用 mytTest 账号重新登录,登录输入密码是第一次输错密码,第二次输入正确密码,然后使用 Adminstrator 管理员账户进入系统。

(3) 打开搜索输入"事件查看器",或在搜索中执行 eventvwr.exe。点击"Windows 日志"→"安全",可以看到如图 7-48 所示的"事件查看器"中的记录。

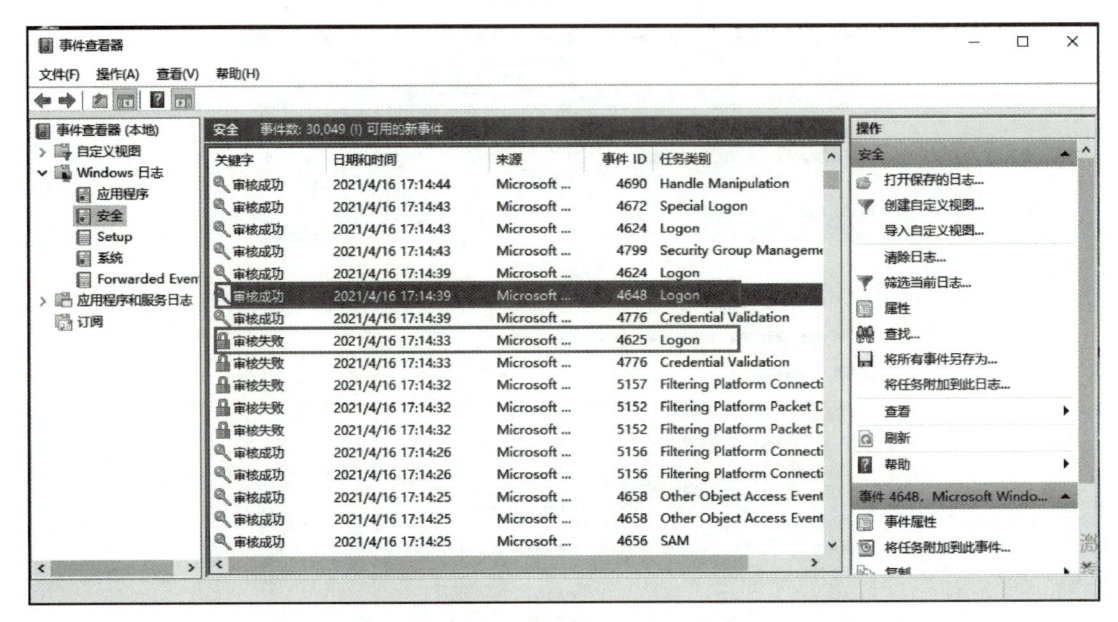

图 7-48 事件查看器

(4) 双击审计日志,可以看到如图 7-49 和图 7-50 所示的审核失败和审核成功事件记录。

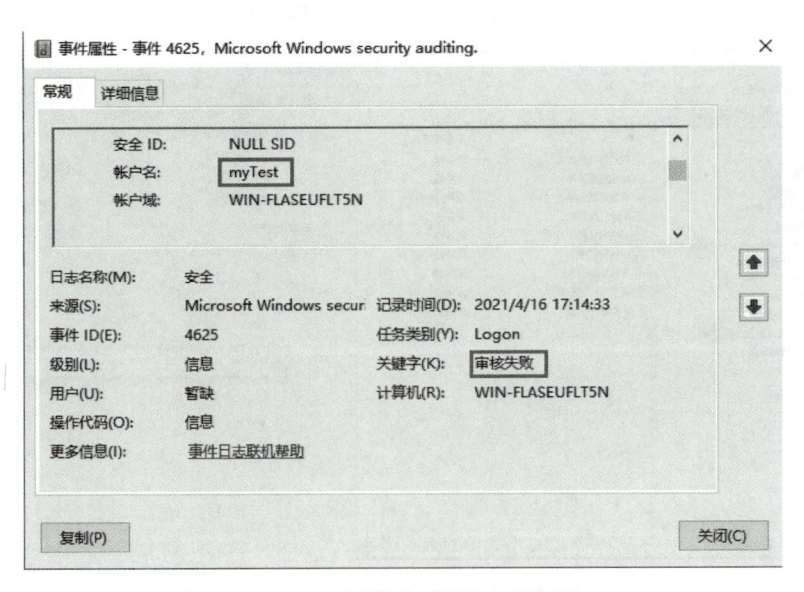

图 7-49 "审核失败"的事件记录

图 7‑50 "审核成功"的事件记录

五、IE 浏览器安全配置策略

1. 安全区域设置

（1）指定 Web 站点为本地 Intranet 站点、可信站点或受限站点

在 IE"工具"菜单上，点击"Internet 选项"，选择"安全"选项卡，然后选择将要把 Web 站点指定到的安全区域：本地 Intranet、可信站点或受限站点（默认情况下所有站点都属于 Internet 区域），如图 7‑51 所示。

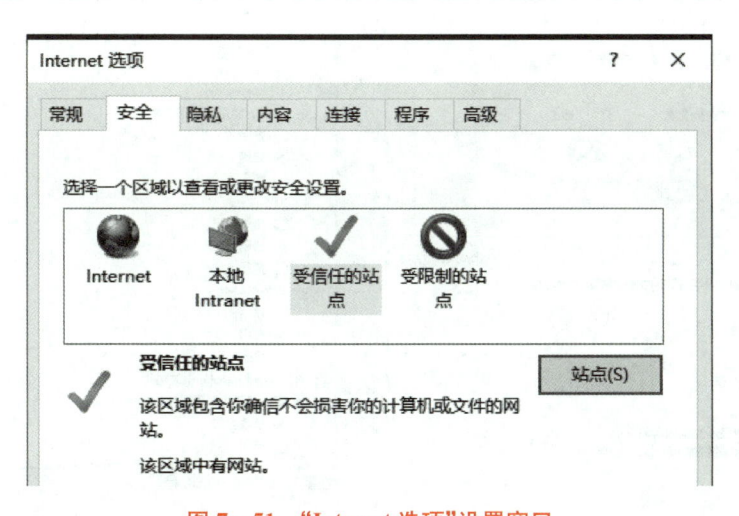

图 7‑51 "Internet 选项"设置窗口

点击"站点"按钮，在"受信任的站点"设置窗口中输入 Web 站点地址点击"添加"按钮，如图 7‑52 所示。

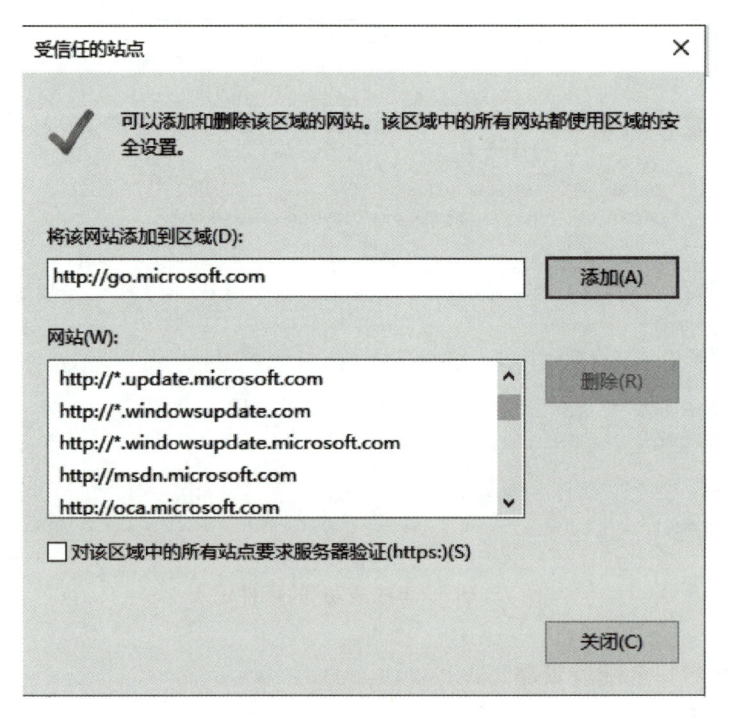

图 7‑52 "受信任的站点"设置窗口

(2) 改区域的安全级别

在"安全"选项卡上选择要更改其安全级别的区域，点击"自定义级别…"按钮，进行自定义设置。具体如图 7‑53 所示。

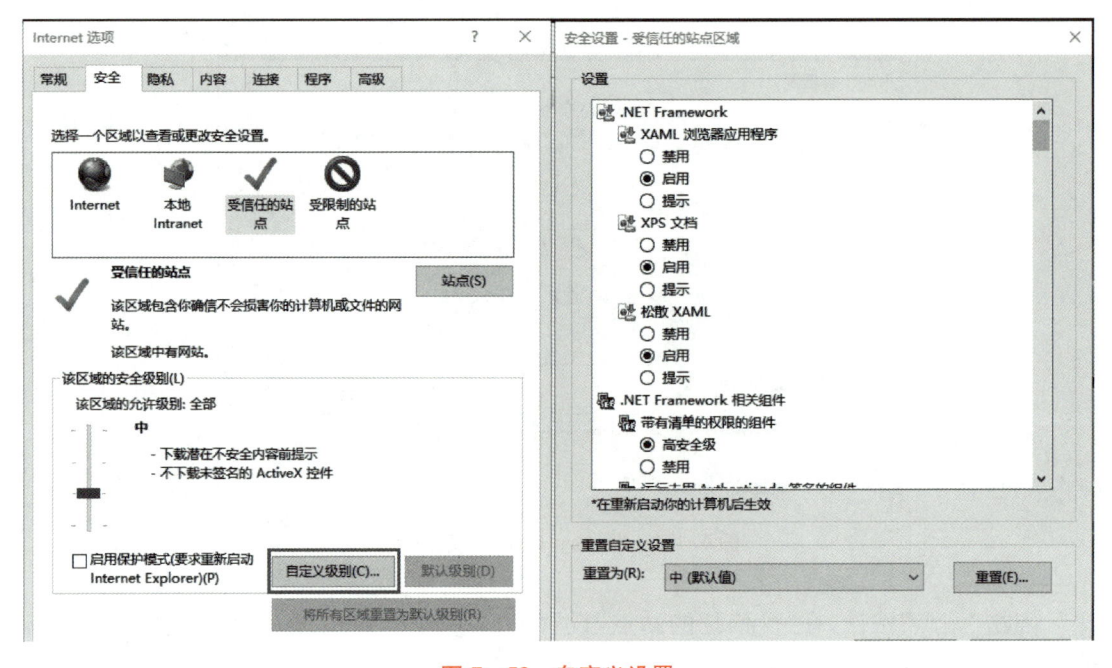

图 7‑53 自定义设置

2. 自动完成配置

IE 浏览器默认打开自动完成功能，在 Internet 选项中选择"内容"标签页，点击自动完成后的"设置"按钮，如图 7-54 所示。

图 7-54 "内容"—"自动完成设置"设置窗口

在弹出的"自动完成设置"窗口中点击"删除自动完成历史记录"按钮，也可以取消上方复选框的选择以停用自动完成功能，如图 7-55 所示。

图 7-55 删除自动完成历史记录

六、系统补丁自动升级配置

实验操作者以管理员身份登录系统：打开搜索输入"高级 Windows 更新选项"，弹出"高级选项"设置窗口，如图 7-56 所示。

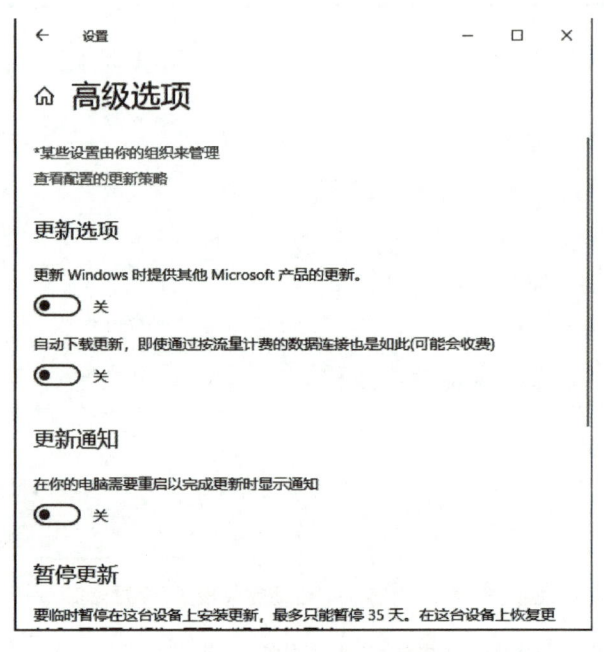

图 7-56 "高级选项"设置窗口

打开"自动下载更新"，如图 7-57 所示，系统会按时自动进行补丁升级。

图 7-57 打开"自动下载更新"

【实践思考】

思考 Windows 中审计管理的作用和意义。

详述 Windows 中对账号的审计，及其对登录事件的审计等。

7.3.2　Linux 日志管理

【实践内容】

查看、分析 Linux 系统中的各种日志文件。

【实践原理】

追踪、管理日志，可以增强系统安全、收集信息。成功地管理任何系统的关键之一，是要知道系统中正在发生的事。Linux 中提供了异常日志，并且日志的细节是可配置的。Linux 日志都以明文形式存储，所以不需要特殊的工具就可以搜索和阅读它们，还可以编写脚本来扫描这些日志，并基于它们的内容去自动执行某些功能。Linux 日志存储在"/var/log"目录中，这个目录中有几个由系统维护的日志文件，但其他服务和程序也可能会把它们的日志放在这里。大多数日志只有 root 才可读，不过只需要修改文件的访问权限就可以让其他用户也可读。

【实践环境】

Linux 实验台。

【实践步骤】

打开虚拟机，运行 Linux 系统。

一、查看各种系统日志

（1）查看最后一次系统引导的日志："dmesg"，如图 7-58 所示。

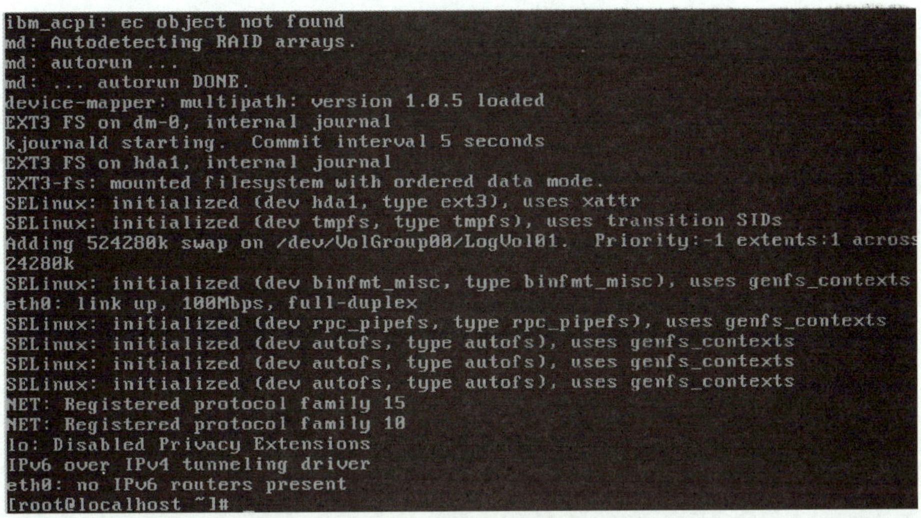

图 7-58 查看"dmesg"日志

（2）Linux 日志存储在"/var/log"目录中，以下为常用系统日志列表，可使用"more"命令查看。

lastlog：记录用户最后一次成功登录的时间。

loginlog：不良的登录尝试记录。

messages：记录输出到系统主控制台以及由 syslog 系统服务程序产生的消息。

utmp：记录当前登录的每个用户。

wtmp：记录每一次用户登录和注销的历史信息。

二、查看系统各用户操作日志

（1）使用"last"命令，读取"wtmp"日志文件，如图 7-59 所示。

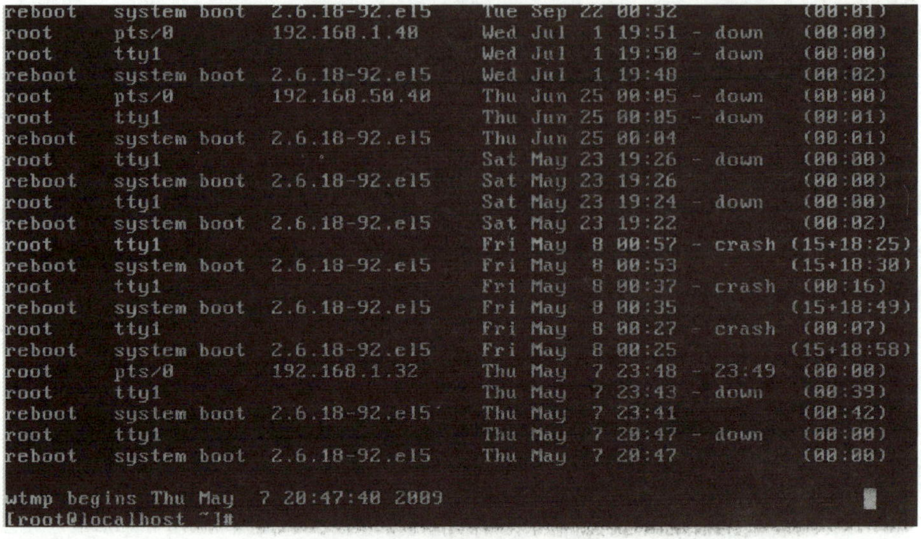

图 7-59 读取"wtmp"日志

(2) 使用"history"命令,能够保存最近所执行的命令。

【实践思考】

1. 查找资料,分析使用日志的重要性。
2. 叙述 Linux 操作系统中各种日志的功能。

第 8 章

数据库安全技术

> **学习目标**
>
> 1. 了解数据库的定义及其应用。
> 2. 了解数据安全的重要性。
> 3. 掌握威胁数据安全的隐患种类。
> 4. 掌握防护数据及数据库安全的一般方法。

热点关注

蚂蚁金服 Ocean Base 简介

拓展阅读

数据安全法

> **引 例**
>
> 近些年,国内多家快捷连锁酒店、旅行网站被曝光发生用户隐私数据大规模泄露事件,用户隐私数据被公然在网络上兜售。这引起了人们对于数据安全的极大关注。虽然用户数据泄露事件疑为网络攻击事件,但发生泄露事件单位的数据库系统暴露的安全隐患十分惊人,调查发现很多关键数据居然都是明文存储,数据库防范措施严重不足,这也是入侵者能够轻易获得后台业务数据的关键原因。数据库作为系统的核心,必须具有完备的防范机制和措施,保障数据的独立性、安全性、完整性。

8.1 数据库系统概述

8.1.1 数据库定义

一、数据库

数据库(database),简单来说是本身可视为电子化的文件柜——存储电子文件的处所,用户可以对文件中的数据进行新增、截取、更新、删除等操作。数据库指的是以一定方式储存在一起、能为多个用户共享、具有尽可能小的冗余度、与应用程序彼此独立的数据集合。

数据库管理系统(database management system,DBMS)是为管理数据库而设计的计算机软件系统,一般具有存储、截取、安全保障、备份等基础功能。

二、数据库的分类

1. 关系型数据库

关系型数据库以行和列的形式存储数据，以便于用户理解。这一系列的行和列被称为表，一组表组成了数据库。关系型数据库管理系统中储存与管理数据的基本形式是二维表。用户用查询（query）来检索数据库中的数据，一个"query"是一个用于指定数据库中行和列的 select 语句。关系型数据库通常包含下列组件：客户端应用程序（client）、数据库服务器（server）、数据库（database）、structured query language（SQL）客户端和服务器的桥梁（客户端用 SQL 来向服务器发送请求，服务器返回客户端要求的结果）。

现在流行的大型关系型数据库有 DB2、Oracle、SQL Server、SyBase、Informix 等，小型的关系型数据库有 MySQL 等。

2. 网状数据库

网状数据库是处理以记录类型为节点的网状数据模型的数据库，处理方法是将网状结构分解成若干二级树结构，称为系。系类型是两个或两个以上的记录类型之间联系的一种描述。在一个系类型中，有一个记录类型处于主导地位，称为系主记录类型，其他称为成员记录类型，系主和成员之间的联系是一对多的联系。网状数据库的代表是 DBTG 系统。

3. 层次型数据库

层次型数据库管理系统是紧随网状数据库出现的。现实世界中很多事物是按层次组织起来的，层次数据模型的提出，首先是为了模拟这种按层次组织起来的事物。层次数据库也是按记录来存取数据的。层次数据模型中最基本的数据关系是基本层次关系，它代表两个记录型之间一对多的关系，也叫作双亲子女关系（PCR）。数据库中有且仅有一个记录型无双亲，称为根节点，其他记录型有且仅有一个双亲。在层次数据模型中从一个节点到其双亲的映射是唯一的，所以对每一个记录型（除根节点外）只需要指出它的双亲，就可以表示出层次数据模型的整体结构。层次数据模型是树状的。

最著名、最典型的层次数据库系统是 IBM 公司的 IMS（information management system），这是 IBM 公司研制的最早的大型数据库系统程序产品。

三、常见数据库管理系统

1. 开放源代码数据库系统

开放源代码的数据库相比商业数据库有着许多的优势：使用免费、管理简单、系统小巧精干，功能可以与商业数据库相媲美甚至更强大（如 PostgreSQL）。开放源代码的数据库也有它的劣势，如它没有稳定的技术支持。

当今开放源代码的软件被越来越广泛地使用。像 Linux 操作系统一样，开放源代码的数据库的出现也有其必然性。在当 Oracle、IBM、Microsoft 等几大数据库厂商在数据库领域处于垄断地位的时候，出现了以 PostgreSQL 和 MySQL 为代表的开放源代码的数据库系统，它们的出现推动了软件事业的发展。

MySQL 是瑞典的 MySQL AB 公司负责开发和维护的，它是一个真正的多用户、多线程 SQL 数据库系统。MySQL 是以一个客户机/服务器结构实现其功能的，它由一个服务器守护程序 mysqld 和很多不同的客户程序和库组成。SQL 是一种标准化的语言，它使得存储、更新和读取信息更容易。MySQL 的主要特点是快速、强大和易用。

MySQL 的技术特点：

（1）它使用的核心线程是完全多线程，支持多处理器。

（2）有多种列类型：数值类型、日期/时间类型和字符串（字符）类型。

（3）它通过一个高度优化的类库实现 SQL 函数库，通常在查询初始化后不会有任何内存分配。

（4）全面支持 SQL 的 group by 和 order by 子句，支持聚合函数，如：count()、count(distinct)、avg()、std()、sum()、max()和 min()。用户可以在同一查询中混合来自不同数据库的表。

（5）支持 ANSI SQL 的 left outer join 语句和 ODBC。

（6）所有列都有默认值。用户可以用 insert 插入一个表列的子集，那些没有明确给定值的列设置为它们的默认值。

（7）MySQL 可以工作在不同的平台上，支持 C、C++、Java、Perl、PHP、Python 和 TCL API。

2. 商业数据库系统

商业数据库，顾名思义是由专业的公司进行开发维护的数据库系统，一般都适用于大中型企业级应用。典型代表产品有：甲骨文公司的 Oracle 和 IBM 公司的 DB2。

Oracle 数据库系统通过一个由字母与数据组成的系统标识符来表示，包括了至少一个应用程序的实例和一个数据存储。它支持多用户、大事物量的事物处理，数据安全性和完整性的有效控制，支持分布式数据处理。其主要特点有：

（1）兼容性。Oracle 产品采用标准 SQL，并经过美国国家标准技术所测试，与 IBM、SQL/DS、DB2、INGERS、IDM/R 等兼容。

（2）可移植性。Oracle 数据库可运行于多种硬件与操作系统平台上，可以安装在 70 种以上不同的大中小型机上，可在 VMS、DOS、UNIX、Windows 等各种操作系统下工作。

（3）可连接性。能够与多种通信网络相连，支持各种协议。

（4）高生产率。提供多种开发工具，能极大地方便用户进行进一步的开发。

（5）开放性。良好的兼容性、可移植性、可连接性和高生产率使得 Oracle 具有良好的开放性。

DB2 主要应用于大型应用系统，具有较好的可伸缩性，可支持从大型机到单用户环境，适用于 OS/2、Windows 等平台。DB2 提供了高层次的数据利用性、完整性、安全性、可恢复性，以及小规模到大规模应用程序的执行能力，具有与平台无关的基本功能和 SQL 命令。

DB2 采用了数据分级技术，能够使大型机数据可以很方便地下载到 LAN 数据库服务器，使得客户机/服务器用户和基于 LAN 的应用程序可以访问大型机数据，并使数据库本地化及远程连接透明化。DB2 具有很好的网络支持能力，每个子系统可以连接十几万个分布式用户，可同时激活上千个活动线程，对大型分布式应用系统尤为适用。

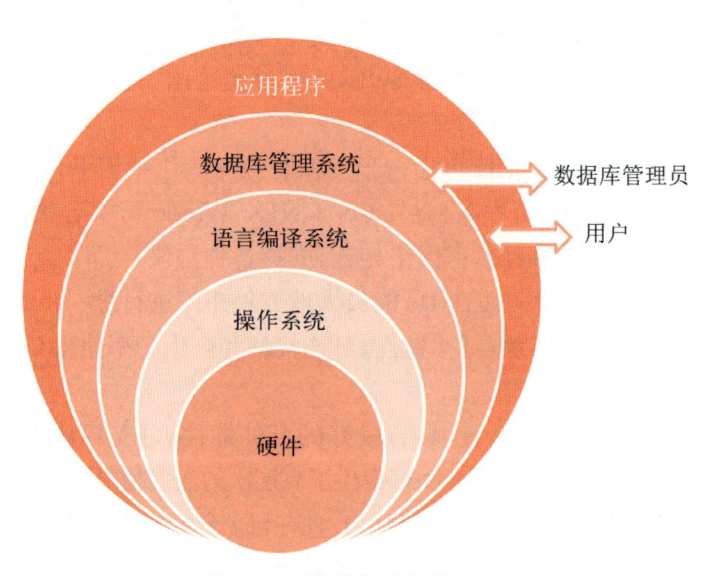

8.1.2 数据库系统的特点

一、数据库系统的组成

1. 硬件

数据库系统的硬件包括计算机的主机、键盘、显示器和外围设备(例如打印机、扫描仪等)。由于一般数据库系统所存放和处理的数据量很大,加之数据库系统丰富的功能软件,使得自身所占用的存储空间很大,因此整个数据库系统对硬件资源提出了较高的要求。

2. 软件

数据库系统的软件除了数据库管理系统之外,还包括操作系统、各种高级语言处理程序(编译或解释程序)、应用开发工具和特定应用软件等。应用开发工具包括应用程序生成器和第四代语言等高效率、多功能的软件工具,如报表生成系统、表格软件、图形编辑系统等。

3. 数据

数据是数据库的基本组成,是对客观世界所存在事物的一种表征,也是数据库用户的操作对象。数据应按照需求进行采集并有结构地存入数据库。由于数据的类型多样性,数据的采集方式和存储方式也会不同。数据库中的数据具有集合、共享、最少冗余和能为多种应用服务的特征。

4. 用户

数据库用户是管理、开发、使用数据库的主体。根据工作任务的差异,数据库用户通常可以分成终端用户、应用程序员和数据库管理员三种不同类型。

数据库系统的组成如图 8-1 所示。

图 8-1 数据库系统的组成

二、数据库系统的特点

数据库系统是一个由硬件、软件(操作系统、语言编译系统和数据库管理系统等)、数据和用户构成的完整计算机应用系统，数据库是数据库系统的核心和管理对象。因此，数据库系统的含义已经不仅仅是一个对数据进行管理的软件，也不仅仅是一个数据库，数据库系统是一个实际运行的，按照数据库方式存储、维护和向应用程序提供数据支持的系统。其主要特点有：

1. 数据结构化

数据库系统实现了整体数据的结构化，这是数据库的最主要特征之一。这里所说的"整体"结构化，是指在数据库中的数据不再仅针对某个应用，而是面向全组织；不仅数据内部是结构化，而且整体是结构化，数据之间有联系。

2. 数据的共享性高，冗余度低，易扩充

因为数据是面向整体的，所以数据可以被多个用户、多个应用程序共享使用，数据共享可以大大减少数据冗余，节约存储空间，避免数据之间的不相容性与不一致性。

3. 数据独立性高

数据独立性包括数据的物理独立性和逻辑独立性。

物理独立性是指数据在磁盘上的数据库中如何存储是由数据库管理系统管理的，应用程序不需要了解，应用程序要处理的只是数据的逻辑结构，这样一来当数据的物理存储结构改变时，应用程序不用改变。

逻辑独立性是指用户的应用程序与数据库的逻辑结构是相互独立的，也就是说，数据的逻辑结构改变了，用户程序也可以不改变。

数据与程序的独立，把数据的定义从程序中分离出去，加上存取数据由数据库管理系统负责，简化了应用程序的编制，大大减少了应用程序维护和修改的工作量。

4. 数据由数据库管理系统统一管理和控制

数据库的共享是并发的（concurrency）共享，即多个用户可以同时存取数据库中的数据，甚至可以同时存取数据库中的同一个数据。

数据库管理系统必须提供以下几方面的数据控制功能：

- 数据的安全性保护（security）。
- 数据的完整性检查（integrity）。
- 数据库的并发访问控制（concurrency）。
- 数据库的故障恢复（recovery）。

8.1.3 结构化查询语言

一、SQL

SQL（structured query language，结构化查询语言）在关系型数据库中的地位就犹如英语在世界上的地位。它是数据库系统的通用语言，利用它，用户可以用几乎同样的语句在不同的数据库系统上执行同样的操作。比如"select * from 数据表名"代表要从某个数据表中取出全部数据，在 Oracle、SQL Server、FoxPro 等关系型数据库中都可以使用这条语句。SQL 已经被 ANSI（美国国家标准化组织）确定为数据库系统的工业

标准。

SQL语言按照功能可以分为四大类。
- 数据查询语言DQL：查询数据。
- 数据定义语言DDL：建立、删除和修改数据对象。
- 数据操作语言DML：完成数据操作的命令，包括查询。
- 数据控制语言DCL：控制对数据库的访问，服务器的关闭、启动等。

二、SQL的主要特点

SQL语言简单易学、风格统一，利用简单的几个英语单词的组合就可以完成所有的功能。在SQL Plus Worksheet环境下可以单独使用的SQL语句，几乎可以不加修改地嵌入到如VB、PB这样的前端开发平台上，利用前端工具的计算能力和SQL的数据库操作能力，可以快速建立数据库应用程序。其主要特点有：

1. 功能综合、用法统一

SQL集数据定义语言DDL、数据操作语言DML、数据控制语言DCL的功能于一体，语言风格统一，可以独立完成数据库的全部活动，包括：

(1) 定义关系模式，插入数据，建立数据库。
(2) 对数据库中的数据进行查询和更新。
(3) 数据库重构和维护。
(4) 数据库安全性、完整性控制。

2. 高度非过程化

非关系型数据模型的数据操作语言是"面向过程"的语言，用"过程化"语言完成某项请求，必须指定存取路径。而用SQL进行数据操作，只要提出"做什么"，而无须指明"怎么做"，因此无须了解存取路径，存取路径的选择以及SQL的操作过程由系统自动完成。这不但大大减轻了用户负担，而且有利于提高数据独立性。

3. 面向集合的操作方式

非关系型数据模型采用的是面向记录的操作方式，操作对象是一条记录。而SQL采用集合操作方式，不仅操作对象、查找结果可以是元组的集合，而且一次插入、删除、更新操作的对象也可以是元组的集合。

4. 多种实用方式

SQL既是独立的语言，又是嵌入式语言。作为独立的语言，它能够独立地用于联机交互的使用方式，用户可以在终端键盘上直接输入SQL命令对数据库进行操作；作为嵌入式语言，SQL语句能够嵌入到高级语言程序中，供程序员设计程序时使用。而在两种不同的使用方式下，SQL的语法结构基本上是一致的。这种以统一的语法结构提供多种不同使用方式的做法，提供了极大的灵活性与方便性。

5. 语言简洁、简单易学

SQL功能极强，但由于设计巧妙，语言十分简洁，完成核心功能只有9个动词，如表8-1所示。SQL语法接近英语语法，因此容易学习、容易使用。

表 8-1 SQL 语句对照表

SQL 功能	动　　词
数据查询	select
数据定义	create、drop、alter
数据操作	insert、update、delete
数据控制	grant、revoke

8.2　数据库的安全性

8.2.1　数据库安全问题

数据库安全包含两层含义。第一层是指系统运行安全,系统运行安全通常受到的威胁如下:一些网络不法分子通过 Internet、局域网等途径入侵计算机使系统无法正常启动,或超负荷让系统运行大量算法,并关闭 CPU 风扇,使 CPU 过热烧坏等;第二层是指系统信息安全,系统信息安全通常受到的威胁如下:黑客入侵数据库,并盗取想要的资料。数据库系统的安全特性主要是针对数据而言的,包括数据独立性、数据安全性、数据完整性、并发控制、故障恢复等几个方面。

一、安全问题

据 Verizon 2012 年的数据泄露调查分析报告和对发生的信息安全事件的技术分析,总结出信息泄露呈现两个趋势:

(1) 黑客通过 B/S 应用,以 Web 服务器为跳板,窃取数据库中的数据。传统解决方案对应用访问和数据库访问协议没有任何控制能力,如 SQL 注入就是一个典型的数据库攻击手段。

(2) 数据泄露常常发生在内部,大量的运维人员直接接触敏感数据,传统以防外为主的网络安全解决方案失去了用武之地。

Verizon 数据安全调查报告显示,数据库在这些泄露事件中成为了主角,这与我们在传统的安全建设中忽略了数据库安全问题有关。在传统的信息安全防护体系中,数据库处于被保护的核心位置,不易被外部黑客攻击,同时数据库自身已经具备强大的安全措施,表面上看足够安全,但这种传统安全防御的思路,存在致命的缺陷。

二、数据库安全性控制机制

1. 安全级别

对数据库不合法的使用称为数据库的滥用。数据库的滥用可分为无意滥用和恶意滥用。无意滥用主要是指经过授权的用户操作不当引起的系统故障、数据库异常等现象;恶意滥用主要是指未经授权的读取数据(即偷窃数据)和未经授权的修改数据(即破坏数据)。

为了防止数据库的恶意滥用,可以在下述不同的安全级别上设置各种安全措施。

(1) 环境级:对计算机系统的机房和设备加以保护,防止物理破坏。

(2) 职员级:对数据库系统工作人员,加强劳动纪律和职业道德教育,并正确地授予其访问数据库的权限。

(3) 操作系统级:防止未经授权的用户从操作系统层着手访问数据库。

(4) 网络级:由于数据库系统允许用户通过网络访问,因此,网络软件内部的安全性对数据库的安全是很重要的。

(5) 数据库系统级:检验用户的身份是否合法,检验用户数据库操作权限是否正确。

2. 数据库安全控制的一般方法

数据库系统中一般采用用户标识鉴别、存取控制、视图、审计方法以及数据加密等技术进行安全控制。

(1) 用户标识鉴别。

用户标识鉴别是数据库管理系统提供的最外层保护措施。用户每次登录数据库时都要输入用户标识,数据库管理系统进行核对后,合法的用户获得进入系统最外层的权限。用户标识鉴别的方法很多,常用的方法有:

- 身份(identification)认证,是指系统对输入的用户名与合法用户名进行对照,鉴别此用户是否为合法用户。若是,则可以进入下一步的核实;否则,不能使用系统。

- 口令(password)认证,是为了进一步对用户进行核实。通常系统要求用户输入口令,只有口令正确才能进入系统。

- 随机数运算认证,随机数认证实际上是非固定口令的认证,即用户的口令每次都是不同的。鉴别时系统提供一个随机数,用户根据预先约定的计算过程或计算函数进行计算,并将计算结果输送到计算机,系统根据用户计算结果判定用户是否合法。

(2) 存取控制(授权机制)。

通过了用户标识鉴别的用户不一定具有数据库的使用权。数据库管理系统还要进一步对用户进行识别和鉴定,以拒绝没有数据库使用权的用户(非法用户)对数据库进行存取操作。数据库管理系统的存取控制机制是数据库安全的一个重要保证,它确保具有数据库使用权限的用户访问数据库并进行权限范围内的操作,同时令未被授权的用户无法接近数据。存取控制机制主要包括两部分:

- 定义用户权限。用户权限是指用户对于数据对象能够进行的操作种类。授权决定描述中包括将哪些数据对象的哪些操作权限授予哪些用户,计算机分析授权决定,并将编译后的授权决定存放在数据字典中,从而完成了对用户权限的定义和登记。

- 进行权限检查。每当用户发出存取数据库的操作请求后,数据库管理系统首先查找数据字典,进行合法权限检查。如果用户的操作请求没有超出其数据操作权限,则准予执行其数据操作;否则,数据库管理系统将拒绝执行此操作。

(3) 视图。

进行存取权限的控制,不仅可以通过授权来实现,而且还可以通过定义用户的外模式来提供一定的安全保护功能。在关系型数据库中,可以为不同的用户定义不同的视图,通过视图机制把要保密的数据对无权操作的用户隐藏起来,从而自动地对数据提供一定程度的安全保护。对视图也可以进行授权。

视图机制使系统具有数据安全性、数据逻辑独立性和操作简便等优点。

(4) 审计方法。

审计功能就是把用户对数据库的所有操作自动记录下来放入审计日志(audit log)中,一旦发生数据被非法存取,数据库管理员可以利用审计跟踪的信息,重现导致数据库现有状况的一系列事件,找出非法存取数据的人、时间和内容等。

(5) 数据加密。

对高度敏感数据除了以上安全性措施外,还应该采用数据加密技术。数据加密是防止数据在存储和传输中失密的有效手段。加密的基本思想是根据一定的算法将原始数据变换为不可直接识别的格式,从而使得不知道解密算法的人无法获得数据的内容。

8.2.2 云端数据库安全问题

一、什么是云端数据库

云端数据库作为云计算中结构化数据的云所在的应用领域,是在 2008 年被提出的一类以云计算框架为基础的云服务。云端数据库和传统的集束型数据库相比,前端投入较小,设计简单,不需要数据库管理员的维护与管理;云端数据库还具有不需要规划的优点,由第三方进行服务维护,能够有效地降低管理负担,云端数据库的用户支付较少的费用就能得到较大的数据存储空间。

云端数据库的主要优势有:

● 透明性。用户无须考虑服务实现所使用的硬件和软件,利用其提供的接口使用其服务即可。

图 8-2 云应用

● 可伸缩性。可伸缩性是云系统提供的重要特性,用户根据自己的需求申请各种资源即可,而且需求还可以动态变化。

● 高性价比。用户无须购买自己的基础设施和软件,节约了硬件费用及软件版权费用。

云端数据库也有不足的地方,如用户隐私和数据安全问题、服务可靠性问题、服务质量保证问题等。

二、云端数据库简介

1. SQL Azure

SQL Azure 作为微软的云端数据库平台,是微软云操作系统平台 Windows Azure 的一部分，其本身是以 SQL Server 技术为基础的。目前除了 SQL Azure 数据库服务之外，还提供 SQL Azure 报表服务(SQL Azure reporting)以及 SQL Azure 数据同步服务(SQL Azure data sync)。

SQL Azure 具有强制安全性的功能，其本身具有服务器端的防火墙，能够让数据库管理员管理与控制以不同来源为基础的特定 IP 地址或者地址段的连接。同时，以云为基础的产品能够支持 SQL 的身份验证，且能够确保一个以 SQL Server 为基础的自定义加密协议的数据库实现安全连接。

2. Bigtable

Bigtable 是一个分布式的结构化数据存储系统，它被设计用来处理海量数据，通常是分布在数千台普通服务器上的 PB 级的数据。

Bigtable 是非关系型的数据库，是一个稀疏的、分布式的、持久化存储的多维度排序的数据存储系统。Bigtable 的设计目的是可靠地处理 PB 级别的数据，并且能够部署到上千台计算机上。Bigtable 已经实现了下面的几个目标：适用性广泛、可扩展、高性能和高可用性，且已经在超过 60 个 Google 的产品和项目上得到了应用。

三、云端数据库的优点

1. 站点自治性

站点自治性指的是分布在网络节点中的数据能够实现自治处理，站点能够实现自我控制、管理以及使用信息等策略，进而从根本上实现了云计算的高可用性以及可靠性，云环境数据库把数据存储在网络节点中，实现了对失效节点的自动检测，同时能够有效地排除失效节点，进而有着良好的容错性能。

2. 强大的计算能力和存储空间

从存储方式来看，云计算数据库采用的主要是分布式存储系统的方式，云计算将大量的计算任务与存储资源分布在云端强大的计算机集群上，采用将每个计算机的运算结果汇总的方式得出最终结果，进而在提高运算速度的同时充分地利用了资源。

3. 经济性和可扩展性

从终端设备与用户要求的层面来看，云计算的要求较低，用户只要有一个互联网连接设备就能取得云计算所提供的服务，同时云环境数据库系统比传统数据库具有更强的经济性，能够实现计算与存储资源的最大共享，而且节省了企业硬件成本的投资。

四、云端数据库的安全问题

云计算的应用时间较短，技术上还不成熟，导致云环境数据库存在安全方面的缺陷。其安全问题主要分为公共云访问控制与规章制度两个基本类别。

1. 公共云访问控制

失去数据库的访问控制是主要的安全威胁之一。外部威胁肯定是一个问题，但越来越多的研究表明，大多数访问控制威胁是内部的。在公共云环境中，内部的威胁不仅来自公司内部的员工，这些员工可以或曾经可以合法地访问数据库管理系统，也可能是来自云服务提供商的员工。

2. 规章制度

云服务提供商经常需要重新配置和移动虚拟服务器托管的数据，可能跨越多个数据中心的位置。当不知道数据确切的存在位置时，如何向审计师表明存储的数据是安全的，就需要建立必要的规章制度以满足法规的要求。

五、云端数据库安全策略

云端数据库的安全问题所涉及的范围较大，一般可以通过以下几个主要机制防范可能存在的安全隐患。

1. 数据库审计

审计数据库产生的审计跟踪，可以知道哪些对象被访问或改变，它们是如何改变的，以及何时由何人改变。

2. 访问控制

访问控制模型有三个类别或者型号。它们是强制访问控制（mandatory access control，MAC）、基于格的访问控制（lattice-based access control，LBAC）、基于角色的访问控制（role-based access control，RBAC）。

3. 隔离敏感数据库

有效的云安全数据库首先应隔离所有包含敏感数据的数据库，如 DbProtect 的数据库发现功能，生成部署云范围内的所有数据库的完整清单。

4. 数字水印技术

在云端的数据库安全中应用数字水印技术能够较好地解决云数据库中版权、泄密以及可逆水印等问题。能够给予数据拥有者可靠的、鲁棒的云数据库安全解决方案。

5. 安全认证

双重安全机制包括对访问者进行身份验证以及访问控制列表两项内容，身份验证通常包括密码认证、证物认证以及生物认证三类。

8.3 数据库的威胁与防护

一、数据库十大安全威胁

威胁分析可从物理层（如通过特殊设备对数据库资料进行窃取、插入、删除等）、数据库通信的链路层（如通过网络数据包抓取实现数据窃听）、网络层（如 IP 欺骗等针对网络协议的漏洞攻击）、传输层（TCP 连接欺骗等针对网络协议的漏洞攻击）、数据库管理系统本身（如存在认证、访问控制、完整性、保密性等所有安全问题）着手进行。数据库面临的主要安全威胁可以分为十类，分别是：滥用过高权限、滥用合法权限、权限提升、数据库平台漏洞、数据库通信协议漏洞、SQL 注入、拒绝服务、审核记录不足、身份验证不足、备份数据暴露，如图 8-3 所示。

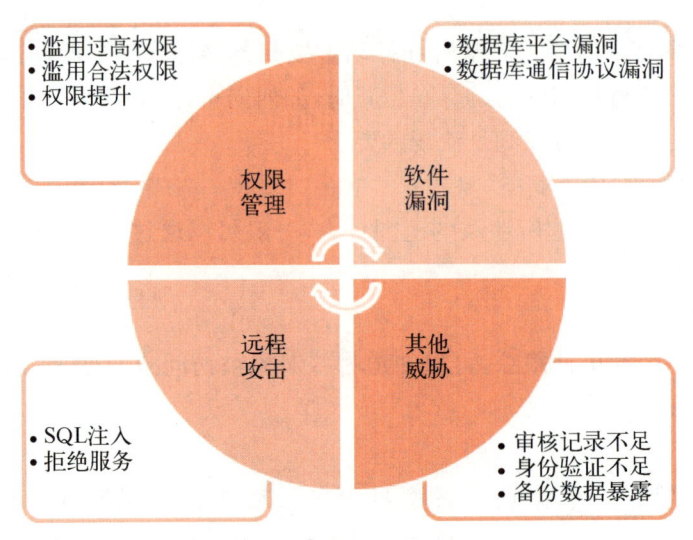

图 8-3 数据库十大安全威胁

1. 滥用过高权限

当用户(或应用程序)被授予超出了其工作职能所需的数据库访问权限时,这些权限可能会被恶意滥用。例如,一个大学管理员在工作中只需要能够更改学生的联系信息,不过他可能会利用过高的数据库更新权限来更改分数。

原因很简单,数据库管理员没有时间为每个用户定义并更新细化的访问权限控制机制,从而使给定的用户拥有了过高的权限。因此,所有用户或多组用户都被授予了远远超出其特定工作需要的通用默认访问权限。

2. 滥用合法权限

用户还可能将合法的数据库权限用于未经授权的目的。假设一个恶意的医务人员拥有可以通过自定义 Web 应用程序查看单个患者病历的权限,通常情况下,该 Web 应用程序的结构限制用户只能查看单个患者的病历,即无法同时查看多个患者的病历并且不允许复制电子副本。但是,恶意的医务人员可以通过使用其他客户端(如 Excel)连接到数据库,来规避这些限制。通过使用 Excel 以及合法的登录凭据,该医务人员就可以检索和保存所有患者的病历。

这种私自复制患者病历数据库的副本的做法不可能符合任何医疗组织的患者数据保护策略。要考虑两点风险:第一点是恶意的医务人员会将患者病历用于金钱交易;第二点可能更为常见,即员工由于疏忽将检索到的大量信息存储在自己的客户端计算机上,用于合法工作目的。一旦数据存在于终端计算机上,就可能成为特洛伊木马程序以及笔记本盗窃等的攻击目标。

3. 权限提升

攻击者可以利用数据库平台软件的漏洞将普通用户的权限转换为管理员权限。漏洞可以在存储过程、内置函数、协议实现甚至是 SQL 语句中找到。例如,一个金融机构的软件开发人员可以利用有漏洞的函数来获得数据库管理员权限。使用管理员权限,恶意的开发人员可以禁用审核机制、开设伪造的账户以及转账等。

4. 数据库平台漏洞

底层操作系统（Windows 2000、UNIX 等）中的漏洞和安装在数据库服务器上的其他服务中的漏洞可能导致未经授权的访问、数据破坏或拒绝服务。例如，"1443"默认端口就是 Windows 2000 的漏洞，为拒绝服务攻击创造了条件。

5. 数据库通信协议漏洞

在所有数据库供应商的数据库通信协议中，发现了越来越多的安全漏洞。在两个最新的 IBM DB2 补丁包中，7 个安全修复程序中有 4 个是针对协议漏洞的。同样地，最新的 Oracle 季度补丁程序所修复的 23 个数据库漏洞中有 11 个与协议有关。针对这些漏洞的欺骗性活动包括未经授权的数据访问、数据破坏以及拒绝服务。例如，SQL Slammer2 蠕虫就是利用了 Microsoft SQL Server 协议中的漏洞实施拒绝服务攻击。更糟糕的是，由于自身数据库审核机制不审核协议操作，所以在自身审核记录中不存在这些欺骗性活动的记录。

6. SQL 注入

在 SQL 注入攻击中，入侵者通常将未经授权的数据库语句插入（或"注入"）到有漏洞的 SQL 数据信道中。通常情况下，攻击所针对的数据信道包括存储过程和 Web 应用程序输入参数。然后，这些注入的语句被传递到数据库中并在数据库中执行。使用 SQL 注入，攻击者可以不受限制地访问整个数据库。

7. 拒绝服务

拒绝服务（DoS）是一个宽泛的攻击类别，在此攻击中，正常用户对网络应用程序或数据的访问被拒绝。可以通过多种技巧为拒绝服务攻击创造条件，其中很多都与上文提到的漏洞有关。例如，可以利用数据库平台漏洞来制造拒绝服务攻击，从而使服务器崩溃。其他常见的拒绝服务攻击技巧包括数据破坏、网络泛洪和服务器资源过载（内存、CPU等）。资源过载在数据库环境中尤为普遍。

8. 审核记录不足

自动记录所有敏感的和异常的数据库事务应该是所有数据库部署基础的一部分，如果数据库审核策略不足，则使用数据库的单位或组织将在很多级别上面临严重风险。

（1）合规性风险。

如果数据库审核机制薄弱（或不存在），则会日益发现单位或组织与政府的规章制度要求不一致。政府规章制度中要求组织具备明确的数据库审核机制，金融服务部门的萨班斯-奥克斯利法案（SOX）和医疗部门的健康保险流通与责任法案（HIPAA）就是两个例子。

（2）威慑不足风险。

就像进入银行时会记录每个人相貌的摄像机一样，攻击者明白数据库审核跟踪记录可以为调查人员提供入侵者犯罪的分析线索，因此数据库审核机制会对攻击者产生威慑作用。如果数据库审核记录不足，这种威慑作用将不复存在。

(3) 检测和修复风险。

审核机制代表着数据库防御的底线,如果攻击者成功规避了其他防御措施,则审核数据可以在事后识别存在的冲突。然后,可以使用审核数据将冲突与特定用户相联系或修复系统。若审核记录不足,则检测和修复系统也将变得困难。

9. 身份验证不足

薄弱的身份验证方案可以使攻击者窃取或以其他方法获得登录凭据,从而获取合法的数据库用户的身份。攻击者可以采取如下策略来获取凭据。

(1) 暴力。

攻击者不断地输入用户名/密码组合,直到找到可以登录的一组。暴力过程可能是靠猜测,也可能是系统地枚举可能的用户名/密码组合。通常,攻击者会使用自动化程序来加快暴力过程的速度。

(2) 伪装。

在这个方案中,攻击者利用人天生容易相信别人的倾向来获取他人的信任,从而获得登录凭据。例如,攻击者可能在电话中伪装成一名IT经理,以"系统维护"为由要求提供登录凭据。

(3) 直接窃取凭据。

攻击者可能通过抄写即时贴上的内容或复制密码文件来窃取登录凭据。

10. 备份数据暴露

通常情况下,备份数据库存储介质对于攻击者而言是毫无防护措施的。

二、数据库系统的安全框架及各层安全技术

数据库系统作为信息的聚集体,是计算机信息系统的核心部件,其安全性至关重要,关系到企业兴衰,甚至国家安全。因此,如何有效地保证数据库系统的安全,实现数据的保密性、完整性和有效性,已经成为业界人士探索研究的重要课题之一。数据库系统的安全除依赖自身内部的安全机制外,还与外部网络环境、应用环境、从业人员素质等因素息息相关,因此,从广义上讲,数据库系统的安全框架可以划分为三个层次:

(1) 网络系统层次。
(2) 宿主操作系统层次。
(3) 数据库管理系统层次。

这三个层次构筑成数据库系统的安全体系,与数据安全的关系是逐步紧密的,防范的重要性也逐层加强,从外到内、由表及里保证数据的安全。

8.3.1 网络系统层次安全技术

从广义上讲,数据库的安全首先依赖于网络系统。随着 Internet 的发展和普及,越来越多的公司将其核心业务向互联网转移,各种基于网络的数据库应用系统如雨后春笋般涌现出来,面向网络用户提供各种信息服务。可以说网络系统是数据库应用的外部环境和基础,数据库系统要发挥其强大作用离不开网络系统的支持,数据库系统的用户(如异地用户、分布式用户)也要通过网络才能访问数据库的数据。网络系统的安全是数据库安全的第一道屏障,外部入侵首先就是从入侵网络系统开始的。

网络入侵试图破坏信息系统的完整性、机密性或可信任的任何网络活动的集合,具有以下特点:
- 7×24 小时,没有地域和时间的限制。
- 通过网络的攻击往往潜伏在大量正常的网络活动之中,隐蔽性强。
- 入侵手段更加多样和复杂。

一、计算机网络系统开放式环境面临的威胁

计算机网络系统开放式环境面临的威胁主要有以下几种类型:

(1) 伪装(masquerade)。
(2) 重发(replay)。
(3) 报文修改(modification of message)。
(4) 拒绝服务(deny of service)。
(5) 陷阱门(trapdoor)。
(6) 特洛伊木马(Trojan horse)。
(7) 攻击,如透纳攻击(tunneling attack)、应用软件攻击等。

这些安全威胁是无时无处不在的,因此必须采取有效的措施来保障系统的安全。

二、网络系统层次的安全防范技术

网络系统层次的安全防范技术大致可以分为防火墙、入侵检测、入侵防御系统等。

1. 防火墙

防火墙是应用最广泛的一种防范技术。作为系统的第一道防线,其主要作用是监控可信任网络和不可信任网络之间的访问通道,可在内部与外部网络之间形成一道防护屏障,拦截来自外部的非法访问并阻止内部信息的外泄,但它无法阻拦来自网络内部的非法操作。它根据事先设定的规则来确定是否拦截信息流的进出,但无法动态识别或自适应地调整规则,因而其智能化程度很有限。防火墙技术主要有三种:数据包过滤器(packet filter)、代理(proxy)和状态分析(stateful inspection)。现代防火墙产品通常混合使用这几种技术。

2. 入侵检测

入侵检测是近年来发展起来的一种防范技术,综合运用了统计技术、规则方法、网络通信技术、人工智能、密码学、推理等技术和方法,其作用是监控网络和计算机系统是否出现被入侵或滥用的征兆。1987年,Derothy Denning 首次提出了一种检测入侵的思想,经过不断发展和完善,作为监控和识别攻击的标准解决方案,IDS 系统已经成为安全防御系统的重要组成部分。

IDS 的种类包括基于网络和基于主机的入侵监测系统、基于特征和基于非正常的入侵监测系统、实时和非实时的入侵监测系统等。

3. 入侵防御系统

随着网络攻击技术的不断提高和网络安全漏洞的不断发现,传统防火墙技术加传统

IDS 的技术,已经无法应对一些安全威胁。在这种情况下,IPS 技术应运而生,IPS 技术可以深度感知并检测流经的数据流量,对恶意报文进行丢弃以阻断攻击,对滥用报文进行限流以保护网络带宽资源。

对于部署在数据转发路径上的 IPS,可以根据预先设定的安全策略,对流经的每个报文进行深度检测(协议分析跟踪、特征匹配、流量统计分析、事件关联分析等),如果一旦发现隐藏于其中的网络攻击,可以根据该攻击的威胁级别立即采取抵御措施,这些措施包括(按照处理力度):向管理中心告警、丢弃该报文、切断此次应用会话、切断此次 TCP 连接等。

8.3.2 宿主操作系统层次安全技术

操作系统是大型数据库系统的运行平台,为数据库系统提供一定程度的安全保护。目前数据库的宿主操作系统平台大多数集中在 Windows NT 和 UNIX 上,安全级别通常为 C1、C2 级。主要安全技术有操作系统安全策略、安全管理策略、数据安全等方面。

操作系统安全策略用于配置本地计算机的安全设置,包括密码策略、账户锁定策略、审核策略、IP 安全策略、用户权利指派、加密数据的恢复代理以及其他安全选项。具体可以体现在用户账户、口令、访问权限、审核等方面。

- 用户账户:用户访问系统的"身份证",只有合法用户才有账户。
- 口令:用户的口令为用户访问系统提供一道验证。
- 访问权限:规定用户的权限。
- 审核:对用户的行为进行跟踪和记录,便于系统管理员分析系统的访问情况以及事后追查。

安全管理策略是指网络管理员对系统实施安全管理所采取的方法及策略。针对不同的操作系统、网络环境需要采取的安全管理策略一般也不尽相同,其核心是保证服务器的安全和分配好各类用户的权限。

数据安全主要体现在以下几个方面:数据加密技术、数据备份、数据存储的安全性、数据传输的安全性等。可以采用的技术很多,主要有 Kerberos 认证、IPSec、SSL、TLS、VPN(PPTP、L2TP)等技术。

8.3.3 数据库管理系统层次安全技术

数据库系统的安全性很大程度上依赖于数据库管理系统。如果数据库管理系统安全机制非常强大,则数据库系统的安全性能就较好。目前市场上流行的是关系型数据库管理系统,其安全性功能很弱,这就导致数据库系统的安全性存在一定的威胁。

由于数据库系统在操作系统下都是以文件形式进行管理的,因此入侵者可以直接利用操作系统的漏洞窃取数据库文件,或者直接利用操作系统工具来非法伪造、篡改数据库文件内容。这种隐患一般数据库用户难以察觉,分析和堵塞这种漏洞被认为是 B2 级的安全技术措施。

数据库管理系统层次安全技术主要是用来解决这一问题,即当前面两个层次已经被突破的情况下仍能保障数据库数据的安全,这就要求数据库管理系统必须有一套强有力的安全机制。解决这一问题的有效方法之一是数据库管理系统对数据库文件进行加密处理,使得即使数据不幸泄露或者丢失,也难以被人破译和阅读。

目前可以考虑在三个不同层级实现对数据库数据的加密,这三个层级分别是操作系统层、数据库管理系统内核层和数据库管理系统外层。

1. 在操作系统层加密

在操作系统层无法辨认数据库文件中的数据关系,从而无法产生合理的密钥,对密钥合理的管理和使用也很难。所以,对大型数据库来说,在操作系统层对数据库文件进行加密很难实现。

2. 在数据库管理系统内核层实现加密

这种加密是指数据在物理存取之前完成加/解密工作。这种加密方式的优点是加密功能强,并且加密功能几乎不会影响数据库管理系统的功能,可以实现加密功能与数据库管理系统之间的无缝耦合。其缺点是加密运算在服务器端进行,加重了服务器的负担,而且数据库管理系统和加密器之间的接口需要数据库管理系统开发商的支持。

3. 在数据库管理系统外层实现加密

比较实际的做法是将数据库加密系统做成数据库管理系统的一个外层工具,根据加密要求自动完成对数据库数据的加/解密处理。

采用这种加密方式进行加密,加/解密运算可在客户端进行,它的优点是不会加重数据库服务器的负担并且可以实现网上传输的加密,缺点是加密功能会受到一些限制,与数据库管理系统之间的耦合性稍差。

8.4 项目实践

8.4.1 SQL Server 安全配置

【实践内容】

1. 使用安全的密码策略。
2. 使用安全的账号策略。
3. 查看数据库日志。
4. 管理 SQL Server 内置存储过程 xp_cmdshell 控制系统。

【实践原理】

SQL Server 2019 数据库中存在账号和密码过于简单的现象,为了数据的安全,应该对其进行一定的设定,养成查看日志的习惯。

【实践环境】

Windows 实验台。

SQL Server 2005。

【实践步骤】

打开 Windows 实验台,运行 Windows 10 系统;运行 SQL Server 2019 的 SQL Server Management Studio(SSMS),使用系统账号连接数据库。

一、使用安全的密码策略

(1) 查看不符合密码要求的账号。

很多数据库账号的密码过于简单,同系统密码过于简单是一个道理。对于管理员更应该注意,同时不要让管理员账号的密码写入应用程序或者脚本中。安全性强的密码是安全的第一步,同时要养成定期修改密码的好习惯。数据库管理员应该定期查看是否有不符合密码要求的账号。在如图 8-4 所示的"查询分析器"窗口中使用下面的 SQL 语句:

```
use master
select name, password from syslogins where password is null
```

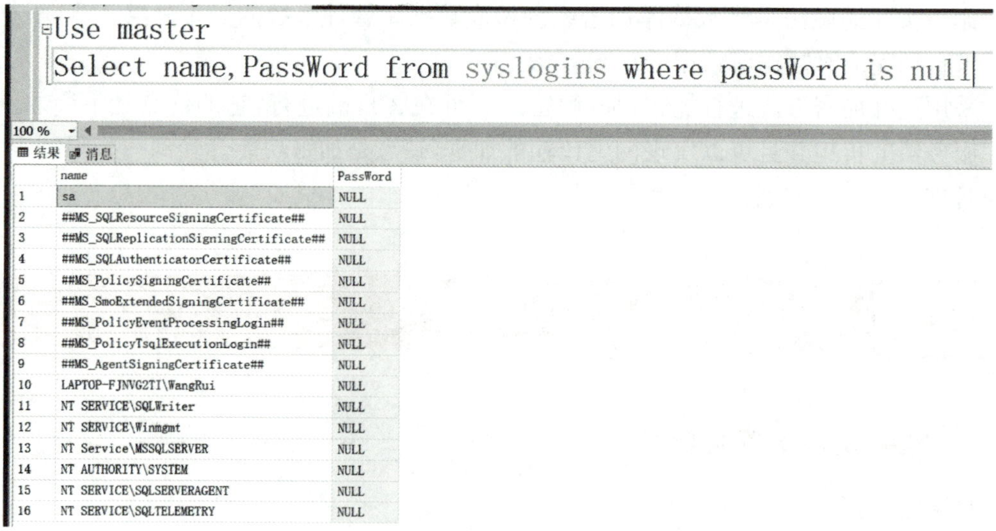

图 8-4 "查询分析器"窗口

(2) 设置管理员用户的密码。

① 打开 SSMS,展开"服务器组",然后展开"服务器",如图 8-5 所示。

② 展开"安全性",然后展开"登录名",如图 8-6 所示。

③ 在细节窗格中,右键单击"sa",然后单击"属性"如图 8-7 所示,打开如图 8-8 所示修改"sa"密码界面,在密码框中,输入新的密码。

图 8-5 展开"服务器"

图 8-6 展开"登录名"

图 8-7 右键单击"sa"

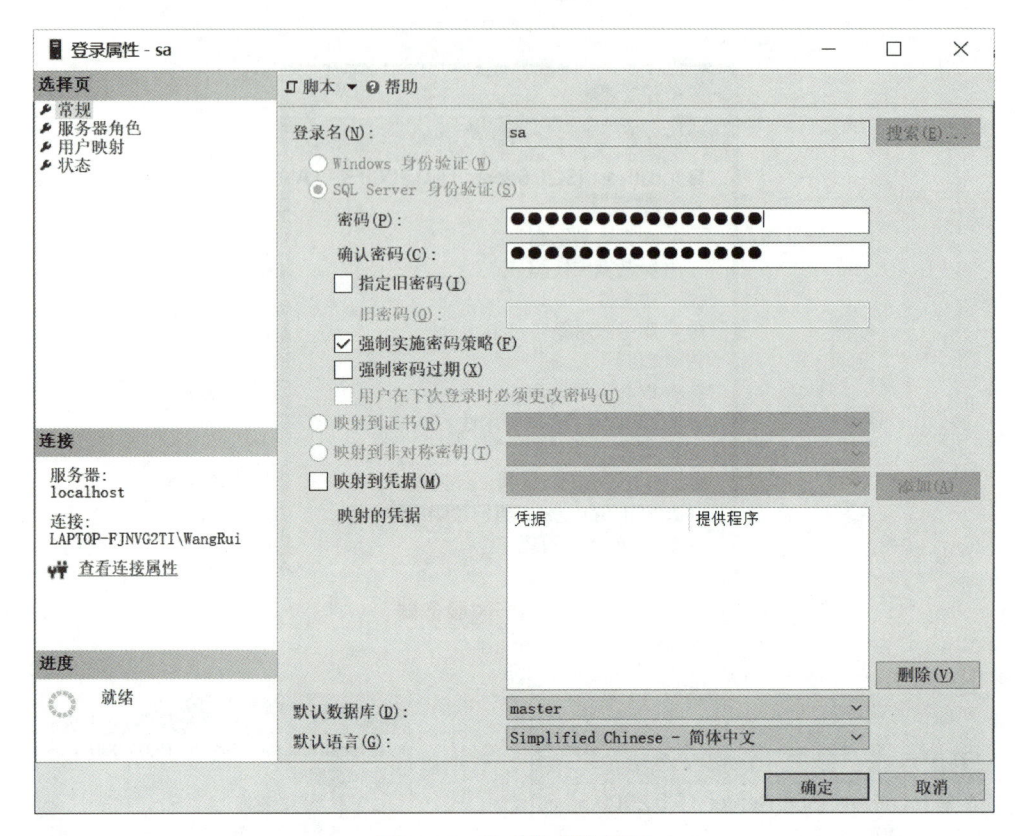

图 8-8　修改"sa"的密码

二、使用安全的账号策略

由于 SQL Server 不能更改管理员（SA）用户名称，也不能删除这个超级用户，所以，必须对这个账号进行最强的保护，包括使用一个安全性强的密码，最好不要在数据库应用中使用 SA 账号，只有当没有其他方法登录到 SQL Server 应用（如当其他系统管理员不可用或忘记了密码）时才使用 SA。建议数据库管理员新建一个拥有与 SA 一样权限的超级用户来管理数据库。安全的账号策略还包括不要让管理员权限的账号泛滥。

SQL Server 的认证模式有 Windows 身份认证和混合身份认证两种。如果数据库管理员不希望操作系统管理员通过操作系统登录来接触数据库的话，可以在账号管理中把系统账号"NT AUTHORITY\SYSTEM"删除，如图 8-9 所示。不过这样做的结果是一旦 SA 账号忘记密码的话，就没有办法来恢复了。

很多主机使用数据库应用只是用来做查询、修改等简单功能的，请根据实际需要分配账号，并赋予仅仅能够满足应用要求和需要的权限。比如，只要查询功能的，那么就使用一个简单的 public 账号能够 select 就可以了。

三、查看数据库日志

定期查看 SQL Server 日志，检查是否有可疑的登录事件发生，如图 8-10 所示。

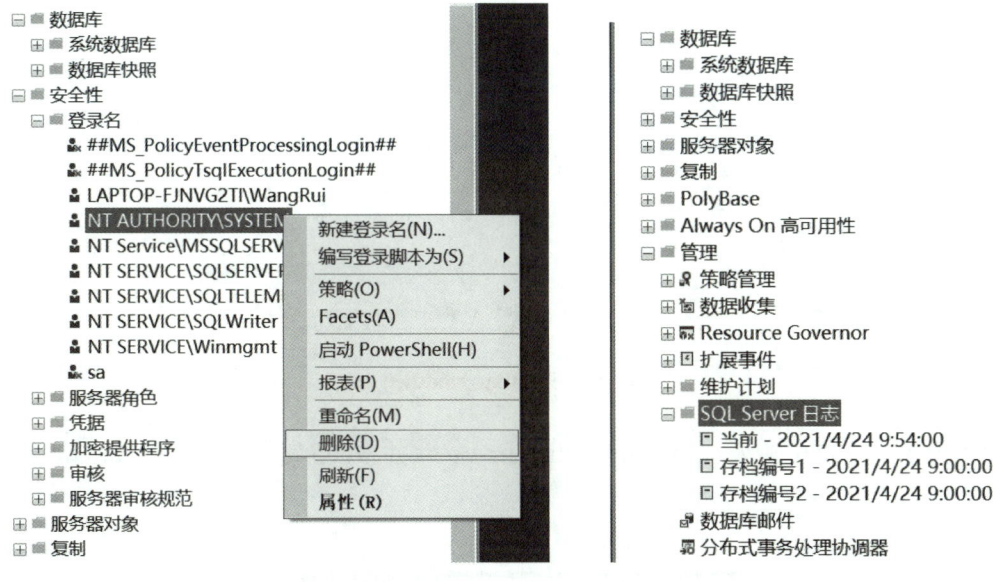

图 8-9 删除系统账号

图 8-10 查看 SQL Server 日志

四、管理 SQL Server 内置存储过程 xp_cmdshell 控制系统

1. 建立连接

打开 SSMS,首先需要与数据库服务器建立连接,如图 8-11 所示。利用 SA 弱口令登录 SQL Server 服务。

图 8-11 连接到服务器

2. 执行查询并查看结果

xp_cmdshell 可以让系统管理员以操作系统命令行解释器的方式执行给定的命令字符串,并以文本行方式返回任何输出,是一个功能非常强大的扩展存储过程。一般情况下,xp_cmdshell 对管理员来说也是不必要的,xp_cmdshell 的消除不会对 Server 造成任何影响。通过 SQL 语句开启 xp_cmdshell,如图 8-12 所示。

```
sp_configure 'show advanced options',1
reconfigure
 go
sp_configure 'xp_cmdshell',1
reconfigure
 go
```

消息
配置选项 'show advanced options' 已从 0 更改为 1。请运行 RECONFIGURE 语句进行安装。
配置选项 'xp_cmdshell' 已从 0 更改为 1。请运行 RECONFIGURE 语句进行安装。

图 8-12　开启 xp_cmdshell

在查询语句窗口中输入：xp_cmdshell "dir c："，并按 F5 键执行查询。如图 8-13 所示。

图 8-13　执行查询

执行后出现"360 提示"界面，如图 8-14 所示。

图 8-14　"360 提示"界面

需要选择允许操作，才会返回结果，如图 8-15 所示。

3.试图建立新用户

输入"xp_cmdshell "net user mytest 123456 /add""后将添加一个 mytest 用户，密码为 123456，如图 8-16 所示。

修改方法：打开服务，找到 SQL Server 服务，如图 8-17 所示。

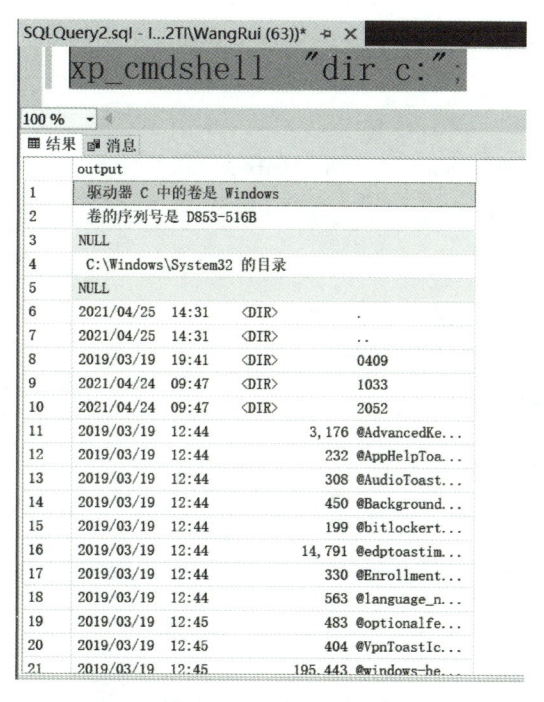

图 8-15　返回结果

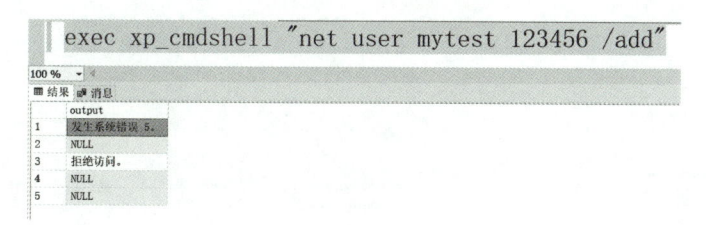

图 8-16　添加 mytest 用户

图 8-17　SQL Server 服务

右键菜单中选择属性,在登录标签页将 Windows 使用的账户修改为本地系统账户,如图 8-18 所示。

图 8-18　修改为本地系统账户

同时提示"新的登录名只有在你停止并重新启动服务时才可生效",如图 8-19 所示。

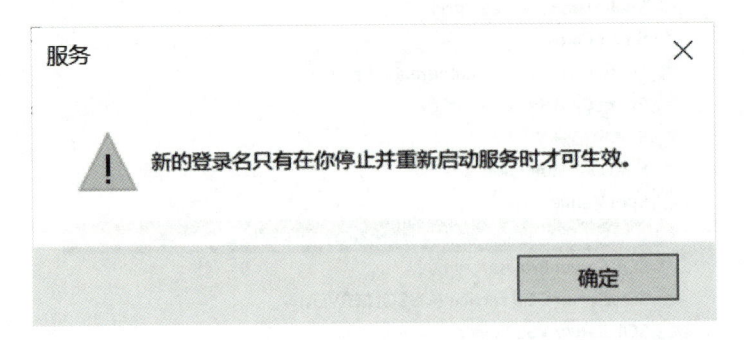

图 8-19　提示

再次输入 exec xp_cmdshell "net user mytest 123456 /add"命令,执行后弹出"360 提示"界面,如图 8-20 所示。

第 8 章　数据库安全技术

图 8‑20　"360 提示"界面

需要允许操作来向下执行,出现如图 8‑21 所示的"360 提示"界面。

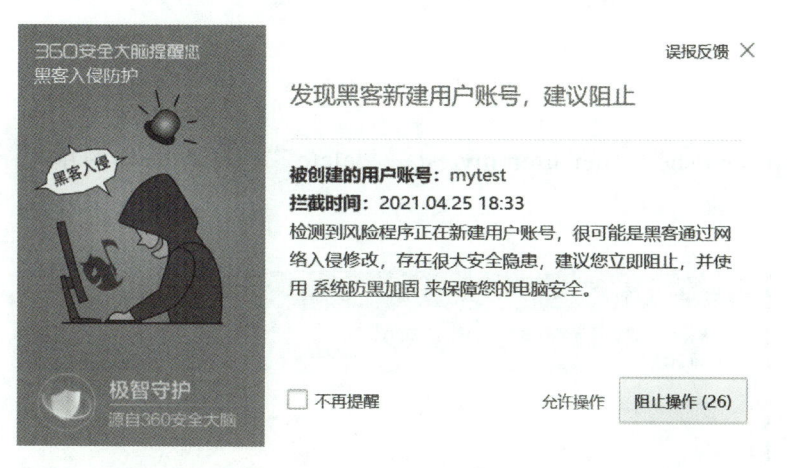

图 8‑21　"360 提示"界面

需要允许操作来查看执行结果。

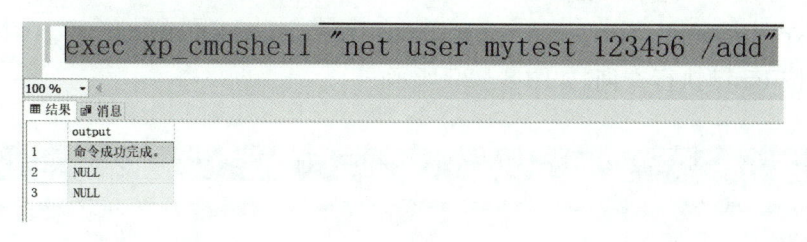

图 8‑22　执行结果

可以看到,用户创建成功。

输入"xp_cmdshell"net user mytest""查看用户列表,仍然是需要允许操作,用户列表如图 8‑23 所示。

图 8-23　用户列表

输入"xp_cmdshell "net user mytest /delete""删除新添加的用户 mytest,如图 8-24 所示。

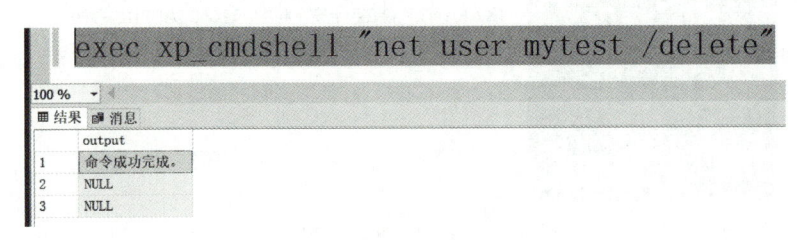

图 8-24　删除新添加的用户 mytest

4. 将新用户加入管理员组

输入"xp_cmdshell "net localgroup administrators mytest/add"",将新用户加入管理员组,然后按 F5 键执行查询,如图 8-25 所示。

图 8-25　将新用户加入管理员组

输入"xp_cmdshell "net user mytest"",检查修改结果,如图 8-26 所示。

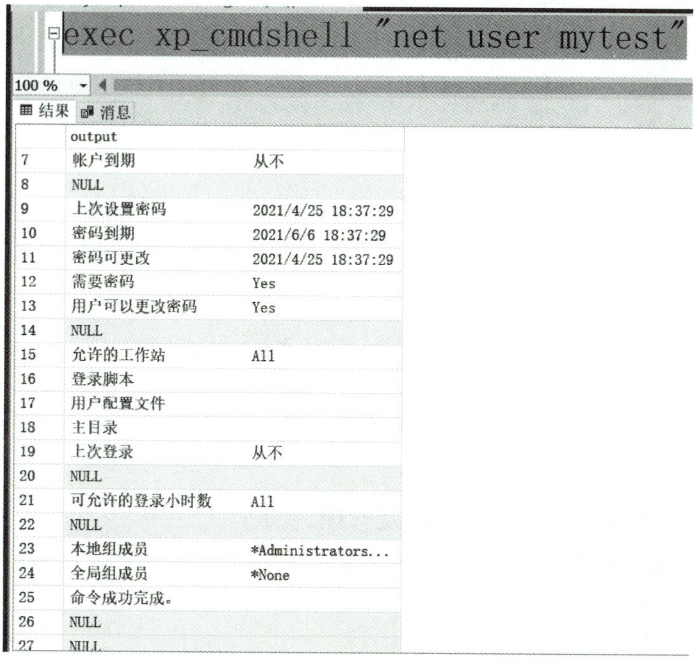

图 8-26　检查修改结果

5. 删除 xp_cmdshell

数据库用户通过存储过程 xp_cmdshell,能调用到 Windows 系统的内置命令,对系统安全是极大的威胁。向数据库提交如图 8-27 所示的 SQL 语句,从系统中删除 xp_cmdshell 存储过程。

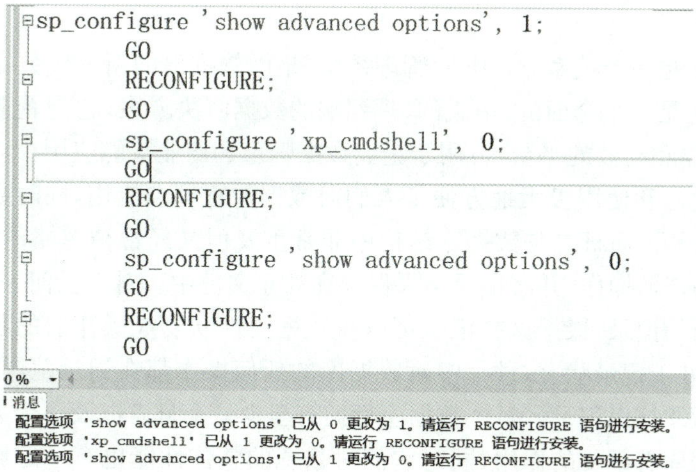

图 8-27　从系统中删除 xp_cmdshell 存储过程

要验证是否删除成功,可通过 xp_cmdshell 存储过程调用命令,看看是否删除成功。恢复 xp_cmdshell 可用,使用如图 8-28 所示代码来开启。

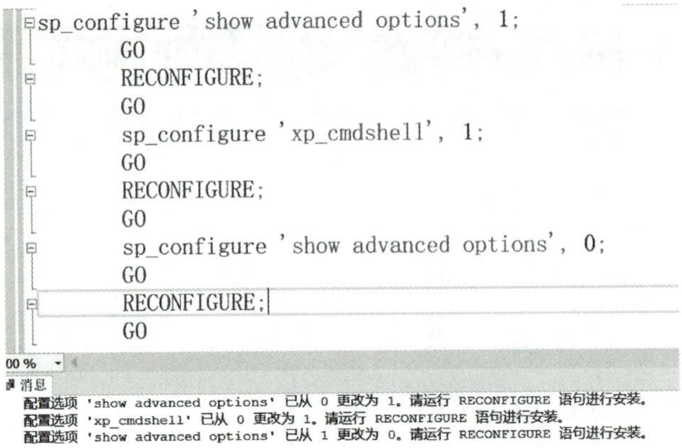

```
sp_configure 'show advanced options', 1;
GO
RECONFIGURE;
GO
sp_configure 'xp_cmdshell', 1;
GO
RECONFIGURE;
GO
sp_configure 'show advanced options', 0;
GO
RECONFIGURE;
GO
```

配置选项 'show advanced options' 已从 0 更改为 1。请运行 RECONFIGURE 语句进行安装。
配置选项 'xp_cmdshell' 已从 0 更改为 1。请运行 RECONFIGURE 语句进行安装。
配置选项 'show advanced options' 已从 1 更改为 0。请运行 RECONFIGURE 语句进行安装。

图 8-28 恢复 xp_cmdshell 可用

【实践思考】

1. 思考数据库中账户和密码的设置及管理。
2. 详述 SQL Server 数据库的安全配置。

8.4.2 SQL Server 安全审核

【实践内容】

1. 在"事件查看器"中了解服务器的运行情况。
2. 使用日志查看器查看 SQL Server 日志。
3. 查看 SQL Server 的事务日志。
4. SQL Server 压缩日志及数据库文件大小。
5. SQL Server 的 C2 审核功能的命令。

【实践原理】

SQL Server 是一个关系型数据库管理系统,是微软推出的新一代数据管理与分析软件。SQL Server 是一个全面的、集成的、端到端的数据解决方案,它为企业中的用户提供了一个安全、可靠和高效的平台,可用于企业数据管理和商业智能应用。

数据库的建立和使用极大地方便了人们对数据的管理和应用,同时数据的稳定性和可恢复性至关重要。而日志是数据库结构中非常重要但又经常被忽略的部分,它可以记录针对数据库的任何操作,并将记录结果保存在独立文件中。对于任何一个操作过程,日志都有非常全面的记录,根据这些记录可以将数据文件恢复成操作前的状态。从操作动作开始,日志就处于记录状态,过程中对数据库的任何操作都在记录范围内,直到用户点击提交或后退后才结束记录。每个数据库都拥有至少一个日志以及一个数据文件。

日志对数据库有重要的作用,同时它们对系统的整体性能也有一定影响。通过对数据库日志的查看、压缩备份等管理,对日志的性能进行优化,从而实现对数据库的安全审核管理的功能。

【实践环境】

Windows 10 系统。

SQL Server 2019。

【实践步骤】

打开 Windows 实验台,运行 Windows 10 系统;运行 SQL Server 2019 的 SQL Server Management Studio,使用系统账号连接数据库。

一、在"事件查看器"中查看服务器的运行情况

SQL Server 2019 服务器的启动、关闭和暂停动作,都会产生一个事件记录,这个记录将会保存在 Windows 的"事件查看器"中。

(1)选择"开始"→"设置"→"控制面板"→"管理工具"→"事件查看器"→"Windows 日志"→"应用程序",如图 8-29 所示。

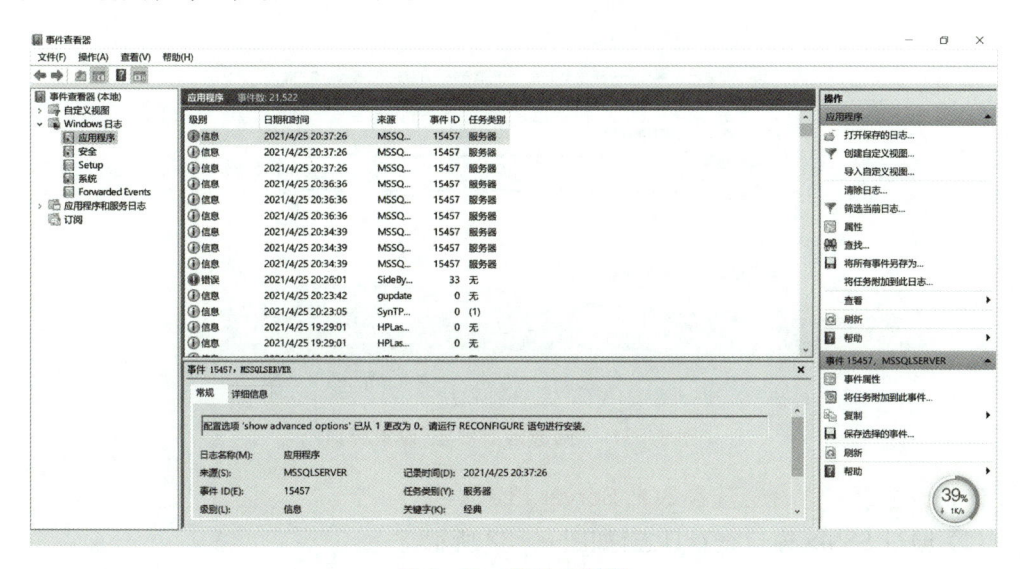

图 8-29 事件查看器

(2)双击其中一个事件,将弹出如图 8-30 所示的"事件属性"窗口,这里可以看到事件的详细内容。

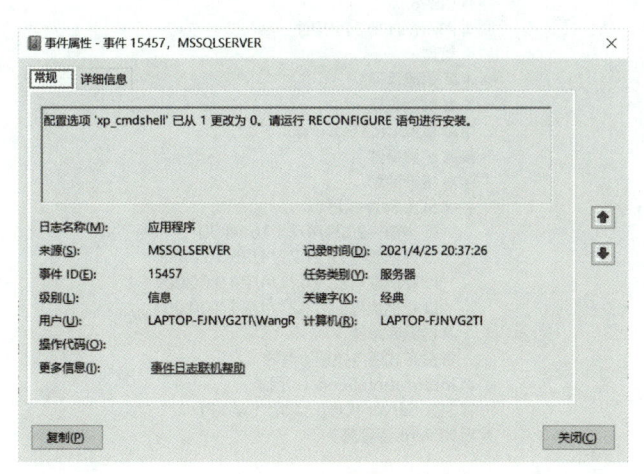

图 8-30 "事件属性"窗口

（3）在"事件查看器"里有可能记录了各种不同应用程序的事件记录，如果只想查看和 SQL Server 有关的事件记录的话，可以右键单击"应用程序"，在弹出的快捷菜单里选择"筛选当前日志"，打开如图 8-31 所示的"筛选当前日志"设置窗口。在这里可以筛选事件来源、任务类别、关键字等。

图 8-31 "筛选当前日志"设置窗口

二、通过日志查看器查看 SQL Server 日志

（1）通过 SSMS 窗口查看日志，如图 8-32 所示。

图 8-32 查看日志

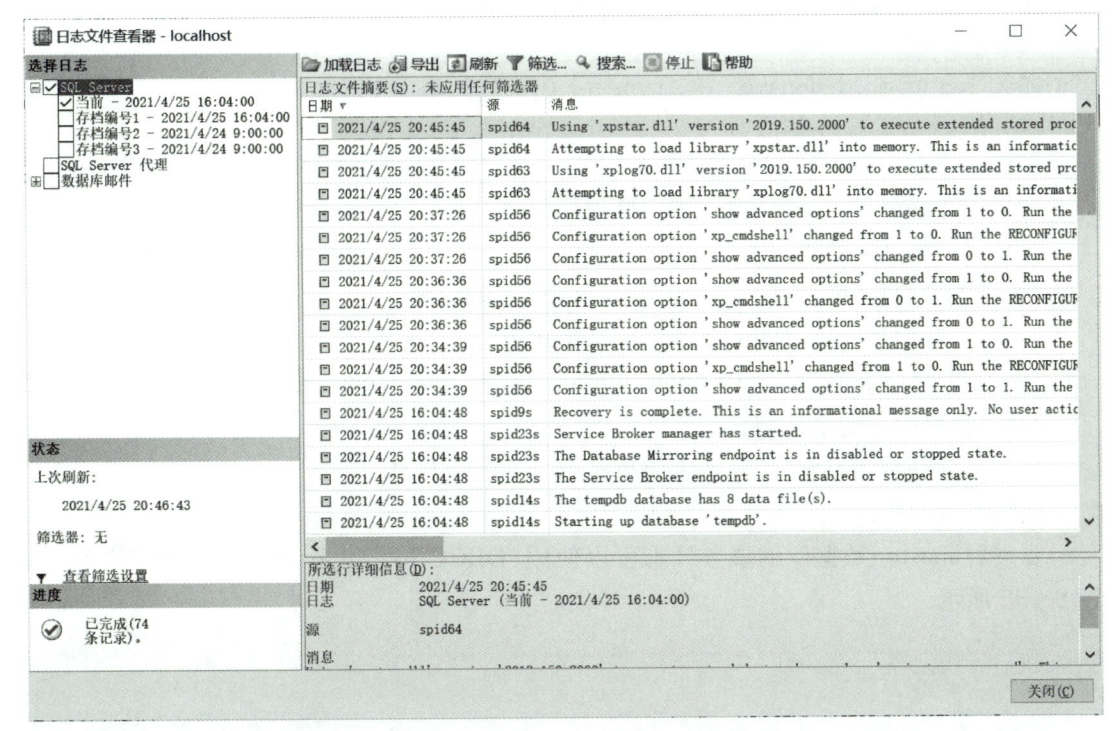

双击某一个日志存档,可以查看日志的具体内容,如图 8‐33 所示。

图 8‐33　查看日志具体内容

(2) 在 LOG 文件夹中查看 SQL Server 错误日志。

SQL Server 还会将错误日志存放在"…\Program Files\Microsoft SQL Server\MSSQL\LOG"目录中,文件名为"ERRORLOG"和"ERRORLOG.X",其中"X"是数字。用记事本可以打开查看该文件。

三、查看 SQL Server 的事务日志

(1) 通过"dbcc sqlperf(logspace)"命令,在查询分析器中,可以查看每个数据库日志文件的大小及使用情况,如图 8‐34 所示。

图 8‐34　查看日志文件的大小及使用情况

(2) 查看具体数据库的事务日志。

在 SQL Server 中,可以用下面的命令查看日志:

```
DBCC log ({ dbid|dbname}, [, type = { 0|1|2|3|4} ])
```

参数:

dbid|dbname——任一数据库的 ID 或名字。

type——输出结果的类型:

0——最少信息(operation, context, transaction id)。

1——更多信息(plus flags, tags, row length)。

2——非常详细的信息(plus object name, index name,page id, slot id)。

3——每种操作的全部信息。

4——每种操作的全部信息加上该事务的十六进制信息。

默认 type = 0。

要查看 master 数据库的事务日志可以使用“DBCC log (master,type = 4)”命令,如图 8-35 所示。

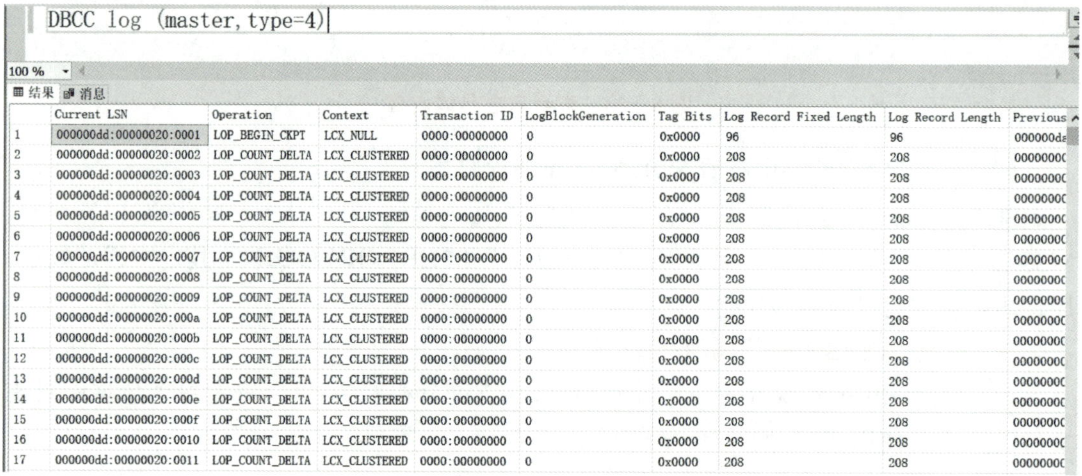
DBCC log (master,type=4)

100 %

结果 消息

	Current LSN	Operation	Context	Transaction ID	LogBlockGeneration	Tag Bits	Log Record Fixed Length	Log Record Length	Previous
1	000000dd:00000020:0001	LOP_BEGIN_CKPT	LCX_NULL	0000:00000000	0	0x0000	96	96	000000d
2	000000dd:00000020:0002	LOP_COUNT_DELTA	LCX_CLUSTERED	0000:00000000	0	0x0000	208	208	0000000
3	000000dd:00000020:0003	LOP_COUNT_DELTA	LCX_CLUSTERED	0000:00000000	0	0x0000	208	208	0000000
4	000000dd:00000020:0004	LOP_COUNT_DELTA	LCX_CLUSTERED	0000:00000000	0	0x0000	208	208	0000000
5	000000dd:00000020:0005	LOP_COUNT_DELTA	LCX_CLUSTERED	0000:00000000	0	0x0000	208	208	0000000
6	000000dd:00000020:0006	LOP_COUNT_DELTA	LCX_CLUSTERED	0000:00000000	0	0x0000	208	208	0000000
7	000000dd:00000020:0007	LOP_COUNT_DELTA	LCX_CLUSTERED	0000:00000000	0	0x0000	208	208	0000000
8	000000dd:00000020:0008	LOP_COUNT_DELTA	LCX_CLUSTERED	0000:00000000	0	0x0000	208	208	0000000
9	000000dd:00000020:0009	LOP_COUNT_DELTA	LCX_CLUSTERED	0000:00000000	0	0x0000	208	208	0000000
10	000000dd:00000020:000a	LOP_COUNT_DELTA	LCX_CLUSTERED	0000:00000000	0	0x0000	208	208	0000000
11	000000dd:00000020:000b	LOP_COUNT_DELTA	LCX_CLUSTERED	0000:00000000	0	0x0000	208	208	0000000
12	000000dd:00000020:000c	LOP_COUNT_DELTA	LCX_CLUSTERED	0000:00000000	0	0x0000	208	208	0000000
13	000000dd:00000020:000d	LOP_COUNT_DELTA	LCX_CLUSTERED	0000:00000000	0	0x0000	208	208	0000000
14	000000dd:00000020:000e	LOP_COUNT_DELTA	LCX_CLUSTERED	0000:00000000	0	0x0000	208	208	0000000
15	000000dd:00000020:000f	LOP_COUNT_DELTA	LCX_CLUSTERED	0000:00000000	0	0x0000	208	208	0000000
16	000000dd:00000020:0010	LOP_COUNT_DELTA	LCX_CLUSTERED	0000:00000000	0	0x0000	208	208	0000000
17	000000dd:00000020:0011	LOP_COUNT_DELTA	LCX_CLUSTERED	0000:00000000	0	0x0000	208	208	0000000

图 8-35 查看 master 数据库事务日志

四、SQL Server 压缩日志及数据库文件大小

(1) 清空日志:

```
dump transaction 数据库名 with no_log
```

(2) 截断事务日志:

```
backup log 数据库名 with no_log
```

(3) 收缩数据库文件(如果不收缩,数据库的文件不会减小)。

进入 SSMS,右键单击要收缩的库,选择"任务"→"收缩",如图 8-36 所示。

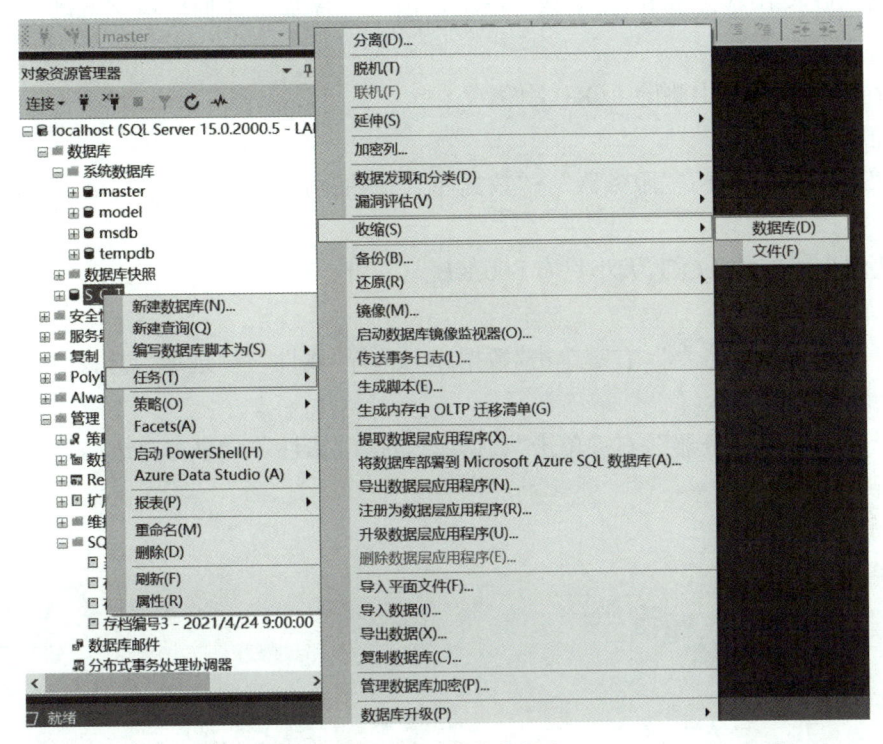

图 8-36 收缩数据库

选中"收缩操作"选项下的复选框,这里会给出一个允许收缩到的百分数,可以设置收缩后文件中的最大可用空间,如图 8-37 所示。

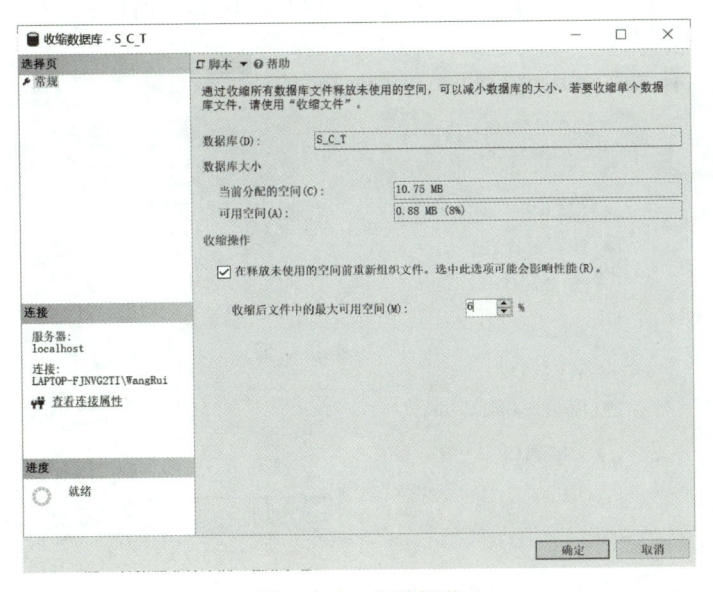

图 8-37 收缩操作

(4) 最大化地缩小日志文件(如果是 SQL 7.0,这步只能在查询分析器中进行)。

分离数据库：

① 在 SSMS 中依次展开"服务器"→"数据库",选择某个数据库单击右键,选择"分离数据库"。

② 在"我的电脑"中删除 LOG 文件。

附加数据库：

在 SSMS 中依次展开"服务器"→"数据库",在数据库节点上单击右键,选择"附加数据库"。

此法将生成新的 LOG,大小只有 500 KB。

(5) 自动收缩。

选择 SSMS→"服务器",右键单击"数据库",选择"属性"→"选项",选择"自动收缩"。

(6) 设置日志大小。

选择 SSMS→"服务器",右键单击"数据库",选择"属性"→"事务日志",可以看到该数据库的所有文件：

图 8-38 数据库文件查看

点击日志文件中自动增长/最大大小中的按钮,出现如下窗口：

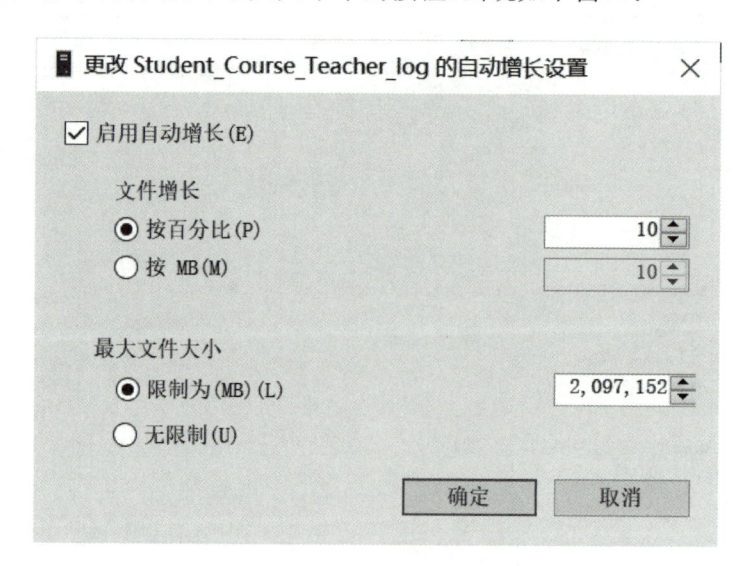

图 8-39 日志文件设置

将文件增长限制为 xM(x 是你允许的最大数据文件大小)。

五、SQL Server 的 C2 审核功能的命令

命令如下:

```
sp_configure'show advanced options', 1;
GO
RECONFIGURE;
GO
sp_configure'c2 audit mode', 1;
GO
RECONFIGURE ;
GO
```

启用 C2 审核模式并重新启动之后,SQL Server 自动在"\MS SQL\Data"目录下创建跟踪文件,可以使用 SQL Server Profiler 查看这些监视服务器活动的跟踪文件。

SQL Server 以 128 KB 大小的块为单位把数据写入跟踪文件。因此,当 SQL Server 非正常停止时,最多可能丢失 128 KB 的日志数据。可以想象,包含审核信息的日志文件将以很快的速度增大。例如,某次实验只访问了三个表,跟踪文件已经超过了 1 MB。当跟踪文件超过 200 MB 时,C2 审核将关闭旧文件并创建新文件。每次 SQL Server 启动时,它会创建一个新的跟踪文件,如果磁盘空间不足,SQL Server 将停止运行,直至为审核日志释放出足够的磁盘空间并重新启动 SQL Server。在 SQL Server 启动时,可以使用"-f"参数禁用审核。

【实践思考】

1. 思考数据库日志管理的重要性。
2. 思考数据库日志安全审核管理的方式等。

第 9 章

信息系统安全测评与信息安全风险评估

热点关注

关于信息安全的提示

▶▶ **学习目标**

1. 了解信息系统安全测评。
2. 了解信息安全风险评估。
3. 知道信息系统安全测评与信息安全风险评估之间的关系。
4. 了解信息系统安全测评与信息安全风险评估的方法。

拓展阅读

等保2.0的意义

引 例

互联网的迅速发展促进了科技创新、信息产业的发展和知识经济的勃兴;信息网络已逐渐成为经济繁荣、社会稳定和国家发展的基础;信息化深刻影响着全球经济的整合、国家战略的调整和安全观念的转变;全球化和信息化的潮流,给我国带来了难得的发展机遇,同时也在国家安全方面提出了严峻的挑战。信息安全问题已从单纯的技术性问题变成事关国家安全的全球性问题。2008年10月中国信息安全测评中心挂牌;2014年2月中央网络安全和信息化领导小组宣告成立;2015年6月为实施国家安全战略,加快网络空间安全高层次人才培养,国务院学位委员会决定在"工学"门类下增设"网络空间安全"一级学科;2019年5月网络安全等级保护制度 2.0 标准(GB/T 22239—2019、GB/T 28448—2019、GB/T 25070—2019)正式发布。这些都标志着信息安全战略已经上升到国家层面,我国将全面提升网络安全防护能力。

9.1 信息系统安全测评

我国的信息系统安全测评是依据《信息安全技术 网络安全等级保护基本要求》《信息安全技术 网络安全等级保护测评要求》《信息安全技术 网络安全等级保护安全设计技术要求》等国家标准,对信息系统所采取的安全措施是否满足相应的等级要求进行符合性测试,对信息系统的安全现状进行评价。测评者应对相应的国家标准非常熟悉,包括《信息安全技术　网络安全等级保护定级指南》(GB/T 22240—2020),还应具备相应测评方法和技能。通过信息系统安全测评,有效指导网络运营者、网络安全企业、网络安全服务机构开展网络安全等级保护安全技术方案的设计和实施,指导测评机构更加规范化和标准化地开展等级测评工作,进而全面提升网络运营者的网络安全防护能力。

9.1.1 《信息安全技术　网络安全等级保护定级指南》(GB/T 22240—2020)

一、信息系统安全保护等级

网络安全定级对象主要包括信息系统(办公自动化系统、云计算平台/系统、物联网、工业控制系统、采用移动互联技术的系统等)、通信网络设施(主要包括电信网、广播电视传输网和行业或单位的专用通信网等)和数据资源等。信息系统的安全保护等级分为以下五级:

第一级:信息系统受到破坏后,会对公民、法人和其他组织的合法权益造成损害,但不损害国家安全、社会秩序和公共利益。

第二级:信息系统受到破坏后,会对公民、法人和其他组织的合法权益产生严重损害,或者对社会秩序和公共利益造成损害,但不损害国家安全。

第三级:信息系统受到破坏后,会对社会秩序和公共利益造成严重损害,或者对国家安全造成损害。

第四级:信息系统受到破坏后,会对社会秩序和公共利益造成特别严重损害,或者对国家安全造成严重损害。

第五级:信息系统受到损坏后,会对国家安全造成特别严重损害。

二、信息系统安全保护等级的定级要素

信息系统的安全保护等级由两个定级要素决定:等级保护对象受到破坏时所侵害的客体和对客体造成侵害的程度。

1. 受侵害的客体

等级保护对象受到破坏时所侵害的客体包括以下三个方面:

(1) 公民、法人和其他组织的合法权益

(2) 社会秩序、公共利益

(3) 国家安全

2. 对客体的侵害程度

对客体的侵害程度由客观方面的不同外在表现综合决定。由于对客体的侵害是通过对等级保护对象的破坏实现的,因此,对客体的侵害外在表现为对等级保护对象的破坏,通过危害方式、危害后果和危害程度加以描述。

等级保护对象受到破坏后对客体造成侵害的程度归结为以下三种:

(1) 造成一般损害。

(2) 造成严重损害。

(3) 造成特别严重损害。

三、定级要素与等级的关系

定级要素与信息系统安全保护等级的关系如表 9-1 所示。

表 9-1 定级要素与信息系统安全保护等级的关系

受侵害的客体	对客体的侵害程度		
	一般损害	严重损害	特别严重损害
公民、法人和其他组织的合法权益	第一级	第二级	第三级
社会秩序、公共利益	第二级	第三级	第四级
国家安全	第三级	第四级	第五级

9.1.2 《信息安全技术 网络安全等级保护基本要求》(GB/T 22239—2019)

随着信息技术的发展，已有 10 多年历史的 GB/T 22239—2008 在时效性、易用性、可操作性上需要进一步完善。2017 年《中华人民共和国网络安全法》颁布实施，为了配合国家落实网络安全等级保护制度，2019 年《信息安全技术 网络安全等级保护基本要求》(GB/T 22239—2019)正式实施，信息系统等级保护迎来 2.0 时代。GB/T 22239—2019 带来以下主要变化：

一、主要变化内容

GB/T 22239—2019 相较于 GB/T 22239—2008，无论是在总体结构方面还是在细节内容方面均发生了变化。在总体结构方面的主要变化为：

(1) 为适应网络安全法，配合落实网络安全等级保护制度，标准的名称由原来的《信息系统安全等级保护基本要求》改为《网络安全等级保护基本要求》。

(2) 等级保护对象由原来的信息系统调整为基础信息网络、信息系统(含采用移动互联技术的系统)、云计算平台/系统、大数据应用/平台/资源、物联网和工业控制系统等。

(3) 将原来各个级别的安全要求分为安全通用要求和安全扩展要求，安全扩展要求包括云计算安全扩展要求、移动互联安全扩展要求、物联网安全扩展要求以及工业控制系统安全扩展要求。安全通用要求是不管等级保护对象形态如何必须满足的要求；针对云计算、移动互联、物联网和工业控制系统提出的特殊要求称为安全扩展要求。

(4) 原来基本要求中各级技术要求的"物理安全""网络安全""主机安全""应用安全"和"数据安全和备份与恢复"修订为"安全物理环境""安全通信网络""安全区域边界""安全计算环境"和"安全管理中心"；原各级管理要求的"安全管理制度""安全管理机构""人员安全管理""系统建设管理"和"系统运维管理"修订为"安全管理制度""安全管理机构""安全管理人员""安全建设管理"和"安全运维管理"。

(5) 云计算安全扩展要求针对云计算环境的特点提出。主要内容包括"基础设施的位置""虚拟化安全保护""镜像和快照保护""云计算环境管理"和"云服务商选择"等。

(6) 移动互联安全扩展要求针对移动互联的特点提出。主要内容包括"无线接入点的物理位置""移动终端管控""移动应用管控""移动应用软件采购"和"移动应用软件开发"等。

(7) 物联网安全扩展要求针对物联网的特点提出。主要内容包括"感知节点的物理防护""感知节点设备安全""网关节点设备安全""感知节点的管理"和"数据融合处理"等。

(8) 工业控制系统安全扩展要求针对工业控制系统的特点提出。主要内容包括"室外控制设备防护""工业控制系统网络架构安全""拨号使用控制""无线使用控制"和"控制设备安全"等。

(9) 取消了原来安全控制点的 S、A、G 标注，增加附录 A"关于安全通用要求和安全扩展要求的选择和使用"，描述等级保护对象的定级结果和安全要求之间的关系，说明如何根据定级的 S、A 结果选择安全要求的相关条款，简化了标准正文部分的内容。

(10) 增加附录 C 描述等级保护安全框架和关键技术、附录 D 描述云计算应用场景、附录 E 描述移动互联应用场景、附录 F 描述物联网应用场景、附录 G 描述工业控制系统应用场景、附录 H 描述大数据应用场景。

二、变化的意义和作用

GB/T 22239—2019 采用安全通用要求和安全扩展要求的划分使得标准的使用更加具有灵活性和针对性，体现了不同对象的保护差异。

不同等级保护对象由于采用的信息技术不同，所采用的保护措施也会不同。例如，传统的信息系统和云计算平台的保护措施有差异，云计算平台和工业控制系统的保护措施也有差异。

9.2 信息安全风险评估

9.2.1 信息安全风险评估的目的和意义

信息安全风险评估有助于认清信息安全环境和信息安全状况，提高信息安全保障能力，其目的和意义体现在以下几个方面。

1. 信息安全风险评估是科学分析并确定风险的过程

任何系统的安全性都可以通过风险的大小来衡量，科学地分析系统的安全风险，综合平衡风险和代价构成风险评估的基本过程。

2. 信息安全风险评估是信息安全建设的起点和基础

所有信息安全建设应该基于信息安全风险评估，只有正确地、全面地识别风险、分析风险，才能在预防风险、控制风险、减少风险、转移风险之间作出正确的决策，决定调动多少资源、以什么样的代价、采取什么样的应对措施化解风险、控制风险。

3. 信息安全风险评估是需求主导和突出重点原则的具体体现

风险是客观存在的，试图完全消灭风险或完全避免风险是不现实的，要根据信息及信息系统的价值、威胁的大小和可能出现的问题的严重程度，以及在信息化建设不同阶段的信息安全要求，坚持从实际出发、需求主导、突出重点、分级防护，科学评估风险并有效地控制风险。

4. 信息安全风险评估是组织机构实现信息系统安全的重要步骤

通过信息安全风险评估，可全面、准确地了解组织机构的安全现状，发现系统的安全问题及其可能的危害，分析信息系统的安全需求，找出目前的安全策略和实际需求的差距，为决策者制定安全策略，构架安全体系以及确定有效的安全措施，选择可靠的安全产品，设计积极防御的技术体系，建立全面的安全防护层次，提供严谨的安全理论依据和完整、规范的指导模型。

9.2.2 信息安全风险评估的原则

信息安全风险评估的原则包括以下几项。

一、可控性原则

1. 人员可控性

所有参与信息安全风险评估的人员均应进行严格的资格审查和备案，明确其职责分工，并对人员岗位的变更执行严格的审批手续，确保人员可控。评估人员的安排需在评估工作说明中明确定义，并要得到双方的同意、确认。如果根据项目的具体情况，需要进行人员调整时，必须经过正规的项目变更程序，得到双方的正式认可和签署。

2. 工具可控性

所使用的风险评估工具均应通过多方综合性能对比、精心挑选，并取得有关专家论证和相关部门的认证。评估工作中所使用的技术工具均事先通知评估对象，向评估对象介绍主要工具的使用方法并进行实验后方可使用。

3. 项目过程可控性

评估项目管理将依据项目管理方法学，重视项目管理的沟通管理，达到项目过程的可控性。

二、完整性原则

严格按照委托单位的评估要求和指定的范围进行全面的评估服务。

三、最小影响原则

从项目管理层面和工作技术层面，力求将风险评估对信息系统的正常运行的可能影响降到最低限度。

四、保密原则

与评估对象签署保密协议和非侵害性协议，要求参与的单位或个人对评估过程和结果数据严格保密，未经授权不得泄露给任何企业或个人。

9.2.3 信息安全风险评估的相关概念

一、信息安全风险评估的概念

信息安全风险评估是依据有关信息安全技术与管理标准，对信息系统及由其处理、传输和存储的信息的保密性、完整性和可用性等安全属性进行评价的过程,它要评估资产面临的威胁以及威胁利用脆弱性导致安全事件的可能性,并结合安全事件所设计的资产价值来判断安全事件一旦发生对组织造成的影响。

信息安全领域的风险评估是传统风险理论和方法在信息系统中的运用,是科学分析和理解信息与信息系统在保密性、完整性、可用性等方面所面临的风险,并在风险减小、风险转移、风险规避等风险控制方法之间作出决策的过程。

二、信息安全风险评估和信息风险管理的关系

信息安全风险评估是信息风险管理的一个阶段,只是在更大的信息风险管理流程中评估风险的一个阶段。

信息安全风险管理要依靠风险评估的结果来确定随后的风险控制和审核批准活动,风险评估使得机构能够准确"定位"风险管理的策略、实践和工具,能够将安全活动的重点放在重要的问题上,能够选择成本效益合理的和适用的安全对策。基于风险评估的风险管理方法被实践证明是有效的和实用的,是对现有网络的安全性进行分析的第一手资料,也是网络安全领域内最重要的内容之一,它为实施风险管理和风险控制提供了直接的依据。

三、信息安全风险评估的两种方式

根据风险评估发起者的不同,信息安全风险评估分为自评估和检查评估两种方式。自评估和检查评估可以依靠自身技术力量进行,也可以委托第三方专业机构进行。

1. 自评估

自评估是指信息系统拥有、运营或使用单位发起的对本单位信息系统进行的风险评估,以发现信息系统现有弱点、实施安全管理为目的,是信息安全风险评估的主要形式。

2. 检查评估

检查评估是指信息系统上级管理部门或信息安全职能部门的信息安全风险评估,是通过行政手段加强信息安全的重要措施。

四、信息安全风险评估的分类

在进行风险评估时,应当针对不同的环境和安全要求选择恰当的风险评估种类,目前,实际操作中经常使用的风险评估包括基线风险评估、详细风险评估、联合风险评估。

1. 基线风险评估

基线风险评估又称基本风险评估,是组织根据自己的实际情况(所在行业、业务环境与性质),对信息系统进行安全基线检查(将现有的安全措施与安全基线规定的措施相比较,找出其中的差距),得出基本的安全需求,通过选择并实施标准的安全措施来削减和控制风险。所谓的安全基线是在诸多标准规范中规定的一组安全措施或者惯例,这些措施或惯例适用于特定环境下的所有系统,可以满足基本的安全需求,能使系统达到一定的安全防护水平。

基线评估的优点是需要的资源少、周期短、操作简单等。缺点是安全基线水平的高低难以设定、管理与安全相关的变更可能有困难等。

2. 详细风险评估

详细风险评估就是对资产、威胁及脆弱性进行详细的识别和评估，根据风险评估结果来识别和选择安全措施。这种评估途径集中体现了风险管理的思想，即通过识别资产的风险并将风险降到可接受的水平，以此证明管理者所采取的安全控制是适当的。

详细风险评估的优点是对信息的安全风险有一个精确的认识，从而可以更为精确地识别出组织目前的安全水平和安全需求；可以从详细的风险评估中获得额外的信息，使与组织变革相关的安全管理受益。详细风险评估的缺点是非常消耗资源（包括时间、精力和技术）。

3. 联合风险评估

鉴于基线风险评估和详细风险评估的特点，在实践中，多采用二者结合的风险评估方式——联合风险评估。

联合风险评估首先使用基线风险评估，识别信息安全管理体系范围内具有潜在高风险或对业务运作来说极为关键的资产，然后根据基线风险评估结果，将信息安全管理体系范围内的资产分为两类：一类需要应用详细风险评估以达到适当保护，另一类通过基线评估选择安全控制措施就可以满足组织要求。

联合风险评估将基线风险评估和详细风险评估的优势结合起来，既节省了评估所耗费的资源，又能确保获得一个全面系统的风险评估结果。但如果最初对信息系统的高风险识别不够准确，某些本来需要详细评估的系统也许会被忽略，最终导致结果失准。

9.3 信息安全风险评估与等级保护的关系

1. 风险评估是等级保护制度建设的基础

信息安全等级保护是国家信息安全基本制度，信息安全风险评估是科学的方法和手段。制度的建设需要科学方法的支持，方法的实现与运用要体现制度的思想。因此，在等级保护制度建设过程中，风险评估作为一项科学的手段和方法对等级的确定、建设和维护进行技术支持；同时，在风险评估中，对资产、威胁、脆弱性以及风险等各要素识别及赋值时，进行了五级划分以体现等级的思想。两者是密不可分的。

2. 等级保护和风险评估的宏观联系

等级保护工作的核心是对信息安全分等级，按标准进行建设、管理和监督。风险评估是基于传统的风险管理经验通过对信息系统的资产、威胁、弱点和风险等要素进行评估分析的过程。信息系统的用户常常借助风险评估方法来分析自己的安全现状，评估自身安全需求和安全现状的差距，从而进行安全整改。

等级保护制度从一定程度上讲是信息安全保障工作中国家意志的体现，体现了国家对相应系统建设和使用单位在信息安全建设方面的基本要求。风险评估作为信息安全工作的一种重要技术手段，在实施信息安全等级保护周期和层次中发挥着重要作用。

3. 风险评估是信息安全等级保护的技术支撑

信息安全等级保护是建立在风险评估的基础之上的。风险评估是信息安全等级保护的基础。从风险评估的思想出发，对深刻地理解等级保护原理与实质是非常有意义的。

4. 风险评估在等级保护周期中的作用

等级保护的三个阶段是系统定级、安全实施和安全运维，风险评估作为用户自主的一种技术手段可以运用到等级保护周期的三个阶段中。等级保护的三个阶段和风险评估的关系如图 9-1 所示。在等级保护的三个环节中，风险评估的作用分别为：在系统定级阶段用于参考帮助确定系统的安全等级；在安全实施阶段可以作为评估系统是否达到必需的安全等级的重要依据；在安全运维阶段开展定期和不定期风险评估以便帮助确认它保持的安全等级是否发生变化。

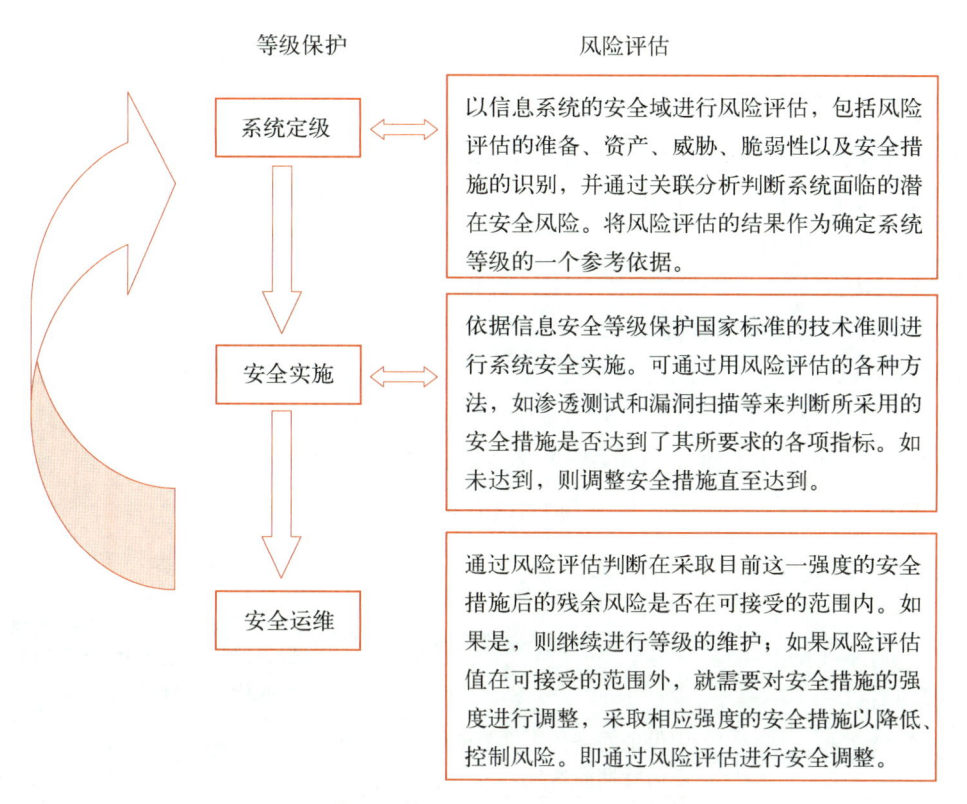

等级保护	风险评估
系统定级	以信息系统的安全域进行风险评估，包括风险评估的准备、资产、威胁、脆弱性以及安全措施的识别，并通过关联分析判断系统面临的潜在安全风险。将风险评估的结果作为确定系统等级的一个参考依据。
安全实施	依据信息安全等级保护国家标准的技术准则进行系统安全实施。可通过用风险评估的各种方法，如渗透测试和漏洞扫描等来判断所采用的安全措施是否达到了其所要求的各项指标。如未达到，则调整安全措施直至达到。
安全运维	通过风险评估判断在采取目前这一强度的安全措施后的残余风险是否在可接受的范围内。如果是，则继续进行等级的维护；如果风险评估值在可接受的范围外，就需要对安全措施的强度进行调整，采取相应强度的安全措施以降低、控制风险。即通过风险评估进行安全调整。

图 9-1 等级保护的三个阶段和风险评估的关系

5. 风险评估在等级保护层次中的应用

风险评估不但在等级保护周期的各阶段发挥着重要的作用，在等级保护的各层次中也不可或缺。下面仅就风险评估的技术手段（如漏洞扫描、系统审核和渗透测试等）在等级保护的各层次中发挥的作用进行说明。

漏洞扫描可以大致分为如下四类：主机漏洞扫描、网络漏洞扫描、数据库漏洞扫描、应用漏洞扫描。它们分别可以应用在主机安全、网络安全、数据库安全、应用安全的技术要求部分。

系统审核可以应用在等级保护中的网络安全审核、主机安全审核、数据库安全审核、应用安全审核的技术要求部分。

渗透测试可以应用在等级保护中的安全方案实施和系统运维两个阶段,并在网络安全、主机安全、应用安全、数据安全等技术要求部分起着辅助作用。

9.4 项目实践

9.4.1 网络信息系统风险测评实践

【实践名称】

安全通信网络测评。

【实践内容及原理】

在等级保护2.0标准中"安全通信网络"安全测评通用标准主要包括"网络架构""通信传输"和"可信验证"三个控制点。根据事先的评定等级,测评的网络信息系统安全等级是3级,共计8个测评单元。

【实践环境】

根据具体的测评项目而定。

【实践步骤】

一、网络架构

网络架构,包含5个测评单元,测评内容如表9-2所示。

表9-2 网络架构控制点测评内容

控制点	测评单元	测评指标	测评对象
网络架构	L3-CNS1-01	应保证网络设备的业务处理能力满足业务高峰期需要	路由器、交换机、无线接入设备和防火墙等提供网络通信功能的设备或相关组件
	L3-CNS1-02	应保证网络各个部分的带宽满足业务高峰期需要	综合网管系统等
	L3-CNS1-03	应划分不同的网络区域,并按照方便管理和控制的原则为各网络区域分配地址	路由器、交换机、无线接入设备和防火墙等提供网络通信功能的设备或相关组件
	L3-CNS1-04	应避免将重要网络区域部署在边界处,重要网络区域与其他网络区域之间应采取可靠的技术隔离手段	网络拓扑
	L3-CNS1-05	应提供通信线路、关键网络设备和关键计算设备的硬件冗余,保证系统的可用性	网络管理员和网络拓扑

1. L3-CNS1-01 测评实施

（1）应核查业务高峰时期一段时间内主要网络设备的 CPU 使用率和内存使用率是否满足需要；

（2）应核查网络设备是否从未出现过因设备性能问题导致的宕机情况；

（3）应测试验证设备是否满足业务高峰期需求。

2. L3-CNS1-02 测评实施

（1）应核查综合网管系统各通信链路带宽是否满足高峰时段的业务流量；

（2）应测试验证网络带宽是否满足业务高峰期需求。

3. L3-CNS1-03 测评实施

（1）应核查是否依据重要性、部门等因素划分不同的网络区域；

（2）应核查相关网络设备配置信息，验证划分的网络区域是否与划分原则一致。

4. L3-CNS1-04 测评实施

（1）应核查网络拓扑图是否与实际网络运行环境一致；

（2）应核查重要网络区域是否未部署在网络边界处；

（3）应核查重要网络区域与其他网络区域之间是否采取可靠的技术隔离手段，如网闸、防火墙和设备访问控制列表（ACL）等。

5. L3-CNS1-05 测评实施

应核查系统是否有关键网络设备、安全设备和关键计算设备的硬件冗余（主备或双活等）和通信线路冗余。

二、通信传输

通信传输，包含 2 个测评单元，测评内容如表 9-3 所示。

表 9-3 通信传输控制点测评内容

控制点	测评单元	测评指标	测评对象
通信传输	L3-CNS1-06	应采用校验技术或密码技术保证通信过程中数据的完整性	提供校验技术或密码技术功能的设备或组件
	L3-CNS1-07	应采用密码技术保证通信过程中数据的保密性	提供密码技术功能的设备或组件

1. L3-CNS1-06 测评实施

（1）应核查是否在数据传输过程中使用校验码技术或密码技术来保证其完整性；

（2）应测试验证密码技术设备或组件能否保证通信过程中数据的完整性。

2. L3-CNS1-07 测评实施

（1）应核查是否在通信过程中采取保密措施，具体采用哪些技术措施；

（2）应测试验证在通信过程中是否对数据进行加密。

三、可信验证

可信验证，包含 1 个测评单元，测评内容如表 9-4 所示。

表 9-4 可信验证控制点测评内容

控制点	测评单元	测评指标	测评对象
可信验证	L3-CNS1-08	可基于可信根对通信设备的系统引导程序、系统程序、重要配置参数和通信应用程序等进行可信验证,并在应用程序的关键执行环节进行动态可信验证,在检测到其可信性受到破坏后进行报警,并将验证结果形成审计记录送至安全管理中心	提供可信验证的设备或组件、提供集中审计功能的系统

1. L3-CNS1-08 测评实施

(1) 应核查是否基于可信根对通信设备的系统引导程序、系统程序、重要配置参数和通信应用程序等进行可信验证;

(2) 应核查是否在应用程序的关键执行环节进行动态可信验证;

(3) 应测试验证当检测到通信设备的可信性受到破坏后是否进行报警;

(4) 应测试验证结果是否以审计记录的形式送至安全管理中心。

9.4.2 网络信息系统评估实践

【实践名称】

网络信息系统威胁识别。

【实践内容及原理】

风险评估实施流程:准备阶段、风险要素(资产,威胁,脆弱性,安全措施)识别阶段、分析阶段、控制及规划阶段、总结汇报阶段、验收阶段。

现在以威胁识别为例说明风险要素的识别。

威胁识别要对需要保护的每项关键资产进行威胁识别,一项资产可能面临着多个威胁,同样一个威胁可能对不同的资产造成影响。识别出威胁源以及威胁影响的资产是什么,即确认威胁的主体和客体。

威胁识别的方法:问卷法、问询、IDS 取样、日志分析(操作系统、网络设备和防火墙的日志)等。

威胁识别的信息来源:信息安全管理的有关人员、相关商业过程中获得,如内部的职员、设备策划和 IT 专家,也包括组织内部负责安全的人员。

参加人员:此项工作应由系统的网络管理员、系统管理员、数据库管理员、安全管理员、用户等相关运行维护人员,以及实施方相应小组成员参加。

【实践环境】

××银行国际业务系统。(读者可以根据各自的条件选择某信息系统进行实践)

【实践步骤】

下面以××银行国际业务系统面临的威胁为例,来识别信息安全威胁。

根据威胁出现频率的不同,将它分为 5 个不同的等级。以此属性来衡量威胁,具体的判断准则如表 9-5 所示。

表 9-5 威胁出现频率判断准则

等级	出现频率	描述
5	很高	出现的频率很高(或≥1次/周);或在大多数情况下几乎不可避免;或可以证实经常发生过
4	高	出现的频率较高(或≥1次/月);或在大多数情况下很有可能会发生;或可以证实多次发生过
3	中	出现的频率中等(或>1次/半年);或在某种情况下可能会发生;或被证实曾经发生过
2	低	出现的频率较小;或一般不太可能发生;或没有被证实发生过
1	很低	威胁几乎不可能发生,仅可能在非常罕见和例外的情况下发生

对系统的威胁分析时,首先对重要资产进行威胁识别,分析其威胁来源和种类。在本次评估中,主要采用了问卷法和技术检测来获得威胁的信息。通过问卷调查法进行威胁识别,如 9-6 所示的调查表。

表 9-6 威胁识别调查表

单位名称:	
单位地址:	省/市/区　　　　　地市/州区
联系人	联系电话
电子邮箱:	
是否发生过网络安全事件	□没有　□1次/年　□2次/年　□3次以上/年　□不清楚 安全事件说明:
发生的网络安全事件类型(多选)	□感染病毒/蠕虫/特洛伊木马程序 □拒绝服务攻击　　□端口扫描攻击 □垃圾邮件　　　　□内部人员有意破坏 □内部人员滥用网络端口、系统资源 □被利用发送和传播有害信息 □网络诈骗和盗窃　□其他 其他说明:
……	……

国际业务系统潜在的安全威胁和安全威胁种类如表 9-7 所示。

表 9-7 系统潜在的安全威胁和安全威胁种类

威胁来源	威胁来源描述
恶意内部人员	不满的或有预谋的××银行业务系统内部人员对信息系统进行恶意破坏;采用自主的或内外勾结的方式盗窃机密信息或进行篡改,获取利益
无恶意内部人员	××银行国际业务系统内部人员由于缺乏责任心,或者由于不关心和不专注,或者没有遵循规章制度和操作流程导致故障或被攻击;内部人员由于缺乏培训,专业技能不足,不具备岗位技能要求而导致信息系统故障或被攻击

续 表

威胁来源	威胁来源描述
外部人员攻击	非××银行国际业务系统的外部人员利用信息系统的脆弱性,对网络和系统的保密性、完整性和可用性进行破坏,以获取利益或炫耀能力
第三方	主要指来自合作伙伴、服务提供商、外包服务提供商、渠道和其他与本组织的信息系统有联系的第三方的威胁
设备故障	意外事故或由于软件、硬件、数据、通信线路方面的故障
环境因素、意外事故	断电、静电、灰尘、潮湿、温度、鼠蚁虫害、电磁干扰、洪灾、火灾、地震等环境条件和自然灾害

国际业务系统面临的安全威胁种类如表9-8所示。

表9-8 国际业务系统面临的安全威胁种类

威胁编号	威胁类别	出现频率	威胁描述
THREAT-01	硬件故障	中	由于设备硬件故障、通讯链路中断导致对业务高效稳定运行的影响
THREAT-02	软件故障	中	系统本身或软件BUG导致对业务高校稳定运行的影响
THREAT-03	恶意代码和病毒	很高	具有自我复制、自我传播能力,对信息系统构成破坏的程序代码
THREAT-04	维护错误或操作失误	中	由于应该执行而没有执行相应的操作,或非故意地执行了错误的操作,对系统造成影响
THREAT-05	物理环境威胁	中	环境问题和自然灾害
THREAT-06	未授权访问	高	因系统或网络访问控制不当引起的非授权访问
THREAT-07	权限滥用	高	滥用自己的职权,做出泄露或破坏信息系统及数据的行为
THREAT-08	探测窃密	高	通过窃听、恶意攻击的手段获取系统秘密信息
THREAT-09	数据篡改	高	通过恶意攻击非授权修改信息,破坏信息的完整性
THREAT-10	控制和破坏	中	通过恶意攻击非授权控制系统并破坏整个系统或数据
THREAT-11	漏洞利用	很高	利用系统漏洞进行攻击
THREAT-12	电源中断	低	电源中断
THREAT-13	抵赖	低	不承认收到的信息和所做的操作

【实践思考】

1. 等级保护2.0相对比1.0,有哪些新的变化?
2. 信息安全风险评估的目的和意义是什么?

3. 信息安全风险评估的原则是什么？
4. 什么是信息安全风险评估？
5. 信息安全风险评估的两种方式是什么？
6. 信息系统安全测评与信息安全风险评估的关系是什么？

第 10 章

信息安全法律法规

关注热点

外国情报机构聘用的军事间谍活动

▶▶▶ **学习目标**

1. 了解我国信息安全相关法律法规概况。
2. 了解我国信息安全法律法规体系框架及其各个不同层面包括的基本内容。
3. 了解我国目前信息安全法律体系的主要特点。

引 例

随着互联网的普及，我国经济社会对互联网的依赖度也在不断提高，包括电信网、金融网、电子商务网、卫生网等在内的网络已经成为国家关键基础设施，其全局性和战略性地位日益突出。

我国 2014 年成立中央网络安全与信息化小组，并于 2018 年改为中国共产党中央网络安全和信息化委员会，将其摆在国家战略的高度，清晰地表明了对网络安全与信息化问题的高度重视。国家完善网络安全立法，在法治的轨道上统筹兼顾、整体推进网络安全与信息化战略，是当前和未来治国理政的重大任务。

10.1　信息安全法律法规概述

拓展阅读

我国信息安全加速立法的重要意义

10.1.1　构建信息安全法律法规的意义

构建信息安全法律法规的宗旨是通过规范信息资源主体的开发和利用活动，不断地协调和解决信息自由与安全、信息不足与过滥、信息公开与保密、信息共享与垄断之间的矛盾，以及个体营利性和社会公益性的矛盾，从而兼顾效率与公平，保障国家利益、社会公共利益和基本人权，通过制定和实施相关立法，鼓励企业、公众和其他组织开展公益性信息服务，鼓励社会力量投资设立公益性信息机构，鼓励著作权拥有人许可公益性信息机构无偿利用其相关信息资源开展公益性服务，就能够产生对国家利益、社会公共利益的积极保护作用，特别是对国家的信息安全，社会信息资源共享有积极的保护作用，它是充分保护信息权利的必然要求。

加强信息安全法律法规的建设,制定政府信息安全法律法规可以建立健全政府信息公开、交换、共享、保密制度;可以为公益性信息服务发展提供法治保障;可以保障企业建立并逐步完善各类信息系统,在生产、经营、管理等环节中深度开发并充分利用信息资源,提高竞争能力和经济效益;可以依法保护信息内容产品的知识产权,建立和完善信息内容市场监管体系;可以创建安全健康的信息和网络环境。

10.1.2　构建信息安全法律法规体系的任务

构建国家信息安全法规体系是指依据宪法,制定国家关于信息安全的基本法以及与之相配套、相协调、相统一,并且与现有法律法规相衔接的信息安全法律法规和部门规章,形成一套能够覆盖信息安全领域基本问题、主要内容的,系统、完整、有机的信息安全法律法规体系。建立健全信息安全法律法规体系的任务是:确立我国信息安全领域的基本法律原则、基本法律责任和基本法律制度,从不同层次妥善处理信息安全各方主体的权利义务关系,系统、全面地解决我国信息安全立法的基本问题,规范公民、法人和其他组织的信息安全行为,明确信息安全的执法主体,为信息安全各个职能部门提供执法依据。

在最新一次的中央网信办召开全国网络法治工作会议中要求,网络立法要提速增效,强化网络立法统筹协调,加快推进重点立法项目,健全网络法治研究与支撑;网络普法要入脑走心,构建网络普法工作大格局,积极开展以案释法工作,把青少年网络法治宣传教育作为重点,推动形成全网全社会尊法学法守法用法的良好氛围。

10.1.3　我国信息安全法律体系的发展过程

虽然早在1991年,劳动部就出台了《全国劳动管理信息计算机系统病毒防治规定》,但那时类似的信息安全法规和规定还是非常少的,这一局面到1994年2月18日有了根本转变,这一天国务院颁布了《中华人民共和国计算机信息系统安全保护条例》,该条例规定了计算机信息系统安全保护的主管机关、安全保护制度、安全监督等。从1994年以后,我国信息安全法律体系进入了初步建设的阶段,一大批相关法律法规先后出台,如《计算机信息网络国际联网安全保护管理办法》《计算机信息系统保密管理暂行规定》《商用密码管理条例》《金融机构计算机信息系统安全保护工作暂行规定》等。

而2000年12月28日《全国人民代表大会常务委员会关于维护互联网安全的决定》的出台又代表着我国信息安全法律体系建设进入了一个新的阶段。《全国人民代表大会常务委员会关于维护互联网安全的决定》规定了一系列禁止利用互联网从事的危害国家、单位和个人合法权益的活动。这个阶段的标志就是更加重视网络及互联网的安全,也更加重视信息内容的安全。这一阶段的法律法规有《互联网信息服务管理办法》《计算机信息系统国际联网保密管理规定》《计算机病毒防治管理办法》等。

2003年7月国家信息化领导小组第三次会议通过了《国家信息化领导小组关于加强

信息安全保障工作的意见》(中办发〔2003〕27 号),则标志着我国信息安全法律体系的建设进入了一个更高的阶段。该意见明确了加强信息安全保障工作的总体要求和主要原则,确定了实行信息安全等级保护、加强以密码技术为基础的信息保护和网络信任体系建设、建设和完善信息安全监控体系等工作重点,使得我国信息安全法律体系的建设进入了目标明确的新阶段。这一阶段,有代表性的法律法规包括《中华人民共和国电子签名法》《电子认证服务管理办法》《证券期货业信息安全保障管理办法》《广东省电子政务信息安全管理暂行办法》《上海市公共信息系统安全测评管理办法》《北京市信息安全服务单位资质等级评定条件(试行)》等。

近年来,全国网信系统深入贯彻落实全面依法治国的部署要求,紧紧围绕网络强国的战略目标,把依法治网作为基础性手段,网络空间法治化全面推进,"互联网不是法外之地"观念深入人心,网络法治工作取得长足进展,全国人民代表大会审议通过法律有:2012 年 12 月《全国人民代表大会常务委员会关于加强网络信息保护的决定》、2016 年 11 月《中华人民共和国网络安全法》、2018 年 8 月《中华人民共和国电子商务法》、2019 年 10 月《中华人民共和国密码法》。国务院修订的法规有:2013 年 1 月《计算机软件保护条例》、2013 年 1 月《信息网络传播权保护条例》、2016 年 2 月《国务院关于修改部分行政法规的决定》。

10.1.4 我国信息安全法律法规体系框架

全面了解和掌握我国的立法体系和立法内容,是信息网络安全领域法律、技术和管理等各项工作的重要基础。我国信息网络安全领域的相关法律体系框架分为法律、行政法规和部门规章及规范性文件三个层面。

一、法律

这一层面是指由全国人民代表大会及其常务委员会通过的有关法律,主要包括:《中华人民共和国宪法》《中华人民共和国刑法》《中华人民共和国治安管理处罚条例》《中华人民共和国刑事诉讼法》《中华人民共和国人民警察法》《中华人民共和国国家安全法》《中华人民共和国保守国家秘密法》《中华人民共和国行政处罚法》《中华人民共和国行政诉讼法》《中华人民共和国行政复议法》《中华人民共和国国家赔偿法》《中华人民共和国立法法》《中华人民共和国著作权法》《中华人民共和国专利法》《中华人民共和国反不正当竞争法》《中华人民共和国标准化法》《中华人民共和国产品质量法》《中华人民共和国电子签名法》《全国人民代表大会常务委员会关于维护互联网安全的决定》《中华人民共和国网络安全法》《中华人民共和国电子商务法》《中华人民共和国密码法》等。

二、行政法规

这一层面主要指国务院为执行宪法和法律的规定而制定的行政法规。主要包括《计算机软件保护条例》《中华人民共和国计算机信息系统安全保护条例》《中华人民共和国计算机信息网络国际联网管理暂行规定》《计算机信息网络国际联网安全保护管理办法》《商用密码管理条例》《中华人民共和国电信条例》《互联网信息服务管理办法》《中华人民共和国产品质量认证管理条例》等。

其中,1994年2月发布实施的《中华人民共和国计算机信息系统安全保护条例》是我国第一部涉及计算机信息系统安全的行政法规,它确定了公安部主管全国计算机信息系统安全保护工作的职能,其规定的计算机信息系统使用单位的安全案件报告、有害数据的防治管理、安全专用产品销售许可证管理等计算机信息系统安全保护的九项制度,是公安机关从20世纪80年代初期开始在全国开展计算机安全的普及、宣传、管理、查处等多年工作经验的总结。1997年12月由国务院批准,公安部发布的《中华人民共和国计算机信息网络国际联网安全保护管理办法》是我国第一部全面调整互联网安全的行政法规,它所规定的计算机信息网络国际联网安全保护的四条禁则和六项安全保护责任,不仅在我国互联网迅猛发展初期起到了重要的保障作用,而且为后续有关信息网络安全的法规或规章的出台起到了重要的指导作用。

随着信息技术和互联网应用环境的不断发展,为促进互联网信息服务健康有序发展,保护公民、法人和其他组织的合法权益,维护国家安全和公共利益。2014年国务院授权"国家互联网信息办公室"(简称网信办)负责互联网信息内容管理工作,并负责监督管理执法。国务院先后也修订《信息网络传播权保护条例》《计算机软件保护条例》《互联网上网服务营业场所管理条例》等一批条例。

三、部门规章及规范性文件

这一层面主要包括国务院各部、委等根据法律和国务院的行政法规,在本部门的权限范围内制定的规章或规范性文件,以及省、自治区、直辖市和较大的市的人民政府根据法律、行政法规和本省、自治区、直辖市及较大的市的地方性法规制定的规章或规范性文件。与信息网络安全相关的部门规章或规范性文件主要包括:

(1) 公安部制定的《计算机信息系统安全专用产品检测和销售许可证管理办法》《计算机病毒防治管理办法》;公安部和中国人民银行联合制定的《金融机构计算机信息系统安全保护工作暂行规定》;公安部和人事部联合制定的《关于开展计算机安全员培训工作的通知》等。

(2) 原信息产业部(现职责划分给工业和信息化部)制定的《互联网电子公告服务管理规定》《软件产品管理办法》《计算机信息系统集成资质管理办法(试行)》《关于互联网中文域名管理的通告》《电信网间互联管理暂行规定》以及与国务院新闻办联合制定的《互联网站从事登载新闻业务管理暂行规定》等。原信息产业部、公安部、文化部、国家工商行政管理总局联合制定的《互联网上网服务营业场所管理办法》。

(3) 国家保密局制定的《计算机信息系统保密管理暂行规定》《计算机信息系统国际联网保密管理规定》《涉及国家秘密的通信、办公自动化和计算机信息系统审批暂行办法》《涉密计算机信息系统建设资质审查和管理暂行办法》等。

(4) 国家密码管理局的国家密码管理局公告等。

(5) 国务院新闻办公室制定的《互联网站从事登载新闻业务管理暂行规定》等。

(6) 中国互联网信息中心制定的《中文域名争议解决办法》和《中文域名注册管理办

法(试行)》等。

(7) 教育部制定的《中国教育和科研计算机网暂行管理办法》《教育网站和网校暂行管理办法》等。

(8) 新闻出版署(现为国家新闻出版广电总局)制定的《电子出版物管理规定》《关于实施〈电子出版物管理暂行规定〉若干问题的通知》等。

(9) 中国证监会制定的《网上证券委托暂行管理办法》。

(10) 国家广播电影电视总局(现为国家新闻出版广电总局)制定的《关于加强通过信息网络向公众传播广播电影电视类节目管理的通告》。

(11) 国家药品监督管理局制定的《互联网药品信息服务管理暂行规定》。

(12) 中华人民共和国国家科学技术委员会制定的《科学技术保密规定》等。

(13) 最高人民法院制定的《关于审理扰乱电信市场管理秩序案件具体应用法律若干问题的解释》《关于审理涉及计算机网络域名民事纠纷案件适用法律若干问题的解释》《关于审理扰乱电信市场管理秩序案件具体应用法律若干问题的解释》等。

此外,一些省、自治区、直辖市根据本行政区域的具体情况和实际需要,还制定了有关信息网络安全的地方性法规和规章。

近些年陆续颁发执行的部门规章有:《外国机构在中国境内提供金融信息服务管理规定》(2009 年)、《网络出版服务管理规定》(2016 年)、《互联网信息内容管理行政执法程序规定》(2017 年)、《互联网新闻信息服务管理规定》(2017 年)、《互联网域名管理办法》(2017 年)、《区块链信息服务管理规定》(2019 年)、《儿童个人信息网络保护规定》(2019 年)、《网络信息内容生态治理规定》(2020 年)、《网络安全审查办法》(2020 年)等。

10.1.5 我国网络安全法律法规政策保障体系逐步健全

近年来,我国网络立法取得了较大进展。相关统计数据显示,截至 2017 年 5 月,与网络信息相关的法律及有关问题的决定 51 件、国务院行政法规 55 件、司法解释 61 件,专门性的有关网络信息的部委规章 132 件,专门性的有关网络信息的地方法规和地方性规章 152 件。

《中华人民共和国网络安全法》于 2017 年 6 月 1 日正式实施以来,我国网络安全相关法律法规及配套制度逐步健全,逐渐形成综合法律、监管规定、行业与技术标准兼备的综合化、规范化体系,我国网络安全工作法律保障体系不断完善,网络安全执法力度持续加强。2018 年,全国人民代表大会常务委员会发布《十三届全国人大常委会立法规划》,明确提出个人信息保护、数据安全、密码等方面立法项目。国家关于网络安全方面的法规、规章、司法解释等陆续发布或实施。持续推进《关键信息基础设施安全保护条例》《网络安全等级保护条例》等行政法规立法工作,发布《区块链信息服务管理规定》《公安机关互联网安全监督检查规定》《关于加强政府网站域名管理的通知》《关于加强跨境金融网络与信息服务管理的通知》等加强网络安全执法或强化相关领域网络安全的文件。

《中华人民共和国网络安全法》是为保障网络安全，维护网络空间主权和国家安全、社会公共利益，保护公民、法人和其他组织的合法权益，促进经济社会信息化健康发展而制定，是我国网络空间法治建设的重要里程碑，是依法治网、化解网络风险的法律重器，是让互联网在法治轨道上健康运行的重要保障。

10.2 我国信息安全法律体系的基本描述

10.2.1 信息安全相关法简介

信息安全基本法：信息安全法或信息安全条例——规定信息安全的基本原则、基本制度和主要核心内容。

信息安全专门法：

1. 网络与信息系统安全

(1)《全国人民代表大会常务委员会关于维护互联网安全的决定》

颁布日期：2000年12月28日。

适用范围：涉及互联网运行安全和信息安全的相关活动。

基本内容：规定了一系列禁止利用互联网从事的危害国家、单位和个人合法权益的活动。

(2)《中华人民共和国计算机信息系统安全保护条例》

颁布日期：1994年2月18日。

适用范围：中华人民共和国境内的计算机信息系统安全保护，其中的计算机系统是指计算机及其相关的和配套的设备、设施(含网络)构成的，按照一定的应用目标和规则对信息进行采集、加工、存储、传输、检索等处理的人机系统。

基本内容：规定了计算机信息系统安全保护的主管机关、安全保护制度、安全监督等内容。

(3)《中华人民共和国计算机信息网络国际联网管理暂行规定》

颁布日期：1997年5月20日。

适用范围：中华人民共和国境内的计算机信息网络进行国际联网的依照该规定办理。

基本内容：规定了计算机信息网络国际联网互联单位、接入单位、使用单位的基本义务。

(4)《计算机信息网络国际联网安全保护管理办法》

颁布日期：1997年12月16日。

适用范围：计算机信息网络国际联网的安全保护适用本办法。

基本内容：规定了不得利用国际联网从事的活动、传播的信息，以及安全保护责任、安全监督等内容。

2.《互联网信息服务管理办法》

颁布日期：2000年9月25日。

适用范围：中华人民共和国境内从事互联网信息服务活动遵循本法，这里的互联网信息服务是指通过互联网向上网用户提供信息的服务活动。

基本内容：明确了经营性和非经营性互联网信息服务提供者的基本义务和管理措施。

3.《计算机信息系统安全专用产品检测和销售许可证管理办法》

颁布日期：1997年12月12日。

适用范围：用于保护计算机信息系统安全的专用硬件和软件产品的管理。

基本内容：规定了计算机信息系统安全专用产品检测机构的申请和批准、安全专用产品的检测、销售许可证的审批和颁发。

4. 保密及密码管理

(1)《商用密码管理条例》

颁布日期：1999年10月7日。

适用范围：商用密码管理，商用密码是指对不涉及国家秘密内容的信息进行加密保护或者安全认证所使用的密码技术和密码产品。

基本内容：商用密码的科研、生产管理、销售管理、使用管理、安全保密管理等。

(2)《计算机信息系统保密管理暂行规定》

颁布日期：1998年2月26日。

适用范围：采集、存储、处理、传递、输出国家秘密信息的计算机信息系统。

基本内容：对涉密系统、涉密信息、涉密媒体、涉密场所、系统管理作出了明确规定。

(3)《计算机信息系统国际联网保密管理规定》

颁布日期：2000年1月。

适用范围：进行国际联网的个人、法人和单位组织，互联单位和接入单位的保密管理。

基本内容：分保密制度、保密监管两大部分。

5.《计算机病毒防治管理办法》

颁布日期：2000年4月26日。

适用范围：中华人民共和国境内的计算机信息系统以及未联网计算机的计算机病毒防治管理工作适用本办法。

基本内容：明确任何个人、单位不得制作、传播计算机病毒并明确其相关义务。

6.《中华人民共和国网络安全法》

全国人大常委会2016年11月7日通过，2017年6月1日起实施。

7.《中华人民共和国电子商务法》

全国人大常委会2018年8月31日通过，2019年1月1日起实施。

8.《中华人民共和国密码法》

全国人大常委会2019年10月26日通过，2020年1月1日起实施。

10.2.2　近些年我国信息安全相关法律法规立法成果

1.《中华人民共和国网络安全法》

介绍：由全国人民代表大会常务委员会于 2016 年 11 月 7 日发布，自 2017 年 6 月 1 日起施行。中华人民共和国主席令（第五十三号）公布。本法是为了保障网络安全，维护网络空间主权和国家安全、社会公共利益，保护公民、法人和其他组织的合法权益，促进经济社会信息化健康发展而制定的法律。

2.《公共互联网网络安全突发事件应急预案》

介绍：2017 年 11 月 23 日，工业和信息化部印发《公共互联网网络安全突发事件应急预案》。要求部应急办和各省（自治区、直辖市）通信管理局应当及时汇总分析突发事件隐患和预警信息，发布预警信息时，应当包括预警级别、起始时间、可能的影响范围和造成的危害、应采取的防范措施、时限要求和发布机关等，并公布咨询电话。

3.《互联网论坛社区服务管理规定》

介绍：2017 年 8 月 25 日，国家互联网信息办公室公布《互联网论坛社区服务管理规定》和《互联网跟帖评论服务管理规定》，旨在深入贯彻《网络安全法》精神，提高互联网跟帖评论服务管理的规范化、科学化水平，促进互联网跟帖评论服务健康有序发展。以上两项规定均自 2017 年 10 月 1 日起施行。

4.《公安机关互联网安全监督检查规定》

介绍：2018 年 11 月 1 日，公安部发布的《公安机关互联网安全监督检查规定》正式实施。根据规定，公安机关应当根据网络安全防范需要和网络安全风险隐患的具体情况，对互联网服务提供者和联网使用单位开展监督检查。公安机关可以进入互联网服务提供者和联网使用单位的营业场所、机房、工作场所监督检查，对互联网服务提供者和联网使用单位履行法律、行政法规规定的网络安全义务情况进行的安全监督检查。

5.《信息安全技术个人信息安全规范》

介绍：《信息安全技术个人信息安全规范》于 2018 年 5 月 1 日正式实施，针对个人信息面临的安全问题，规范个人信息控制者在收集、保存、使用、共享、转让、公开披露等信息处理环节中的相关行为，旨在遏制个人信息非法收集、滥用、泄露等乱象，最大程度地保障个人的合法权益和社会公共利益。

6.《网络安全等级保护条例（征求意见稿）》

介绍：2018 年 6 月 27 日，公安部发布《网络安全等级保护条例（征求意见稿）》，作为《网络安全法》的重要配套法规，对网络安全等级保护的适用范围、各监管部门的职责、网络运营者的安全保护义务以及网络安全等级保护建设等提出了更为具体的要求，为开展等级保护工作提供了重要的法律支撑。

7.《互联网个人信息安全保护指引（征求意见稿）》

介绍：2018 年 11 月 30 日，公安部网络安全保卫局发布《互联网个人信息安全保护指引（征求意见稿）》。本指引规定了个人信息安全保护的安全管理机制、安全技术措施和业务流程的安全,适用于指导个人信息持有者在个人信息生命周期处理过程中开展安全保护工作,也适用于网络安全监管职能部门依法进行个人信息保护监督检查时参考使用。

8.《区块链信息服务管理规定》

介绍:中国首部规范区块链技术应用的法规《区块链信息服务管理规定》于2019年1月10日正式出台。《区块链信息服务管理规定》的制定,是我国对于区块链监管从无到有的一个转折点,随着监管的落地,将会对区块链技术应用的发展产生积极的推动作用。尽管《规定》仅针对区块链信息服务这一领域,且尚需随着实践的检验而不断完善,但已足以使"区块链技术"得以在阳光下发展运行,而只有健康有序合规的区块链技术,才会真正起到推动社会变革的巨大作用,为时代发展带来更多的机遇。

9.《儿童个人信息网络保护规定》

介绍:2019年8月22日,《儿童个人信息网络保护规定》(国家互联网信息办公室令第4号,以下简称《规定》)公布,自10月1日起正式施行,针对中华人民共和国境内通过网络收集、存储、使用、转移、披露不满十四周岁的儿童个人信息进行规范。从我国实践情况来看,未成年人的互联网普及率达到93.7%,不满18周岁网民数量高达1.69亿,但普遍缺乏个人信息保护意识,其中11岁以下的儿童对隐私设置的了解较少,11至16岁儿童中仅26%的儿童采取网上隐私保护措施。在此背景下,通过专门规定加强对儿童个人信息的保护是十分必要且有益的。

10.《网络信息内容生态治理规定》

介绍:《网络信息内容生态治理规定》于2019年12月15日公布,自2020年3月1日起施行。出台上述规定主要基于建立健全网络综合治理体系的需要和维护广大网民切身利益的需要,明确了党委领导、政府管理、企业履责、社会监督、网民自律的多元化主体协同共治的治理模式,为网络时代净化空间家园提供了良好的保障。

11.《网络安全审查办法》

介绍:近年来,国外多次发生电力等国家关键基础设施的网络攻击事件。而关键信息基础设施作为国家的重要资产,对国家安全、经济安全、社会稳定、公众健康和安全至关重要。2020年4月13日,国家互联网信息办公室会同国家发展改革委等十二个部门联合发布《网络安全审查办法》,是落实《网络安全法》要求、构建国家网络安全审查工作机制的重要举措,是确保关键信息基础设施供应链安全的关键手段,更是保障国家安全、经济发展和社会稳定的现实需要。

12.《中华人民共和国个人信息保护法》

介绍:《中华人民共和国个人信息保护法》是为了保护个人信息权益,规范个人信息处理活动,促进个人信息合理利用,根据宪法制定的法规。该法的重要作用是规范个人信息处理活动,落实企业、机构等个人信息处理者的法律义务和责任,维护网络空间良好生态。促进信息数据依法合理有效利用,推动数字经济持续健康发展。

13.《中华人民共和国数据安全法》

介绍:《中华人民共和国数据安全法》于2021年9月1日起施行,重点确立了数据安全保护的各项基本制度,完善了数据分类分级、重要数据保护、跨境数据流动和数据交易管理等多项重要制度,形成了我国数据安全的顶层设计。随着《中华人民共和国数据安全法》的正式出台,我国网络法律法规体系实现进一步完善,为后续立法、执法、司法相关实践提供了重要法律依据,为数字经济的安全健康发展提供了有力支撑。

14.《中华人民共和国反电信网络诈骗法》

介绍:为预防、遏制和惩治电信网络诈骗活动,加强反电信网络诈骗工作,保护公民和组织的合法权益,维护国家安全和社会稳定,我国于 2022 年颁布了《中华人民共和国反电信网络诈骗法》。《中华人民共和国反电信网络诈骗法》的实施,为打击电信网络诈骗犯罪提供了有力的法律武器。通过明确电信网络诈骗的定义、构成要件和法律责任,使得执法机关能够依法对电信网络诈骗犯罪分子进行惩处,从而有效遏制电信网络诈骗犯罪的蔓延势头,保护广大公民的财产安全。

15.《中华人民共和国反间谍法》

介绍:新修订的《中华人民共和国反间谍法》(以下简称《反间谍法》)于 2023 年 7 月 1 日起施行。新修订的《反间谍法》规定间谍行为包括间谍组织及其代理人实施或者指使、资助他人实施,或者境内外机构、组织、个人与其相勾结实施针对国家机关、涉密单位或者关键信息基础设施等的网络攻击、侵入、干扰、控制、破坏等活动。

10.3 我国信息安全法律体系的主要特点

我国目前信息安全法律体系的主要特点是:

(1) 信息安全法律法规体系初步形成,以《网络安全法》为基本法统领,覆盖各个领域。

(2) 与信息安全相关的司法和行政管理体系迅速完善。

(3) 目前法律规定中法律少而部门规章、司法解释,规范性文件等偏多。

(4) 相关法律规定篇幅偏小,行为规范较简单。

(5) 与信息安全相关的其他法律有待完善。

10.4 信息安全道德规范

10.4.1 信息安全从业人员道德规范

2020 年中共中央印发《法治社会建设实施纲要(2020—2025 年)》,其要求加强道德规范建设,强化道德规范的教育、评价、监督等功能,注重把符合社会主义核心价值观要求的基本道德规范转化为法律规范,用法律的权威来增强人们培育和践行社会主义核心价值观的自觉性。信息安全从业人员应具备基本的道德准则。

一、维护国家、社会和公众的信息安全

1. 自觉维护国家信息安全,拒绝并抵制泄露国家秘密和破坏国家信息基础设施的行为。

2. 自觉维护网络社会安全,拒绝并抵制通过计算机网络系统牟取非法利益和破坏社会和谐的行为。

3. 自觉维护公众信息安全,拒绝并抵制通过计算机网络系统侵犯公众合法权益和泄露个人隐私的行为。

二、诚实守信、遵纪守法

1. 不通过计算机网络系统进行造谣、欺诈、诽谤、弄虚作假等违反诚信原则的行为。

2. 不利于个人的信息安全技术能力实施或组织各种违法犯罪行为。

3. 不在公众网络传播反动、暴力、黄色、低俗信息及非法软件。

三、努力工作、尽职尽责

1. 热爱信息安全工作岗位,充分认识信息安全专业工作的责任和使命。

2. 为发现和消除本单位或雇主的信息系统安全风险做出应有的努力和贡献。

3. 帮助和指导信息安全同行提升信息安全保障知识和能力,为有需要的人谨慎负责地提出应对信息安全问题的建议和帮助。

四、发展自身、维护荣誉

1. 通过持续学习保持并提升自身的信息安全知识。

2. 利用日常工作、学术交流等各种方式保持和提升信息安全实践能力。

10.4.2 国外相关信息安全道德规范

一、信息系统审计和控制协会

信息系统审计和控制协会(ISACA)的职业道德规范,适用于 ISACA 会员、CISA(国际信息系统审计师)、CISM(注册信息安全员)等。其要点如下:

(1) 支持实施和鼓励适当及有效的企业信息系统治理标准和技术,包括审计、控制、安全和风险管理等范畴。

(2) 以客观、尽责的专业标准履行职责。

(3) 以合法的方式为利益相关者服务,同时保持高标准的行为和品格,也绝不参与抹黑行业或协会的行为。

(4) 维护在履行职责时获取的信息的隐私性和机密性,除非是合法性的披露,否则资料不得用于个人利益或泄露给不适当的人士。

(5) 在各自的领域保持竞争力,并同意仅参与那些能够按照所具备的技能、知识和能力而完成的职务。

(6) 向相关方通知所执行工作的结果,告知其所发现的所有重要事实。

(7) 为利益相关方开展的职业教育提供支持,增强他们对信息系统安全和控制的理解能力。

二、ACM(计算机协会)

ACM(计算机协会)/IEEE 发布的职业道德准则(code of ethics)适用于软件工程人员,包括分析、描述、设计、开发、测试和维护等人员,其要点是:

(1) 公众感——应始终与公众利益保持一致。

(2) 客户和雇主——应当在与公众利益保持一致的前提下,满足客户和雇主的最大利益。

(3) 产品——应当保证他们的产品与其相关附件达到尽可能高的行业标准。

(4) 判断力——应当具有公正独立的职业判断力。

(5) 管理——应当维护并倡导合乎道德的有关软件开发和维护的管理方法。

(6) 职业感——应当弘扬职业正义感和荣誉感,尊重社会公众利益。

(7) 同事——应当公平地对待和协助每一位同事。

(8) 自己——应毕生学习专业知识,倡导合乎职业道德的职业活动方式。

10.4.3 计算机与互联网使用道德规范

中国互联网协会以促进行业持续健康发展为己任,积极探索并不断改进行业自律工作的制度建设,团结业界,扎扎实实开展了一系列有特色、有成效、有影响的行业自律活动,牵头组织研究并发布《抵制恶意软件自律公约》《博客服务自律公约》《文明上网自律公约》《互联网公共电子邮件服务规范》《中国互联网协会关于抵制非法网络公关行为的自律公约》《互联网终端软件服务行业自律公约》等各种互联网自律公约和倡议书共计19部,对倡导行业自律、促进行业健康发展起到了积极作用。相关公约有:

1. 《中国互联网行业自律公约》(2002 年 3 月 26 日发布)
2. 《中国互联网协会反垃圾邮件规范》(2003 年 2 月 25 日发布)
3. 《互联网新闻信息服务自律公约》(2003 年 12 月 8 日发布)
4. 《互联网站禁止传播淫秽、色情等不良信息自律规范》(2004 年 6 月 10 日发布)
5. 《中国互联网协会互联网公共电子邮件服务规范》(试行)(2004 年 9 月 2 日发布)
6. 《搜索引擎服务商抵制违法和不良信息自律规范》(2004 年 12 月 22 日发布)
7. 《中国互联网网络版权自律公约》(2005 年 9 月 3 日发布)
8. 《文明上网自律公约》(2006 年 4 月 19 日发布)
9. 《抵制恶意软件自律公约》(2006 年 12 月 27 日发布)
10. 《博客服务自律公约》(2007 年 8 月 21 日发布)
11. 《文明博客倡议书》(2007 年 8 月 21 日)
12. 《中国互联网协会反垃圾短信息自律公约》(2008 年 7 月 17 日发布)
13. 《中国互联网协会短信息服务规范》(试行)(2008 年 7 月 17 日发布)
14. 《"中国互联网协会网络诚信推进联盟"发起倡议书》(2009 年 3 月 10 日发布)
15. 《反网络病毒自律公约》(2009 年 7 月 7 日发布)
16. 《中国互联网协会关于抵制非法网络公关行为的自律公约》(2011 年 5 月 16 日

发布）

17.《互联网终端软件服务行业自律公约》(2011年8月1日发布)
18.《中国互联网协会抵制网络谣言倡议书》(2012年4月8日发布)
19.《互联网搜索引擎服务自律公约》(2012年11月1日发布)
20.《互联网终端安全服务自律公约》(2013年12月3日发布)

10.5 案例分析

学习本小节的目的是通过案例分析，进一步理解信息安全法律法规的含义。结合案例，分析信息安全法律法规的适用性。

10.5.1 案例1：电子证据的有效认定

【法律导读】

在当今信息时代，互联网技术应用已涵盖社会生活方方面面，电子证据作为一种不同于传统的新型证据形式，是每个人在网络生活中生产、流通、交易等环节的重要凭证。

我国1999年的《合同法》、2004年的《电子签名法》中已经体现出了电子证据的雏形，2015年出台的《民诉法》明确解释，电子数据是指通过电子邮件、电子数据交换、网上聊天记录、博客、微博、手机短信、电子签名、域名等形成或者存储在电子介质中的信息。2018年9月6日，最高院发布《互联网法院审理案件若干问题的规定》从要件层面、技术层面、证明层面，一定程度上形成了电子证据真实性认定的逻辑闭环。

中华人民共和国电子签名法被认为是中国首部真正电子商务法意义上的立法。1999年，我国修改后的《合同法》承认了数据电文，包括传真、电子邮件的法律效力。2002年，国务院信息办委托有关单位起草了《中华人民共和国电子签名条例》（以下简称"条例"），最初的定位是行政法规，同年10月，国务院法制办对《条例》进行了修正，形成了《中华人民共和国电子签名法（草案）》。2004年4月2日由国务院提请全国人大常委会审议，至此我国终于在信息化法律的道路上踏出了重要的第一步。2019年4月23日第十三届全国人民代表大会常务委员会第十次会议对《中华人民共和国电子签名法》进行了第二次修正。

【案情回放】

晓佳与于毅（均为化名）民间借贷纠纷一案，晓佳诉请于毅偿还借款5万元。晓佳主张，于毅于2020年1月20日向晓佳借款5万元，晓佳将5万元现金交给于毅的时候，于毅给晓佳出具了借条，但晓佳在搬家时不慎将借条丢失，关于借款的经过是双方通过社交软件进行协商的，晓佳为此提供了与于毅之间的社交软件聊天记录截图证实。截图内容显示，于毅向晓佳借款5万元的借款经过以及完整的借款合议，于毅还在聊天中向晓佳明确表达了感激之情，并承诺十日内偿还。

于毅抗辩，双方之间不存在借款事实，双方虽是社交软件好友，但并没有通过该社交协商过借款事宜，不认可晓佳提供的该聊天记录截图。庭审质证时，晓佳的手机损坏已打不开，无法提供原始载体的社交软件聊天记录，而于毅提供的与晓佳之间的电子聊天记录则无借款内容。

【裁判结果】

合法的民间借贷关系受法律保护。当事人对自己提出的主张，有责任提供证据，没有证据或者证据不足以证明当事人的事实主张的，由负有举证责任的当事人承担不利后果。晓佳提供的微信聊天记录截图属于电子证据，但晓佳不能提供该社交软件聊天记录的原始载体手机，不能使用终端设备登录其社交账户进行过程演示，无法证明该电子证据的真实性，对此网络聊天记录截图法院不予支持。最终法院驳回了晓佳的诉讼请求。

【法律分析】

《最高人民法院关于民事诉讼证据的若干规定》中，明确规定微信聊天记录、微博、电子邮件、电子支付记录等，均属于电子证据。并规定，当事人以电子数据作为证据的，应当提供原件。原始载体包括储存有电子数据的手机、计算机或者其他电子设备等。

如果想将社交软件的聊天记录作为证据使用，在无其他证据佐证情况下，要注意三点：第一，一定要提供原始载体；第二，要证实网络聊天的对方就是案件对方当事人，即要证明对方当事人是该微信号的使用者；第三，原始载体上的聊天记录应当保证完整性，不能随意选择删除，否则完整性将被质疑，可能导致证据不被采信。

10.5.2 案例 2：对数据安全立法保障

【法律导读】

2021 年 6 月 10 日，十三届全国人大常委会第二十九次会议通过了《数据安全法》。这部法律是数据领域的基础性法律，也是国家安全领域的一部重要法律，同时更是我国第一部有关数据安全的专门法律，将于 2021 年 9 月 1 日起施行。

与业已施行的《网络安全法》不同，《数据安全法》更强调数据本身的安全。而较之尚未出台的《个人信息保护法》，《数据安全法》主要关注数据宏观层面（而非个人层面）的安全。在《数据安全法》生效之后，它将会与《网络安全法》以及正在立法进程中的《个人信息保护法》一起，全面构筑中国信息及数据安全领域的法律框架。

2020 年 10 月 21 日，全国人大常委会法工委公开就《中华人民共和国个人信息保护法（草案）》（以下简称《草案》）征求意见，《草案》共计 8 章 70 条，从个人信息生命周期角度详细规定了个人信息保护的一般原则，同时还规定了个人敏感信息及国家机关处理个人信息的特别规定。

《草案》吸收了《网络安全法》《消费者权益保护法》《广告法》《电子商务法》《关于加强网络信息保护的决定》《电信和互联网用户个人信息保护规定》《信息技术安全个人信息安全规范》等法律文件对个人信息保护的相关规定，并结合实践经验，同时吸收 GDPR（《通用数据保护条例》）等国际经验，形成了一部相对完善的立法草案。

【案情回放】

被告人张某为获得非法利益,在网上出售某社交应用程序的实名账号用户信息,他通过使用非法技术手段盗取用户实名认证信息后,再将已实名认证的社交账号连同认证所需的公民姓名、身份证号码等信息通过网络出售给买家,每个账号收取 40 至 160 元不等。经统计,自 2019 年起,被告人张某利用网络共卖出 5 227 个实名认证的社交账号,违法所得共计人民币 151 345 元。

法院经审理后认为,被告人张某向他人出售公民个人信息,违法所得达人民币 151 345 元,情节特别严重,构成侵犯公民个人信息罪。根据被告人张某的犯罪事实、犯罪性质、情节,法院依法判决被告人张某犯侵犯公民个人信息罪,判处有期徒刑三年六个月,并处罚金人民币 155 000 元。

【法律分析】

我国刑法明确规定,"违反国家有关规定,向他人出售或者提供公民个人信息,情节严重的,处三年以下有期徒刑或者拘役,并处或者单处罚金;情节特别严重的,处三年以上七年以下有期徒刑,并处罚金。"

随着数字经济的快速发展和高精尖技术的蓬勃兴起,全球正式进入大数据时代,数据在社会发展、民众生活中扮演了越来越重要的角色。近年来,中国个人信息保护领域的民事救济面临普遍困难,多数情况下,公民对于个人信息被收集、使用的情况并不知晓,取证索赔困难,民事维权难以发起。

《草案》第七章六十五条规定,因个人信息处理活动侵害个人信息权益的,按照个人因此受到的损失或个人信息处理者因此获得的利益承担赔偿责任;个人隐私受到的损失和个人信息处理者因此获得的利益难以确定的,由人民法院根据实际情况确定赔偿数额。

第六十六条规定,个人信息处理者违反本法规定处理个人信息,侵害众多个人的权益的,人民检察院、履行个人信息保护职责的部门和国家网信部门确定的组织可以依法向人民法院提起诉讼。

《数据安全法》强调数据本身的安全,《个人信息保护法》主要关注个人信息的保护,为个人信息的正常流动保驾护航,免受不法侵害。这些相关立法的陆续推进将全面构筑中国信息及数据安全领域的法律框架。

【实践思考】

1. 构建信息安全法律法规的意义、任务是什么?
2. 我国信息网络安全领域的相关法律体系框架分为哪几个层面?
3. 我国信息安全专门法包括哪些方面?
4. 信息安全道德规范的内容包括哪些?

参考文献

[1] 武春岭,胡兵.Web安全与防护[M].北京：电子工业出版社,2024.
[2] 何欢.数据备份与恢复[M].2版.北京：机械工业出版社,2022.
[3] 冯登国,赵险峰.信息安全技术概论[M].2版.北京：电子工业出版社,2014.

郑重声明

高等教育出版社依法对本书享有专有出版权。任何未经许可的复制、销售行为均违反《中华人民共和国著作权法》，其行为人将承担相应的民事责任和行政责任；构成犯罪的，将被依法追究刑事责任。为了维护市场秩序，保护读者的合法权益，避免读者误用盗版书造成不良后果，我社将配合行政执法部门和司法机关对违法犯罪的单位和个人进行严厉打击。社会各界人士如发现上述侵权行为，希望及时举报，我社将奖励举报有功人员。

反盗版举报电话　（010）58581999　58582371
反盗版举报邮箱　dd@hep.com.cn
通信地址　北京市西城区德外大街4号　高等教育出版社知识产权与法律事务部
邮政编码　100120